史上最強カラー図解

最新 モータ技術
のすべてがわかる本

横浜国立大学工学研究院教授
赤津 観［監修］

ナツメ社

モータとは ～前書きにかえて～

　私たちの生活はモータに支えられているといっても過言ではない。掃除機や洗濯機のような家電製品をはじめAV機器やパソコンにもモータは使われている。外出すれば、電車やハイブリッド自動車、エレベータやエスカレータもモータで動かされている。さまざまな物資を製造する工場でもモータは使われるし、物流システムでもモータは活用されている。モータそのものが私たちの目の前に姿を現すことは少ないが、現代社会にとってモータは不可欠なものである。実際に日本の電力使用量の半分以上がモータで消費されており、省エネ、CO_2削減技術として今も盛んに研究開発が行われている。

　ひと口にモータというが、実はさまざまな種類がある。モータというと多くの人がイメージするのは、電気を利用して回転運動を生み出すものだ。子供の頃に模型用のモータを分解したことがある人もいるだろうし、中学校でも回転原理を習っている。そもそもモータとは、何らかのエネルギーを運動エネルギーに変換する装置といえる。電動モータであれば、電気エネルギーを運動エネルギーに変換する装置だ。この場合のモータを日本語では電動機といい、逆に運動エネルギーを電気エネルギーに変換する装置を発電機というが、実は電動機も発電機も構造は同じである。電力を生み出す発電所では火力、水力、原子力を利用して発電機を回転させて電気を作っているし、普及しつつある電気自動車は電動機で車を進め、減速時には電動機を発電機として使うことで運動エネルギーを電気エネルギーに変換してバッテリに蓄えている。

　また、このように回転運動するモータだけがモータではない。次世代高速鉄道として開発が進むリニアモータカーはよく知られているが、このリニアモータとは直線的な運動を生み出すものだ。従来、モータに直線的な動きが求められる場合は、回転運動を歯車などで直線運動にかえていたが、リニアモータは直接的に直線運動を生み出すことができる。パソコンのプリンタや自動ドアなど、身近な場所でもすでにリニアモータが使われている。

　さらに、電動モータは電気と磁気の働きを利用して運動を生み出しているが、磁気を利用せずに運動を生み出すモータも古くから使われている。例えばデジタルカメラのピント合わせやズームに使われている超音波モータは、磁気をまったく利用していない。

　このように、モータにはさまざまな種類のものがあるが、もっとも活躍しているものは、電気と磁気の働きを利用して回転運動を生み出す電動モータだ。本書では、こうした回転形の電動モータを中心に、基本的な回転原理に始まり、その構造や制御の方法について初歩から説明してある。モータを学ぼうとしている人、仕事でモータを扱うようになった人、モータに興味のある人にとって、役立つ入門書になることを願っている。

赤津　観

CONTENTS

第1部◆モータを知るための基礎知識

第1章■電気と磁気の基礎知識

- ■電気の基礎・・・・・・・・・・・・・・・・ 8
  オームの法則／ジュール熱と電力／直流と交流
- ■磁気・・・・・・・・・・・・・・・・・・・・ 10
  磁気／磁力線と磁束密度／磁界強度と透磁率
- ■コイルと電磁石・・・・・・・・・・・・・・ 12
  電磁石／コイルの巻数と磁力／コイルの巻線
- ■磁気回路と磁力線・・・・・・・・・・・・ 16
  磁気回路／磁力線の性質
- ■フレミングの法則・・・・・・・・・・・・ 18
  電磁力／電磁誘導作用
- ■電磁誘導作用・・・・・・・・・・・・・・ 20
  誘導起電力と誘導電流／渦電流／自己誘導作用／相互誘導作用
- ■ヒステリシス現象と磁性材料・・・・・ 24
  ヒステリシス現象／磁性材料／積層鉄心／永久磁石
- ■抵抗、コンデンサ、コイル・・・・・・ 28
  受動素子と能動素子／抵抗器／コンデンサ／コイル
- ■電力制御用半導体素子・・・・・・・・ 30
  スイッチング作用と整流作用／ダイオード／サイリスタ／パワートランジスタ
- ■整流回路と平滑回路・・・・・・・・・・ 32
  AC/DCコンバータ／整流回路／平滑回路

第2章■モータの基礎知識

- ■分類・・・・・・・・・・・・・・・・・・・・ 34
  さまざまなモータ／電源と回転原理による分類／構造による分類／出力による分類
- ■性能などの用語・・・・・・・・・・・・ 36
  運転／構成要素／トルク／回転速度／出力と入力／効率と力率／損失／時定数と慣性モーメント／定格
- column 超音波モータ・・・・・・・・・・・・ 42

第2部◆直流で働くモータ

第1章■直流モータ

- ■種類と基本構造・・・・・・・・・・・・ 44
  直流モータの種類／直流整流子モータの基本構造
- ■回転原理・・・・・・・・・・・・・・・・ 46
  電磁力による回転原理の説明／磁気の吸引力と反発力による回転原理の説明／整流子とブラシによる転流

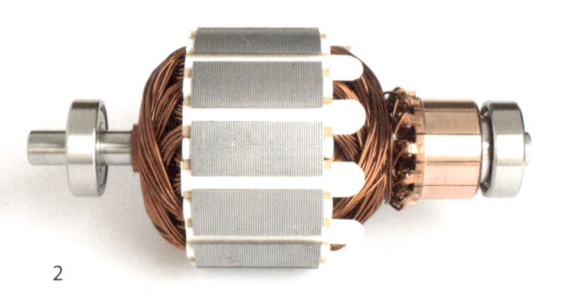

第2章■直流整流子モータ

- ■電磁力とトルク・・・・・・・・・・・・ 52
  電磁力によるトルク
- ■トルク変動・・・・・・・・・・・・・・・ 54
  トルクリップル／コギングトルク
- ■原理モデルと実用モデル・・・・・・ 58
  2スロットモータの問題点／デッドポイントの解消／トルク変動の低減
- ■界磁の種類と極数・・・・・・・・・・ 62
  永久磁石形と巻線形／極数／2極機と4極機
- ■逆起電力・・・・・・・・・・・・・・・・ 66
  直流整流子発電機／逆起電力
- ■基本特性・・・・・・・・・・・・・・・・ 68
  トルク特性／速度特性
- ■整流子とブラシの弱点・・・・・・・・ 70
  整流子とブラシのさまざまな問題

■電機子反作用 ･････････････ 72
電機子電流が界磁磁束に与える影響／偏磁作用と減磁作用／電気的中性軸の移動／電機子反作用対策

■電機子 ･･･････････････････ 76
電機子コイルの巻き方と磁極／集中巻／分布巻

■スロット ･････････････････ 78
スロット数と巻き方／スロット数と極数／直溝と斜溝

■電機子コイルと鉄心 ･･･････ 82
乱巻コイルと型巻コイル／電機子鉄心

■整流子とブラシ ･･･････････ 86
整流子／ブラシ

■固定子 ･･･････････････････ 88
界磁を行う永久磁石と電磁石／界磁磁石／界磁コイル

■電機子と整流子 ･･･････････ 92
分布巻2極電機子の重ね巻／分布巻4極電機子の重ね巻と波巻／集中巻の重ね巻

第3章■巻線形直流整流子モータ

■種類 ･････････････････････ 106
巻線形直流整流子モータの現状／直巻、分巻、複巻、他励

■特性 ･････････････････････ 108
巻線形直流整流子モータの基本特性／直流直巻モータの特性／直流分巻モータの特性／直流複巻モータの特性／直流他励モータの特性

■始動法 ･･･････････････････ 112
始動電流／抵抗始動法

■回転速度制御 ･････････････ 114
回転速度を変化させる方法／抵抗制御法／界磁制御法／電圧制御法

■双方向駆動と制動 ･････････ 118
双方向駆動／電気的制動

第4章■永久磁石形直流整流子モータ

■特性 ･････････････････････ 120
制御しやすい特性のモータ

■制御 ･････････････････････ 122
各種制御法

第5章■その他の直流整流子モータ

■スロットレスモータ ･･･････ 124
電機子鉄心にスロットがない直流整流子モータ

■コアレスモータ ･･･････････ 126
電機子コイルに鉄心のない直流整流子モータ／ラジアルギャップ形コアレスモータ／アキシャルギャップ形コアレスモータ

第6章■ブラシレスモータ

■回転原理 ･････････････････ 132
電子的に転流を行う永久磁石形直流モータ／磁気の吸引力と反発力によるトルク／ホール素子と駆動回路／ブラシレスモータと同期モータ／ブラシレスモータの特性と特徴

■種類と特徴 ･･･････････････ 136
ブラシレスモータの種類／インナーロータ形ブラシレスモータ／アウターロータ形ブラシレスモータ／アキシャルギャップ形ブラシレスモータ

■極数、相数と駆動方法 ･････ 138
回転子の極数／固定子の相数とコイル数／コイルの巻き方と駆動方法

■駆動波形とセンサレス駆動 ･･･ 140
駆動波形／センサレス駆動

第7章■交直両用モータ

■単相直巻整流子モータ ･････ 142
交流で使われる整流子形モータ／単相直巻整流子モータ

column モータの減速機構 ･････････ 144

CONTENTS

第3部◆交流で働くモータ

第1章■交流モータ

- ■種類と基本構造 146
  交流モータの種類／交流モータの基本構造
- ■三相回転磁界 148
  三相交流が作り出す回転磁界／極数／同期速度／デルタ結線とスター結線
- ■二相回転磁界 152
  単相交流を工夫して作り出す回転磁界

第2章■三相誘導モータ

- ■回転原理 154
  アラゴの円板／三相誘導モータの回転原理
- ■すべりと特性 156
  すべり／トルク特性／その他の特性と特徴
- ■回転子 160
  三相誘導モータの種類／かご形回転子／特殊かご形回転子／巻線形回転子
- ■固定子 166
  固定子コイル／全節巻と短節巻／2極機と4極機
- ■始動法 170
  始動電流と始動法／スターデルタ始動法（Y-Δ始動法）／リアクトル始動法＆一次抵抗始動法／コンドルファ始動法（始動補償器始動法） 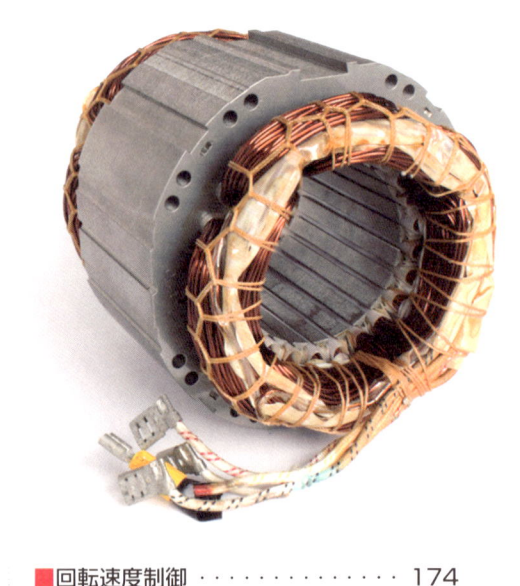
- ■回転速度制御 174
  回転速度を変化させる方法／一次電圧制御法／極数変換法／周波数制御法／二次抵抗制御法
- ■双方向駆動と制動 180
  双方向駆動／電気的制動

第3章■単相誘導モータ

- ■回転原理と種類 182
  単相誘導モータの回転原理／単相誘導モータの種類
- ■分相始動形単相誘導モータ ・・・・ 184
  リアクタンスを利用して回転磁界を作る
- ■コンデンサモータ 186
  コンデンサを利用して回転磁界を作る／コンデンサ始動形単相誘導モータ／コンデンサ運転形単相誘導モータ／コンデンサ始動コンデンサ運転形単相誘導モータ／リバーシブルモータ
- ■くま取りコイル形単相誘導モータ ・ 190
  誘導電流を利用して回転磁界を作る

第4章■同期モータ

- ■回転原理と種類・・・・・・・・192
  同期モータの回転原理／同期モータの種類と現状
- ■負荷角とトルク・・・・・・・・194
  負荷角／脱出トルク／同期引入トルク
- ■始動と制御・・・・・・・・・・196
  始動法／回転速度制御／双方向駆動と制御
- ■巻線形同期モータ・・・・・・・198
  コイルが回転子の同期モータ／固定子と極数／回転子と始動／位相特性
- ■リラクタンス形同期モータ・・・・202
  リラクタンストルク／リラクタンス形同期モータの種類と現状
- ■永久磁石形同期モータ・・・・・・204
  永久磁石が回転子の同期モータ／位相特性／ブラシレスACモータ
- ■その他の同期モータ・・・・・・・208
  ヒステリシス形同期モータ／インダクタ形同期モータ

column モータの軸受・・・・・・・・・・・・210

第4部◆半導体制御とサーボモータ

第1章■直流モータの半導体制御

- ■直流チョッパ制御・・・・・・・・212
  スイッチングによる電圧制御／基本駆動回路／チョッパ制御とインダクタンス／降圧チョッパと昇圧チョッパ
- ■PWM制御とPAM制御・・・・・216
  PWM制御／PAM制御
- ■交流入力直流出力電源・・・・・・218
  AC/DCコンバータ／静止レオナード方式

第2章■交流モータの半導体制御

- ■インバータ・・・・・・・・・・・220
  スイッチングで交流を作り出す
- ■矩形波出力と疑似サイン波出力・・222
  矩形波出力／擬似サイン波出力
- ■ベクトル制御・・・・・・・・・・226
  電流を成分に分けて考える制御
- ■サイリスタ位相角制御・・・・・・228
  サイリスタによる交流電圧制御
- ■マトリックスコンバータ・・・・・230
  交流を直接交流に変換する可変電圧可変周波数制御

第3章■制御とサーボモータ

- ■制御システム・・・・・・・・・・232
  オープンループ制御とクローズドループ制御／フィードバック制御とシーケンス制御／サーボ制御
- ■サーボモータ・・・・・・・・・・234
  きめ細かい制御に特化したモータ
- ■センサ・・・・・・・・・・・・・236
  センサの種類／タコジェネレータ／レゾルバ／ロータリエンコーダ／ホール素子
- ■制御の実際・・・・・・・・・・・242
  モータの制御／電圧比例制御／F/V制御／PLL制御

CONTENTS

第5部◆駆動回路で動かされるモータ

■ステッピングモータ

- ■回転原理と種類 246
  ステッピングモータの動作方法と種類／ステッピングモータの基本回転原理

- ■特性と特徴 248
  ステッピングモータの特性／ステッピングモータの特徴

- ■永久磁石形ステッピングモータ ... 250
  回転子が永久磁石のステッピングモータ／クローポール形ステッピングモータ

- ■可変リラクタンス形ステッピングモータ 252
  回転子が突極鉄心のステッピングモータ／歯車状鉄心形ステッピングモータ／スイッチトリラクタンスモータ

- ■ハイブリッド形ステッピングモータ・254
  PM形とVR形が複合されたステッピングモータ

- ■励磁方法 256
  1相励磁と2相励磁／1-2相励磁／マイクロステップ駆動

- column モータのブレーキ 258

第6部◆直線運動を生み出すモータ

■リニアモータ

- ■種類と特徴 260
  リニアモータの種類／リニアモータの特徴

- ■リニア交流モータ 262
  移動磁界／リニア誘導モータ／リニア同期モータ

- ■リニア直流モータ 266
  電機子可動形リニア直流モータ／磁石可動形リニア直流モータ／コイル可動形リニア直流モータ

- ■リニアパルスモータ 270
  リニアパルスモータの種類／永久磁石形リニアパルスモータ／可変リラクタンス形リニアパルスモータ／ハイブリッド形リニアパルスモータ

第7部◆モータの身近な活用例

第1章■交通

- ■電気鉄道 274
  電車と電気機関車／鉄輪式リニアモータカー／浮上式リニアモータカー

- ■自動車 278
  自動車用モータ／電気自動車／ハイブリッド自動車

第2章■家電製品

- ■家電製品 284
  家庭生活を支えているモータ

第1部

モータを知るための基礎知識

第1章 ■ 電気と磁気の基礎知識
- ◆電気の基礎 ・・・・・・・・・・・ 8
- ◆磁気 ・・・・・・・・・・・・・・ 10
- ◆コイルと電磁石 ・・・・・・・・・ 12
- ◆磁気回路と磁力線 ・・・・・・・・ 16
- ◆フレミングの法則 ・・・・・・・・ 18
- ◆電磁誘導作用 ・・・・・・・・・・ 20
- ◆ヒステリシス現象と磁性材料 ・・・ 24
- ◆抵抗、コンデンサ、コイル ・・・・ 28
- ◆電力制御用半導体素子 ・・・・・・ 30
- ◆整流回路と平滑回路 ・・・・・・・ 32

第2章 ■ モータの基礎知識
- ◆分類 ・・・・・・・・・・・・・・ 34
- ◆性能などの用語 ・・・・・・・・・ 36

第1章 電気と磁気の基礎知識
電気の基礎

電気とは何かを詳しく説明すると長くなってしまうので、ここではモータに関連する基本的な事項だけをまとめて説明する。

オームの法則

電気とはエネルギーの形態の1つだ。**プラス**と**マイナス**の**極性**があり、電子などのように電気的な性質をもった**電荷**というものが移動することで起こる現象だ。電気が流れる物質を**導体**、流れない物質を**絶縁体**という。

電気のプラス極とマイナス極を導体でつなぐと、プラス極からマイナス極に電気が流れる。正確な表現ではないが、流れる際の強さを**電圧**、一定時間に流れる量を**電流**と考えるとわかりやすい。電流の大きさは、両極をつなぐ導体の電気の流れにくさで決まる。流れにくさの度合いを**電気抵抗**といい、電気抵抗が高いほど、同じ電圧でも電流が小さくなる。この電圧、電流、電気抵抗の関係を示した法則を**オームの法則**といい、電流は電圧に比例し、電気抵抗に反比例する。それぞれの単位には電圧[V]、電流[A]、電気抵抗[Ω]が使われる。

電気抵抗は単に**抵抗**ということが多い。また、その大きさは**電気抵抗値**や**抵抗値**とすべきだが、これも単に抵抗ということが多い。また、電流という言葉は、「電流が流れる」といったように、電気が流れている状態を表現する言葉としても使われる。

また、電気が流れている状態では電圧というが、プラス極とマイナス極の関係では**電位差**という。プラス極とマイナス極にはそれぞれ**電位**という電気的な位置の高さがあり、両極の電位の差が電圧になる。こうした電気を発生させるものの電位差は、**起電力**ともいう。

オームの法則

$$E = IR \qquad \begin{array}{l} E：電圧[V] \quad I：電流[A] \\ R：電気抵抗[Ω] \end{array}$$

ジュール熱と電力

エネルギーである電気が流れれば、仕事をしたことになる。電気抵抗があれば、電気エネルギーが熱エネルギーに変換される。その際に発生する熱を**ジュール熱**という。

エネルギーが一定時間の間にする仕事の量を**仕事率**といい、電気では**電力**という。単位には[W]が使われ、電圧と電流の積が電力になる。電力に時間をかけたものを**電力量**または**仕事量**といい、実際に行われた仕事の量を示す。単位には[J]が使われる。

電力と電力量

$$P = EI$$
$$W = PT = EIT$$

$\begin{array}{l} P：電力[W] \\ E：電圧[V] \\ I：電流[A] \\ W：電力量[J] \\ T：時間[秒] \end{array}$

[V]=ボルト、[A]=アンペア、[Ω]=Ω、[W]=ワット、[J]=ジュール、[Hz]=ヘルツ

直流と交流

直流とは流れる方向と電圧が一定の電流のことだ。略号にはDCが使われる。電圧が変化しても電流の方向が一定ならば広義で直流と扱われる。電圧が周期的に変化するものは脈流という。ONとOFFを繰り返すような電流でも方向が一定ならば広義で直流と扱われることもある。こうした電流のうち、ONになった時に電圧が一定のものをパルス波や矩形波、方形波という。

交流とは流れる方向と電圧が周期的に変化する電流で、略号はACだ。狭義の交流は、縦軸を電圧、横軸を時間にすると、グラフがサインカーブ（正弦曲線）を描く。これを単相交流という。サインカーブを描かなくても、周期的に極性と電圧が変化する電流は広義で交流に扱われることもある。

サインカーブの山1つと谷1つのセットを1サイクルといい、1サイクルに要する時間を周期という。1秒間のサイクルの回数を周波数といい、単位に[Hz]が使われる。1サイクル内の位置を位相という。単位には[度]が使われ、1サイクルを360度とする。

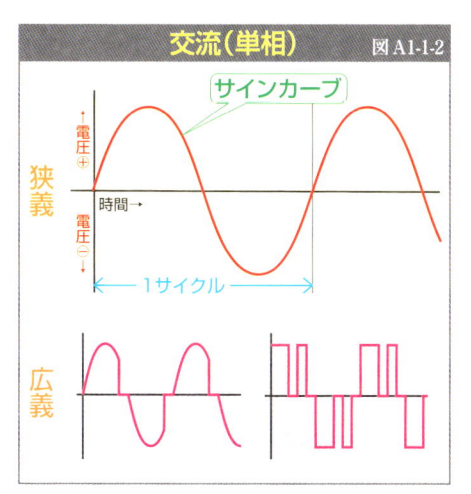

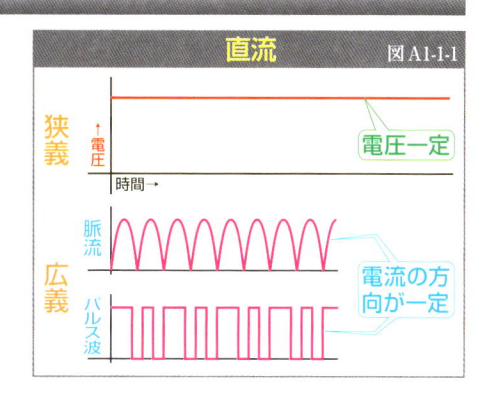

図A1-1-1　直流
狭義：電圧一定
広義：脈流、パルス波（電流の方向が一定）

◆三相交流

三相交流は、同じ周波数で同じ電圧の3組の単相交流が、周期が1/3（位相が120度）ずつずれた状態でまとまっている。三相交流の大きな特徴は、常に各相の電圧の合計が0になることだ。こうした特徴があるため、3組の単相交流を3本の線で送ることができる。ただし、この場合に送ることができる電力は各単相の$\sqrt{3}$倍だ。

そもそも三相交流は、別々に作られた単相交流をまとめたわけではなく、最初から三相交流発電機で作られる。また、三相交流はモータにも適した電流だ（第3部参照）。そのため大きな出力が求められる工場などでは、三相交流がそのまま使われている。

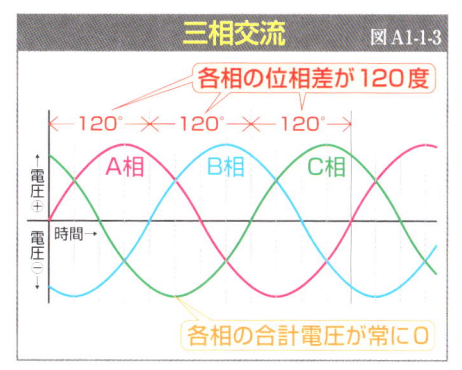

図A1-1-2　交流（単相）
狭義：サインカーブ（1サイクル、電圧+、電圧−）
広義

図A1-1-3　三相交流
各相の位相差が120度
A相　B相　C相
各相の合計電圧が常に0

🔸 DC＝direct current、AC＝alternating current、サイン波＝sine wave、サイクル＝cycle

第1章 電気と磁気の基礎知識

磁気

誰でも磁石は知っている。その磁石が備えている能力が磁気だ。モータを知るうえで、磁気の基本的な性質の理解は必要不可欠なものだ。

磁気

磁気とは、磁石が鉄を引きつける性質のことで、その時に発揮される力を**磁力**もしくは**磁気力**という。電気と磁気の相互作用など双方をまとめる場合は、**電磁気**という。

磁気には**N極**と**S極**という**極性**がある。棒状の磁石を糸でつるして両端の動きを自由にすると南北を指す。この時、北を向く側がN極、南を向く側がS極と決められている。

磁極には、異極同士は**吸引力**で引き合い、同極同士は**反発力**で反発し合う性質がある。また、1個の磁石には必ずN極とS極が組になって現れる。1個の磁石を2個に割れば、それぞれにN極とS極が現れる。2個の磁石の異極を接続すると1個の磁石になり、両端にN極とS極が現れ、接続部分は磁気的に中立な状態になる。

磁気による吸引力は鉄にも発揮されるが、鉄はN極にもS極にも引きつけられる。このように磁石に引きつけられる物質を**強磁性体**または単に**磁性体**という。強磁性体の元素は鉄、コバルト、ニッケルの3種類の金属だけだ。

強磁性体が磁石に引きつけられるのは、一時的に磁石としての性質が備わるためだ。例えば、磁石のN極を鉄に近づけると、鉄の磁石に近い側がS極になり、反対側がN極になるため、鉄と磁石の間に吸引力が働くようになる。このように、周囲の磁石の影響で強磁性体に磁石の性質が現れることを**磁気誘導**という。こうして磁気を帯びることを**磁化**といい、その磁気を**残留磁気**という。

しかし、この磁気はあくまでも一時的なものなので、時間が経過すると磁石の性質がなくなってしまう。時間が経過しても磁気の性質を備え続けるものが**永久磁石**だ。

磁極と磁力
図A1-2-1

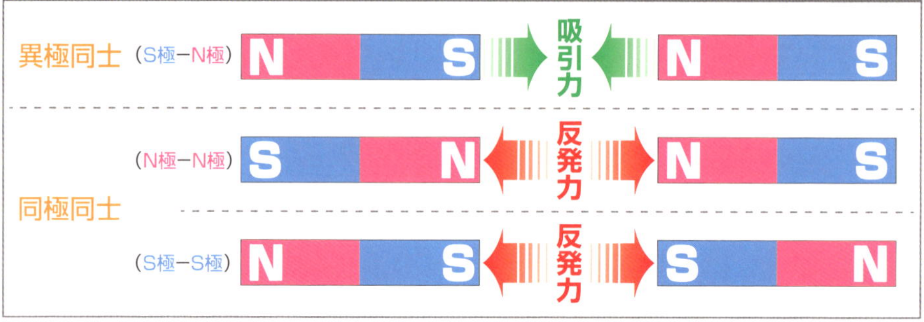

異極同士 (S極−N極)	N S → 吸引力 ← N S
同極同士 (N極−N極)	S N ← 反発力 → N S
同極同士 (S極−S極)	N S → 反発力 ← S N

[Wb]=ウエーバ、[T]=テスラ、[Wb/m²]=ウエーバパー平方メートル、[A/m]=アンペアパーメートル、[N/Wb]=ニュートンパーウエーバ、[H/m]=ヘンリーパーメートル、[A/Wb]=アンペアパーウェーバ

磁力線と磁束密度

　磁力の及ぶ範囲を**磁界**や**磁場**というが、磁力は目に見えない。これをイメージしやすくするために考え出されたのが**磁力線**だ。磁力線はN極から出てS極に入ると定義されている。磁力線は途中で分岐したり交差したり途切れたりすることはない。間隔が狭いほど、磁力が強いことを表す。磁力線が直線部分ではそれが磁界の向きになり、曲線部分では曲線の接線方向が磁界の向きになる。

　磁力線はあくまでも仮想線なので、実際の磁気の強弱は**磁束密度**で表現される。**磁束**とは磁力線を束にしたものといえ、磁極の強さ1単位が1本の磁束を発生すると考える。磁束の単位には[Wb]が使われる。

　磁束密度は、磁力線に垂直な単位面積を通る磁束の本数を意味するもので、磁界内の一定部分の磁気の強さを表現できる。単位には[T]または[Wb/m²]が使われる。

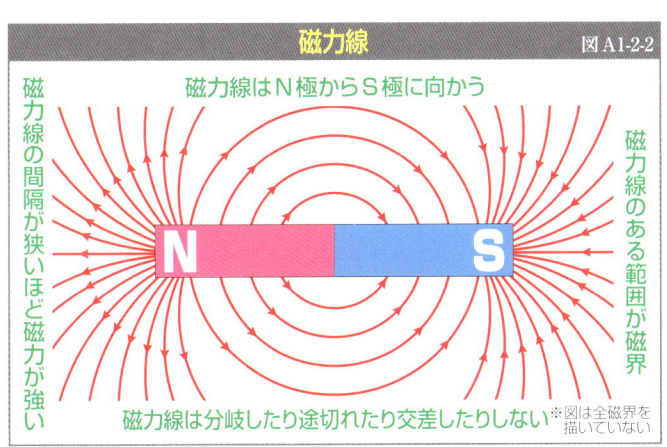

図A1-2-2 磁力線

磁力線はN極からS極に向かう
磁力線の間隔が狭いほど磁力が強い
磁力線のある範囲が磁界
磁力線は分岐したり途切れたり交差したりしない
※図は全磁界を描いていない

磁界強度と透磁率

　磁束密度と同じように磁気の強弱を表現するものには**磁界強度**があり、単位には[A/m]または[N/Wb]が使われる。磁界強度が**磁界**そのものの強さであるのに対して、磁束密度は空間の磁界の強さを表すものなので、空間を占める物質によって値が変化する。

　物質によって**磁力線**の通りやすさには違いがある。**強磁性体**は、空気中に比べて数1000倍も磁力線が通りやすい。こうした磁力線の通りやすさの度合いを表したものを**透磁率**といい、単位には[H/m]が使われる。透磁率が高い物質ほど、同じ磁界強度のなかにあっても、磁束密度が高くなる。

　次ページで説明するように、**コイル**に電流を流すと**電磁石**になる。このコイルに**鉄心**を入れると電磁石の磁力が強くなる。この時、鉄心なしコイルも鉄心ありコイルも電流によって生じる磁界強度はどちらも同じだが、空気より鉄のほうが透磁率が高いため、磁束密度は鉄心ありコイルのほうが高くなるわけだ。

　なお、磁力線の通りにくさを捉えることもある。通りにくさの大きさを表したものを**磁気抵抗**（**リラクタンス**）といい、単位には[A/Wb]が使われる。なお、磁気抵抗は磁力線の通りにくさそのものであるのに対して、透磁率は通りやすさの度合いだ。

磁界強度と磁束密度の関係

$B = \mu H$　　B：磁束密度[T]　μ：透磁率[H/m]
　　　　　　　H：磁界強度[A/m]

▶コイル=coil、リラクタンス=reluctance

第1章 電気と磁気の基礎知識
コイルと電磁石

磁界を作ることができるのは磁石ばかりではない。電気でも磁界を作ることができる。
それがモータでも多用されている電磁石だ。

電磁石

　導線に電流を流すと、導線を取り巻くように同心円状の**磁界**が発生する。**電流**の周囲にできる**磁力線**の向きは、電流の向きに対して右回りになる。一般的なネジでは、右に回すとネジが進んでいく（締め込まれる）。ネジの進む方向を電流の方向、ネジを回す方向を磁力線の方向に見立てることができるため、これを**右ネジの法則**という。発見者の名前から**アンペールの法則**ともいう。導線の回りの**磁界強度**は、電流に比例する。

　このように電気によって作られる磁石を**電磁石**という。しかし、導線1本のままでは大きな磁力が得られない。そのため、通常は導線をつる巻状にした**コイル**が使われる。

　導線を1巻だけループ状にして電流を流すと、ループの各部に同心円状の磁界ができる。どの部分の磁力線も同じようにループの中央を向くため、ループ中央に磁力線が集中して磁界が強くなる。コイルの**巻数**を増やしていくと、隣り合った導線の磁界が合成される。この合成が繰り返されることで、1つの大きな磁界になり、さらに磁界が強くなる。

　コイルの中心に鉄の棒を通すと、前ページで説明したように**磁束**が通りやすくなり、**磁束密度**が高くなる。こうした磁力線の通り道として使用する**強磁性体**を**鉄心**という。鉄心には棒状だけでなくさまざまな形状のものがある。鉄心のあるコイルに対して鉄心のないコイルを**空心コイル**という。

　コイルに電流を流して磁界を作ることを**励磁**という。コイルの場合も、電流に比例して磁界が強くなる。また、電流の大きさが同じなら、巻数が多いほど磁界が強くなる。さらに、コイルの直径が小さいほど磁界が強くなる。

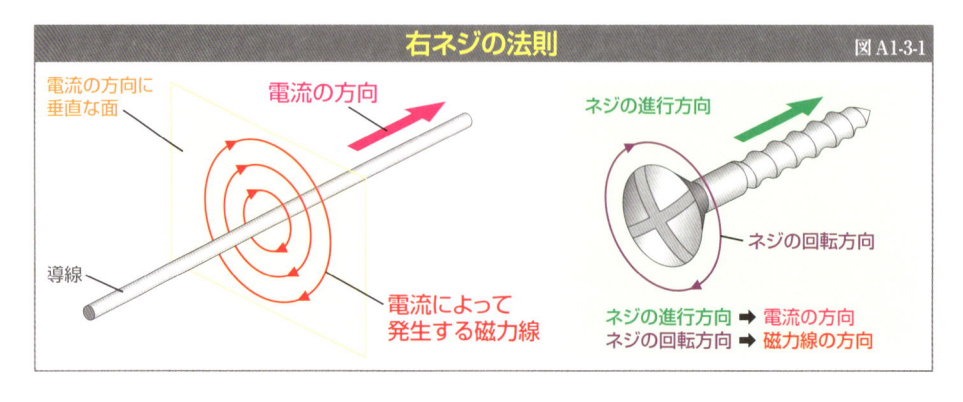

右ネジの法則 　図A1-3-1

- 電流の方向に垂直な面
- 電流の方向
- 導線
- 電流によって発生する磁力線
- ネジの進行方向
- ネジの回転方向
- ネジの進行方向 ➡ 電流の方向
- ネジの回転方向 ➡ 磁力線の方向

励磁という言葉は、強磁性体を磁化するという意味にも使えるが、電流による磁化で使われることのほうが多い

ループ（1ターンコイル）の磁力線　図A1-3-2

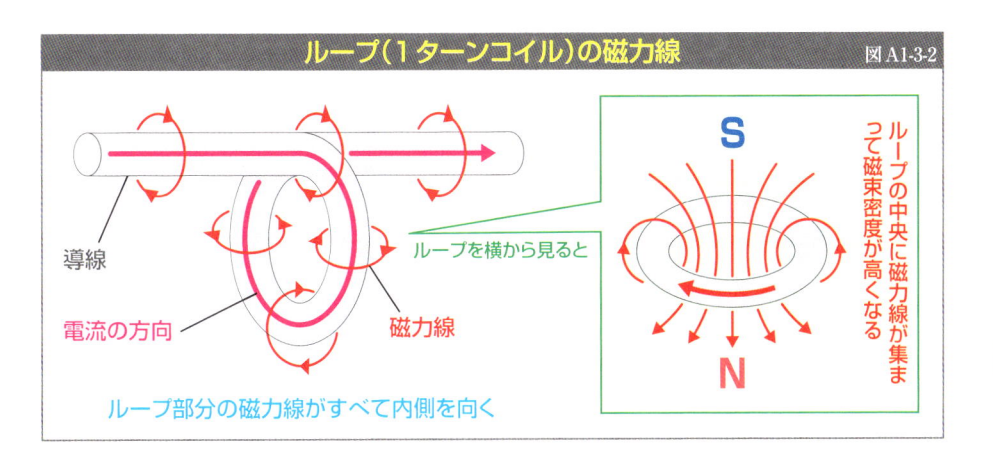

導線
電流の方向
ループを横から見ると
磁力線

ループの中央に磁力線が集まって磁束密度が高くなる

ループ部分の磁力線がすべて内側を向く

多ターンコイルの磁力線　図A1-3-3

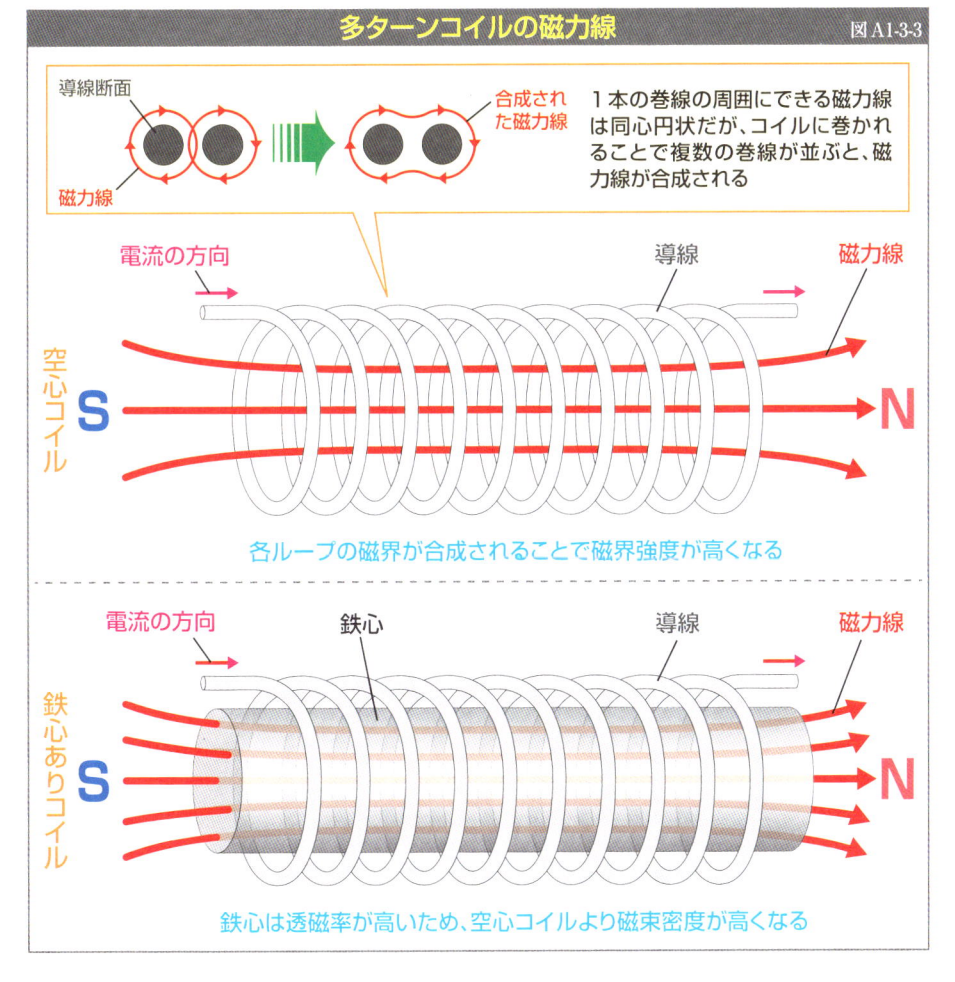

導線断面
磁力線
合成された磁力線

1本の巻線の周囲にできる磁力線は同心円状だが、コイルに巻かれることで複数の巻線が並ぶと、磁力線が合成される

空心コイル
電流の方向　導線　磁力線
S　N

各ループの磁界が合成されることで磁界強度が高くなる

鉄心ありコイル
電流の方向　鉄心　導線　磁力線
S　N

鉄心は透磁率が高いため、空心コイルより磁束密度が高くなる

☛ 鉄心には鉄芯という表記もある

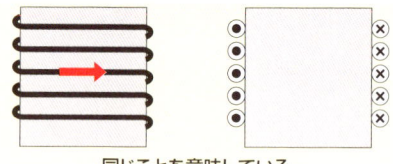

同じことを意味している

クロスマークとドットマーク

コイルやモータの図解で電流の流れる方向を示す時、導線が紙面方向であれば、矢印で電流の方向を示すことができる。しかし、導線の方向が紙面に垂直方向の場合、矢印では電流の方向を表現することができない。また、矢印で描くと図が見にくくなることもある。こうした際に使われるのが、クロスマークとドットマークだ。クロスマークは丸のなかに×を描いたもので、ドットマークは丸のなかに小さな黒丸を描いたものだ。これは、右ネジの法則から考え出されたものといわれている。クロスマークは、プラス溝のネジの頭部をイメージしたものなので、ネジの進行方向、つまり手前から奥に電流が流れる。ドットマークはネジを先端側から見た状態をイメージしたものなので、ネジの進行方向とは逆、つまり奥から手前に電流が流れる。なお、こうしたマークの場合、導線1本ごとに1個のマークを使うとは限らない。コイルのように多数の導線が並ぶ場合は、まとめて1個のマークで表現することも多い。

⊗＝クロスマーク　　⊙＝ドットマーク

コイルの巻数と磁力

よくある**電磁石**の実験では、**コイルの巻数**を増やすと、磁力が強くなると説明される。実際、**鉄心**に巻いたコイルの巻数を増やすと、電源電圧が同じでも、吸いつけることができるクギやクリップの数が多くなるが、単純に巻数が増えると**磁界**が強くなると考えてはいけない。**電気抵抗**と**電流**の関係を考える必要がある。

コイルに使う導線の抵抗は非常に小さい。実験の場合、巻数を増やす、つまり導線の全長が長くなって抵抗が大きくなっても、ほとんど電流が変化しないから磁界が強くなる。実際のモータでも、こうした現象が起こることが多い。それまで並列だった2個のコイルが直列にされれば、抵抗が2倍になるが、電流があまり変化しないため、並列の時と同程度の強さの磁界を発生することができる。

しかし、モータに使うコイルのなかには巻数が非常に多いものもある。巻数が多くなれば、それなりに抵抗が大きくなる。仮に電源からコイルまでの導線の抵抗を0として考えると、コイルの巻数が2倍になれば、コイルの導線の全長が2倍になり、抵抗も2倍になる。電源電圧が同じなら、電流は1/2になる。コイルの**磁界強度**は電流と巻数に比例するため、巻数を2倍にしても、磁界の強さは変化しないことになる。巻数の多いコイルでは、こうした現象が起こることもある。

磁界を生じさせる力を**起磁力**といい、コイルの場合は流れる電流とその巻数の積によって決まる。これを**アンペアターン**や**アンペア回数**といい、起磁力そのものを表す言葉として使われる。また、以前はアンペアターンを意味する[AT]が起磁力の単位にも用いられた(国際単位系では巻数は単位のない数量として扱われるため、現在は起磁力の単位に[A]が使われる)。

起磁力と磁界強度との関係は、磁界の方向に沿って1m隔てた2点間の起磁力が1Aの磁界の磁界強度が1A/mと定義される。この関係は、電気における**起電力**と電圧との関係に相当するため、アンペアターンは磁界強度とほぼ同じものとして捉えることができる。現在では起磁力の単位にも、磁界強度の単位にも巻数が含まれていないが、コイルを考えるうえでは巻数が非常に重要になる。

アンペアターン＝ampere-turn、[AT]＝アンペアターン

コイルの巻線

コイルに使用する導線を、**巻線**や**マグネットワイヤ**という。巻線の**巻数**は**ターン数**ともいい、1ターンや数ターン、多ターンなどで巻数を表現することもある。

巻線の材質は銅が一般的で、一部でアルミニウムが使われている。コイルでは隣り合った巻線が触れたり重なったりするため、表面が樹脂などの絶縁材でおおわれている。現在は使われていないが、古くはエナメル樹脂が絶縁に使われていたため、細い巻線は現在でも**エナメル線**と総称されることもある。

巻線は断面形状が円形のものが一般的で、**丸線**や**丸銅線**という。太さは用途に応じてさまざまで、数Vで駆動するような直流のモータなら直径0.1mm程度だが、高電圧で駆動する交流のモータだと直径10cmを超えるようなものもある。

大形のモータでは断面形状が方形の巻線が使われることもある。こうした巻線を**角線**や**角銅線**という。丸線ではどうしても巻線と巻線の間に隙間ができてしまうが、角線であれば線間の隙間がなくなる。同じ断面積、つまり電気抵抗が同じ丸線と角線を比較した場合、巻数が同じであれば、角線のほうがコイルの占める空間を小さくできる。同じ空間で同じ巻数なら、角線のほうが断面積の大きなものが使用でき、電気抵抗を抑えられる。

丸線と角線　図A1-3-4

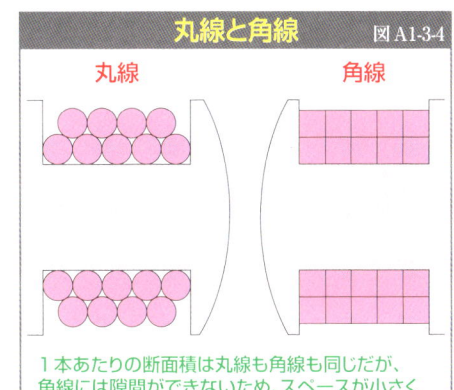

丸線　　　角線

1本あたりの断面積は丸線も角線も同じだが、角線には隙間ができないため、スペースが小さくなり巻数を増やすことも可能になる

巻数が多いコイルでは、複数の巻線を並列にして巻く**ダブル**や**トリプル**といった巻き方が採用されることがある。巻線の電気抵抗を無視せずに考えた場合、巻数をかえても磁界強度は同じだ。例えば、通常のシングル（1本巻）を、ダブル（2本巻）にかえて1本の巻数を1/2にした場合、トータルの巻数は同じだ。1本の長さは1/2になるので、電気抵抗が1/2になり、2倍の電流が流れる。結果、磁界強度が2倍になる。

ダブルやトリプルを利用することで、コイルが占める空間を小さくすることも可能だ。ただし、実際には、さまざまな要素が影響を与えるので、単純に計算通りの結果にはならないが、それでもダブルやトリプルの効果はある。しかし、製造にはそれだけ手間がかかる。

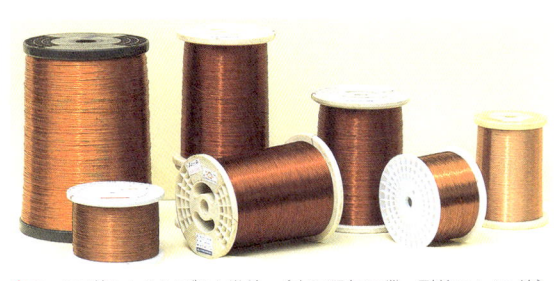

なお、特殊な巻線には薄い銅板を**フォトエッチング**や型抜き加工したものがある。フォトエッチングとは写真技術と金属の化学変化を利用した金属加工法で、電子基板やICの製造にも使われている。

↑モータに使われるさまざまな巻線。〔古河電気工業・耐熱エナメル線〕

マグネットワイヤ＝magnet wire、ターン＝turn、フォトエッチング＝photo-etching

第1章 電気と磁気の基礎知識
磁気回路と磁力線

磁力線にはさまざまな性質があり、モータの回転原理に利用されたり悪影響を及ぼしたりする。また、磁力線を利用するためには磁気回路という磁力線の経路が必要になる。

磁気回路

ドーナツ状の**鉄心**の一部に**コイル**を巻いて電流を流せば、**磁界**ができる。この時、磁界は存在するが、**磁力線**はすべて鉄心のなかを通っているため、磁気を利用できない。磁気を利用するためには、磁力線を空間に出す必要がある。鉄心の一部に切れ目を入れてC形にすれば、磁力線が空間を通るようになり、磁気が利用できる。Cの先端部分がそれぞれ**磁極**になる。鉄心の切れ目にできた隙間を**エアギャップ**や単に**ギャップ**という。鉄より空気のほうが**透磁率**が低いため、ギャップが広いほど**磁束密度**は低下する。

モータなど電磁気を利用する装置で、一連の磁力線が流れる経路を**磁気回路**という。磁気回路は全体としての**磁気抵抗**が小さいほど、磁束密度が高まり効率が高くなる。モータでもエアギャップがなければ磁気を利用できない。ギャップを作ることで力を生み出しているが、ギャップは可能な限り小さいほうが効率が高くなる。

本書を含めてモータを図示する場合、N極とS極の磁石が離れた位置に独立して表示されることが多い。しかし、磁極が1つだけの磁石は存在しない。これは図で説明するうえで必要な磁極だけを表示した状態だ。磁石であるなら、少なくとも反対面には異なる磁極が存在する。もっとも、実際のモータでは離れた位置に磁石を独立して配置することはない(原理説明用の模型などではある)。磁石同士が離れていたのでは、空気中を磁

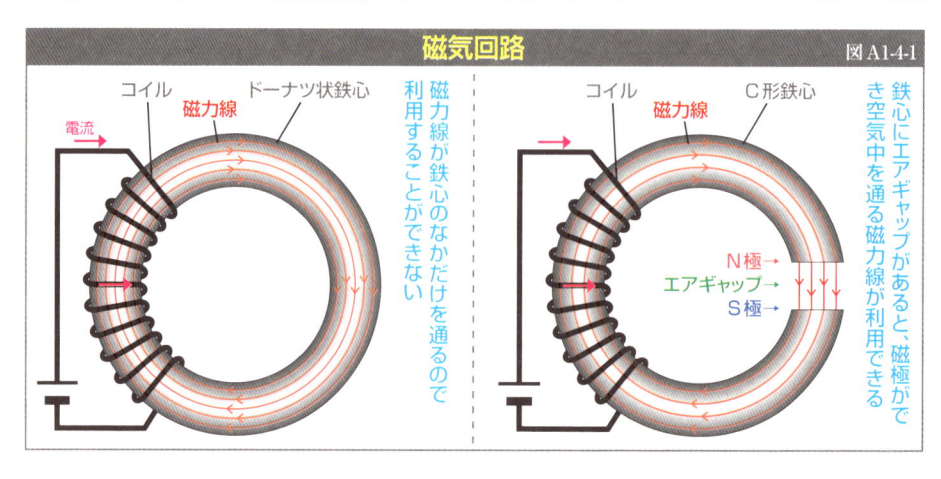

磁気回路　　　図A1-4-1

磁力線が鉄心のなかだけを通るので利用することができない

鉄心にエアギャップがあると、磁極ができ空気中を通る磁力線が利用できる

16　🔶 エアギャップ＝air gap、ヨーク＝yoke、モータケース＝motor case

力線が通る距離が長くなり、効率の悪い磁気回路になってしまう。そのため、どうしても必要なエアギャップ以外は、磁石同士を**強磁性体**でつなぎ、磁力線の経路を作るのが一般的だ。こうした磁気回路を構成するための強磁性体を**ヨーク（継鉄）**という。モータケースがヨークとして使われることも多い。例えば2個の磁石をヨークでつないだ場合、それぞれの磁石のヨークに接する面の磁極はなくなって磁気的に中立な状態になり、全体として1個の磁石になっているといえる。

モータなどの磁気回路の設計では、**漏れ磁束（リーケージフラックス）**を小さくすることも求められる。漏れ磁束は**漏洩磁束**といい、本来の磁気回路以外の部分を通過して、力の発生に役立たない磁力線のことを指す。漏れ磁束が多いと、それだけモータの効率が低下する。

磁力線の性質

磁力線には通りやすい（**透磁率**が高い）部分を通ろうとする性質があり、さらに最短距離を通ろうとする性質がある。これは、**磁気抵抗**が大きな状態から、磁気抵抗が小さな状態になろうとする性質ともいえる。

例えば、図（A1-4-2）のように**磁気回路**を構成するN極とS極の間に回転軸を備えた断面形状が長方形の鉄を置き、長方形の辺と磁力線の方向が斜めになるようにすると、空気中より透磁率が高い鉄を通ろうとして、磁力線が引き伸ばされる。しかし、この状態は空気中を通る距離が最短ではないので、磁気抵抗が大きい。すると、磁力線が最短距離を貫けるように鉄を回転させる力が発揮される。あたかも、引き伸ばされたゴムひもが張力を発揮しているような現象が起こる。

このようにして発生する回転させようとする力は、モータの回転原理に利用されることもあれば、モータに悪影響を及ぼすこともある。回転原理に利用される場合は**リラクタンストルク**といい、**トルク変動**による悪影響の場合は**コギングトルク**という。**トルク**とは回転させる力のことだ（P37参照）。

また、磁力線にはいったん状態が安定すると、その状態を保とうとする性質がある。この性質は、後で説明する**電磁誘導**（P18参照）という現象を引き起こす。電磁誘導はさまざまなモータの回転原理に利用される。

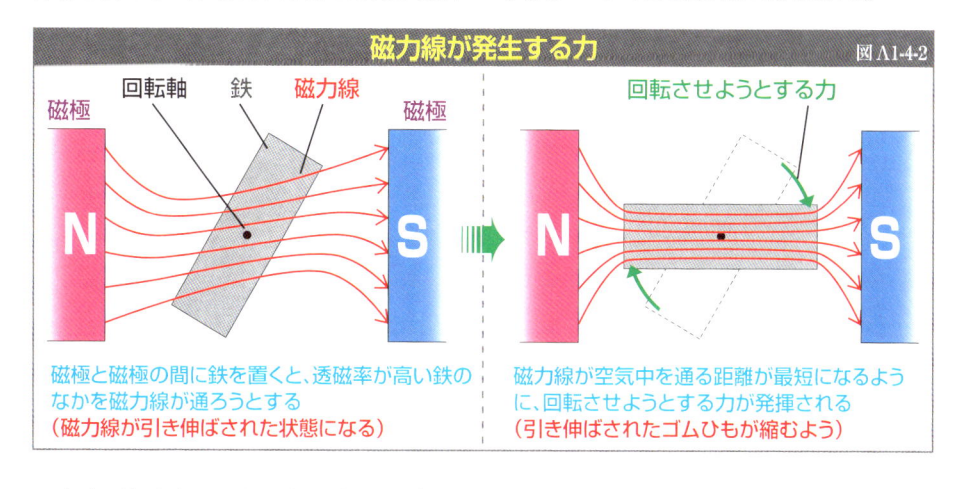

図A1-4-2　磁力線が発生する力

磁極／回転軸／鉄／磁力線／磁極
N　S

磁極と磁極の間に鉄を置くと、透磁率が高い鉄のなかを磁力線が通ろうとする
（磁力線が引き伸ばされた状態になる）

回転させようとする力
N　S

磁力線が空気中を通る距離が最短になるように、回転させようとする力が発揮される
（引き伸ばされたゴムひもが縮むよう）

リーケージフラックス＝leakage flux、リラクタンストルク＝reluctance torque、コギングトルク＝cogging torque

第1章 電気と磁気の基礎知識
フレミングの法則

電気と磁気の相互作用で力を生み出したり、磁気と力の相互作用で電気を生み出すことが可能だ。こうした作用がモータの回転原理に利用される。

電磁力

磁界のなかで、導線に電流を流すと、それまでの磁界と電流によって発生する磁界が影響し合うことで、物体を動かす力が生まれる。これを**電磁力**や**ローレンツ力**という。この電磁力がモータの回転原理に利用される。

図（A1-5-1）のようにU字磁石の**磁極**の間に導線を配して電流を流すと、導線が力を受ける。磁石の**磁力線**は下向きで、電流が奥から手前に流れる導線には左回りの磁力線が発生する。導線に向かって左側では、双方の磁力線の方向が揃うため、磁力線が密になって磁界が強くなる。逆に導線の右側では双方の磁界の磁力線が逆方向になるため、打ち消し合って磁力線が疎になり磁界が弱くなる。磁気には安定した状態になろうとする性質があるため、導線の両側の磁力線の密度が均等になるように、導線は磁界が弱くなった右側に動かされる。

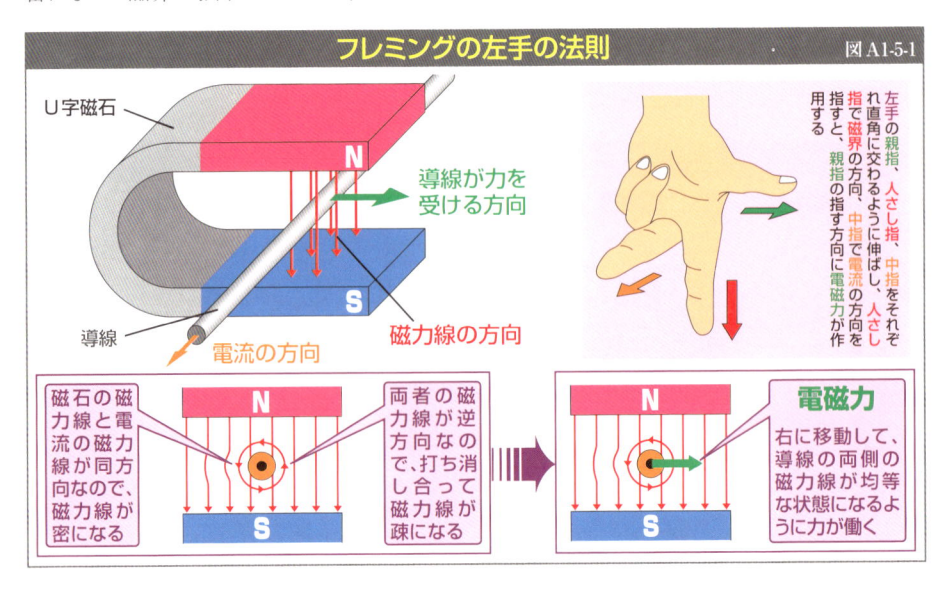

電磁力の大きさ

$$F = BIL$$

F：電磁力[N]
B：磁束密度[T]
I：電流[A]
L：有効導体長[m]

図A1-5-1　フレミングの左手の法則

左手の親指、人さし指、中指をそれぞれ直角に交わるように伸ばし、人さし指で磁界の方向、中指で電流の方向を指すと、親指の指す方向に電磁力が作用する。

- 導線が力を受ける方向
- 電流の方向
- 磁力線の方向

磁石の磁力線と電流の磁力線が同方向なので、磁力線が密になる

両者の磁力線が逆方向なので、打ち消し合って磁力線が疎になる

電磁力　右に移動して、導線の両側の磁力線が均等な状態になるように力が働く

ローレンツ力=lorentz force

こうした電流、磁界、電磁力の方向には一定の関係があり**フレミングの左手の法則**で説明される。電磁力の大きさは、電流の大きさ、周囲の磁界の**磁束密度**、磁界内の導線の長さ(**有効導体長**)に比例する。ただし、これは磁力線の方向と電流の方向が直角の場合だ。直角でない場合は、導線の直角方向の成分で計算する必要がある。

電磁誘導作用

電磁力は**磁界**と**電流**の組み合わせで生まれる力だが、組み合わせをかえると磁界と力によって電流を発生させることもできる。この現象を**電磁誘導作用**という。

図(A1-5-2)のようにU字磁石の**磁極**の間に配した導線を動かすと、導線に**電流**が流れる。磁石の**磁力線**は下向きで、導線が右から左に移動すると、導線に向かって左側では、磁力線が押されて密になり磁界が強くなる。逆に導線の右側では磁力線が疎になり、導線の両側の磁力線が不安定な状態になる。磁気には安定した状態になろうとする性質があるため、導線を押し戻す方向に力が発揮されるように作用する。そのためには左回りの磁力線が必要になるため、導線の奥から手前に向かって電流が流れる。

誘導起電力の大きさ

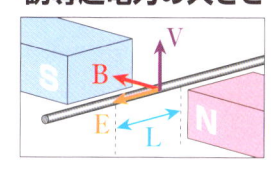

$$E = BVL$$

E:誘導起電力[V]
B:磁束密度[T]
V:移動速度[m/s]
L:有効導体長[m]

こうした磁界、力、電流の方向には一定の関係があり**フレミングの右手の法則**で説明される。電磁誘導によって発生する**電圧**を**誘導起電力**といい、流れる電流を**誘導電流**という。誘導起電力は、周囲の磁界の**磁束密度**、磁界のなかにある導線の長さ(**有効導体長**)、導線の移動速度に比例する。この場合も、磁力線の方向と導線の移動方向が直角でない場合は、直角に移動する速度の成分で計算する必要がある。

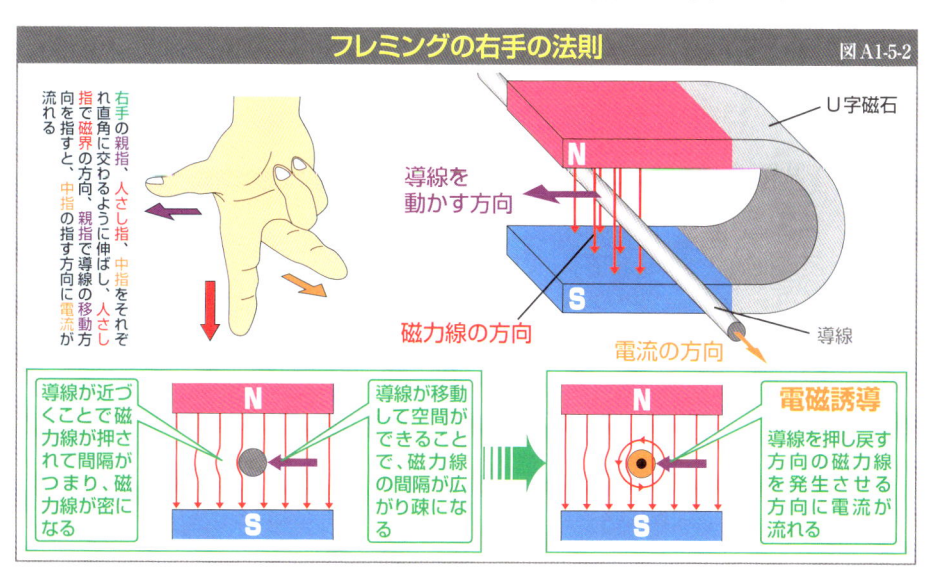

フレミングの右手の法則

図A1-5-2

右手の親指、人さし指、中指をそれぞれ直角に交わるように伸ばし、人さし指で磁界の方向、親指で導線の移動方向を指すと、中指の指す方向に電流が流れる

- U字磁石
- 導線を動かす方向
- 磁力線の方向
- 電流の方向
- 導線

導線が近づくことで磁力線が押されて間隔がつまり、磁力線が密になる

導線が移動して空間ができることで、磁力線の間隔が広がり疎になる

電磁誘導 導線を押し戻す方向の磁力線を発生させる方向に電流が流れる

第1章 電気と磁気の基礎知識

電磁誘導作用

前ページの電磁誘導作用は導線を動かすことで電流を発生させたが、磁界を動かすことでも同様の現象が起こる。こうしたコイルの誘導作用にはさまざまなものがある。

誘導起電力と誘導電流

導線や**コイル**に対して**磁界**を動かすことでも**電磁誘導作用**が起こる。導線やコイルに**誘導起電力**が発生し、電気抵抗に反比例して**誘導電流**が流れる。図（A1-6-1）のように棒磁石をコイルに入れていくと、コイル内の**磁力線**が増えていくため、この磁力線を打ち消す方向の磁力線が発生するように誘導電流が流れる。棒磁石を止めると、磁界が移動しなくなるため誘導電流が停止するが、棒磁石を引き出していくと、今度はコイル内の磁力線が減っていくため、同じ方向の磁力線が発生するように誘導電流が流れる。

棒磁石を速く動かすほど、誘導起電力は大きくなる。つまり、単位時間あたりの磁力線の変化が大きいほど、誘導起電力が大きくなる。1秒あたり1Wbの**磁束**の変化が、1Vの起電力を生ずる。また、コイルの**巻数**が多いほど、誘導起電力が大きくなる。

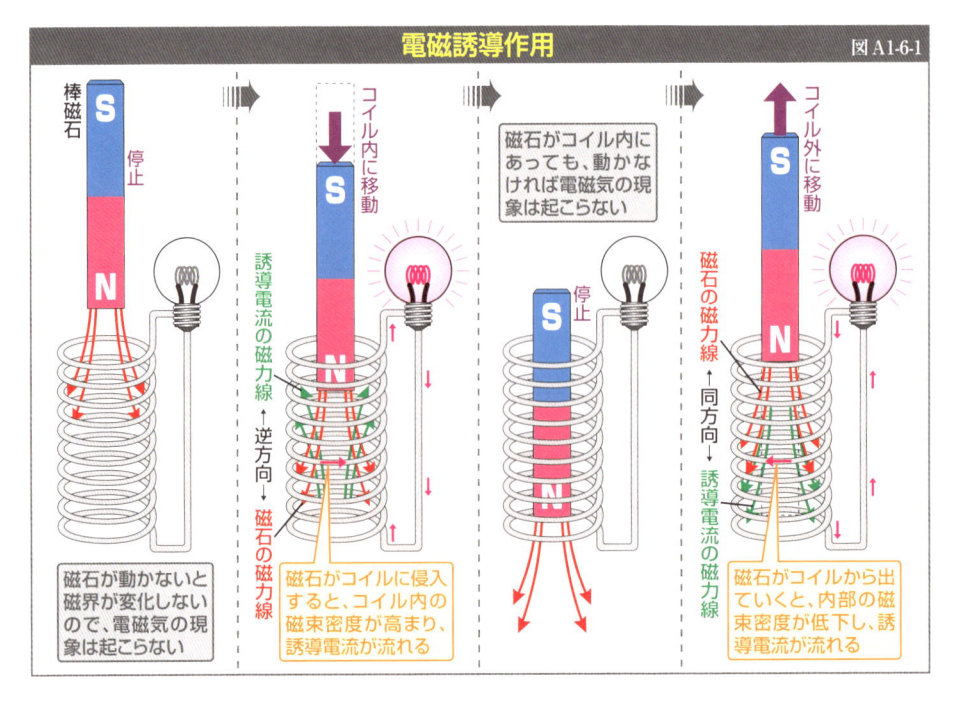

図A1-6-1 電磁誘導作用

渦電流

　誘導起電力は、導線やコイルだけに発生するものではない。導体が変化する磁界のなかにあれば、抵抗に反比例して、誘導電流が発生する。例えば、銅板の1点に向けて棒磁石を近づけていくと、銅板の磁力線が変化する。図(A1-6-2)のようにN極を近づけていった場合、その磁力線の変化を打ち消す磁力線が発生するように、銅板に左回りの誘導電流が流れる。こうした誘導電流は、渦を巻くように流れるので渦電流という。渦電流は行き場のない電流であるため、銅板の抵抗によってジュール熱(熱エネルギー)に変換されることで、消えていく。

　棒磁石を銅板に対して平行に移動したとしても、磁界の変化が起こるので、渦電流が発生する。コイルの場合なら、移動させなくても電流の変化で磁界が変化する。交流であれば電流が常に変化するので、その磁界のなかに導体があれば渦電流が発生する。直流であっても、電流を断続させたり、電流の方向を切り替えることを繰り返せば、渦電流が発生する。

　渦電流は、損失を発生させてモータの効率を低下させる要因になることがあるいっぽうで、誘導モータのように回転原理そのものに利用することもある。

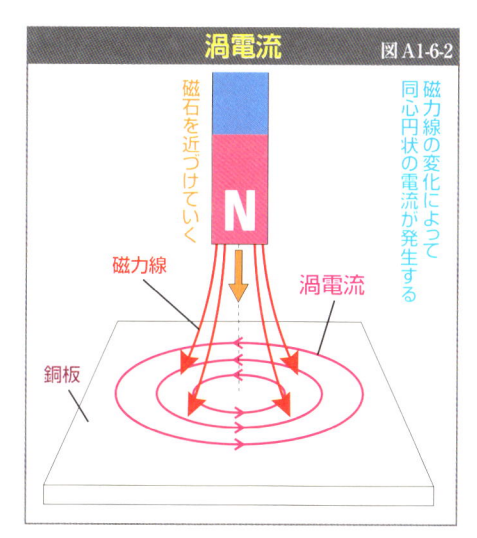

図A1-6-2　渦電流

磁力線の変化によって同心円状の電流が発生する

磁石を近づけていく

磁力線　渦電流　銅板

自己誘導作用

　コイルに電流を流すと電磁石になるが、その際にも電磁誘導作用が起こる。

　次ページの図(A1-6-3)のように、電流が流れ始める瞬間から見ていくと、それまで磁力線がなかったコイル内に磁力線が発生していくため、その磁力線を打ち消す方向の磁力線が発生するように誘導電流が流れる。こうした電磁誘導作用を自己誘導作用という。その際に流れる電流は、コイルに流した電流とは逆方向になるため、その誘導起電力を逆起電力という。

　電流を停止する際にも、自己誘導作用が起こる。それまで存在していた磁力線がなくなるため、磁力線を補うように、コイルに流していた電流と同方向の誘導電流が流れる。

　直流であれば、コイルにかけた電圧が逆起電力に打ち勝って、コイルの磁界が安定すれば、自己誘導作用が発生しなくなる。そのため、誘導電流が流れるのは、電流を流し始めた時と停止した時に限られる。

　交流の場合は、電圧が常に変化するため、電流も常に変化する。そのため自己誘導作用が起こり続ける。結果として、コイルに流れる電流は、電圧の変化より1/4サイクル分遅くなる。これを遅れ電流といい、位相の遅れは90度だ(次ページ図A1-6-4参照)。

自己誘導作用 　図A1-6-3

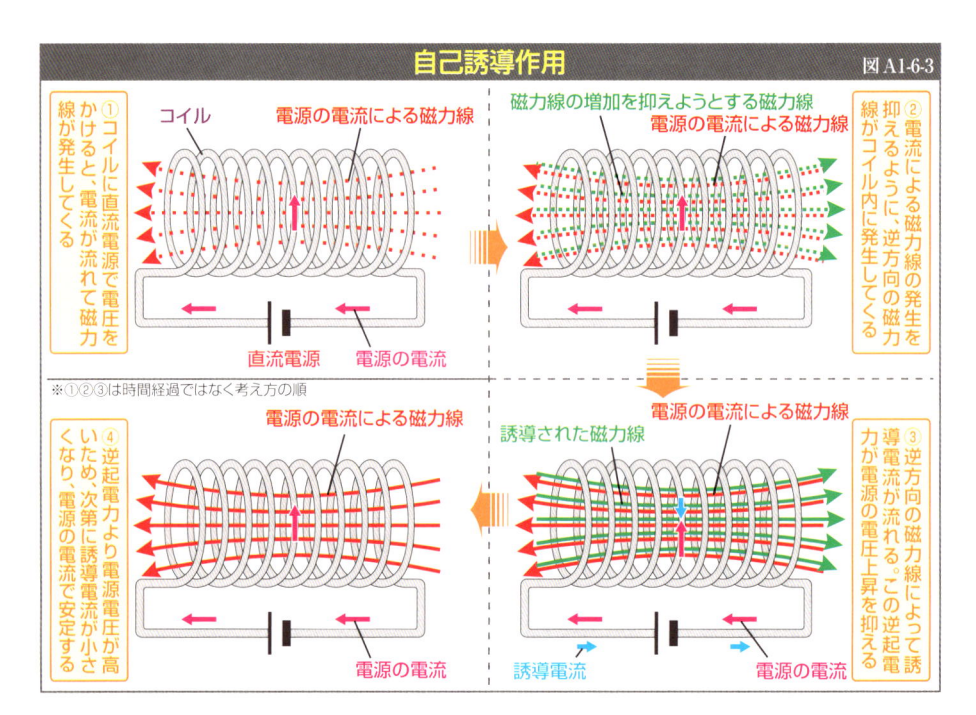

① コイルに直流電源で電圧をかけると、電流が流れて磁力線が発生してくる

電源の電流による磁力線
コイル
直流電源
電源の電流

② 電流による磁力線の増加を抑えるように、逆方向の磁力線がコイル内に発生してくる

磁力線の増加を抑えようとする磁力線
電源の電流による磁力線

※①②③は時間経過ではなく考え方の順

④ 逆起電力より電源電圧が高いため、次第に誘導電流が小さくなり、電源の電流で安定する

電源の電流による磁力線
電源の電流

③ 逆方向の磁力線によって誘導電流が流れる。この逆起電力が電源の電圧上昇を抑える

電源の電流による磁力線
誘導された磁力線
誘導電流
電源の電流

遅れ電流と無効電力　図A1-6-4

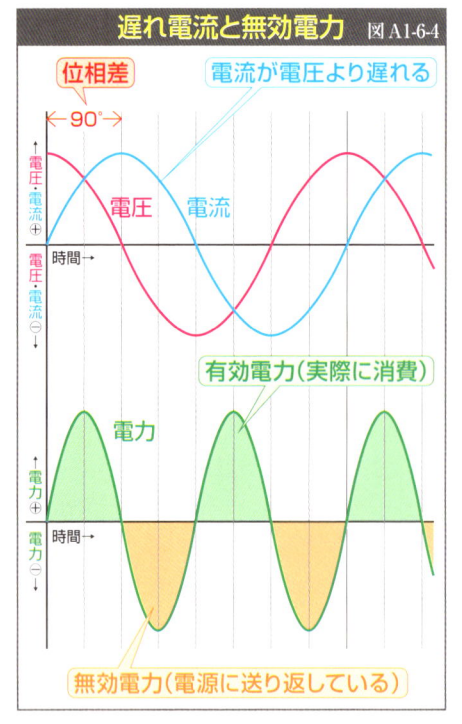

位相差 ←90°→
電流が電圧より遅れる
電圧　電流
有効電力（実際に消費）
電力
無効電力（電源に送り返している）

◆インダクタンス

このように、**コイル**などで電流の変化が**誘導起電力**となって現れる性質やその大きさを**インダクタンス**という。単位には[H]が使われる。コイルの**巻数**が多いほど、インダクタンスが大きくなる。**空心コイル**より鉄心ありコイルのほうがインダクタンスが大きくなる。モータでは、このインダクタンスの影響がさまざまな部分にさまざまな形で現れる。

◆無効電力

コイルに交流を流すと、電圧に対して**電流**の**位相**が90度遅れる。すると、電圧と電流の積である**電力**は、交流の倍の**周波数**で脈打つ。これは電力がコイルに蓄えられたり、送り返されたりしている状態といえる。この時、送り返される電力を**無効電力**といい、その分だけ電力を消費していないことになる。送られてきた全電力は**皮相電力**といい、実際に使われた電力を**有効電力**という。

インダクタンス＝inductance

相互誘導作用

　磁界を共有できるように配置した2個の**コイル**の間でも**電磁誘導作用**が起こる。こうした作用を**相互誘導作用**という。図（A1-6-5）のように2個のコイルを配置し、コイルAに直流電圧をかけると**磁力線**を発生する。この磁力線はコイルBの磁界を変化させることになるので、コイルBに**誘導電流**が流れる。コイルAの磁界が安定すれば、コイルBの**誘導起電力**はなくなる。次にコイルAの電流を停止すると、その瞬間にはコイルBに誘導起電力が発生する。

　直流であれば、電流を流し始めた時と停止した時にしか誘導電流が流れないが、交流の場合は磁界が常に変化しているので相互誘導作用が起こり続け、常に誘導電流が流れ続ける。

　相互誘導作用では、コイルの**巻数**の比に応じて誘導起電力が変化する。通常、電流を流すコイルを**一次コイル**、誘導電流が流れるコイルを**二次コイル**といい、一次コイルと二次コイルの巻数の比が1対2なら、誘導起電力は、一次コイルの起電力の2倍になる。ただし、**電力**は一定なので二次コイルの電流は一次コイルの電流の1/2になる。

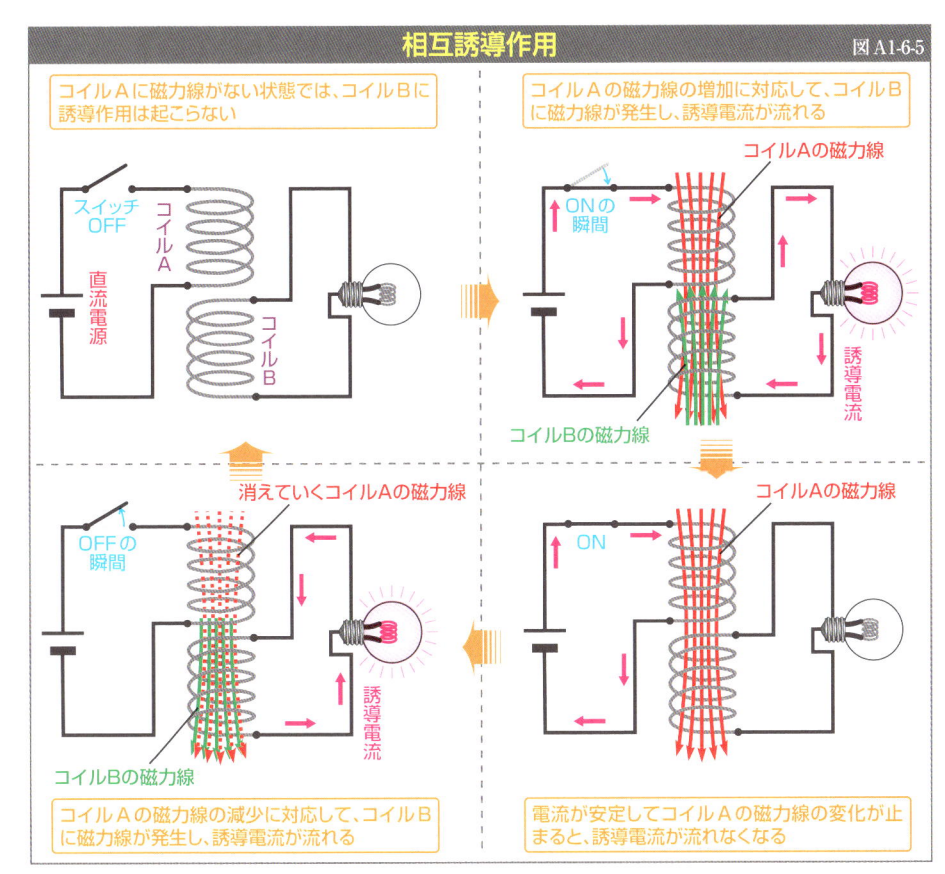

相互誘導作用

図 A1-6-5

- コイルAに磁力線がない状態では、コイルBに誘導作用は起こらない
- コイルAの磁力線の増加に対応して、コイルBに磁力線が発生し、誘導電流が流れる
- コイルAの磁力線の減少に対応して、コイルBに磁力線が発生し、誘導電流が流れる
- 電流が安定してコイルAの磁力線の変化が止まると、誘導電流が流れなくなる

第1章 電気と磁気の基礎知識

ヒステリシス現象と磁性材料

磁界によって磁束密度が変化する強磁性体ならではの特徴がヒステリシス現象だ。磁石や強磁性体を理解するための重要な要素であり、モータでは損失にも影響を及ぼす。

ヒステリシス現象

電磁石により**磁界強度**を変化させられる**磁界**のなかに、まったく**磁化**していない**強磁性体**を置き、磁界強度を0から少しずつ高めていくと、図（A1-7-1）のグラフのo点→a点のように強磁性体の**磁束密度**が高まっていく。この曲線を**磁化曲線**という。あるところまで磁束密度が高まると、それ以上に磁界強度を高めても、磁束密度が高まらなくなる（a点）。この状態を**飽和**といい、この時の磁束密度Bmを**飽和磁束密度**や**最大磁束密度**という。

この状態から磁界強度を低下させていくと、磁束密度が低下していくが、磁界強度が0になっても強磁性体には磁束密度が残る（b点）。これが**残留磁気**であり、その時の磁束密度Brを**残留磁束密度**という。

次に磁界の方向を逆にして磁界強度を高めていくと、ついには強磁性体の磁束密度が0になる（c点）。この時の磁界強度Hcを**保磁力**という。このように磁束密度が低下していく作用を**減磁作用**といい、グラフのb点→c点が描く曲線を**減磁曲線**という。さらに、磁界強度を高めていくと、強磁性体は逆方向に磁化され、飽和する（d点）。

再び磁界の方向を逆にして磁界強度を高めていくと、強磁性体の磁束密度が変化し、最初の飽和点に戻る（d点-e点-f点-a点）。このグラフ全体の軌跡を**ヒステリシス曲線**（**ヒステリシスループ**）といい、このような現

ヒステリシス曲線 図A1-7-1

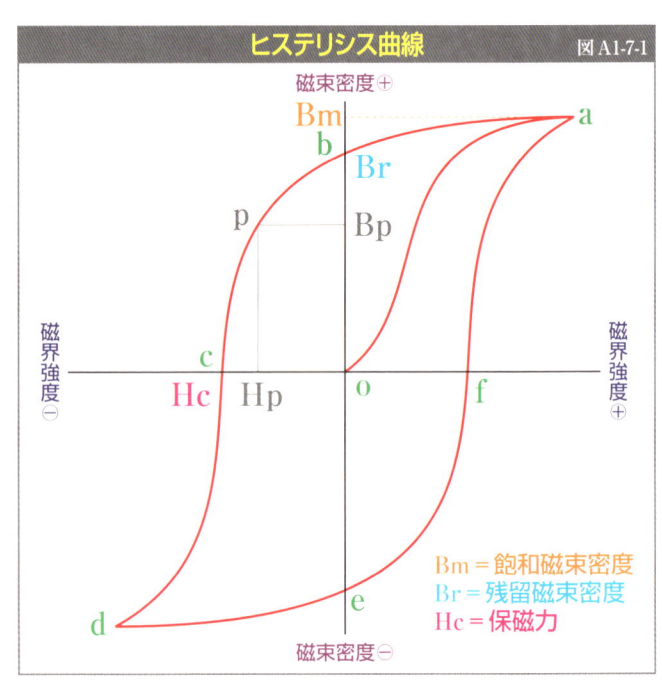

Bm = 飽和磁束密度
Br = 残留磁束密度
Hc = 保磁力

ヒステリシス=hysteresis、ヒステリシスループ=hysteresis loop

象を**ヒステリシス現象**という。

◆**減磁作用**

　定義に従えば、磁石内部でも磁力線は**磁極Nから磁極Sに向かう**。すると磁石内部の磁界の向きは、磁石外部の磁界の向きと逆になる。この磁石内部の磁界を**減磁界**といい、その作用を**減磁作用**という。磁極ができれば、必ず減磁作用を受けるが、すべての磁力線が打ち消されるわけではないので磁石として利用できる。磁石自身ではなく周囲の磁界で減磁作用を受けることもある。

　減磁作用の影響は、ヒステリシス曲線から読み取れる。例えば、Hpの磁界強度（磁石の磁界とは逆方向の磁界）で減磁作用を受けても、Bp点の磁束密度が利用できる。

　永久磁石の素材を考えた場合、減磁曲線の部分が重要になる。減磁曲線上の磁界強度と磁束密度の積を**エネルギー積**といい、その最大値を**最大エネルギー積**という。最大エネルギー積が大きく、ヒステリシス曲線の囲む面積が大きなものほど、永久磁石の材料としては優れていることになる。

◆**ヒステリシス損失**

　運転中のモータ内部では、コイルの電流の変化によって磁界が変化したり、コイルの磁界が移動したりすると、その磁界内にある強磁性体にヒステリシス現象を起こさせることがある。ヒステリシス現象が起きると、それだけ磁気エネルギーが使われたことになる。磁気エネルギーは熱エネルギーに変換され、周囲に拡散する。

　この損失を**ヒステリシス損失**といい、失われるエネルギーの大きさは、ヒステリシス曲線に囲まれた面積に比例することがわかっている。ヒステリシス損失を抑えるには、その面積が小さな素材を利用すればいい。

磁性材料

　磁性材料とは、磁気的な性質を利用するために使用される**強磁性体**の材料のことだ。強磁性体は、その性質によって**軟磁性体**と**硬磁性体**に分類され、磁性材料も同じように**軟磁性材料**と**硬磁性材料**がある。それぞれ**ヒステリシス曲線**の形状に違いがある。

　軟磁性体は、**保磁力**が小さく**透磁率**が大きな強磁性体で、軟磁性材料は**コイル**などの**鉄心**や**磁気回路**の**ヨーク**に使用される。モータで多用される軟磁性材料は**電磁鋼**だ。電磁鋼は強磁性体である鉄を主成分とするもので、おもにケイ素を混合した**ケイ素鋼**が使われる。板状のものが使われることが多いため、**電磁鋼板**や**ケイ素鋼板**ともいう。電磁鋼板には、**無方向性電磁鋼板**と**方向性電磁鋼板**がある。無方向性電磁鋼板は、鋼板の特定の方向に偏って磁化しないようにしたもので、モータの鉄心に適する。方向性電磁鋼板は一定の方向に磁化しやすいもので、**変圧器**の鉄心などに使われている。

　硬磁性体は、保磁力が大きいことが特徴で、硬磁性材料は**永久磁石**として用いられる。クレジットカードの磁気テープに使われる磁気記録用の磁性体も硬磁性材料だ。

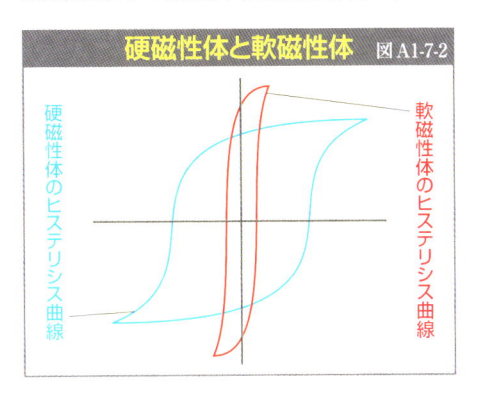

硬磁性体と軟磁性体 図A1-7-2

硬磁性体のヒステリシス曲線

軟磁性体のヒステリシス曲線

積層鉄心

鉄心では損失（P39参照）が発生することがある。損失にはヒステリシス損失と渦電流損失があり、あわせて鉄損という。どちらの損失も、コイルの電流の変化によって磁界が変化したり、コイルの磁界が移動したりすることで発生する。ヒステリシス損失を抑えるためにはヒステリシス曲線に囲まれた面積が小さな材料が望ましい。渦電流損失を抑えるためには、渦電流が流れにくい状態が望ましい。渦電流は流れる経路を小さくすることで小さくなる。板状の素材の場合、渦電流の大きさは厚さの2乗に比例する性質があるため、鉄心を1固体ではなく、薄い板を何層にも重ねた積層構造にすることで、渦電流損失を抑えることができる。また、鉄心としての基本的な能力を考えた場合、その材料は透磁率が高いことが望ましい。

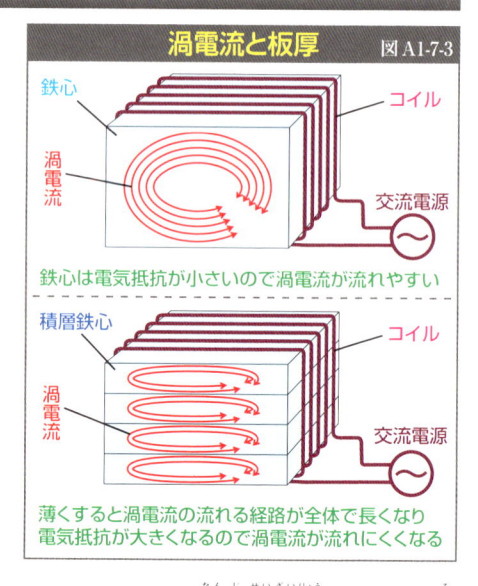

図A1-7-3 渦電流と板厚

鉄心は電気抵抗が小さいので渦電流が流れやすい

薄くすると渦電流の流れる経路が全体で長くなり電気抵抗が大きくなるので渦電流が流れにくくなる

これらの点で、軟磁性材料であるケイ素鋼板は、鉄損を軽減するのに適した材料であるといえる。そのため、鉄損が発生する可能性がある鉄心では、両面に絶縁加工を施した薄いケイ素鋼板を何枚も重ねて積層構造にしたものが使用される。こうした鉄心を積層鉄心という。

図A1-7-4 積層鉄心

薄いケイ素鋼板を鉄心の形状にし、鋼板の表裏には絶縁処理を施す

鋼板を重ねて積層鉄心にする

永久磁石

永久磁石とは、残留磁束密度が高く保磁力が大きな硬磁性材料を磁化したものだ。その材料は鉄、コバルト、ニッケルの3種類が基本で、これらの物質に他の物質を混ぜて合金などにすると、磁石としての特性が変化する。さまざまな永久磁石が開発されているが、モータに使われているのは、おもにフェライト磁石と、希土類（レアアース）を材料にする希土類磁石（レアアース磁石）だ。希土類磁石は磁力が強く、保磁力も強いが、コストが高い。希土類磁石にもさまざまな種類があるが、おもに使われるのはサマリウム

フェライト磁石=ferrite magnet、レアアース磁石=rare-earth magnet、ネオジム磁石=neodymium magnet

さまざまなリング磁石　　図A1-7-5

- 多極に着磁されたリング磁石
- 斜めに着磁されたリング磁石（径方向異方性）
- 内側には磁極が現れないリング磁石（極異方性）

コバルト磁石とネオジム磁石だ。

硬磁性材料を磁化する場合、磁化のされやすさは磁界の方向によって異なり、磁化されやすい方向を**磁化容易軸**という。粉末などから磁石材料を作る場合、何も工夫しないと、磁化容易軸がランダムな方向になるため、どの方向からでも同じ強さで着磁できるようになる。こうして製造された磁石は**等方性磁石**という。製造過程で磁界を加えるなどの方法で、磁化容易軸を揃えた磁石材料の製造も可能になっている。こうして製造された磁石を**異方性磁石**といい、等方性磁石よりも強い磁力をもつため、現在の主流になっている。

また、異方性の磁石材料を使用することで、さまざまな着磁方法が開発されている。例えば、**リング磁石**（円筒形磁石）の場合、過去には個別に作られた円弧状の磁石を組み合わせて製造していたが、現在では円筒形のままで多極に着磁されたものも製造できる。また、外側にだけ**磁極**が現れ、内側には磁極が現れないリング磁石の製造も可能だ。各磁極が中心軸に対して平行ではなく、斜めにしたリング磁石もある。

なお、永久磁石は温度が上昇すると、**磁束密度**が低下する。これを熱による**減磁作用**といい、**強磁性体**としての性質がなくなる温度を**キュリー温度**という。モータは運転中に熱が発生するものがほとんどだ。そのため、キュリー温度が低い磁石を使用すると、熱によってモータの性能が低下することがある。

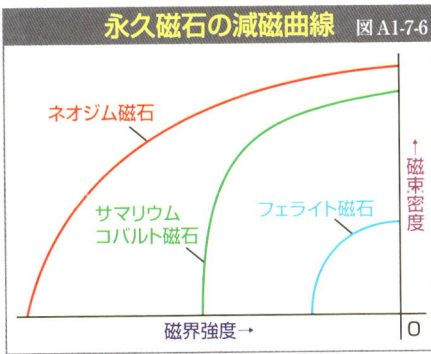

永久磁石の減磁曲線　　図A1-7-6

（グラフ：ネオジム磁石、サマリウムコバルト磁石、フェライト磁石、縦軸＝磁束密度、横軸＝磁界強度）

● **フェライト磁石**
酸化鉄を主成分とする磁石で、現在もっとも一般的なものだ。磁力はさほど強くないが、低コストで、保磁力が強く、減磁作用を受けにくい。自由な形に成形でき、大量生産にも適している。耐腐食性も高いが、力を受けると割れやすい。

● **ネオジム磁石**
希土類のネオジムと鉄、ホウ素を主成分とする。非常に磁力が強いが、熱による減磁作用が大きく、80℃程度が使用限度になる。力を受けると壊れやすく、非常に錆びやすい。酸化を防ぐためにニッケルなどでコーティングされることが多い。

● **サマリウムコバルト磁石**
希土類のサマリウムとコバルトを主成分とする。ネオジム磁石より磁力が劣り、コストも高いが、ネオジム磁石より熱に強く、200℃程度まで使用できる。耐腐食性も高いので、ネオジム磁石が使えないような環境でも使用できる。

🔖 サマリウムコバルト磁石＝samarium-cobalt magnet

第1章 電気と磁気の基礎知識
抵抗、コンデンサ、コイル

電気回路ではさまざまな電気部品が使われるが、そのなかで代表的なものが抵抗、コンデンサ、コイルの3種だ。モータに関連する電気回路でも多用される。

受動素子と能動素子

電気回路で使われる部品のことを**素子**という。このうち、増幅や電気エネルギーの変換のような能動的な機能のあるものを**能動素子**といい、こうした機能がなく供給された電力を消費や蓄積するだけのものを**受動素子**という。能動素子の代表が**トランジスタ**などの**半導体素子**だ。さまざまな能力がある能動素子に注目が集まりやすいが、受動素子も電気回路には不可欠なものだ。その代表が**抵抗、コンデンサ、コイル**の3種だ。

抵抗器

抵抗器は一定の**電気抵抗**を備えた素子で、**レジスタ**ともいうが単に**抵抗**と略されることが多い。電力を消費することで、電圧や電流の調整に使われる。消費された電力は、**ジュール熱**に変換されて周囲に放出される。抵抗値が大きなものほど本体が大きくなる傾向があり、放出する熱量も大きくなる。

抵抗値をかえられる抵抗器もあり、**可変抵抗器**や単に**可変抵抗**という。可変抵抗の構造を利用したセンサもある（P236参照）。

コンデンサ

コンデンサは電力を蓄えたり放出したりする素子で、**キャパシタ**ともいう。

コンデンサに電圧がかけられると、**電荷**が蓄えられて**充電**が行われる。充電量が増え、コンデンサの両極の**電位差**が電源電圧に等しくなると、それ以上は充電できなくなり、電流が止まる。充電されたコンデンサを抵抗などにつなぐと、蓄えられた電力が**放電**される。蓄えられる電気の量を**静電容量**（**キャパシタンス**）というが、単に**容量**ということも多い。

コンデンサの静電容量は小さなものが大半なので、直流の電圧をかけるとすぐに充電が完了して電流が止まる。そのため一般的にコンデンサは直流を流さないと表現される。

交流の場合は、電圧の変化が繰り返されるため、コンデンサの静電容量が適したものであれば、電流が流れ続ける。この時、コンデンサが充電と放電を繰り返すことになるため、流れる電流は、電圧の変化より1/4サイクル分早くなる。これを**進み電流**といい、**位相**が90度進む。

ただし、コンデンサの静電容量が小さいと、交流の電圧が最大値になる以前に充電が完了してしまうため、その時点でいったん電流が止まる。そのため、同じ静電容量のコンデンサなら、交流の**周波数**が高いほど電流

コンデンサ＝condenser、レジスタ＝resistor、キャパシタ＝capacitor、キャパシタンス＝capacitance

コンデンサと交流

図A1-8-1

コンデンサに交流を流すと①②③④を繰り返す

位相差 90°　**電流が電圧より進む**

① 電源電圧の方向／充電／コンデンサ／電流の方向
② 放電
③ 充電
④ 放電

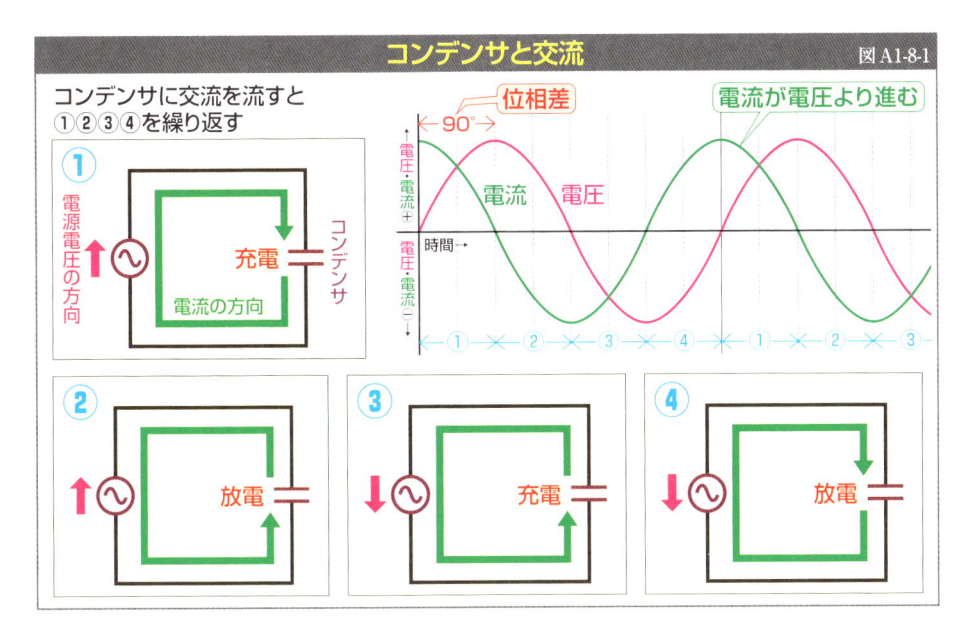

が流れやすいことになる。このようにコンデンサは交流の電流を制限するため、電気抵抗と同じように作用する。この抵抗作用を**リアクタンス**といい、コイルの同様の作用と区別する場合は**容量リアクタンス**という。容量リアクタンスは交流の周波数に反比例する。

コイル

コイルはモータなどを構成する要素だが、電気回路の受動素子としても使われる。**自己誘導作用**で説明したように、コイルには直流はよく流れるが、交流は流れにくいという性質がある。交流に対して電気抵抗と同じように作用するため、この抵抗作用も**リアクタンス**といい、コンデンサの同様の作用と区別する場合は**誘導リアクタンス**という。周波数が高いほど**磁界**の変化が激しくなって電流が流れにくくなるため、誘導リアクタンスは交流の周波数に比例する。

なお、コンデンサのものも含めてリアクタンスは擬似的な抵抗であり、電力を消費することがない。以降本書で単にリアクタンスと表記した場合は誘導リアクタンスを指す。

コイルは、リアクタンスを利用する素子として使われる場合は**リアクタ**ともいう。また、コイルは**インダクタンス**によって**誘導起電力**を得る目的の素子として使われることもある。こうして使われるコイルは**インダクタ**ともいう。

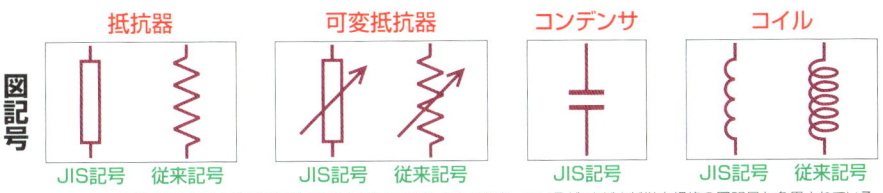

図記号

抵抗器	可変抵抗器	コンデンサ	コイル
JIS記号　従来記号	JIS記号　従来記号	JIS記号	JIS記号　従来記号

※抵抗器とコイルの図記号はJISの改訂により新たなものになっているが、まだまだ従来規格の図記号も多用されている。

☞ リアクタンス＝reactance、インダクタ＝inductor

第1章 電気と磁気の基礎知識

電力制御用半導体素子

現在のモータの制御で欠かせないものが半導体素子だ。半導体を利用することで、モータの利用範囲が広がり、きめ細かい制御が可能になった。省エネルギーも実現できる。

スイッチング作用と整流作用

　能動素子の代表的なものが**半導体素子**だ。モータの制御に使われる半導体素子は、コンピュータなどで使われるものに比べて高電圧や大電流が扱えるのが特徴で、**電力制御用半導体素子**や**パワーデバイス**という。半導体素子のなかには増幅作用をもつものが多いが、電力制御用半導体素子ではおもに**スイッチング作用**と**整流作用**が利用される。それぞれの能力をもった素子を**スイッチング素子**と**整流素子**という。

　なお、電力制御用半導体素子が扱うのはモータを駆動する電流であり、制御の指令を与える回路ではコンピュータ同様の半導体素子やIC(集積回路)が使われる。

ダイオード

　ダイオードにはさまざまなものがあるが、単にダイオードといった場合には、**整流ダイオード**を指すことがほとんどだ。

　ダイオードには、アノードとカソードの2端子があり、アノードからカソードへの一定方向にだけ電流を流す性質がある。これを**整流作用**といい、この作用を利用して交流を直流に**整流**することができる。

サイリスタ

　サイリスタはおもに**スイッチング作用**を行う半導体素子で、さまざまな種類があるが、単にサイリスタといった場合、**逆阻止3端子サイリスタ**を指すのが一般的だ。ゲート、アノード、カソードの3端子があり、何もしないとアノード-カソード間に電流が流れないが、ゲート端子に電流を流すと、アノードからカソードに電流が流れるようになる。このようにスイッチがONになることを**点弧**といい、流れる電流をアノード電流という。ゲート端子に流す電流はゲート電流という。いったんスイッチONになれば、ゲート電流をなくしてもONの状態が続く。スイッチをOFFにするにはアノード電流を切るか、逆方向の電圧をかける必要が

サイリスタスイッチング回路 図A1-9-1

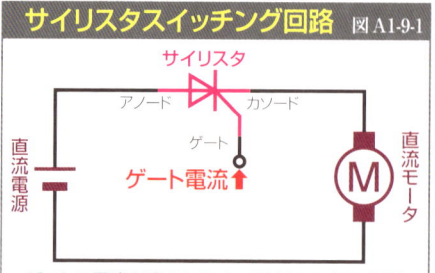

ゲートに電流を流すとスイッチがONになり、電流を切ってもONの状態が続く
OFFにするには回路の電流を切るか、逆転させる

▶ パワーデバイス= power device、ダイオード= diode、アノード= anode、カソード= cathode、サイリスタ= thyristor、ゲート= gate、トライアック= triac、ゲートターンオフサイリスタ= gate turn-off thyristor、パワートランジスタ= power transistor

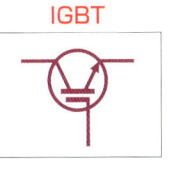

図記号	ダイオード	サイリスタ	バイポーラトランジスタ	MOSFET	IGBT

ある。スイッチをOFFにすることを消弧という。

◆双方向サイリスタ

逆阻止3端子サイリスタは、一定方向にしか電流を流せないが、2個を逆方向に組み合わせれば双方向の電流を制御することができ、交流にも使えるようになる。こうしたものを**双方向サイリスタ**や**トライアック**という。

◆GTOサイリスタ

点弧の際とは逆方向の電流をゲートに流すことで消弧できるサイリスタが、**ゲートターンオフサイリスタ(GTOサイリスタ)**だ。一時期は多用されたが、同様の機能で回路が簡素化でき消費電力や発熱を抑えられるIGBTの登場によって主流を外れていった。

パワートランジスタ

電力制御用の**トランジスタ**は**パワートランジスタ**と総称されるが、狭義では**パワーバイポーラトランジスタ**だけを指す。

◆パワーバイポーラトランジスタ

バイポーラトランジスタは接合形トランジスタともいい、もっとも古くから使われているトランジスタだ。このうち電力制御用のものをパワーバイポーラトランジスタという。ベース、コレクタ、エミッタの3端子があり、コレクターエミッタ間の電流をスイッチングする。NPN形とPNP形があり、コレクターエミッタ間を流れる電流の方向が異なるが、ベースに電流が流れている間だけスイッチがONになる。

比較的小さな電流でスイッチングできるが、扱う電流が大きくなればベース電流が大きくなり、回路が大形化する。速度が遅く、発熱や損失も大きいため、主流から外れつつある。

◆パワーMOSFET

MOS形FETという種類のトランジスタで、大電力が扱えるように設計されたものが**パワーMOSFET**だ。ゲート、ソース、ドレインの3端子があり、ゲートに電圧をかけている間だけスイッチがONになり、ドレイン端子からソース端子に電流が流れるようになる。他のスイッチング素子に比べるとスイッチング速度が速いが、高電圧では発熱や損失が大きくなるため、通常200V以下で使われる。

◆IGBT

絶縁ゲートバイポーラトランジスタは、通常**IGBT**と略される。スイッチングが遅いというバイポーラトランジスタの弱点と、高電圧が扱えないというMOSFETの弱点を解消するために、両トランジスタの技術を組み合わせて開発された。スイッチング速度が速く、大電力が扱える。端子の種類と動作は基本的にバイポーラトランジスタと同じだ。

トランジスタスイッチング回路 図A1-9-2

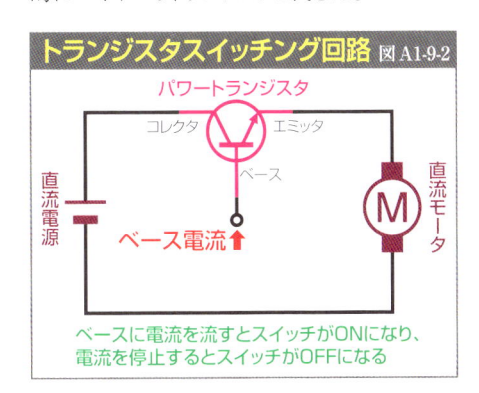

ベースに電流を流すとスイッチがONになり、電流を停止するとスイッチがOFFになる

パワーバイポーラトランジスタ=power bipolar transistor、ベース=base、コレクタ=collector、エミッタ=emitter、パワーMOSFET=power metal-oxide-semiconductor field-effect transistor、ソース=source、ドレイン=drain、IGBT=insulated gate bipolar transistor

第1章 電気と磁気の基礎知識
整流回路と平滑回路

直流モータはもちろん、現在では交流モータであっても、直流電源が必要になることがある。交流を直流に変換するのが整流回路と平滑回路の役割だ。

AC/DCコンバータ

直流は電池など小電力のものが大半だ。大電力の供給はおもに交流で行われている。この電力で直流モータを駆動するためには、交流を直流に変換する必要がある。この変換を整流という。また、現在では交流モータを含めて多くのモータが駆動回路で駆動される。こうした駆動回路は直流を電源とするため、大電力が必要な場合は整流が必要だ。

整流にはダイオードの整流作用を利用するのが一般的だが、整流回路だけでは電圧が変動する脈流にしか変換できない。脈流の電圧の変動をリップルといい、通常は平滑回路で抑える。両回路を合わせて整流平滑回路というが、平滑回路も含めて単に整流回路ということもある。装置として捉えた場合はAC/DCコンバータや整流器という。

また、整流の前段階で変圧器による変圧(電圧の変換)が行われることもある。トランスということも多い変圧器は、相互誘導作用を利用したもので、2個のコイルの巻数の比に応じて変圧することができる。双方のコイルが磁界を共有しやすいように、1つの鉄心を2個のコイルが共有している。

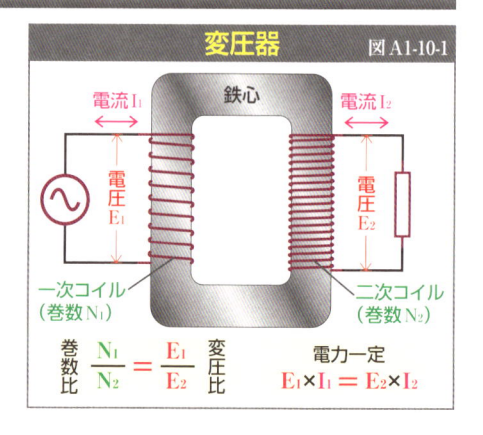

変圧器 図A1-10-1

巻数比 $\dfrac{N_1}{N_2} = \dfrac{E_1}{E_2}$ 変圧比

電力一定 $E_1 \times I_1 = E_2 \times I_2$

整流回路

ダイオード1個による半波整流という整流方法もあるが、一般的には全波整流が行われる。もっとも一般的な方法は、ダイオードを4個使用するブリッジ形全波整流だ。図(A1-10-2)のような回路構成をブリッジといい、ダイオードで構成されたものであればダイオードブリッジという。ダイオードは一方向にしか電流を流せないため、交流の電圧がプラスの時とマイナスの時でブリッジを通る経路が異なったものになり、脈流(リップルを含んだ直流)が出力される。ほかに変圧器を併用しダイオード2個で全波整流を行うセンタータップ形全波整流という方法もある。

三相交流の場合は、ダイオード3個を使えば半波整流、6個使えばブリッジ形全波整流を行うことができる。

コンバータ=converter、トランスはtransformerを略した和製語

図A1-10-2 ブリッジ形全波整流

図A1-10-3 センタータップ形全波整流

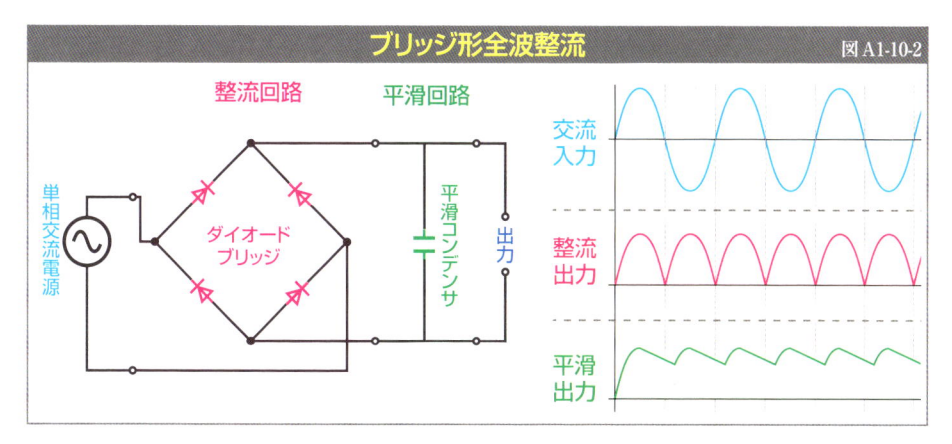

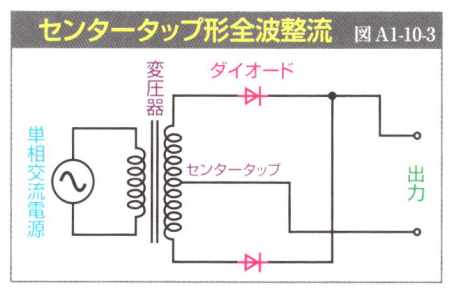

図A1-10-4 ブリッジ形全波整流（三相交流）

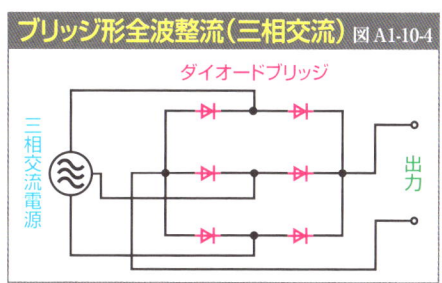

平滑回路

　平滑回路で多用されるのは**コンデンサ**だ。整流回路の出力に並列に配される。コンデンサの**電位**より**脈流**の電位が高い時は**充電**が行われ、脈流の電位のほうが低い時は**放電**が行われるため、脈流が平滑化される。こうした目的で使用されるコンデンサを**平滑コンデンサ**という。

　コイルが使われる平滑回路もある。整流回路の出力に直列に配される。コイルには**インダクタンス**によって電流の変化を抑える作用があるため、脈流の電圧の振幅を小さくできる。こうした目的で使用されるコイルを**チョークコイル**や**平滑コイル**という。

　実際の平滑回路では、コンデンサとコイルが組み合わせて使用されることも多い。複数が使われることもあり、さまざまな配列がある。

図A1-10-5 平滑コンデンサの作用
コンデンサが充電と放電を繰り返すことで、電圧の変化を抑えることができる

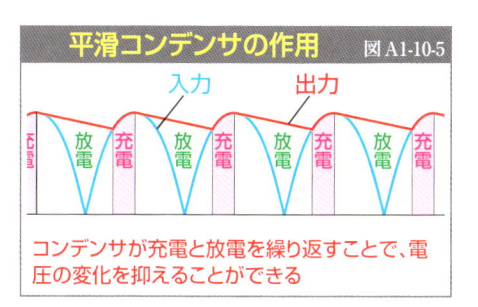

図A1-10-6 平滑コイルの作用
コイルが電流の変化を抑制することで、電圧の変化を抑えることができる

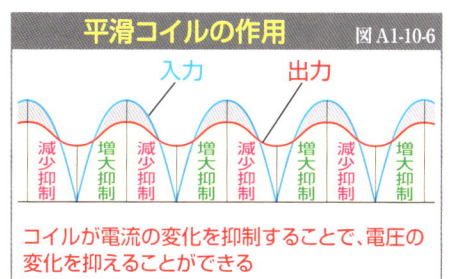

▶ チョークコイル＝choke coil

第2章 モータの基礎知識
分類

ひと口にモータといっても、さまざまなモータがあり、分類も多岐にわたる。本書ではおもに回転形のモータを扱うが、そのなかにもさまざまな種類のものがある。

さまざまなモータ

前書きでも触れたように、モータとは何らかのエネルギーを運動エネルギーに変換する装置だ。**油圧モータ**や**空気圧モータ**といった**非電動モータ**もあるが、モータの主流は**電動モータ**だ。電動モータは、電気エネルギーを運動エネルギーに変換する。

電気モータともいう電動モータの多くは、電磁気の作用を利用して運動エネルギーへの変換を行う。しかし、現在では**超音波モータ**（P42参照）や**静電モータ**といった電磁気の作用を利用しない電動モータもある。

モータで得られる運動エネルギーは回転運動が多い。こうしたモータを**回転形モータ**（**ロータリ形モータ**または**ロータリモータ**）というが、ほかにも直線運動を生み出す**リニアモータ**もある。

本書で扱うのは電磁気の作用を利用した電動モータで、おもに回転形モータを取り上げるが、そのなかにも多くの種類のモータがあり、電源や構造などさまざまな方法で分類できる。なお、本書ではリニアモータも概要を説明するが、以降、単にモータと表現した場合は、電磁気を利用した回転形の電動モータを指す。

電源と回転原理による分類

電気には直流と交流があり、それぞれを電源にするモータを**直流モータ（DCモータ）**、**交流モータ（ACモータ）**という。直流モータの場合、**整流子とブラシ**という部品によって回転を連続させる**整流子形モータ**が主流だ。通常、**直流整流子モータ**という。

交流モータの場合は、交流の種類によってさらに**単相交流モータ**と**三相交流モータ**に分類できる。回転原理では、**磁界**を回転させることで回転を連続させる**回転磁界形モータ**が主流で、さらに**誘導モータ**と**同期モータ**に分類される。それぞれ交流の種類によって、**三相誘導モータ**、**単相誘導モータ**、**三相同期モータ**、**単相同期モータ**に分けられる。

現在では、**パルス波**（**矩形波**、**方形波**）による駆動が前提のモータもある。こうしたモータでは、**駆動回路**という**半導体素子**による電子回路で作ったパルス波を利用する。こうしたモータには、**ブラシレスモータ**と**ステッピングモータ**がある。

本書では、ブラシレスモータは直流モータから発展したものと捉え、第2部「直流モータ」で説明する。また、現在では交流モータのなかにもブラシレスACモータというものがあり、第3部「交流モータ」でも取り上げる。

↪ ロータリーモータ＝rotary motor、リニアモータ＝linear motor、ブラシレスモータ＝brushless motor、ステッピングモータ＝stepping motor、ステータ＝stator、ロータ＝rotor、インナーロータ＝inner rotor

構造による分類

モータは、**固定子（ステータ）**と**回転子（ロータ）**という2つの部品の電磁気作用によって回転する。もっとも一般的なモータの場合、**モータケース**に固定子が備えられ、その内部に回転軸を備えた回転子がある。こうした構造のモータを**インナーロータ形**や**内転形**という。これとは逆に、中心に固定子があり、その周囲に回転子があるモータを**アウターロータ形**や**外転形**という。

モータが動作する時、固定子と回転子の間には**磁力線**が存在する。この磁力線が通る隙間を、**エアギャップ**や単に**ギャップ**という。インナーロータ形とアウターロータ形の場合、エアギャップの磁力線の方向は回転軸と垂直な方向が基本になる。こうしたモータを、**ラジアルエアギャップ形**や**ラジアルギャップ形**、**径方向空隙形**という。ここでいう空隙とはエアギャップを意味する。

ラジアルギャップ形とは異なり、回転子と固定子が回転軸方向に対向しているモータもある。こうしたモータを**アキシャルエアギャップ形**や**アキシャルギャップ形**、**軸方向空隙形**といい、エアギャップの磁力線の方向は、回転軸と平行が基本になる。アキシャルギャップ形は軸方向に薄い円盤状になるため、**フラット形**や**ディスク形**、**パンケーキ形**ともいう。ただし、フラット形といわれるもののなかにはアウターロータ形を薄く作ったものもある。

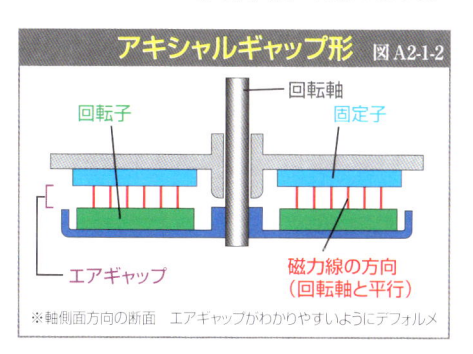

ラジアルギャップ形 図A2-1-1

- インナーロータ形：エアギャップ／回転子／固定子／磁力線の方向（回転軸から放射状）
- アウターロータ形：エアギャップ／固定子／回転子／磁力線の方向（回転軸から放射状）

※軸方向の断面　エアギャップがわかりやすいようにデフォルメ
※磁力線は常にすべての方向にあるわけではない

アキシャルギャップ形 図A2-1-2

回転軸／回転子／固定子／エアギャップ／磁力線の方向（回転軸と平行）

※軸側面方向の断面　エアギャップがわかりやすいようにデフォルメ

出力による分類

モータは大形や小形に分類されることがある。この場合の大小は、モータの大きさではなく、**出力**を意味する。ただし、大形小形に明確な定義があるわけでなく、扱うモータの種類や業界によって異なっていたりする。

一般的には、100Wまでを**小形モータ**ということが多いが、70W以下を小形ということもある。これより出力の大きなものを**大形モータ**とすることが多いが、100Wから数kWまでを**中形モータ**という別区分にすることもある。また、3W以下のものは**超小形モータ**や**マイクロモータ**ということがある。

アウターロータ＝outer rotor、ラジアルエアギャップ＝radial air gap、アキシャルエアギャップ＝axial air gap、フラット＝flat、ディスク＝disk、パンケーキ＝pancake、マイクロモータ＝micro motor

第2章 モータの基礎知識
性能などの用語

モータを知るうえではどうしても専門用語が必要になる。ここでは基本中の基本となる用語を取り上げる。

運転

モータを作動させて回転する力を得ることを**運転**という。このモータに駆動される側を**負荷**という。負荷をかけないでモータを運転している状態を**無負荷運転**という。

モータを作動させ始めることを**始動**や**起動**といい、電源につないだだけで始動できることを**自己始動**という。モータのなかには自己始動できないものもある。いっぽう、モータを減速させたり停止させたりすることを**制動**という。モータの制動には、**電気的制動**と**機械的制動**がある。

電気的制動は、電磁気の作用を利用して制動する方法で、モータの回転原理ごとに各種の方法がある。機械的制動は**制動装置（ブレーキ）**という別の装置で制動を行う。多くの制動法では、熱エネルギーに変換して運動エネルギーを減少させるが、電気的制動の1つである**回生制動法**では運動エネルギーを電気エネルギーに変換し、電源側に戻すことができる。モータならではのものだ。

構成要素

前ページで説明したように、モータは**固定子**と**回転子**で構成される。**インナーロータ形**の場合、**モータケース**はモータの外観となる部分で、**ヨーク**として使われ、固定子の一部として機能することも多い。回転軸方向の両側には**エンドプレート**が備えられる（モータケースの構造によっては片側のこともある）。エンドプレートには回転軸を支える**軸受（ベアリング）**が備えられ、回転時の摩擦が抑えられる。電源または駆動回路からモータに電力を供給する導線は**リード線**という。小形のモータでは内部のコイルに接続されたリード線が、そのままモータケース外に導かれることもある。大形のモータでは、モータケースの外側に備えられた**端子盤**の端子までリード線で導かれる。

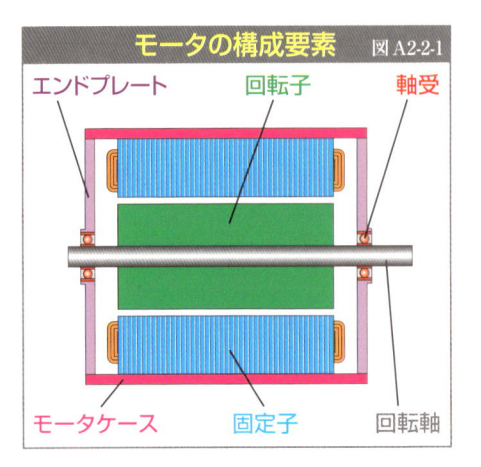

アウターロータ形や**アキシャルギャップ形**も基本的な構成要素は同じだが、モータ

図A2-2-1 モータの構成要素
- エンドプレート
- 回転子
- 軸受
- モータケース
- 固定子
- 回転軸

▶ モータケース=motor case、エンドプレート=end plate、ベアリング=bearing、リード線=lead、ビルトイン=built-in、ブレーキ=brake、ギヤード=geared

ケースを使用せず、回転子に駆動対象が直接接続されることもある。インナーロータ形も含めて、モータは装置内に組み込まれることを前提に設計されることも多い。こうした組み込まれるモータを**ビルトインモータ**という。

モータによっては回転軸にファン（羽根車）が備えられ、その回転で内部の冷却を行う。また、制動装置を内蔵した**ブレーキ付モータ**（P258参照）や減速装置を内蔵した**ギヤードモータ**（P144参照）などもある。

トルク

回転形モータは回転する力を発生する。これを**トルク**や**回転力**という。通常の力は**スカラー**（大きさのみをもつ量）で表され、単位は[N]だ。いっぽう、物体を回転させるのに必要な力は、力を作用させる位置で変化する。回転軸から離れるほど、小さな力で回転させられる。そのため、トルクは力の大きさと回転中心からの距離の積で表される**ベクトル**（大きさと方向をもつ量）だ。

トルクの単位は[N・m]で、1N・mは「ある定点から1m離れた点に、その定点に向かって直角方向に1Nの力を加えた時のその定点の回りの力のモーメント」と定義される。国際単位系(SI)には含まれていないが、[kgf・m]もトルクの単位として使われる。

トルクでは力を作用させる方向が重要になる。力が作用した点が回転する際の軌跡（円）の接線方向に作用する力のみが、トルクになる。接線方向以外の方向に作用する力の場合、接線方向の成分だけがトルクになる。力の方向が回転中心を通っている場合、力がどんなに大きくてもトルクは0だ。

モータが発揮しているトルクは**駆動トルク**ということもあり、対して負荷の側のトルクを**負荷トルク**という。負荷をかけて運転中のモータを流れている電流を**負荷電流**という。

また、電圧など一定の条件下でモータが発揮できるもっとも大きなトルクを、**最大トルク**という。始動時に発揮するトルクは**始動トルク**や**起動トルク**という。始動トルクより負荷トルクが大きいと、モータは始動できない。始動トルクのほうが大きければ、負荷トルクとの差のトルクで回転を始める。

モータによっては、回転子が1回転する間にトルクが変化する。こうした変化を**トルク変動**や**トルクリップル**という。

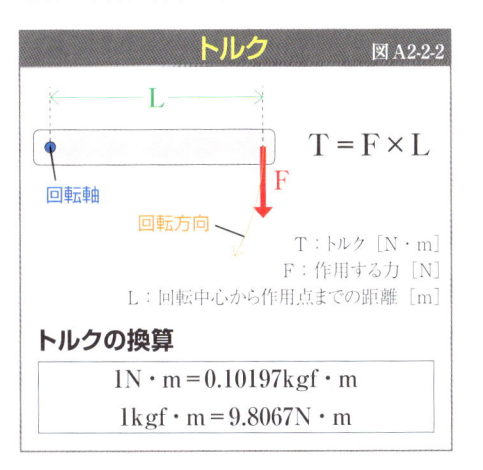

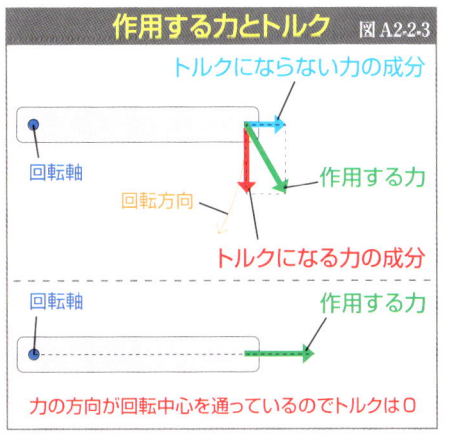

図A2-2-2 トルク

$T = F \times L$

- T：トルク [N・m]
- F：作用する力 [N]
- L：回転中心から作用点までの距離 [m]

トルクの換算

$1\text{N・m} = 0.10197\text{kgf・m}$
$1\text{kgf・m} = 9.8067\text{N・m}$

図A2-2-3 作用する力とトルク

- トルクにならない力の成分
- 作用する力
- トルクになる力の成分
- 力の方向が回転中心を通っているのでトルクは0

▶ トルク=torque、スカラー=scalar、ベクトル=vector、モーメント=moment、トルクリップル=torque ripple

回転速度

モータの**回転速度**は、単位時間に**回転子**が回転する回数で表現する。単に**回転数**ともいう。単位は1秒間の回転数を示す[s^{-1}]または[Hz]が使われる。1分間の回転数を示す[min^{-1}]も使われるが、国際単位系に含まれていない[rpm]や[rps]も使われている。[rpm]は[min^{-1}]と同じで[回転/分]や[r/min]とも表記される。[rps]は[s^{-1}]と同じで、[回転/秒]や[r/sec]とも表記される。

1回転の間に回転速度が変動する場合、その状態を回転速度では表現できないため、**角速度**で表現される。角速度は単位時間に回転する角度で、単位は1秒間に回転する角度を示す[rad/s]が使われる。

無負荷運転の時の回転速度を**無負荷回転速度**や**無負荷回転数**という。この時にモータを流れる電流を**無負荷電流**という。モータによっては無負荷運転を行うと非常に高速回転になり、モータが損傷するような危険な状態になることもある。

回転速度の換算

$1 min^{-1} = 1 rpm = 1/60 s^{-1} = 1/60 rps$

回転速度と角速度の換算 （$2\pi = 360°$）

$2\pi \, rad/s = 1 s^{-1} = 60 rpm$

出力と入力

モータの**出力**とは、単位時間に行うことができる仕事の量で、**仕事率**ともいう。つまり、単位時間に発生させられる運動エネルギーの量だ。出力は、**回転速度**と**トルク**の積で表現され、単位は[W]が使われる。

いっぽう、モータを運転する際に与えられる電気エネルギーがモータの**入力**だ。電気の仕事率=**電力**なので、**入力電力**ともいう。単位は出力と同じく[W]だ。入力と出力が一致するのが理想だが、実際には差がある。この差が**損失**だ。損失はほとんどの場合、熱エネルギーに変換され周囲に放出される。

効率と力率

入力電力に対する**出力**の割合を**効率**といい、通常は百分率(%)で表現される。効率の低いモータは運用コストが大きくなるのはもちろん、発熱量が大きいので対策が必要になることもある。モータ自体が大きくなったり重くなったりすることも多い。

交流モータの場合は、**無効電力**も問題になる。コイルには交流電力の一部を無効電力として送り返す性質があるため、実際に消費される**有効電力**は、モータに供給される電

入力、出力、損失、効率の関係

$$P_O = 2\pi nT$$
$$P_L = P_I - P_O$$

$$\eta = \frac{P_O}{P_I} \times 100 = \frac{P_I - P_L}{P_I} \times 100$$

P_O：出力[W]　　T：トルク[N・m]　　P_I：入力電力[W]　　$2\pi = 360°$
n：回転速度[s^{-1}]　　η：効率[%]　　P_L：損失[W]

[s^{-1}]=毎秒、[Hz]=ヘルツ、[min^{-1}]=毎分、[rad/s]=ラジアンパーセカンド、[W]=ワット

力である**皮相電力**より小さくなる。この皮相電力に対する有効電力の割合を**力率**という。

電力を送り返してしまい実際に消費するわけではないので、力率の高低は問題ないように思われがちだ。しかし、力率の低いモータを使用すると、それだけ大きな電流が流れるので、同じ仕事をさせるのにより大きなモータが必要になる。

なお、モータの効率と力率は基本的に無関係なものだ。効率は有効電力に対する出力の割合で算出する。

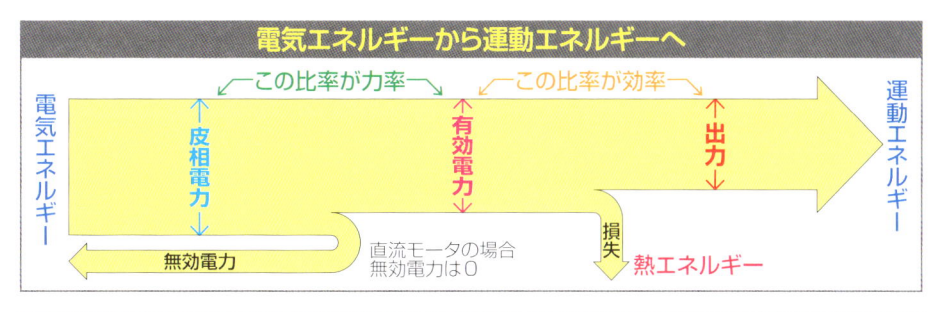

交流モータの電力

$$S = VI$$
$$P = S - Q$$
$$ = VI\cos\theta$$
$$ = S\cos\theta$$

S：皮相電力[W]
V：モータに加える電圧[V]
I：モータを流れる電流[A]
P：有効電力[W]
Q：無効電力[W]
θ：電圧と電流の位相差[rad]

電気エネルギーから運動エネルギーへ

← この比率が力率 → ← この比率が効率 →

電気エネルギー → 皮相電力 → 有効電力 → 出力 → 運動エネルギー

無効電力 ← 　　直流モータの場合 無効電力は0　　損失 → 熱エネルギー

損失

モータの**損失**は、**銅損**、**鉄損**、**機械損失**に大別される。

銅損は、コイルの**巻線**に使われる銅線の**電気抵抗**（**巻線抵抗**）に起因する損失のことで、失われた電気エネルギーは**ジュール熱**（熱エネルギー）になる。コイル以外にも、内部の結線や電力を供給する配線でも銅損が発生する。銅損は電気抵抗によるものなので、電流の2乗に比例して増大する。

鉄損は、コイルの**鉄心**に起因する損失で、**ヒステリシス損失**と**渦電流損失**を合計したものだ。どちらも**磁界**が変化する際に発生する。コイルに交流を流した場合はもちろん、直流であっても電流を断続させたり方向を切り替えることを繰り返したりすると、磁界が変化する。また、励磁されたコイルが回転すれば、周囲の磁界が変化し、その磁界内にある鉄心に鉄損が発生する。

ヒステリシス損失（P25参照）は**ヒステリシス損**ともいい、磁気エネルギーが熱エネルギーに変換される損失だ。**磁化**された鉄心の磁界が変化する際に発生する。そのため鉄心にはヒステリシス損の小さな材質が望ましい。渦電流損失は**渦電流損**ともいい、**電磁誘導作用**によって鉄心に生じる**渦電流**が、ジュール熱に変換される損失だ。渦電流を流れにくくするために、鉄心には磁気が通りやすいが電気が流れにくい材質が望ましい。

これら鉄損を抑えるために、鉄心には**軟磁性材料**が使われる。一般的には**ケイ素鋼板**の**積層鉄心**（P26参照）が採用される。

機械損失は**機械損**ともいい、モータの回転によって発生する摩擦による損失だ。失われたエネルギーは**摩擦熱**（熱エネルギー）になる。おもに回転子の**軸受**で発生するが、回転子が回転する際の空気抵抗もある。

rpm＝revolution per minuteまたはrotation per minute、rps＝revolution per secondまたはrotation per second

時定数と慣性モーメント

モータは、ある回転速度を指示しても、その回転速度になるまでに時間がかかる。この遅れ具合を表す値を**時定数**という。時定数が大きいほど、指令に対するモータの反応が遅くなる。時定数には電気的なものと機械的なものがあり、それぞれ**電気時定数**と**機械時定数**という。電気時定数はコイルの**インダクタンス**と**電気抵抗**に起因する。電流が変化すべき状況になってもインダクタンスが磁力の変化を妨げるため反応が遅れる。

機械時定数は、おもに回転子の**慣性モーメント**と摩擦に起因する。「物体に力が働かなければ物体は速さや向きをかえない」というのが**慣性の法則**だ。こうした物体が動き続けよう（または止まり続けよう）とする力を**慣性力**という。回転する物体にもこの法則が当てはまり、物体が回転し続けよう（または止まり続けよう）とする**トルク**を慣性モーメントという。

慣性力は物体の重量に比例するが、慣性モーメントの場合は重量だけでなく、その分布にも影響を受ける。例えば、重さと大きさが同じ円柱で、外側を比重の大きな金属にして内側を比重の小さな樹脂にしたものと、内側を金属にして外側を樹脂にしたものを比較すると、外側を金属にしたもののほうが、回転軸から離れた位置に重さが偏っているため、慣性モーメントが大きい。

慣性モーメントが小さいほど、加速や減速が早くなり、始動から指定の回転速度までの所要時間が短くなる。慣性モーメントが大きいほど、回転速度を変化させにくくなるが、回転速度を安定させることができる。状況に応じて瞬時に回転速度を変化させる用途で

インダクタンスの影響　図A2-2-5

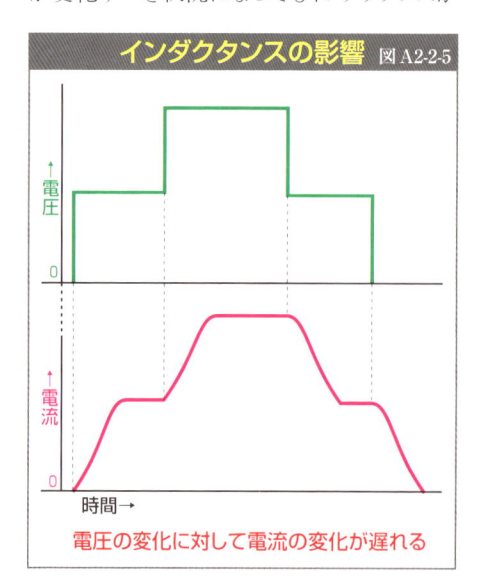

電圧の変化に対して電流の変化が遅れる

慣性モーメントの大小　図A2-2-6

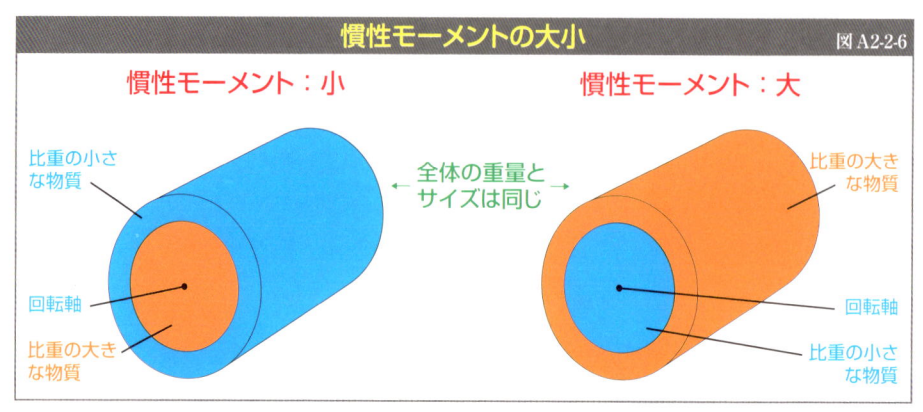

慣性モーメント：小　　　慣性モーメント：大

全体の重量とサイズは同じ

比重の小さな物質／回転軸／比重の大きな物質

比重の大きな物質／回転軸／比重の小さな物質

慣性モーメント＝moment of inertia

あれば、慣性モーメントが小さいほうがよく、負荷トルクが変動しても一定速度を維持したい用途であれば、慣性モーメントが大きいほうがよい。また、**トルク変動**があるモータでも慣性モーメントが大きければ回転ムラが抑えられ回転が安定する。こうした慣性モーメントによって回転を安定させる効果を、**フライホイール効果**や**弾み車効果**という。

モータの慣性モーメントを表す記号にはJを使うのが一般的で、単位には[kg・m^2]が使われる。これを**イナーシャ**ということが多い。イナーシャの本来の訳語は慣性だが、モータ関連では慣性モーメントを指す。

また、慣性モーメントの大小を表すものとしてフライホイール効果がGD^2の記号でカタログなどに記載されることもある。国際単位系(SI)には含まれていないが、GD^2の単位には[kgf・m^2]または[kgf・cm^2]が使われる。

定格

モータは使い続けると発熱による温度上昇で**巻線**が焼損して壊れることがある。こうした温度上昇をはじめ、機械的強度や振動、効率といった面から、そのモータに保証された使用限度を**定格**という。その条件として、**出力**に対する使用限度を定めるとともに、**電圧**、**周波数**(周波数は交流モータの場合のみ)などを指定する。それぞれを**定格出力**、**定格電圧**、**定格周波数**という。

定格には**連続定格**と**短時間定格**がある。定格出力で連続使用できるものを連続定格といい、指定された一定時間内であれば定格出力による運転ができるものを短時間定格という。短時間定格には、前提となる時間によって**30分定格**や**1時間定格**などがある。

つまり、モータが定格電圧、定格周波数で、もっとも良好な特性を発揮しながら発生する出力が定格出力になる。定格出力で運転されている時の回転速度が**定格回転速度**であり、その時の**トルク**が**定格トルク**だ。モータが定格出力を発揮している状態を**全負荷**、定格出力を超えている状態を**過負荷**という。

モータに電源を投入してから定格回転速度に達するまでの時間を**始動時間**という。いっぽう、モータの電源を切っても停止するまで回り続けることを**オーバーラン**や**過回転**と

いうが、数値で表現する場合は、モータの電源を切った瞬間から停止するまでの回転数になる。**ブレーキ**を使用して停止させる場合は、**制動**の指令から実際に制動が始まるまでの時間を**無駄時間**または**遅れ時間**という。続いて、ブレーキが作動して停止するまでの時間を**制動時間**という。実際に制動に要する**実制動時間**は、無駄時間+制動時間になる。

なお、定格の定め方に統一の基準といったものはない。モータを製造するメーカが、保証可能なものとして独自の基準から定めている。こうした定格はカタログや諸元表に記載されるほか、モータ自体にも表示されることが多い。これらの要素が記載されたパネルやラベルを**銘板**という。

↑三相誘導モータの銘板。定格出力、極数、定格周波数、定格電圧、定格回転速度などが記されている。

◆フライホイール=flywheel、イナーシャ=inertia

超音波モータ

　超音波モータは振動を利用して電気エネルギーを運動エネルギーに変換する。超音波とは20KHz以上の振動のことで、人間の耳には聞こえない。振動の発生には、電圧をかけると歪みなどが発生する**圧電セラミック**などの**圧電素子**を利用し、ここに高周波（周波数の高い交流）を流すことで、振動を発生させている。

　さまざまな構造や回転原理のものがあるが、もっともよく使われているのが**進行波形超音波モータ**だ。固定子は圧電素子と**弾性振動体**で構成され、アルミニウムなどで作られた回転子が面で接触するように押しつけられている。弾性振動体は、リン青銅などで作られたもので共振によって圧電素子の振動を大きくする。圧電素子に高周波を流すと振動が発生し、弾性振動体が振動する。通常、振動は全方向に広がっていくが、複数の圧電素子を位相をずらして配置することで、一方向への波となって進む。この波を進行波という。回転子と触れ合うことになる進行波の波の頂点の部分では、振動による縦波と移動による横波が存在するため、楕円回転運動になる。この回転によって回転子は波の進行方向とは逆方向に動かされる。

　超音波モータには、さまざまなメリットがある。低速回転でも大きなトルクを発生することができるため、磁気を利用するモータより小形軽量化できる。停止中でも保持力があり、回転子の慣性モーメントが小さいため、応答性が高い。設計の自由度が高く、リング状の中空構造にすることも可能だ。静粛性に優れることもメリットだ。磁気や電磁波を発生しないのはもちろん、磁気の影響を受けないモータにすることもできる。身近なものではカメラのオートフォーカスに採用されている。また、半導体製造装置などの精密な**位置決め**にも使われている。強力な磁界を利用している医療用MRIでも、超音波モータであれば問題なく使用することができる。しかし、摩擦による磨耗があるため耐久性が比較的低いことや、高速回転が苦手なこと、高周波を発する専用の電源や駆動回路が必要なことなどが超音波モータのデメリットになる。

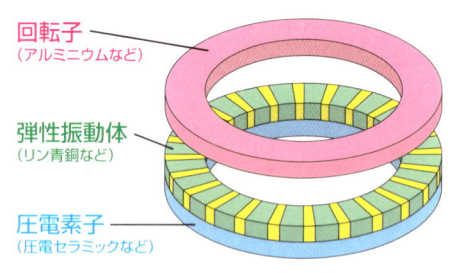

回転子
（アルミニウムなど）

弾性振動体
（リン青銅など）

圧電素子
（圧電セラミックなど）

圧電素子＋弾性振動体＝固定子
（実際には回転子と固定子は接触）

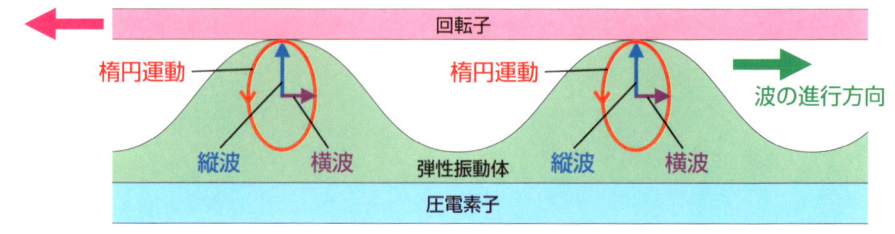

回転子の進行方向
回転子
楕円運動
縦波　横波
弾性振動体
圧電素子
波の進行方向

第2部

直流で働くモータ

第1章■直流モータ
- ◆種類と基本構造・・・・・・・ 44
- ◆回転原理・・・・・・・・・・ 46

第2章■直流整流子モータ
- ◆電磁力とトルク・・・・・・・ 52
- ◆トルク変動・・・・・・・・・ 54
- ◆原理モデルと実用モデル・・・ 58
- ◆界磁の種類と極数・・・・・・ 62
- ◆逆起電力・・・・・・・・・・ 66
- ◆基本特性・・・・・・・・・・ 68
- ◆整流子とブラシの弱点・・・・ 70
- ◆電機子反作用・・・・・・・・ 72
- ◆電機子・・・・・・・・・・・ 76
- ◆スロット・・・・・・・・・・ 78
- ◆電機子コイルと鉄心・・・・・ 82
- ◆整流子とブラシ・・・・・・・ 86
- ◆固定子・・・・・・・・・・・ 88
- ◆電機子と整流子・・・・・・・ 92

第3章■巻線形直流整流子モータ
- ◆種類・・・・・・・・・・・・ 106
- ◆特性・・・・・・・・・・・・ 108
- ◆始動法・・・・・・・・・・・ 112
- ◆回転速度制御・・・・・・・・ 114
- ◆双方向駆動と制動・・・・・・ 118

第4章■永久磁石形直流整流子モータ
- ◆特性・・・・・・・・・・・・ 120
- ◆制御・・・・・・・・・・・・ 122

第5章■その他の直流整流子モータ
- ◆スロットレスモータ・・・・・ 124
- ◆コアレスモータ・・・・・・・ 126

第6章■ブラシレスモータ
- ◆回転原理・・・・・・・・・・ 132
- ◆種類と特徴・・・・・・・・・ 136
- ◆極数、相数と駆動方法・・・・ 138
- ◆駆動波形とセンサレス駆動・・・・ 140

第7章■交直両用モータ
- ◆単相直巻整流子モータ・・・・・ 142

第1章 直流モータ
種類と基本構造

直流モータといえば直流整流子モータだ。基本的な回転原理はすべて同じだが、界磁の方法や回転子の種類によって分類することができる。

直流モータの種類

直流モータの基本的な回転原理はすべて同じだ。基本となる**固定子**の**磁界**のなかで、コイルを備えた**回転子**を回転させる。その際に**整流子**と**ブラシ**という機構が重要な役割を果たすため、こうした構造のモータを**整流子形モータ**という。整流子形モータには交流を電源にするものもあるため、区別する場合は**直流整流子モータ**という。単に直流モータや**DCモータ**といった場合も、直流整流子モータを指しているといえる。

ブラシレスモータと**ステッピングモータ**も直流を電源とするが、**パルス波の駆動回路**が必要なため、通常は直流モータとは異なった扱いになる。ただ、ブラシレスモータは直流整流子モータを発展させたものなので本書では第2部で直流モータとともに扱う。なお、ブラシレスモータに対して直流整流子モータを**直流ブラシ付モータ**ということもある。

◆界磁による分類

直流整流子モータの固定子が作る基本的な磁界を**界磁**といい、界磁を行う方法で直流整流子モータは分類される。**永久磁石**で界磁するものを**永久磁石形直流整流子モータ**、コイルに電流を流した**電磁石**で界磁するものを**巻線形直流整流子モータ**という。それぞれ**永久磁石界磁形直流整流子モータ**、**巻線界磁形直流整流子モータ**ともいう。

◆極数による分類

界磁を行う**磁極**の数でも直流整流子モータは分類される。界磁には最低限、N極とS極の2極が必要になる。このように2極で界磁を行う直流整流子モータを**2極機**という。界磁には通常、N極とS極の2極の組み合わせが必要になるため、**極数**は偶数になり、2組であれば**4極機**という。

◆回転子による分類

直流整流子モータは回転子の構造でも分類される。直流整流子モータの回転子には**鉄心**があり、鉄心に設けられた**スロット**(溝)にコイルを巻くのが一般的だ。このスロットをなくしたモータを**スロットレスモータ**という。スロットレスモータに対して、一般的な構造のものを**スロット形モータ**ともいう。スロットだけでなく、鉄心までもなくしたものは**コアレスモータ**という。コアレスモータはスロットレスモータの一種だが、分類ではコアレスモータとスロットレスモータを同列で扱うこともある。

スロットレスモータとコアレスモータは、永久磁石形でも巻線形でも構成することが可能だが、固定子に永久磁石を使用するのが一般的だ。分類を行う場合には、スロットレスモータとコアレスモータは、永久磁石形の一種ということになるが、永久磁石形、巻線形と同列で扱うこともある。

DCモータ=direct current motor、ブラシレスモータ=brushless motor、ステッピングモータ=stepping motor、直流ブラシ付モータ=brushed DC motor、スロットレスモータ=slotless motor、コアレスモータ=coreless motor

小形という分類

明快な基準はないものの、小形モータと大形モータは出力で区分されることが多い(P35参照)。しかし、直流整流子モータでは、永久磁石形を小形として扱うことが多い。出力の小さな巻線形が存在しないわけではないが、小形直流モータや小形DCモータといった場合には、永久磁石形を指すのが一般的だ。ただし、本書では混乱を避けるために、小形直流モータを永久磁石形に限定していない。以降の説明で小形の直流整流子モータとした場合、巻線形が含まれることもある。

直流整流子モータの基本構造

基本の**磁界**である**界磁**は**固定子（ステータ）**によって形成される。巻線形で界磁を行うコイルを**界磁コイル（フィールドコイル）**、または**固定子コイル（ステータコイル）**という。永久磁石形で界磁を行う磁石を**界磁磁石（フィールドマグネット）**という。どちらも、**モータケース**内に備えられる。

回転する部分は**回転子（ロータ）**といい、その回転軸が**軸受**を介して、モータケース前後のブラケットに備えられる。回転子に備えられる**コイル**や**鉄心**をまとめて**電機子（アーマチュア）**という。コイルを**電機子コイル（アーマチュアコイル）**または**回転子コイル（ロータコイル）**といい、鉄心は**電機子鉄心（アーマチュアコア）**という。回転子には、**整流子形モータ**で重要な役割を果たす**整流子（コミュテータ）**も備えられる。電機子コイルには、整流子を介してブラシから電気が供給される。このほか回転子には冷却のためのファンが備えられることもある。

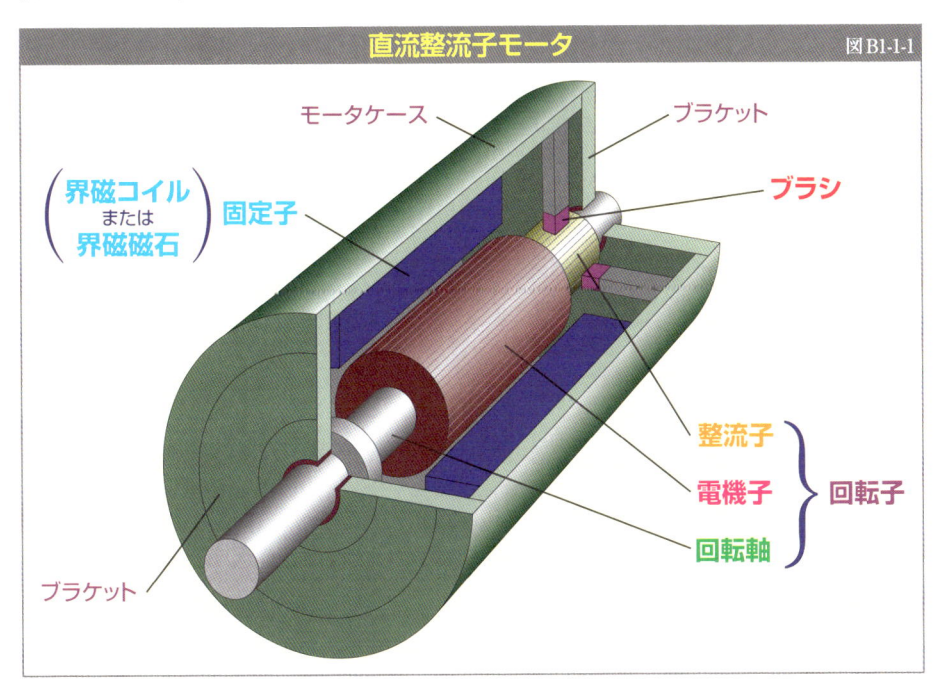

直流整流子モータ 図B1-1-1

☛ フィールドコイル＝field coil、ステータコイル＝stator coil、フィールドマグネット＝field magnet、アーマチュア＝armature、アーマチュアコイル＝armature coil、ロータコイル＝rotor coil、コミュテータ＝commutator

第1章 直流モータ
回転原理

直流整流子モータは、フレミングの左手の法則によって説明される電磁力からトルクを得るが、連続的に回転させるためには、整流子とブラシの働きが重要だ。

電磁力による回転原理の説明

　直流整流子モータの電機子には**電機子コイル**が備えられる。このコイルの**巻線**に発生する**電磁力**で、回転原理を説明できる。

　直流整流子モータの電機子コイルの作り方にはいろいろな方法があるが、その1つに円筒形の**鉄心**に作られた**スロット**（溝）に、四角く巻いた電機子コイルをはめ込む方法がある。こうした四角く巻いたコイルを**方形コイル**という。実際の電機子では多数の電機子コイルが使われるが、回転軸を備えた1巻の方形コイル1個でもモータとして機能する。もっともシンプルな構造を考えた場合、鉄心がなくてもモータとして成立する。

　直流整流子モータは、回転子の回転位置によって状況が刻々と変化する。ここでは図のように**界磁**の磁力線が水平で、方形コイルの面も水平な状態を0度として考える。

◆電磁力による回転

　方形コイルのうち、界磁の磁力線に直角になっている部分を**コイル辺**という。方形コイルに電流を流すと、コイル辺に電磁力が発生する。図のように回転軸方向から見た場合、左側のコイル辺には**フレミングの左手の法則**で説明されるように、上向きの電磁力が発生する。右側のコイル辺は、電流の方向が逆になるため、下向きの電磁力が発生する。それぞれの電磁力は上下を向いているが、方形コイルが回転軸を備えているため、電磁力が方形コイルを時計方向に回転させる**トルク**になる。

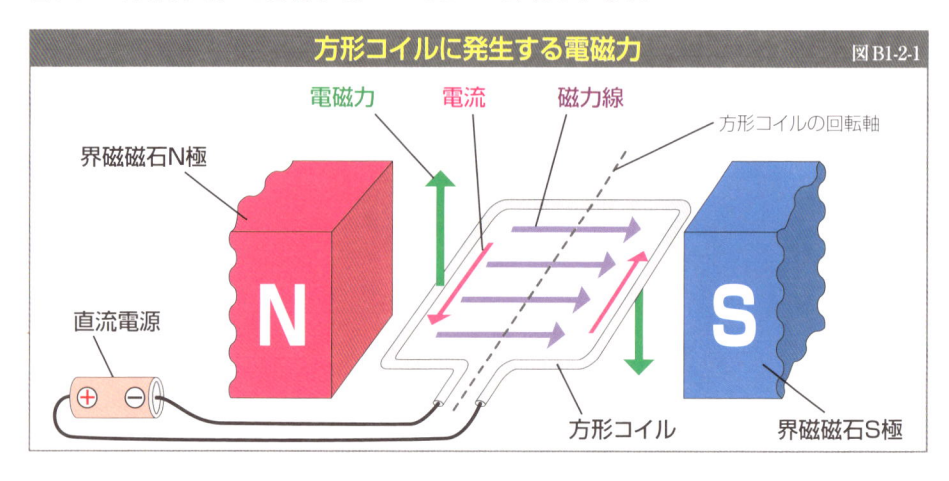

方形コイルに発生する電磁力　図B1-2-1

46　　●スロット=slot

◆回転の停止

電磁力によって方形コイルが回転するが、90度まで回転すると停止してしまう。この位置でも電磁力は発生しているが、その方向が電機子の回転中心を通ってしまうため、電機子を回転させることができない。

仮に、**慣性モーメント**によって90度を超えることができたとしても、その位置では電磁力が電機子をそれまでとは逆方向に回転させることになる。90度を中心にして行ったり戻ったりを繰り返すかもしれないが、最終的には90度の位置で停止する。

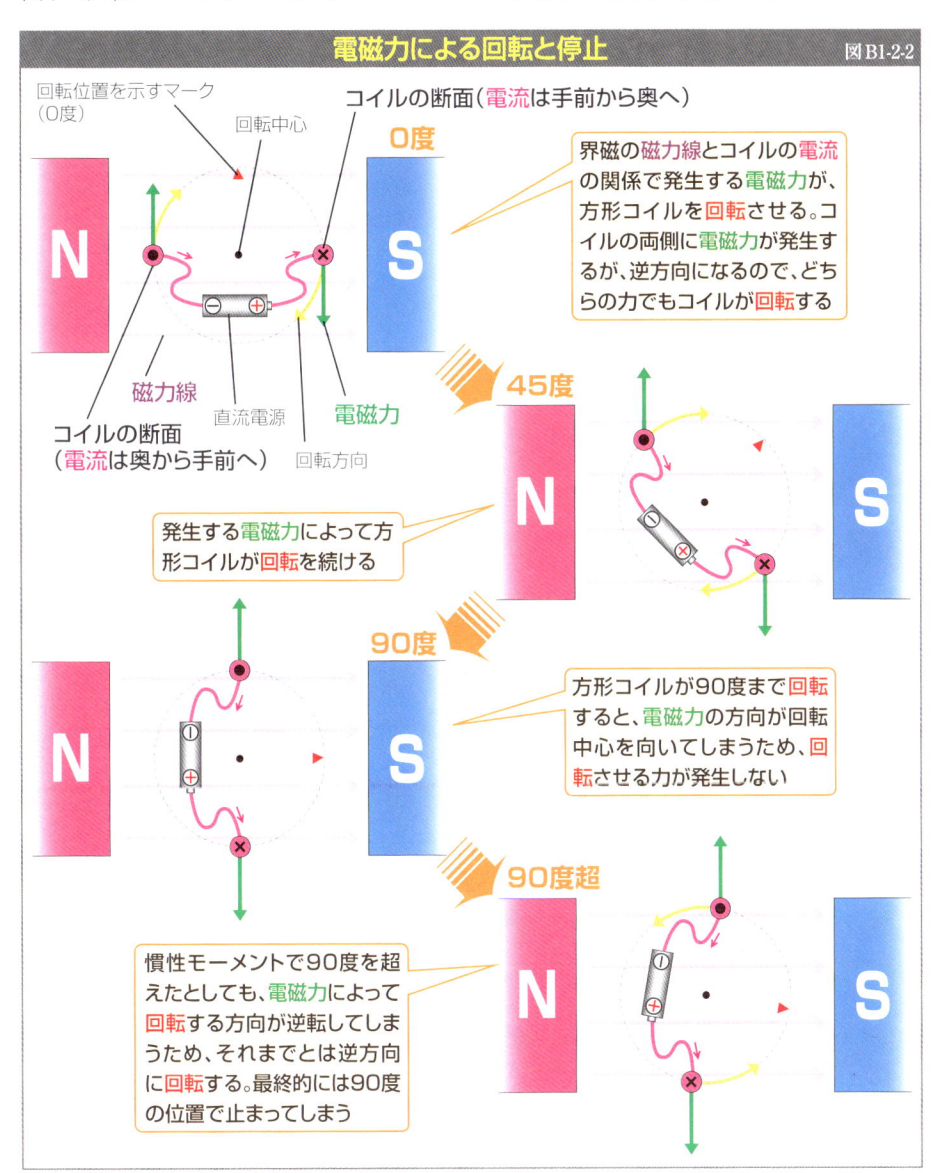

電磁力による回転と停止

図B1-2-2

0度
- 回転位置を示すマーク（0度）
- 回転中心
- コイルの断面（電流は手前から奥へ）
- 磁力線
- 直流電源
- 電磁力
- コイルの断面（電流は奥から手前へ）
- 回転方向

界磁の磁力線とコイルの電流の関係で発生する電磁力が、方形コイルを回転させる。コイルの両側に電磁力が発生するが、逆方向になるので、どちらの力でもコイルが回転する

45度

発生する電磁力によって方形コイルが回転を続ける

90度

方形コイルが90度まで回転すると、電磁力の方向が回転中心を向いてしまうため、回転させる力が発生しない

90度超

慣性モーメントで90度を超えたとしても、電磁力によって回転する方向が逆転してしまうため、それまでとは逆方向に回転する。最終的には90度の位置で止まってしまう

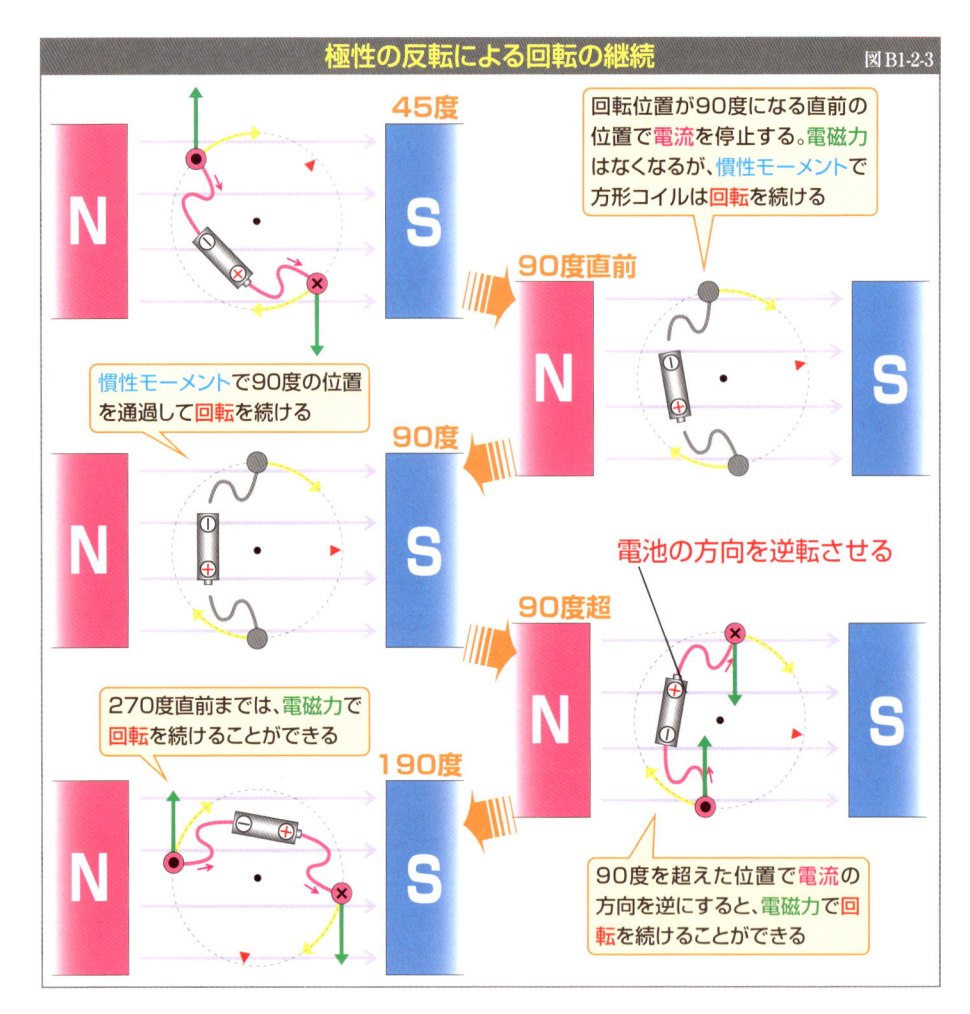

極性の反転による回転の継続

図B1-2-3

45度

慣性モーメントで90度の位置を通過して**回転**を続ける

90度

270度直前までは、電磁力で回転を続けることができる

190度

回転位置が90度になる直前の位置で電流を停止する。電磁力はなくなるが、慣性モーメントで方形コイルは回転を続ける

90度直前

電池の方向を逆転させる

90度超

90度を超えた位置で電流の方向を逆にすると、電磁力で回転を続けることができる

◆極性の切り替え

　このままではモータとして機能しないが、90度を少しでも超えた位置で、**方形コイル**を流れる電流の方向を、それまでとは逆にすれば、再び電磁力で回転させることができる。

　実際には、90度の位置になる直前で、いったん電流を止める。これにより電磁力がなくなるが、方形コイルは**慣性モーメント**で回転し続ける。90度を行き過ぎたタイミングで、それまでとは逆方向に電流を流す。すると、電磁力の方向が逆になり、再び回転を続ける。

◆回転の継続

　90度を超えて回転を続けても、270度の位置で再び回転できなくなってしまう。しかし、90度の位置の時と同じように、270度の直前でいったん電流を止め、270度を超えた位置で電流の方向を反転させれば、電磁力の方向が切り替わって、回転を継続することができる。

　つまり、180度回転するごとに電流の方向を切り替えれば、回転が連続して、モータとして機能させることが可能となる。

磁気の吸引力と反発力による回転原理の説明

直流整流子モータの回転原理は、磁気の**吸引力**と**反発力**でも説明できる。電機子には、**突極鉄心**という複数の突出部を備えた**鉄心**のそれぞれの**突極**にコイルを巻く方法がある。実際のモータでは突極が3本以上のことが多いが、突出部が2本でもモータとして機能する。電機子コイルに電流を流すと、コイルが**電磁石**になる。図（B1-2-4）のように**固定子**の**磁極**との間に吸引力と反発力が生まれ、**電機子**が回転するが、やはり90度回転すると止まる。回転を継続させるためには、電源の極性の入れ替えが必要だ。

吸引力と反発力による回転 図B1-2-4

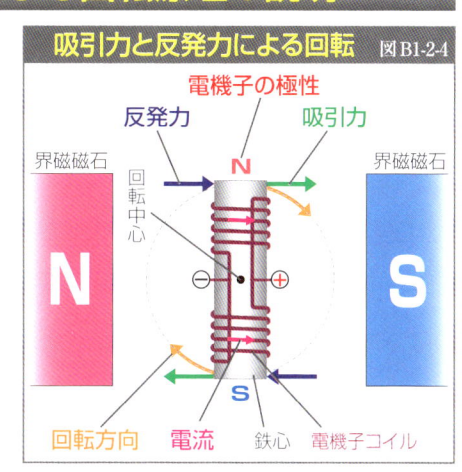

反発力　電機子の極性　吸引力
界磁磁石　　回転中心　　界磁磁石
N　　　　　N　　　　　S
　　　　　　S
回転方向　電流　鉄心　電機子コイル

整流子とブラシによる転流

左ページで説明したように**直流整流子モータ**では、コイルの電流を切ったり、流れる方向を逆転させることが必要になる。こうした電流の操作を、回転子の回転に連動して行うのが、**整流子**と**ブラシ**だ。

整流子とブラシは、回転式の機械式スイッチの一種といえる。整流子は図のように円筒形の端子を分割したものだ。例えば、こうした円筒形の端子を2分割し、2個のブラシを両側から触れさせれば、180度回転するごとに、ブラシが接触する部分が交互に切り替わる。整流子とブラシによって電流の方向を切り替えることを**転流**という。

分割された整流子の個々の部分を**整流子片**（**コミュテータ片**）という。方形コイル1個の直流整流子モータの場合、180度より少し小さな整流子片が使用される。これにより整流子片と整流子片に隙間ができ、その位置ではどちらの整流子もブラシに触れることができないため、整流子に電流が流れなくなる。

整流子とブラシ 図B1-2-5

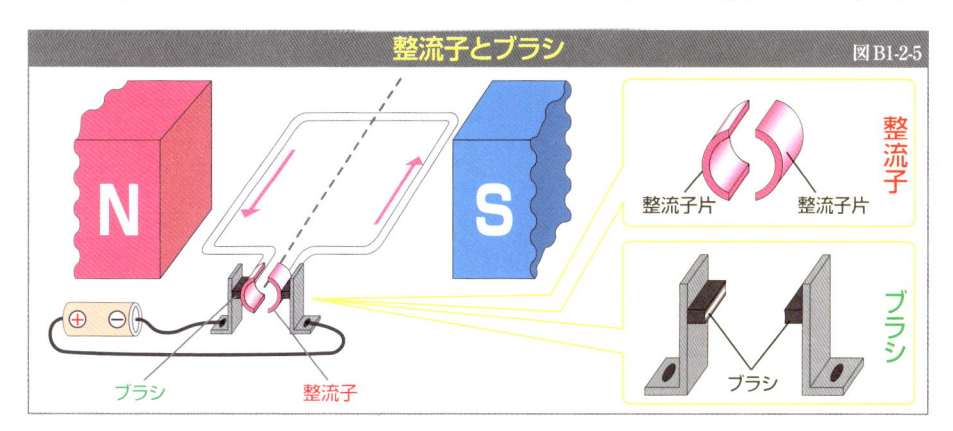

N　　S
ブラシ　整流子
整流子片　整流子片　整流子
ブラシ

第2部・直流で働くモータ
第1章・直流モータ／回転原理

◆転流による回転の継続

0度の位置では、**整流子片**とブラシが接触しているため、**方形コイル**に電流が流れ、**電磁力**が発生する。この電磁力によって電機子が回転する。90度の少し手前の位置になると、整流子片とブラシの接触が断たれるため、電流が止まるが、方形コイルは**慣性モーメント**で回転を続ける。

90度を少し超えた位置になると、再び整流子片とブラシが接触する。ただし、それ以前とは整流子片とブラシとの組み合わせが異なっているため、コイルを流れる電流の方向が逆になる。つまり、**転流**が起こる。これにより回転を続けられる方向に電磁力が発生するようになる。このまま270度の直前の位置までは回転を続けることができる。

270度前後の位置でも、転流が起こる。整流子片とブラシが離れて電流がいったん断たれ、慣性モーメントで回転し、続いてそれまでとは逆の組み合わせで整流子片とブラシが触れ合うため、方形コイルが連続して回転することができる。270度を超え、90度の直前までは、この状態が続く。

このように90度前後と270度前後で、**整流子**とブラシによって転流が行われるため、回転中心より右側に位置する方形コイルの**巻線**部分は、常に電流が手前から奥に流れ、下向きの電磁力が発生し、左側に位置する巻線部分は、常に奥から手前に電流が流れ、上向きの電磁力が発生する。これにより、電磁力によって方形コイルが連続して回転することができる。

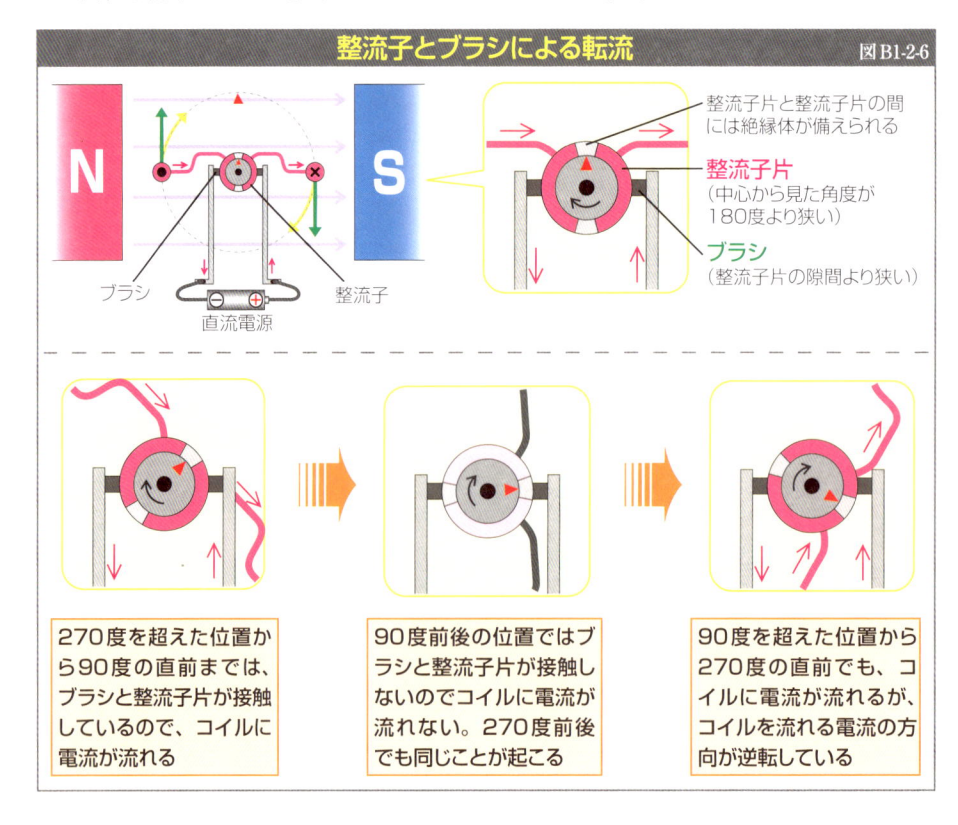

図B1-2-6 整流子とブラシによる転流

- 整流子片と整流子片の間には絶縁体が備えられる
- **整流子片**(中心から見た角度が180度より狭い)
- **ブラシ**(整流子片の隙間より狭い)
- ブラシ
- 直流電源
- 整流子

270度を超えた位置から90度の直前までは、ブラシと整流子片が接触しているので、コイルに電流が流れる

90度前後の位置ではブラシと整流子片が接触しないのでコイルに電流が流れない。270度前後でも同じことが起こる

90度を超えた位置から270度の直前でも、コイルに電流が流れるが、コイルを流れる電流の方向が逆転している

転流による回転の継続 図B1-2-7

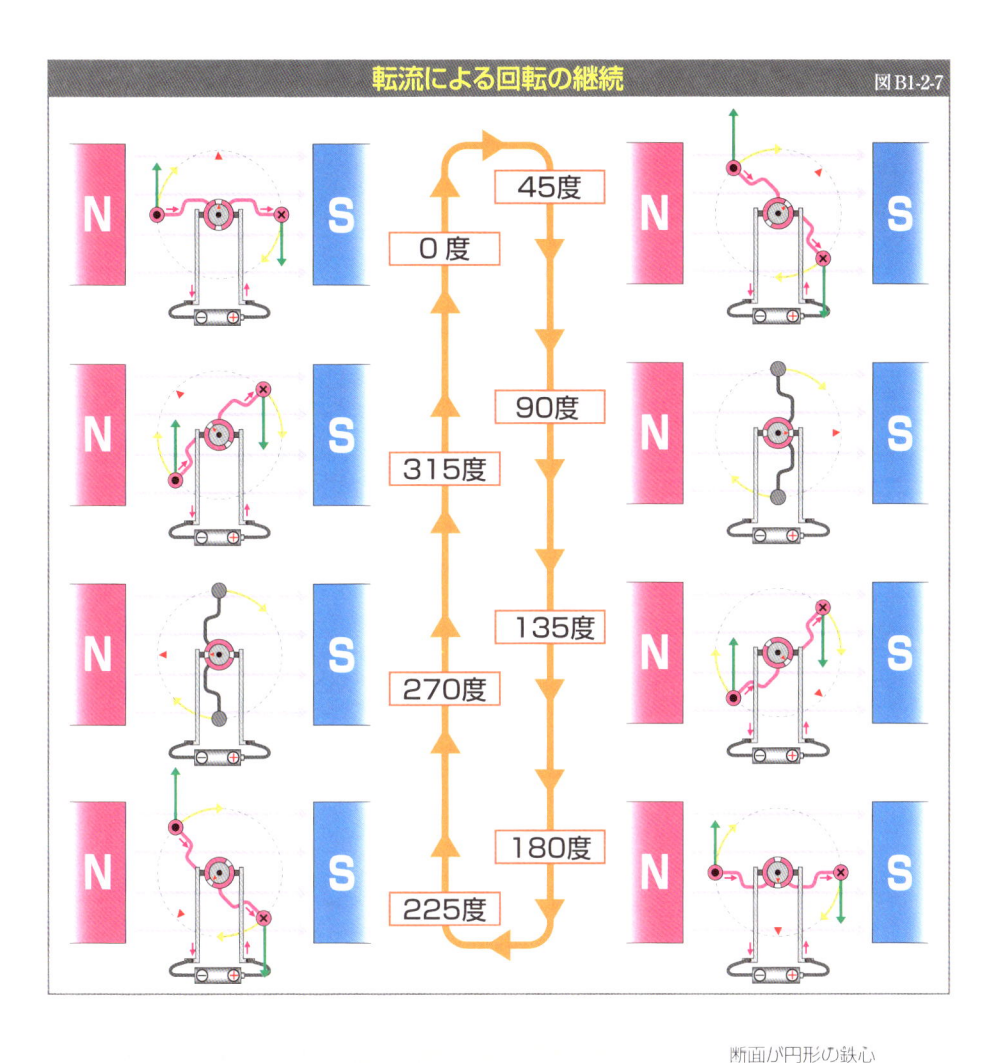

2スロットモータ

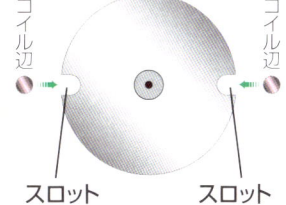

　回転原理の説明では、可能な限りシンプルな構造にするために鉄心を省略しているが、通常の直流整流子モータでは鉄心が使用される。その場合、1個の方形コイルをはめるためには、鉄心に2本のスロットが必要になる。そのため、こうしたモータを2スロットモータという。

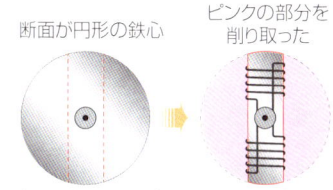

　磁気の吸引力と反発力による回転原理の説明（P49）に使用した突極鉄心の場合は、スロットがあるようには見えないが、断面が円形の鉄心に非常に幅の広い深いスロットを設けて突出部分を作ったと考えることができるため、こうしたモータも2スロットモータという。

断面が円形の鉄心
コイル辺
スロット

断面が円形の鉄心
ピンクの部分を削り取った
断面形状が円形の鉄心からコイルを巻くための溝として2カ所を削り取ったと考えられる。

第2章 直流整流子モータ
電磁力とトルク

電磁力によって発生する直流整流子モータのトルクの大きさは、コイル辺の長さ、コイル辺の回転半径、コイルを流れる電流、界磁の磁束密度に比例する。

電磁力によるトルク

直流整流子モータの**トルク**は**電磁力**によって発生する。トルクは力と距離の積で表される**ベクトル**だ。直流整流子モータの場合、力は**巻線**に発生する電磁力であり、距離は巻線の回転半径になる。

電機子コイルが図のような1巻の**方形コイル**で、**界磁**の磁力線が水平、コイルの面も水平な状態で考えると、電磁力を発生するのは界磁磁界を横切る巻線abの部分とcdの部分だ。この実際に電磁力を発生する部分を**コイル辺（コイルサイド）**という。巻線bcの部分とdaの部分には電磁力が発生しない。この部分を**コイル端（コイルエンド）**という。

フレミングの左手の法則で説明される電磁力の大きさは、**有効導体長**、電流、**磁界の磁束密度**に比例するので、コイル辺に発生する電磁力は、コイル辺の長さ、コイルを流れる電流、界磁の磁束密度に比例する。トルクは電磁力とコイルの回転半径の積なので、直流整流子モータのトルクは、コイル辺の長さ、コイルを流れる電流、界磁の磁束密度、コイル辺の回転半径に比例する。

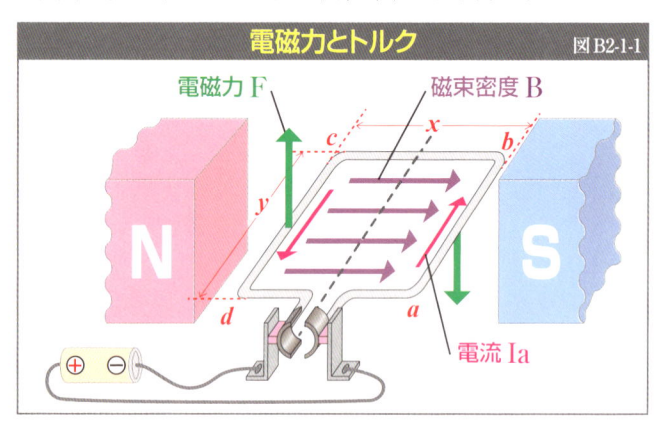

電磁力とトルク 図B2-1-1

計算式で確認すると……

トルクはコイル辺の両辺に発生するので、電磁力と巻線の回転半径の関係は以下のようになる。さらに電磁力は、コイル辺の長さ、界磁の磁束密度、コイルを流れる電流（電機子電流）に置き換えることができる。ちなみに、xyは方形コイルの巻線が囲む面積を意味することになる。

$$T = 1/2 xF + 1/2 xF$$
$$= xF$$
$$= xyBI_a$$

T：トルク[N・m]　　I_a：電機子電流[A]
F：電磁力[N]　　x：bc長＝da長[m]
B：界磁の磁束密度[T]　　y：ab長＝cd長[m]

▶ コイルサイド＝coil side、コイルエンド＝coil end

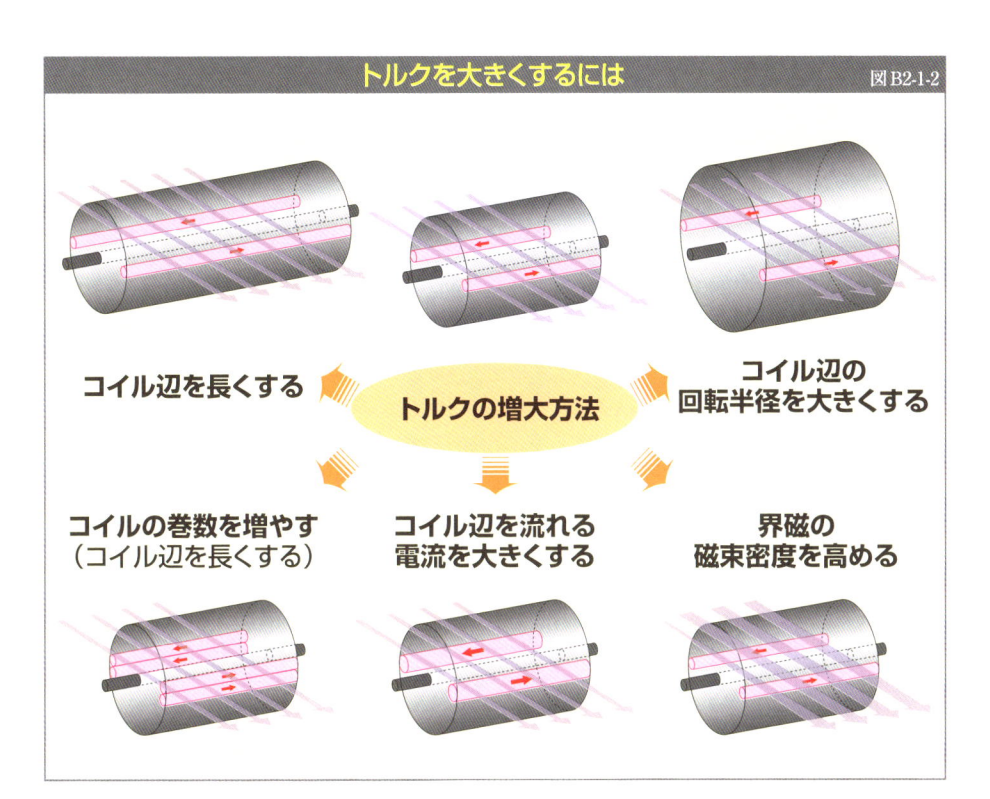

図B2-1-2　トルクを大きくするには

トルクの増大方法

- コイル辺を長くする
- コイル辺の回転半径を大きくする
- コイルの巻数を増やす（コイル辺を長くする）
- コイル辺を流れる電流を大きくする
- 界磁の磁束密度を高める

◆トルクを大きくする方法

電機子で考えれば、コイル辺を長くしたり、**巻数**を増やしたり、回転半径を大きくしたりすればトルクが大きくなるが、巻線が長くなる（半径を大きくした場合もコイル端が長くなる）。すると、**電気抵抗**が大きくなって電流が小さくなるため電源を考慮する必要がある。

もちろん、**電源電圧**を高めて電流を大きくすればトルクが大きくなるが、巻線を太くして電気抵抗を小さくすることでも、電流が大きくなってトルクが大きくなる。

巻線を変化させた場合、重量増によって**機械時定数**が大きくなったり、**インダクタンス**が変化して**電気時定数**が変化したりする。コイル辺を長くしたり、回転半径を大きくした場合には、界磁の範囲が広がったり、磁極の距離が大きくなったりするので、界磁の強化が必要になる。モータ自体も大形化する。

固定子で考えれば、磁束密度を高めればトルクが大きくなる。巻線形であれば、磁束密度を高める方法は、電機子コイルと同じように各種の方法があるが、電流や電源などさまざまな要素に影響を与え、モータが大形化することもある。

以上のように、モータのトルクを高めるためにはさまざまな要素を考える必要がある。多くの用途ではモータの小型化が求められることも重要な要素だ。永久磁石形の場合、同じ素材の磁石で界磁の磁束密度を高めることは難しいが、従来の**フェライト磁石**を**希土類磁石**に変更すれば、モータの大きさを保ったままトルクを大きくすることが可能となる。同じトルクのモータで考えた場合、希土類磁石を採用すれば小形化が可能だ。

第2章 直流整流子モータ
トルク変動

直流整流子モータは構造的にトルク変動を起こしやすい。トルク変動の要因には電機子の回転位置によるトルクリップルと鉄心の形状によって発生するコギングトルクがある。

トルクリップル

前ページでは、**界磁**の磁力線が水平で、1巻の**方形コイル**の面が水平な状態でモータの**トルク**を検討したが、方形コイルが回転を始めると、トルクの大きさが変化する。

コイルが回転しても、**コイル辺**の長さ、**巻線**を流れる**電流**、界磁の**磁束密度**は変化しないので、回転角度がどの位置でも、発生する**電磁力**の大きさは同じだ。磁力線の方向は**界磁磁束**に常に垂直だが、**整流子**と**ブラシ**の作用によって90度の位置と270度の位置で方向が逆転する。

トルクは力と距離の積で表されるが、この力は回転方向に向いている必要がある。つまり、回転する**軌跡**（円）の接線方向の力でなければならない。回転位置が0度の時は、電磁力の方向が接線方向なので、すべての電磁力がトルクになる。180度の位置でも同様にすべての電磁力がトルクになる。

しかし、0度や180度の位置から少しでも回転すると電磁力の方向と接線が揃わなくなる。こうした場合、電磁力のうち接線方向の成分だけがトルクになる。回転位置が90度の時は、電磁力の方向と接線が直交するため、電磁力はまったくトルクにならない。270度の位置でも同様にトルクは0になる。

方形コイルの1回転を順に見ていくと、0度から90度に向かって減少していき、90度から180度に向かって増加、180度から270度に向かって減少、270度から360度（0度）に向かって増加していくことを繰り返すため、トルクに利用できる電磁力が脈動する。

増減の変化は直線的ではなく、きれいな**サインカーブ**（**正弦曲線**）を描く。90度から270度の位置は電磁力の方向が逆転しているため、トルクの大きさの変化をグラフにすると、1回転の間に2つの山を描くことになる。この**トルク変動**を**トルクリップル**という。

磁気の**吸引力**と**反発力**で考えた場合も、吸引力と反発力の方向は常に一定（磁力線と水平）なので、トルクの大きさは回転位置によって変化する。電磁力で考えた場合とまったく同じグラフを描く。

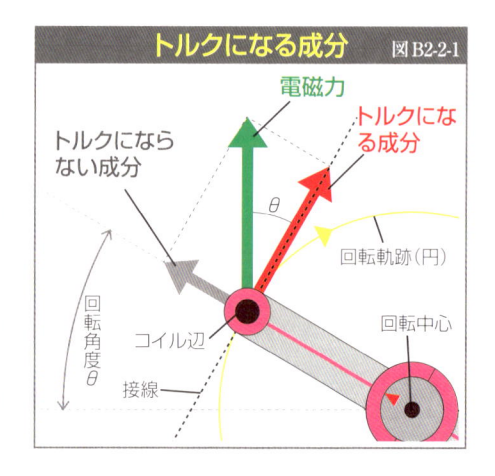

図B2-2-1 トルクになる成分

トルクにならない成分 / 電磁力 / トルクになる成分 / θ / 回転軌跡（円） / 回転角度θ / コイル辺 / 接線 / 回転中心

トルクリップル＝torque ripple

回転位置によるトルクの方向と変化 図B2-2-2

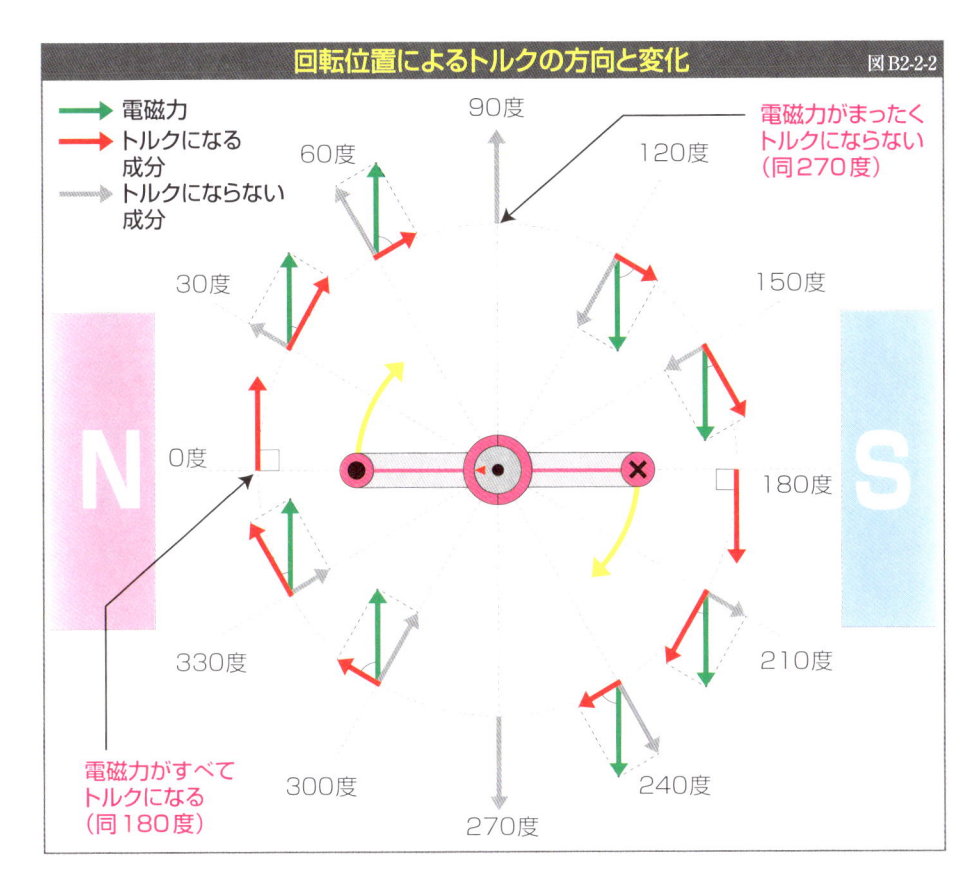

- → 電磁力
- → トルクになる成分
- → トルクにならない成分

90度 / 60度 / 30度 / 0度 / 330度 / 300度 / 270度 / 240度 / 210度 / 180度 / 150度 / 120度

電磁力がまったくトルクにならない（同270度）

電磁力がすべてトルクになる（同180度）

計算式とグラフで確認すると……

　計算式にしてみると、サインカーブを描くことがよくわかる。電磁力をF、回転子の回転角度をθとすれば、トルクとして利用できる電磁力の成分F'は、$F' = F \cos\theta$ となる。つまり、トルクとして利用できる電磁力の成分はコサインカーブ（余弦曲線）を描く。ただし、コサインカーブはサインカーブの位相を90度ずらしたものと同じであるため、通常はサインカーブという。

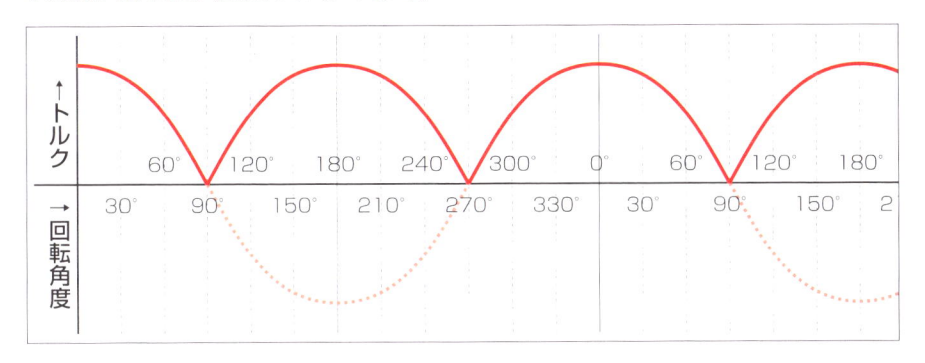

↑トルク　→回転角度

30° / 60° / 90° / 120° / 150° / 180° / 210° / 240° / 270° / 300° / 330° / 0° / 30° / 60° / 90° / 120° / 150° / 180°

コギングトルク

直流整流子モータの電機子では鉄心が使われるのが一般的だ。この電機子鉄心が、界磁の磁力線から影響を受けて発生するトルクをコギングトルクという。なお、コギングトルクをトルクリップルの一種に分類する考え方もあるが、本書では両者を区別する。

鉄心の断面形状が円形であれば、磁力線の状態は上下左右に対象になる。このように磁力線に偏りがない状態では鉄心が磁力線によって力を受けることがない。しかし、円形以外の場合は、回転位置によって磁力線の影響によってトルクが発生する。

例えば、回転原理の説明で使用した断面形状が長方形の**突極鉄心**による**2スロットモータ**の場合、コイルの中心軸と界磁の**磁界**の方向が揃っていれば、鉄心が力を受けることがない。磁力線が**透磁率**の高い部分（鉄心）を最短距離で通過できるため、もっとも磁力線が安定する状態といえる。

円筒形の鉄心と磁力線の関係 図B2-2-3

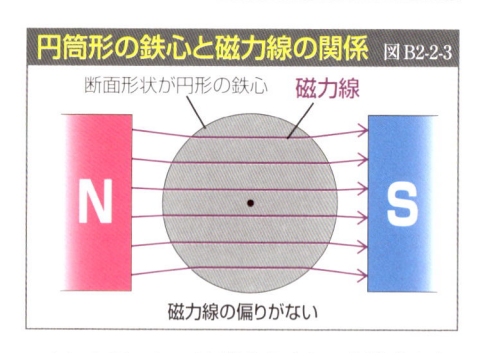

断面形状が円形の鉄心　磁力線
N　S
磁力線の偏りがない

ところが、この位置から少しでも鉄心が回転すると、N極からS極に進む界磁の磁力線が、引き伸ばされた状態になる。すると、あたかもゴムひもの張力のような力を磁力線が発揮して、鉄心を回転させようとする。これがコギングトルクだ。

コギングトルクは回転位置によって大きさや方向が変化する。図（B2-2-4）の左下のように電機子の回転方向とコギングトルクが同方向の場合、モータのトルクにコギングトルクが

突極鉄心のコギングトルク 図B2-2-4

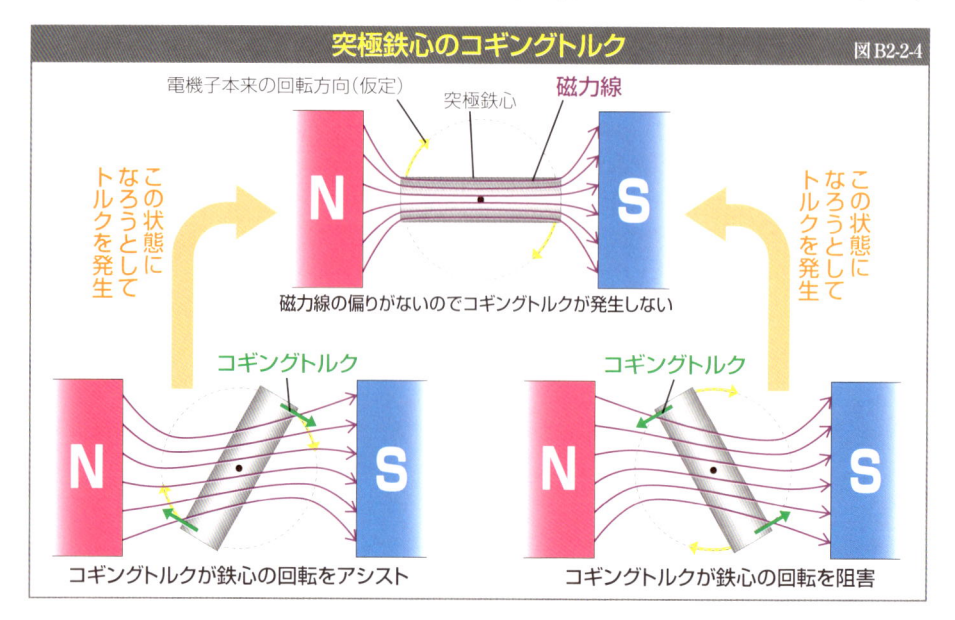

電機子本来の回転方向（仮定）　突極鉄心　磁力線
N　S
磁力線の偏りがないのでコギングトルクが発生しない

この状態になろうとしてトルクを発生

コギングトルク
N　S
コギングトルクが鉄心の回転をアシスト

コギングトルク
N　S
コギングトルクが鉄心の回転を阻害

コギングトルク＝cogging torque

図B2-2-5　断面が円形の鉄心のコギングトルク

左図:
- 電機子本来の回転方向（仮定）
- 円筒形の鉄心
- 磁力線
- 巻線
- スロット

磁力線がスロットの影響を受けているが、上下左右で対象が保たれている

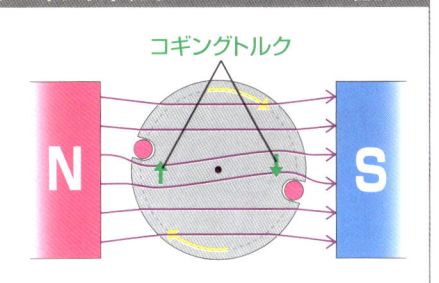

右図:
- コギングトルク

回転位置によっては磁力線に偏りが生じることでコギングトルクが発生する

加わることになる。逆に、右下のように電機子の回転方向とコギングトルクが逆方向の場合は、コギングトルクがモータのトルクを打ち消す。

突極鉄心の場合、スロットが大きいのでコギングトルクが大きくなりやすいが、円筒形の鉄心でもスロットを作れば磁力線に影響を与えることになる。1個の**方形コイル**をはめるために作った小さなスロットであっても、コギングトルクが発生する。

鉄心に備えられるスロットの数で、1回転の間に発生する脈動の回数が変化する。同じ大きさのスロットなら、スロット数が増えるほど1回転の間の脈動の回数が多くなるが、脈動の回数が多いほどコギングトルクは小さくな

る。方形コイルをはめる電機子鉄心は、断面形状が円形に近いのでコギングトルクはさほど大きくないが、突極鉄心を使う電機子の場合は、コギングトルクが大きい。

巻線形直流整流子モータの場合、モータの電源を切れば界磁の磁力線がなくなるので、コギングトルクが発生しなくなる。しかし、永久磁石形直流整流子モータの場合は常に界磁の磁力線が存在するため、電源を切ってもコギングトルクが発生する。このコギングは停止時に確認できることがある。電源を切り回転速度が低下していくと、慣性モーメントによる回転にコギングトルクが影響を与えることで、回転がギクシャクしたものになりやすい。

コギングトルクの体感!

永久磁石形では、停止しているモータの回転軸を指先で回してみれば、コギングトルクを体感できる。回転軸は滑らかに回転せず、カクカクといった感じの動きになる。例えば、模型用モータではコイルが3個使われていることが多いが、こうしたモータの回転軸を指で回すと、停止していた位置から60度まではコギングトルクによって抵抗を感じる。60度を超えるとコギングトルクの方向が逆になって、勝手に回転していき、120度の位置で止まる。

第2章 直流整流子モータ
原理モデルと実用モデル

回転原理の説明に使った2スロットモータは実験や検証用の原理モデルといえるもので実際にはほとんど使われない。実用モデルでは3個以上の電機子コイルが使われる。

2スロットモータの問題点

2スロットモータは**トルクリップル**や**コギングトルク**による**トルク変動**が大きい。また、**始動**できない回転位置が存在することが、何より大きな問題だ。

これらの問題を解消するために、実用モデルでは3個以上の電機子コイルが使用される。コイルの数を増やすことで、モータのトルクを大きくすることも可能となる。

デッドポイントの解消

回転原理の説明で使用したような2スロットモータの場合、**電機子電流**が途切れる回転位置を作る必要がある。こうした回転位置を**デッドポイント**や**死点**という。運転していたモータを停止させた際に、もし回転子がデッドポイントで止まると、モータが再始動できなくなってしまう。これでは実用上問題がある。

しかし、3個以上の電機子コイルを使用すると、電機子電流を途切れさせる必要がなくなり、デッドポイントを解消することが可能となる。この場合、回転位置によっては電磁力が発生しないコイルができることもあるが、残る他のコイルが電磁力を発生するため、回転位置がどこでも始動できるようになる。

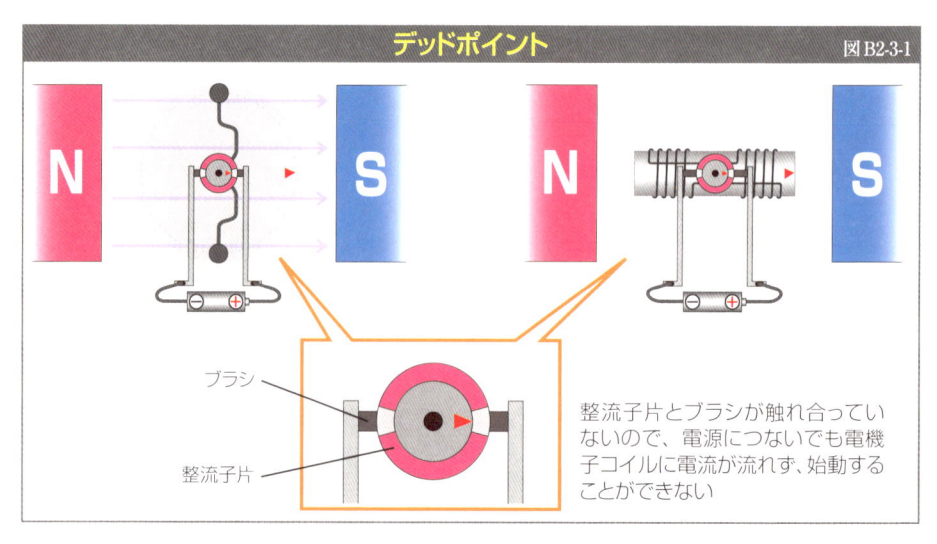

デッドポイント 図B2-3-1

整流子片とブラシが触れ合っていないので、電源につないでも電機子コイルに電流が流れず、始動することができない

→ デッドポイント= dead point

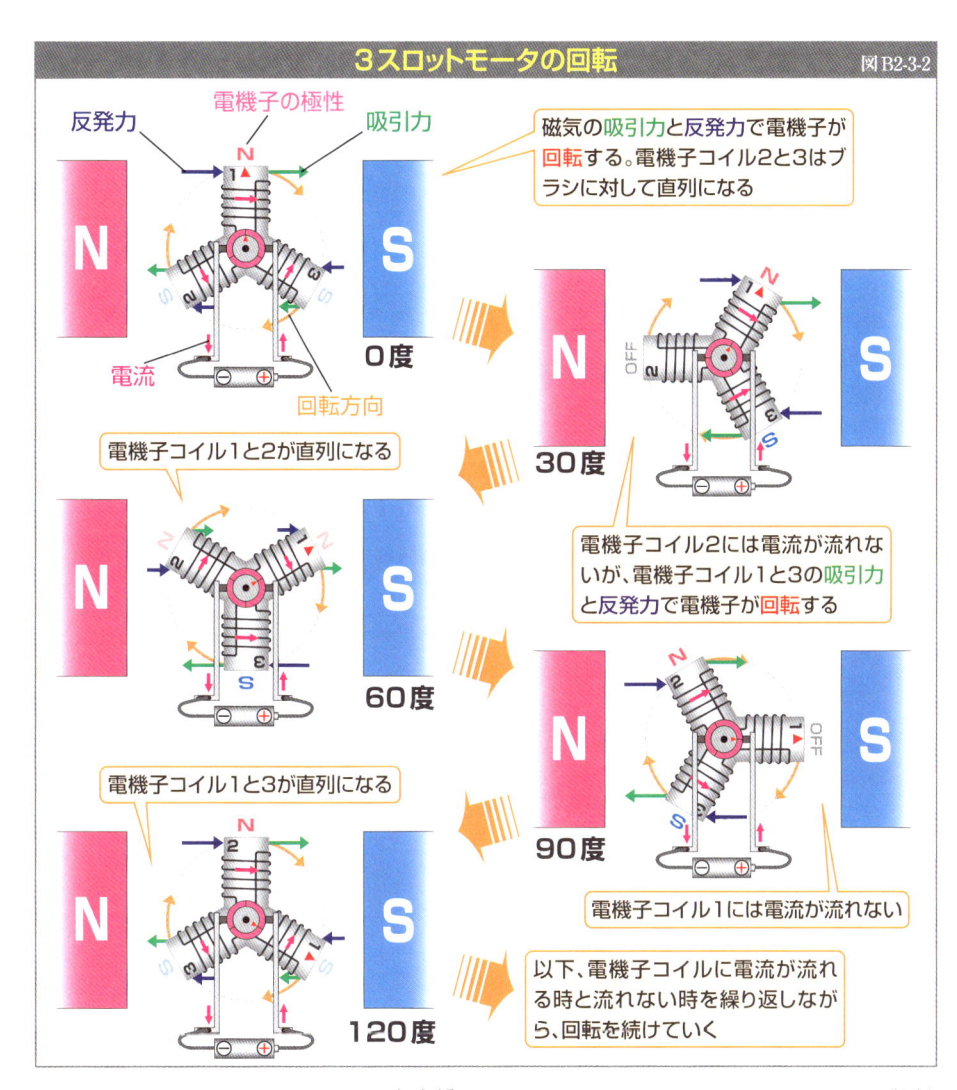

3スロットモータの回転

図B2-3-2

0度
- 反発力
- 電機子の極性
- 吸引力
- 電流
- 回転方向

磁気の吸引力と反発力で電機子が回転する。電機子コイル2と3はブラシに対して直列になる

30度

電機子コイル2には電流が流れないが、電機子コイル1と3の吸引力と反発力で電機子が回転する

60度
電機子コイル1と2が直列になる

90度

電機子コイル1には電流が流れない

120度
電機子コイル1と3が直列になる

以下、電機子コイルに電流が流れる時と流れない時を繰り返しながら、回転を続けていく

　例えば、上の図(B2-3-2)のような**突極鉄心**の3スロットモータの場合、3個の電機子コイルが**整流子片**を介して順番につながっている。3個の整流子片のうち、いずれか2個の整流子片がブラシと触れ合い、3個の電機子コイルに電流が流れるのが基本の形だ。

　図の左上のような状態を0度とすると、突極1がN極、突極2がS極、突極3がS極となり、電機子が回転する。30度前後の位置になると、突極2と固定子のN極が正対する。この位置では、左側のブラシが2個の整流子片に同時に触れるようになる。電機子コイル2はブラシで短絡されるので電流が流れなくなるが、突極1がN極、突極3がS極になるため、電機子が回転を続けることができる。以降は60度回転するごとに、電流の流れないコイルが発生するが、トルクが0になる回転位置はない。

第2部・直流で働くモータ

第2章・直流整流子モータ／原理モデルと実用モデル

トルク変動の低減

　電機子コイルを1個だけ使用する2スロットモータの場合、1回転の間にトルクが2回脈動するうえ、トルクが0になる回転位置もある。電機子コイルの数を増やし、回転角度が均等な位置に配置すると、あるコイルで発生するトルクの脈動の谷を、別のコイルで発生するトルクが埋めてくれることになるので、**トルクリップル**を抑えることができる。

　例えば、前ページの3スロットモータを方形コイルに置き換えてみると、下の図のようになる。この方形コイル3個のモータでは、それぞれのコイルが、コイル1個のモータと同じように脈動しているが、3個のコイルのトルクが重なり合うことで、全体としてのトルクリップルが小さくなる。なお、厳密に考えると、コイル2個が直列になる回転位置では、電流の大きさが変化するが、コイルの電気抵抗が小さいため、ここでは無視している。

　また、電機子コイルの数が増えるほど、スロットの数が増して、**電機子鉄心**の断面形状が円形に近づく。そのため、**コギングトルク**も小さくなり、**トルク変動**が小さくなる。

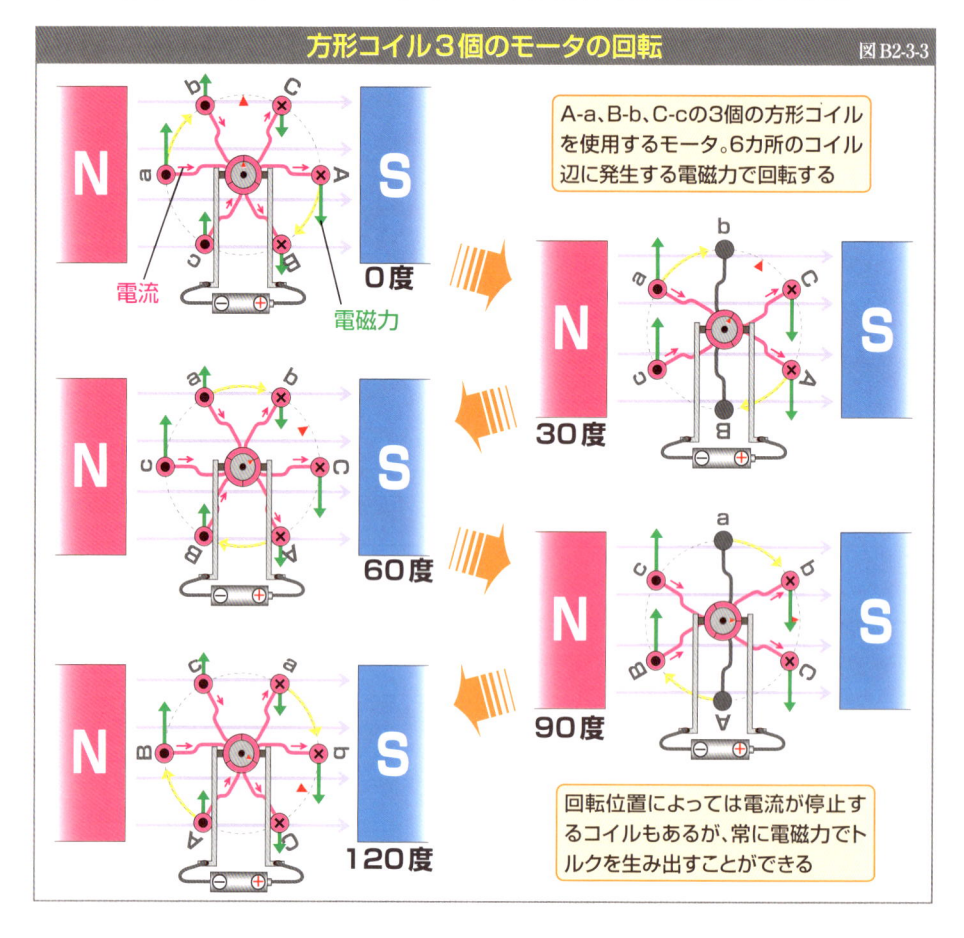

方形コイル3個のモータの回転

図B2-3-3

A-a、B-b、C-cの3個の方形コイルを使用するモータ。6カ所のコイル辺に発生する電磁力で回転する

0度 / 30度 / 60度 / 90度 / 120度

電流　電磁力

回転位置によっては電流が停止するコイルもあるが、常に電磁力でトルクを生み出すことができる

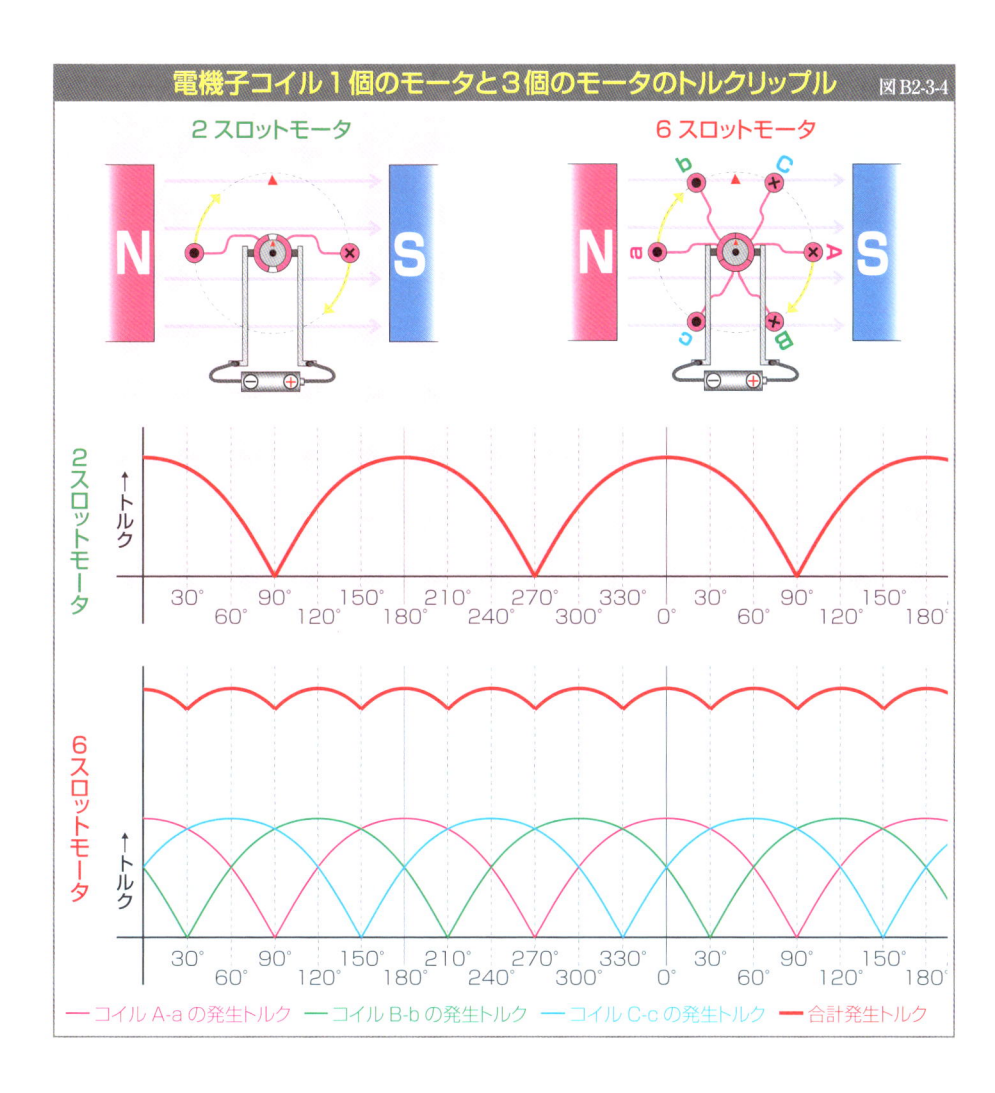

電機子コイル1個のモータと3個のモータのトルクリップル 図B2-3-4

2スロットモータ

6スロットモータ

2スロットモータ ↑トルク

6スロットモータ ↑トルク

— コイル A-a の発生トルク　　— コイル B-b の発生トルク　　— コイル C-c の発生トルク　　— 合計発生トルク

ブラシは刷毛?

　整流子と組み合わせで使われるブラシ(brush)の訳語には、ペンキを塗ったりする刷毛や、歯ブラシやヘアブラシのようなブラシが含まれる。モータのブラシが開発された当初は、撚り線や網線の先端をばらしたものが使われていて、その形状が刷毛のようだったことが名称の由来になっている。現在ではこうした形状のブラシがモータに使われることはほとんどないが、模型のスロットカーでは、車両がコースから電力の供給を受ける部分に使われている。これを、集電ブラシという。

↑スロットカーの集電ブラシ。網線が使われている。写真は新品の状態だが、しばらく使っていると網線がほぐれてバラバラになっていく。

第2章 直流整流子モータ
界磁の種類と極数

直流整流子モータは何で界磁を行うかによって永久磁石形と巻線形に分類され、用途に応じて使い分けられている。また、界磁の極数にもさまざまな種類がある。

永久磁石形と巻線形

直流整流子モータは**界磁**を行う**固定子**が**界磁コイル**か**界磁磁石**かで分類される。**永久磁石**で界磁するものを**永久磁石形直流整流子モータ**といい、界磁コイルで界磁するものを**巻線形直流整流子モータ**という。

巻線形に比較すると、界磁に電力を使用しないので、永久磁石形のほうが効率が高い。永久磁石形は構造がシンプルなので、コンパクトに構成することができる。コスト面でも、巻線形はコイルの製造に手間がかかるため、一般的には永久磁石形が有利だ。

いっぽう、トルクや出力を大きくしようとした場合、電力さえ十分にあれば、界磁コイルの**巻数**を増やすなどの方法で、巻線形は強い**磁界**を得ることができる。現在では強い磁界を得られる永久磁石もあるが、高価であるためコイルの製造よりコストがかかる。特に最近ではレアアースの高騰によって、**希土類磁石**の価格が非常に高くなっている。そのため、大きな出力が求められない小形モータには永久磁石形が採用され、大きな出力が求められる場合は、巻線形が採用されることが多い。もっとも、コスト的に折り合う用途であれば、出力の大きなモータに希土類磁石の永久磁石形が採用されることもある。

なお、巻線形は界磁コイルの電流を調整することで、回転速度などの制御が可能となる。また、電機子コイルと界磁コイルの接続方法によって、特性の異なるモータを構成することも可能だ。

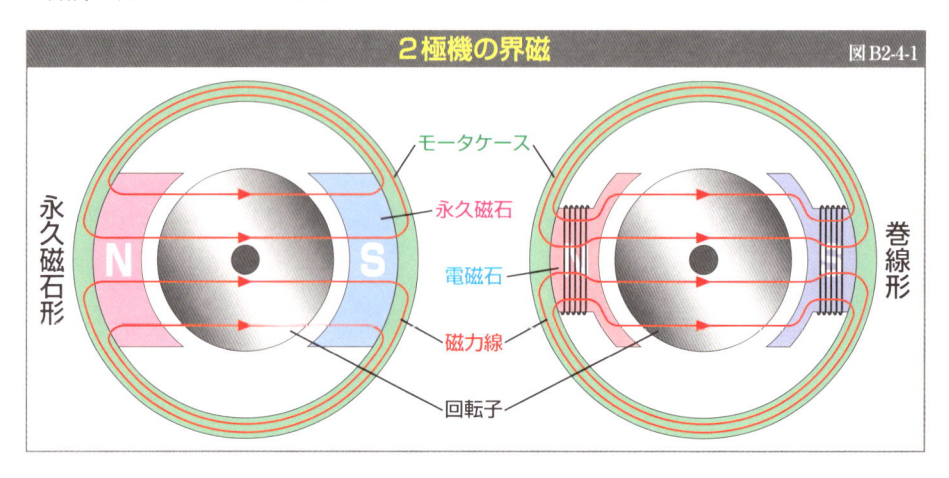

2極機の界磁 図B2-4-1

永久磁石形 / モータケース / 永久磁石 / 電磁石 / 磁力線 / 回転子 / 巻線形

図B2-4-2 4極機の界磁

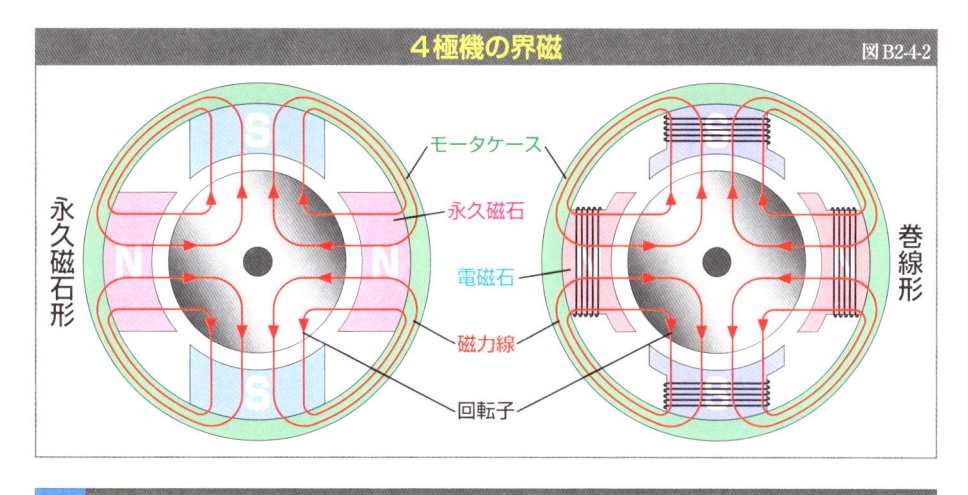

永久磁石形／巻線形

モータケース／永久磁石／電磁石／磁力線／回転子

極数

　ここまでに説明した直流整流子モータは、いずれもN極とS極の2極で界磁している。こうしたモータを**2極機**という。巻線形でも永久磁石形でも2極機という。2極機では、N極とS極になる界磁コイルまたは界磁磁石が、回転子の回転中心をはさんで向かい合う位置に配置される。回転子は180度回転するごとに、N極とS極に交互に向かい合うことになる。

　界磁を2極以外で行う方法もあるが、必ずN極とS極の組み合わせが必要なので、極数は偶数になる。4極で界磁するものは**4極機**、6極で界磁するものは**6極機**という。永久磁石形では4極機までが一般的だが、巻線形では6極機を超えるものもある。

　例えば、4極機の固定子では各極が回転中心から見て90度間隔になり、N極同士、S極同士が向かい合うように配置される。6極機の固定子では各極が60度間隔でN極とS極がそれぞれ向かい合う。こうした**磁極**の間隔を**磁極ピッチ**といい、回転するモータの場合は、回転中心からの角度で表現される。360度を極数で割れば、磁極ピッチが得られる。

　界磁の極数が増えれば、電機子も異なったものが必要になる。2極機の電機子はN極とS極の1組の磁極を備えていれば対応できるが、4極機に使用する電機子であれば、2組の磁極が必要になる。電機子の場合も磁極の間隔を磁極ピッチといい、電機子の磁極ピッチは、界磁の磁極ピッチと等しくなければならない。

図B2-4-3 6極機の界磁

巻線形

モータケース／電磁石／磁力線／回転子

▶ 磁極ピッチ＝pole pitch

4極機の実験モデル（方形コイル2個） 図B2-4-4

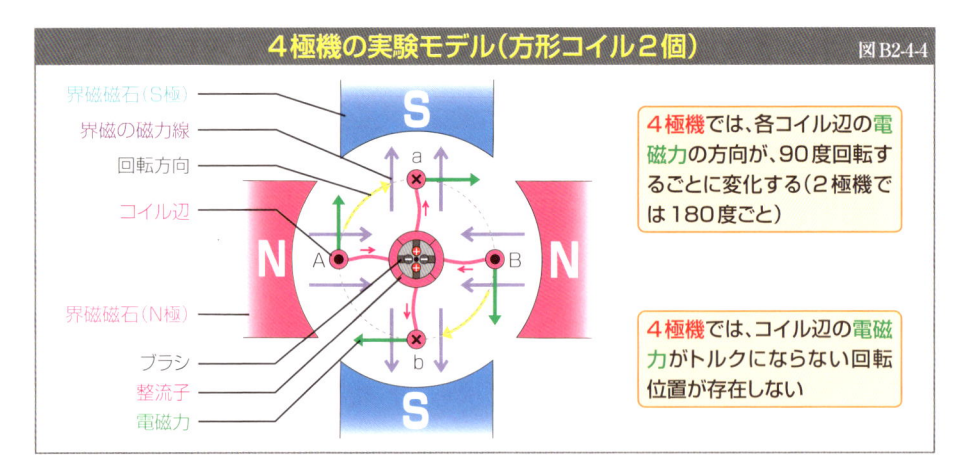

- 界磁磁石（S極）
- 界磁の磁力線
- 回転方向
- コイル辺
- 界磁磁石（N極）
- ブラシ
- 整流子
- 電磁力

4極機では、各コイル辺の**電磁力**の方向が、90度回転するごとに変化する（2極機では180度ごと）

4極機では、コイル辺の**電磁力**がトルクにならない回転位置が存在しない

4極機の回転位置によるトルクの方向と変化 図B2-4-5

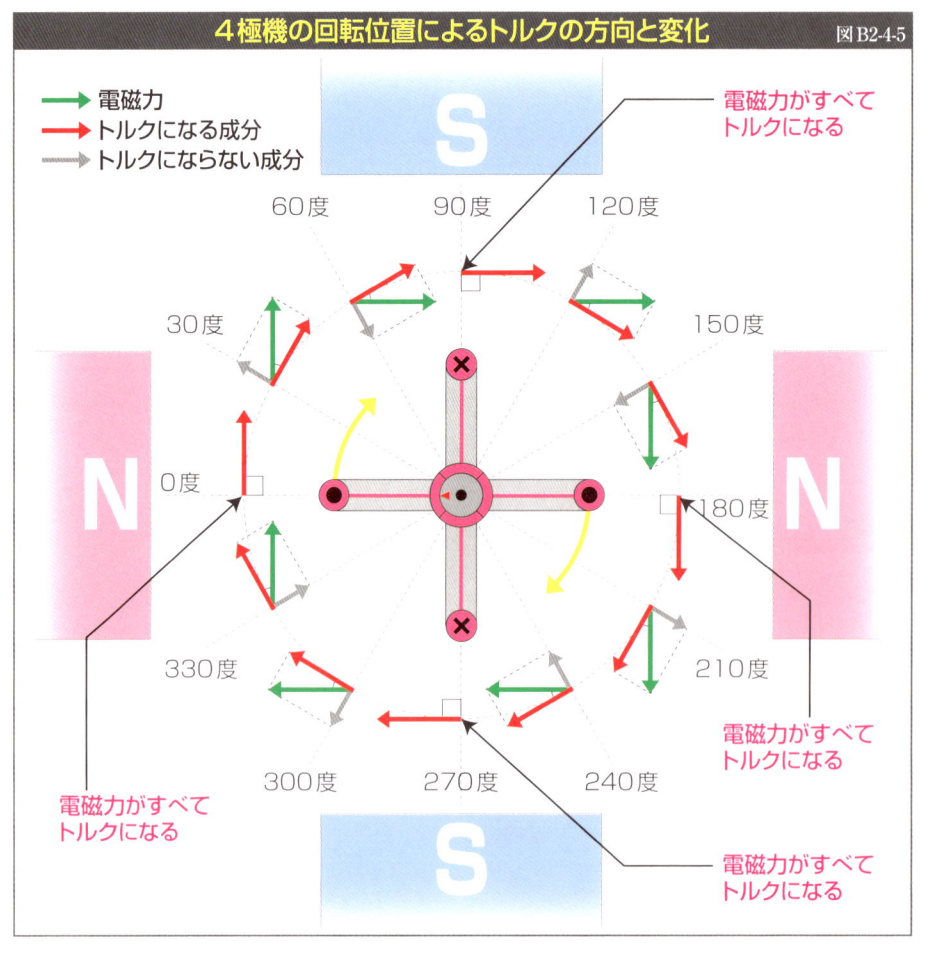

- → 電磁力
- → トルクになる成分
- → トルクにならない成分

0度、30度、60度、90度、120度、150度、180度、210度、240度、270度、300度、330度

電磁力がすべてトルクになる（90度、180度、270度、0度）

2極機と4極機

電機子コイルの数が同じ2極機と4極機を比較すると、4極機はトルクの面で有利になり、トルクの変動も抑えられるが、構造が複雑になるためコストがかかる。

直流整流子モータには**トルクリップル**があり、2極機の場合、トルクが0になる回転位置があるが、4極機の場合はこうした回転位置がない。

方形コイル2個を直交させた**回転子**が、もっともシンプルな4極機の原理モデルになる。左ページの図（B2-4-4）のような場合、4極機であればコイル辺A、a、B、bも、発生した電磁力のすべてがトルクになる。2極機の場合も、コイル辺AとBの位置は電磁力がすべてトルクになるが、コイル辺aとbの位置はトルクが0だ。

簡単にいってしまえば、2極機の315度～45度と135度～225度の状態を繰り返しているのが4極機だ。大きなトルクを得られる回転位置ばかりを使えるため、コイル2個のトルクの合計では4極機のほうが有利になる。

2極機の315度～45度と135度～225度の範囲は、**トルク変動**のグラフの傾きが、それ以外の範囲に比べて小さい部分だ。こうした範囲ばかりを使うことができるため、4極機はトルクの脈動の幅が小さくなり、2極機よりトルクリップルが抑えられる。

また、コイルの巻き方に**分布巻**（P76参照）を採用する場合、2極機より4極機のほうが**コイル端**が短くなる。巻線全体の**電気抵抗**が小さくなり、電流の面で有利になる。4極機にはこうしたメリットもある。

方形コイル2個の2極機と4極機のトルク変化　図B2-4-6

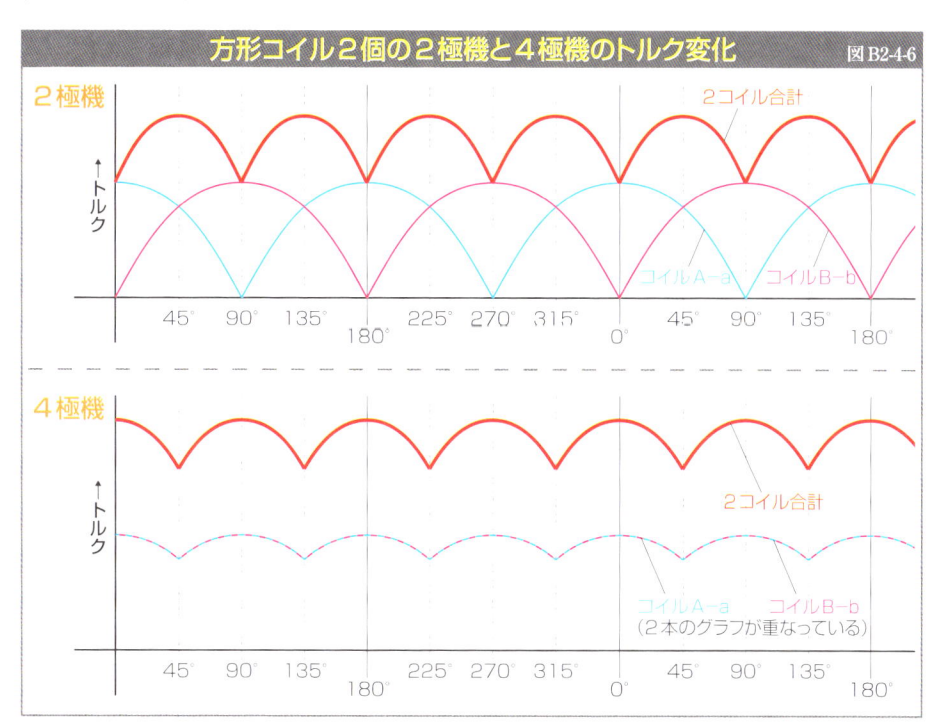

2極機
↑トルク
2コイル合計
コイルA-a　コイルB-b
45° 90° 135° 180° 225° 270° 315° 0° 45° 90° 135° 180°

4極機
↑トルク
2コイル合計
コイルA-a　コイルB-b
（2本のグラフが重なっている）
45° 90° 135° 180° 225° 270° 315° 0° 45° 90° 135° 180°

第2章 直流整流子モータ
逆起電力

直流整流子モータは発電機としても使用できるが、モータの運転中にも起電力を発生している。この起電力が直流整流子モータの特性に大きな影響を与えている。

直流整流子発電機

　直流整流子モータと直流整流子発電機の構造はまったく同じだ。回転原理の説明で使用したモータの方形コイルを、外部の力で回転させると、方形コイルの巻線が界磁の磁界を横切るため、フレミングの右手の法則で説明されるように、コイルに誘導電流が流れる。

　方形コイルの回転位置が90度と270度の位置で誘導電流の方向が逆転するが、整流子とブラシによって出力される電流の方向は一定に保たれる。ただし、巻線は円運動をしているため、界磁の磁力線に対して垂直方向の移動速度が回転位置によって変化するので、出力電圧が脈動する。直流整流子モータのトルクと同じように、出力電圧はサインカーブ（正弦曲線）を描く。

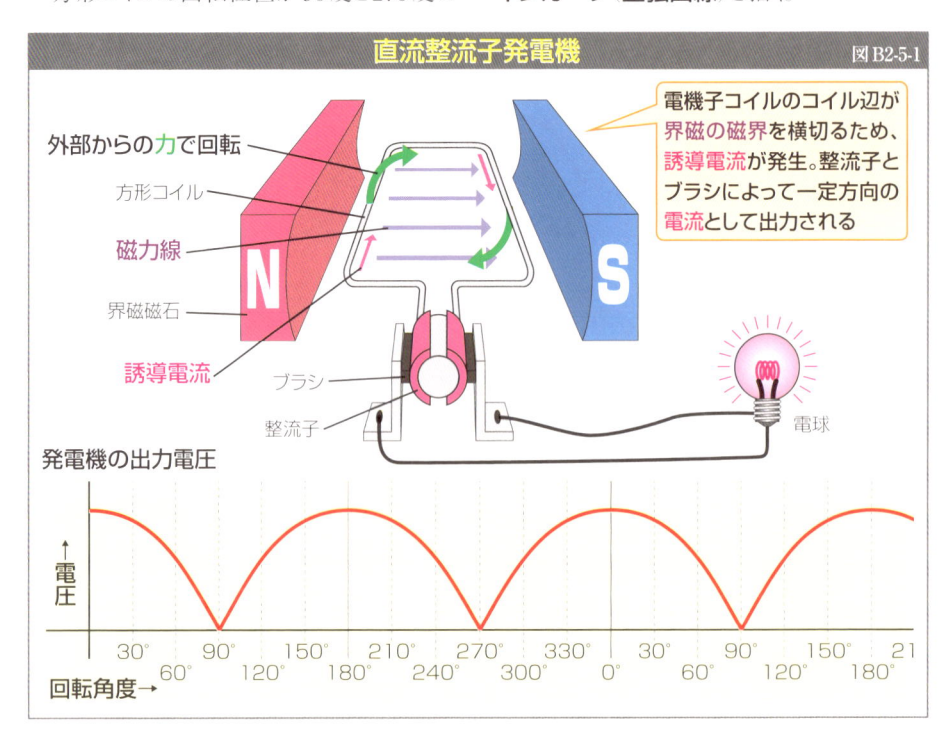

直流整流子発電機　図B2-5-1

電機子コイルのコイル辺が界磁の磁界を横切るため、誘導電流が発生。整流子とブラシによって一定方向の電流として出力される

- 外部からの力で回転
- 方形コイル
- 磁力線
- 界磁磁石
- 誘導電流
- ブラシ
- 整流子
- 電球

発電機の出力電圧

↑電圧

回転角度→　30° 60° 90° 120° 150° 180° 210° 240° 270° 300° 330° 0° 30° 60° 90° 120° 150° 180° 21

逆起電力

直流整流子モータが運転されている時、電機子コイルを流れる電流によって電磁力が発生して**回転子**が回転しているが、同時に電機子コイルの巻線は**界磁磁束**を横切ることになるので、**誘導起電力**が発生する。この誘導起電力は、**電源電圧**とは逆方向になるため、**逆起電力**という。結果、運転中のモータの電機子コイルにかかる電圧は、電源電圧から逆起電力の電圧を引いた電圧になる。

誘導起電力は、導体が磁界を横切る速度と磁界の強さに比例するので、逆起電力は**回転速度**と**界磁**の**磁束密度**に比例する。回転速度が高くなるほど、逆起電力が大きくなるため、**電機子電流**が小さくなる。

逆に始動の時には逆起電力が0であるため、一時的に大きな電流が流れてしまう。こうした始動時の大電流を**始動電流**や**突入電流**といい、大形機では対策が必要になる。

また、逆起電力は**ブラシ**と**整流子**による**転流**にもさまざまな悪影響を与える。

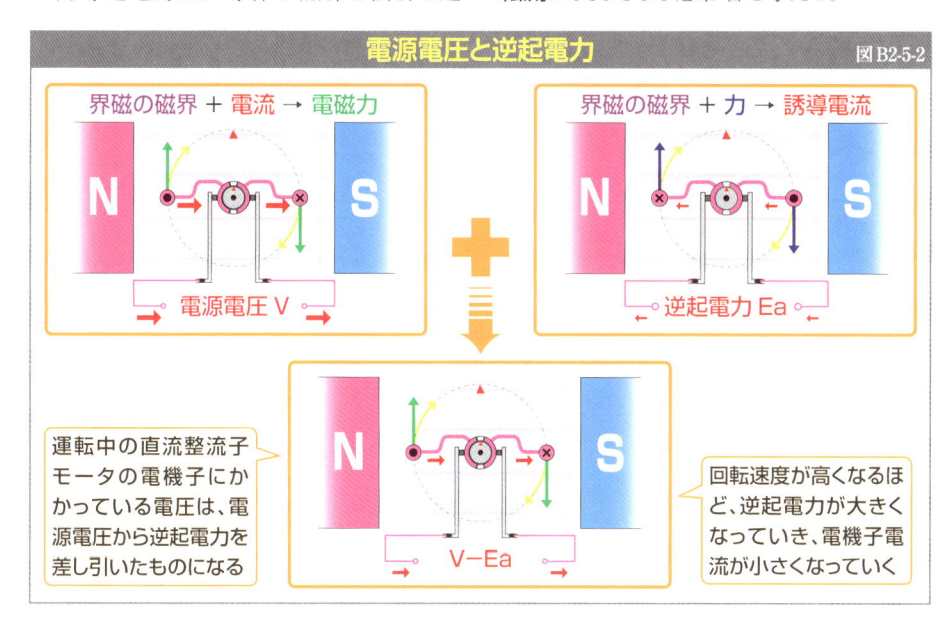

電源電圧と逆起電力　図B2-5-2

界磁の磁界 + 電流 → 電磁力　電源電圧 V

界磁の磁界 + 力 → 誘導電流　逆起電力 Ea

運転中の直流整流子モータの電機子にかかっている電圧は、電源電圧から逆起電力を差し引いたものになる　V−Ea

回転速度が高くなるほど、逆起電力が大きくなっていき、電機子電流が小さくなっていく

計算式で確認すると……

電機子コイルを流れる電流は、電機子コイルの抵抗によって決まるため、逆起電力と電源電圧の関係は以下のようになる。なお、実際にはブラシと整流子による接触電圧降下があるが、比較的小さなものであるため、省略している。また、誘導起電力である逆起電力は、横切る速度と磁界の強さに比例するため、逆起電力と回転速度、界磁の磁束密度の関係は以下のようになる。

$$V = E_a + I_a R_a$$
$$E_a = K n B$$

V：電源電圧 [V]
Ra：電機子コイルの抵抗 [Ω]
Ia：電機子電流 [A]
Ea：電機子逆起電力（電機子誘導電圧）[V]
n：回転速度 [min⁻¹]
B：界磁の磁束密度 [T]
K：モータの構造などで決まる定数

第2章 直流整流子モータ
基本特性

直流整流子モータが扱いやすいモータといわれるのは、回転速度が電源電圧に比例し、トルクが電機子電流に比例するなど、その特性に起因している。

トルク特性

直流整流子モータの**トルク**は、**コイル辺の長さ**、コイルを流れる電流、**界磁の磁束密度**、コイル辺の回転半径に比例する。運転中のモータを考えた場合、コイル辺の長さと回転半径は変更できないので、トルクは**電機子電流**と界磁の磁束密度に比例する。

永久磁石形直流整流子モータの場合、**永久磁石**の磁束密度は一定なので、界磁の磁束密度は一定だ。そのため、トルクは電機子電流だけに比例する。非常にシンプルな特性になる。

いっぽう、**巻線形直流整流子モータ**の場合は、**界磁コイル**を流れる**界磁電流**で界磁の磁束密度が変化する。コイルの磁束密度は、界磁コイルを流れる電流に比例するため、界磁の磁束密度は界磁電流に比例する。結果、巻線形直流整流子モータのトルクは、電機子電流と界磁電流に比例することになる。

ただし、巻線形の場合は、実際にはこれほど単純ではない。界磁電流の変化によって界磁の磁束密度が変化すると、**逆起電力**に影響を及ぼし、さらにはトルクにも影響を及ぼす。また、巻線形には、電機子コイルと界磁コイルの電源に対する接続方法にさまざまなものがある。こうした接続方法によっては、電機子コイルと界磁コイルの電圧や電流が影響を及ぼし合うこともある。そのため、巻線形直流整流子モータは種類によってさまざまな特性を備える。

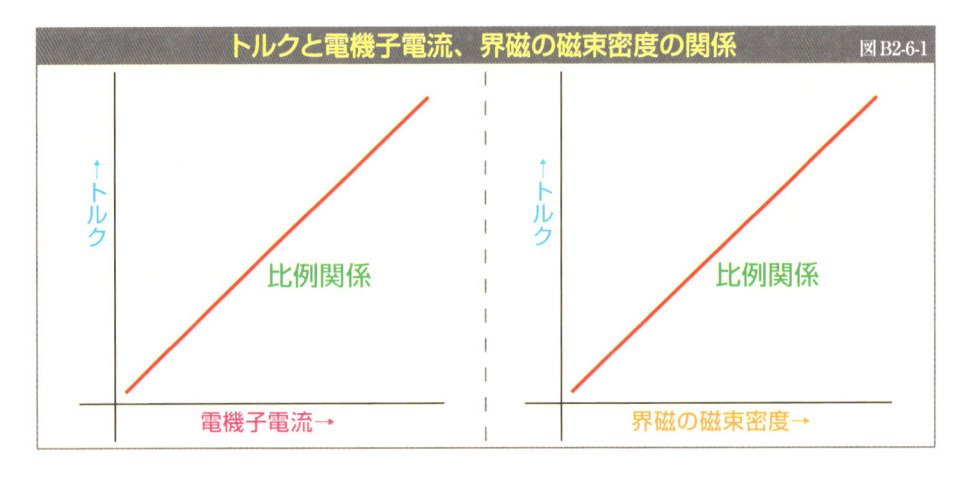

トルクと電機子電流、界磁の磁束密度の関係　図B2-6-1

(左グラフ) 縦軸:トルク→、横軸:電機子電流→、比例関係
(右グラフ) 縦軸:トルク→、横軸:界磁の磁束密度→、比例関係

計算式で確認すると…

モータの構造などによって決まってしまう要素は定数として考えることができるので、トルクと回転速度は、それぞれ以下の式で表すことができ、比例関係、反比例関係がわかる。K_1、K_2、K_3はそれぞれモータの構造などによって決まる定数である（接触電圧降下は省略）。

$$T = K_1 Ia \Phi = K_2 Ia If$$
$$n = K_3 Ea \div \Phi = K_3 (V - IaRa) \div \Phi$$

T：トルク[N・m]
Ia：電機子電流[A]
Φ：界磁磁束[Wb]
If：界磁電流[A]
n：回転速度[min⁻¹]
V：電源電圧[V]
Ra：電機子の抵抗[Ω]
Ea：電機子逆起電力（電機子誘導電圧）[V]
K_1、K_2、K_3：モータの構造などで決まる定数

速度特性

直流整流子モータの**逆起電力**は、**回転速度**と**界磁**の**磁束密度**に比例する。これを回転速度の側から見てみると、回転速度は逆起電力に比例し、界磁の磁束密度に反比例することになる。

運転中のモータでは、逆起電力と電機子コイルにかかる電圧の合計が電機子の**電源電圧**になるが、電機子コイルの電気抵抗は小さいため、電機子コイルにかかる電圧はさほど大きくない。そのため、回転速度は電機子の電源電圧にほぼ比例し、界磁の磁束密度に反比例する。

永久磁石形直流整流子モータの場合、界磁の磁束密度は一定なので、回転速度は電機子の電源電圧にほぼ比例する。

巻線形直流整流子モータの場合、界磁の磁束密度は界磁電流に比例するので、回転速度は電源電圧にほぼ比例し、界磁電流に反比例する。

なお、界磁の磁束密度は界磁電流に比例するが、ある値以上は電流が増加しても磁束密度の高まりが鈍くなり、最終的に高まらなくなる。これは界磁コイルに磁束の**飽和**が起こるためだ。また、始動前の界磁の磁束密度は本来は0だが、前回の運転で界磁コイルに**磁化**された**鉄心**に磁気が残っていることもある。この場合、始動前でも**残留磁束密度**によって、ある程度の磁束密度を示す。

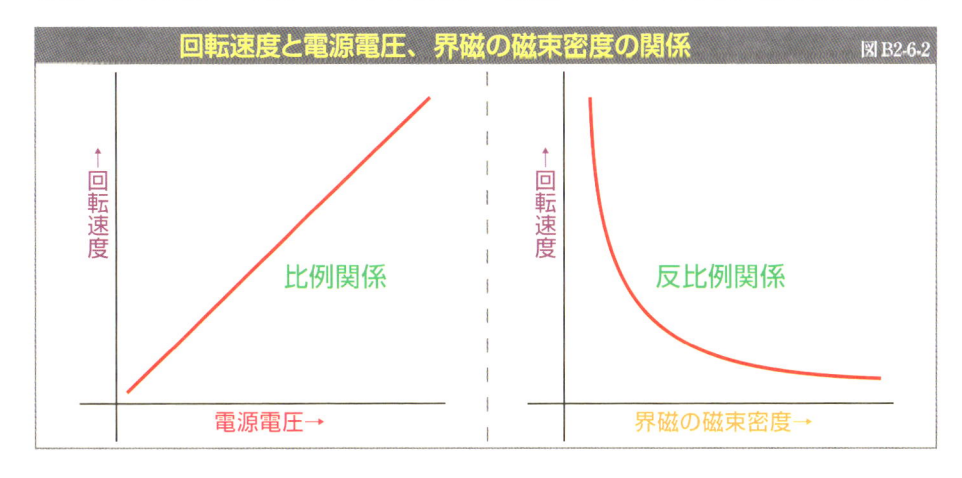

回転速度と電源電圧、界磁の磁束密度の関係　図B2-6-2

（左）↑回転速度／電源電圧→　比例関係
（右）↑回転速度／界磁の磁束密度→　反比例関係

第2章 直流整流子モータ
整流子とブラシの弱点

直流整流子モータには欠かせない整流子とブラシだが、いくつかの弱点がある。この弱点が、直流整流子モータそのものの弱点にもなっている。

■整流子とブラシのさまざまな問題

整流子とブラシの弱点にはブラシの摩耗による問題、電気的なノイズと機械的なノイズ、さらに高回転で発生する問題などがある。

◆摩耗と保守

ブラシには摩耗しにくい素材が選ばれているが、摩耗をゼロにすることは不可能なため、定期的なブラシ交換が必要になる。また、摩耗で発生した粉が、接触不良の原因になるため、清掃などの保守作業も欠かせない。

小形モータでは、ブラシの交換や保守を前提に設計されていないこともあり、そうした場合はブラシの寿命がモータの寿命になる。

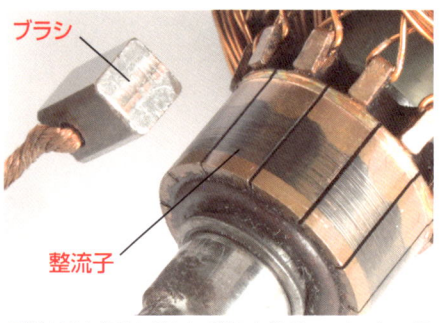

↑整流子はブラシに擦られて汚れや傷がついている。ブラシは摩耗によって中央部分がへこんでいる。

整流子とブラシの問題 図B2-7-1

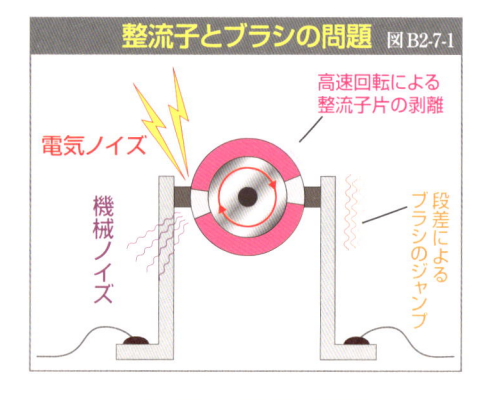

電気ノイズ／高速回転による整流子片の剥離／機械ノイズ／段差によるブラシのジャンプ

整流子は直流に変換する?

整流子という名称に違和感を覚えたことがある人はいないだろうか? 電気の世界で「整流」といえば、交流を直流に変換することだ。ここから考えると、整流子とは、交流を直流に変換する部品や道具という意味になる。

ところが、直流整流子モータにおける整流子とブラシの役割は、供給された直流が流れる方向を交互に入れ替えてコイルに伝えることだ。つまり、その時点のモータの回転速度に同期した交流に変換しているといえる。これでは、整流子という名称の意味と実際の役割が逆になってしまう。

しかし、これにはちゃんと理由がある。直流整流子モータと直流整流子発電機の構造は同じだ。発電機における整流子の役割は、電機子コイルに発生した交流を、直流に変換して出力する装置といえる。これならば、整流子という名称の意味と役割が合致する。つまり、発電機の部品名として名づけられたため、整流子といわれるわけだ。発電機とモータとで、同じ部品の名称が異なると混乱を生じるため、モータでも整流子の名称が使われている。

リングバリスタ

　直流整流子モータ特有の電気的なノイズを避けたい用途や保守の手間を省きたい用途では、ブラシレスモータへの移行が増えていたが、リングバリスタの登場によって安価な直流整流子モータへの回帰も起こっている。バリスタ (varistor) とは、電圧が低い状態では電気抵抗値が高いが、ある程度以上に電圧が高くなると急激に抵抗値が低くなるセラミック半導体素子だ。バリスタの名はvariable resistorに由来する。突発的な高電圧から回路を保護するために使われることが多い。通常時は抵抗値が高いため電流がほとんど流れないが、高電圧が発生した時は抵抗値が下がり、その電流をアース側に流してくれる。このバリスタをモータの整流子部分に組み込みやすいようにリング形にしたものがリングバリスタだ。リングバリスタを使用すると、転流の際に発生する高電圧をアースできるため、転流の際の火花の発生が防がれ、電気ノイズやブラシの消耗が抑えられる。

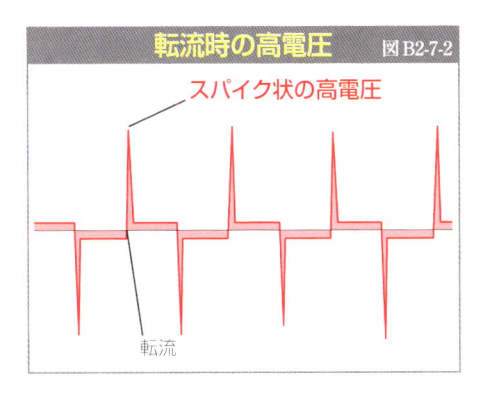

←銅色の部分がバリスタ素子。整流子片と同数に区切られたものがノイズ吸収や接点保護のために使われる。〔TDK・マイクロモータ用リングバリスタ〕

◆火花と電気ノイズ

　ブラシと**整流子片**は電流の断続を行うが、ブラシと整流子片が離れて電流が途切れた瞬間に、**逆起電力**によってスパイク状の高電圧が発生する。この高電圧がブラシと整流子の間で**火花放電**を起こすことがある。火花はブラシの消耗や損傷を招き、表面が荒れると、さらに火花が飛びやすくなる。

　こうした異常な電流が、電機子コイルを破損させることもある。さらには電源回路やモータを制御する半導体を誤動作させたり、破損させたりすることもある。

　また、放電の際には電磁波が発生する。この電磁波が**電気ノイズ**になって、ラジオなどの電波を利用する機器の雑音になったり、近くのコンピュータなどの電子機器を誤動作させる原因になったりすることもある。

◆機械ノイズ

　ブラシと整流子は滑らかに接触する素材が選ばれているうえ、整流子の断面形状が正円になるようにしてあるが、それでもブラシと擦れ合いながら整流子が回転するので、どうしても**機械ノイズ**(騒音)が発生しやすい。ブラシの摩耗が均一に進まなかったりすると、機械ノイズが増大していくこともある。

◆高回転への対応

　ブラシはスプリングの力などで整流子に押しつけられているうえ、整流子は正円に作られているが、高回転になるとわずかな段差でもブラシがジャンプして、整流子と接触できない瞬間ができたりする。これではモータが正常に動作できなくなる。

　また、高回転になると、遠心力も大きなものになる。その遠心力で整流子片がはがれたり、電機子コイルの位置がずれたりする可能性が高まる。

　これらの理由があるため、直流整流子モータは回転速度を高めることに限界がある。

転流時の高電圧　図B2-7-2
スパイク状の高電圧
転流

第2章 直流整流子モータ
電機子反作用

運転中の電機子コイルは電磁石になっている。その電機子が作る磁界と界磁の磁界の相互作用によってモータの動作に悪影響を与えることがある。

電機子電流が界磁磁束に与える影響

直流整流子モータが運転されている時、電機子コイルを流れる電流で発生した磁束は、界磁の磁束に影響を与える。こうした電機子電流が界磁磁束に影響を与える作用を**電機子反作用**という。電機子電流が大きくなるほど、電機子反作用も大きくなる。

偏磁作用と減磁作用

界磁と電機子の双方の磁束が交差することで起こる作用を**交差磁化作用**や**横軸作用**という。交差磁化作用によって固定子の進行方向側の磁束密度が低下し、手前側の磁束密度が高まり、**界磁磁束**の分布が偏った状態になる。これを**偏磁作用**といい、界磁磁束がモータの回転軸を中心に、モータの回転方向とは逆方向に回転したような状態になる。

偏磁作用によって磁束密度が高まった部分で磁束の**飽和**が起こると、全体として磁束が減少する**減磁作用**が起こる。減磁作用が起こると、モータのトルクが低下する。また、界磁の**磁界**が弱められるため、回転速度の上昇が起こったり、回転が不安定になったりすることもある。

電気的中性軸の移動

運転中の電機子にはN極とS極が現れるが、**ブラシ**と**整流子**によってN極とS極が切り替わる構造上の区切りの軸を**幾何学的中性軸**という。いっぽう、**界磁磁束**に対して、電機子コイルのN極とS極が切り替わるべき区切りの軸を**電気的中性軸**という。界磁磁束が本来の状態であれば、幾何学的中性軸と電気的中性軸は一致している。ところが、電機子反作用で偏磁作用が起こると、幾何学的中性軸と電気的中性軸がずれる。

直流整流子モータでは、回転位置によって短絡される電機子コイルができるようにすることで、**デッドポイント**をなくしている。短絡されてコイルが休止する回転位置は、コイルの電磁力がトルクにならない位置にされている。コイルの電磁力がトルクにならない回転位置とは、**逆起電力**が発生しない回転位置ともいえる。

電源側から見た場合、コイルが短絡されていても電流が流れないだけなので、まったく問題がない。しかし、電機子反作用によって電気的中性軸と幾何学的中性軸がずれると、短絡されたコイルに逆起電力が発生し、コイルに過大な電流が流れてしまう。この大

交差磁化作用による偏磁作用と減磁作用　図B2-8-1

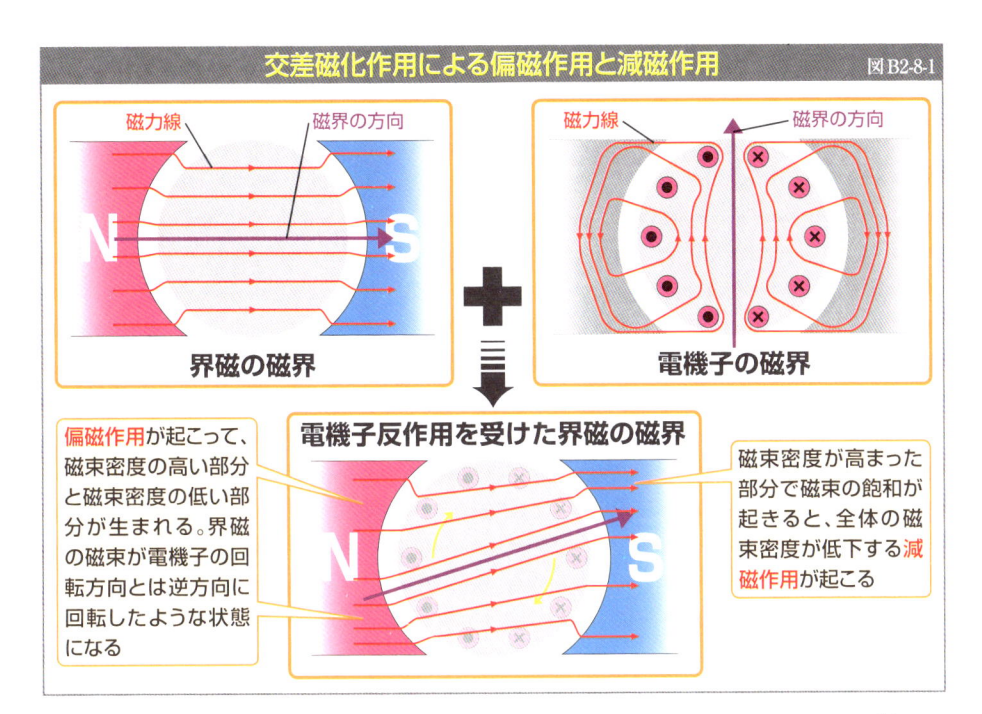

界磁の磁界 ＋ **電機子の磁界** ＝ **電機子反作用を受けた界磁の磁界**

偏磁作用が起こって、磁束密度の高い部分と磁束密度の低い部分が生まれる。界磁の磁束が電機子の回転方向とは逆方向に回転したような状態になる

磁束密度が高まった部分で磁束の飽和が起きると、全体の磁束密度が低下する減磁作用が起こる

電流によって、ブラシと整流子の間に**火花**が発生する。場合によっては整流子同士に火花が飛ぶ**フラッシュオーバー**が起こる（次ページ図B2-8-3）。火花でブラシや整流子が消耗するのはもちろん、フラッシュオーバーが起こると電機子が破損することもある。

また、電気的中性軸の傾きによって、電磁力がトルクにならない位置の**コイル**辺に電流が流れることもあり、電力の損失が発生する。さらには、電磁力の方向が本来とは逆になり、電磁力が電機子の回転を阻害する方向のトルクになってしまうこともある。これらの現象が起こると、モータのトルクが低下してしまう（次ページ図B2-8-4）。

幾何学的中性軸と電気的中性軸のずれ　図B2-8-2

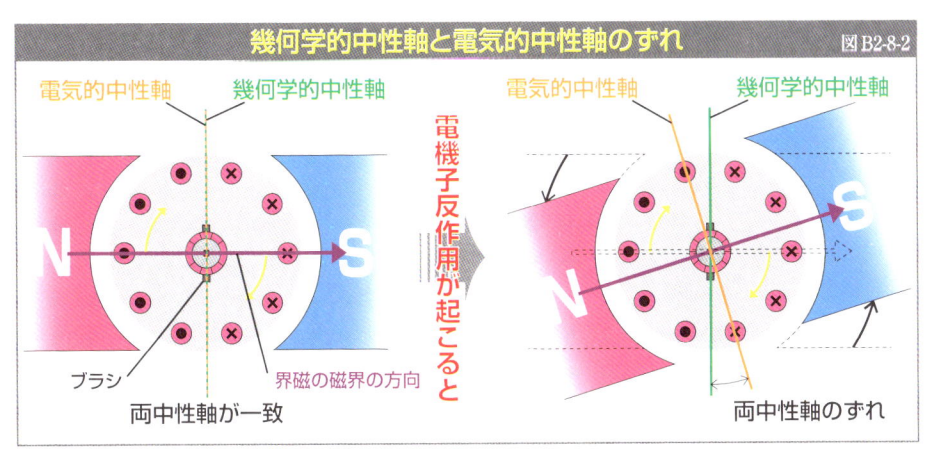

電機子反作用が起こると

両中性軸が一致 → 両中性軸のずれ

▼ フラッシュオーバー＝flashover

図B2-8-3 電機子反作用によるフラッシオーバー

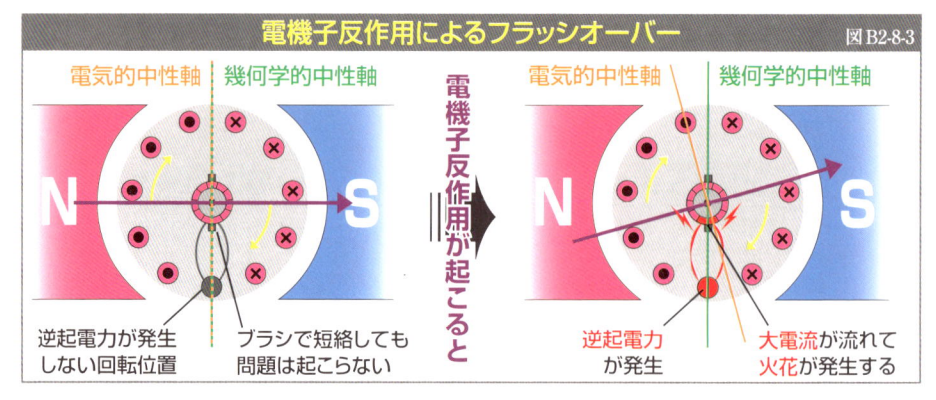

- 電気的中性軸 | 幾何学的中性軸
- 逆起電力が発生しない回転位置
- ブラシで短絡しても問題は起こらない

電機子反作用が起こると

- 逆起電力が発生
- 大電流が流れて火花が発生する

図B2-8-4 電機子反作用のトルクへの影響

- 電磁力がトルクにならない位置のコイル辺に無駄な電流が流れる
- 幾何学的中性軸 | 電気的中性軸

電機子反作用の強さで影響が異なる

- 電磁力が電機子の回転方向とは逆方向のトルクになる
- 幾何学的中性軸 | 電気的中性軸

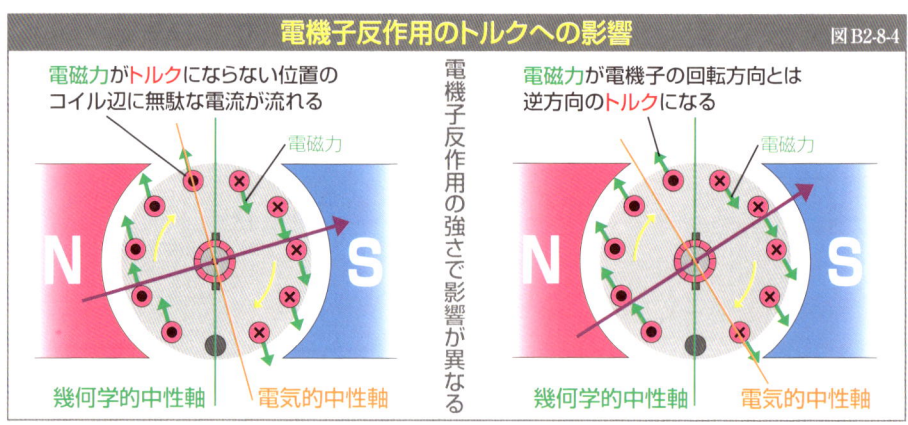

電機子反作用対策

電機子反作用による影響は、小形のモータではさほど問題にならないが、大形のモータでは無視できないものとなるため、対策が必要になる。電機子反作用対策には、**電気的中性軸**を**幾何学的中性軸**に一致させる方法と、幾何学的中性軸を電気的中性軸に一致させる方法がある。

◆ブラシの進角

幾何学的中性軸を電気的中性軸に一致させる場合、ブラシの**進角**が行われる。ブラシの進角とは、モータの回転方向とは逆方向にブラシの位置を移動させることで、幾何学的中性軸の位置を移動することになる。

本来より早いタイミングで転流が起こるようになるため、進角という。

しかし、移動させるべきブラシの位置はモータの運転状況によって変化するため、あまり現実的な方法ではない。限られた用途でしか使われていない。

◆補償コイルと補極

電気的中性軸を幾何学的中性軸に一致させる場合、**補償コイル**や**補極**が使われる。単独ではなく、補償コイルと補極が同時に採用されることもある。

補償コイルは**補償巻線**ともいい、両側の**固定子**に備えられるコイルで、**電機子コイル**

電機子反作用対策以外の進角

　模型用の小形モータでは電機子反作用対策以外の目的でブラシの進角調整が行われることがある。模型用の小形モータは、スロット数が少なく、電機子コイルの巻数が大きくインダクタンスが大きいため、整流子とブラシによる転流から、実際に電流がコイルを流れ始めるのに時間がかかる。高速回転域では、その影響が大きい。この時間的な遅れを補正するためにブラシを進角させ、幾何学的中性点以前に電流の切り替えを行う。これにより高速回転域での回転速度を高めることができる。ただし、無理に転流を行うため、ブラシの火花が激しくなり、電池の消耗も大きくなる。

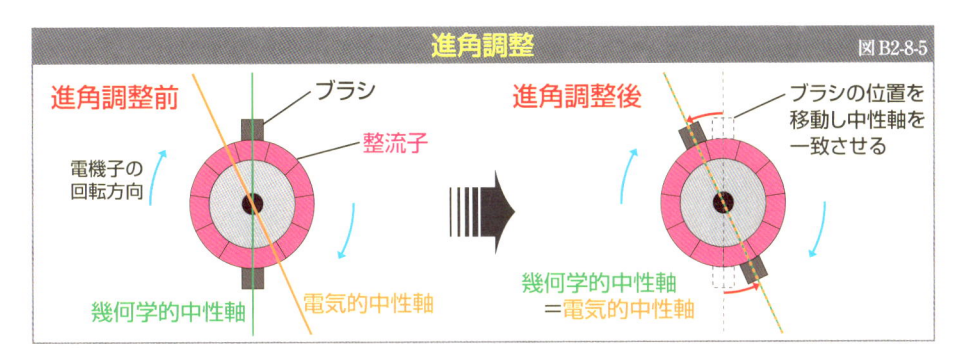

図B2-8-5　進角調整

進角調整前／進角調整後：ブラシの位置を移動し中性軸を一致させる

と逆方向に電流が流れるように巻線が配置される。この補償コイルの**磁束**によって、電機子コイルの磁束を打ち消す。

　補極は、**界磁磁束**とは直角に磁力線が発生するように備えられるコイルで、電機子コイルをはさみ込むように幾何学的中性軸付近に配置される。この補極の磁束によって、界磁磁束の方向の変化を修正する。

　電機子コイルによる磁束密度は電機子電流によって変化するため、補償コイルや補極の磁束密度は、電機子電流に比例させる必要がある。そのため、補償コイルや補極のコイルは電機子コイルと直列にされ、電機子電流が流される。

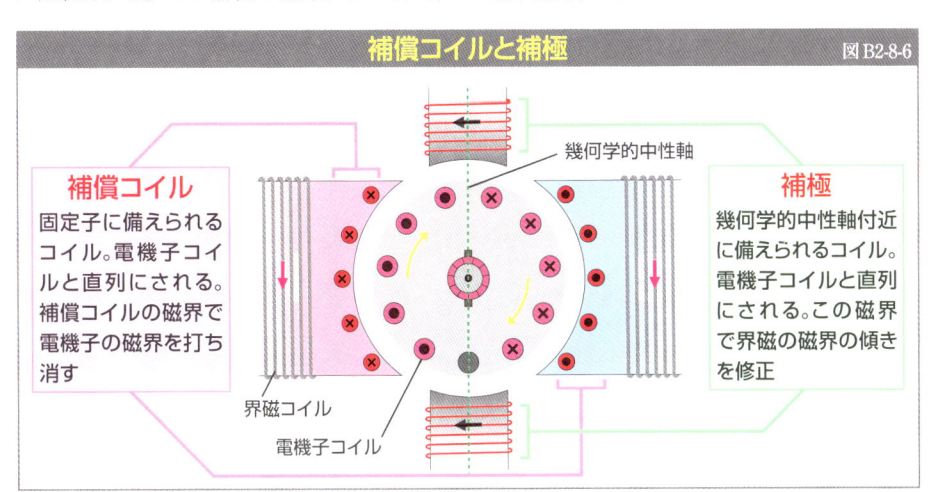

図B2-8-6　補償コイルと補極

補償コイル：固定子に備えられるコイル。電機子コイルと直列にされる。補償コイルの磁界で電機子の磁界を打ち消す

補極：幾何学的中性軸付近に備えられるコイル。電機子コイルと直列にされる。この磁界で界磁の磁界の傾きを修正

第2章 直流整流子モータ
電機子

電機子コイルの巻き方には集中巻と分布巻という2種類の方法があり、スロットに対するコイルの収まり方が異なり、磁極の現れ方が違ったものになる。

電機子コイルの巻き方と磁極

直流整流子モータの電機子は極数とスロット数で構造が表現されることが多い。

極数とは、界磁の極数に対応するもので、2極機には2極の電機子、4極機には4極の電機子が使われる。2極の電機子では運転中にN極とS極の1組の磁極が現れ、4極の電機子では2組の磁極が現れる。

いっぽう、スロット数とは電機子コイルを収めるために電機子鉄心に設けられたスロット(溝)の数のことだ。電機子コイルの巻線のうち、スロットに収まって電磁力を発生する部分をコイル辺といい、スロットからスロットへとつなぐ部分をコイル端という。コイルの両端部分は口出線といい、この線によって整流子に接続される。

ここまでの説明では、突極鉄心と断面形状が円形の鉄心を区別して説明してきたが、両者に明確な違いがあるわけではない。どちらも、円筒形の鉄心にスロットを設けたものといえる。しかし、スロットに対するコイルの巻き方に違いがあるため、別々に説明した。

コイルの巻き方には、隣り合う2本のスロットに1個のコイルを巻く集中巻と、いくつかのスロットをまたいで1個のコイルを巻く分布巻がある。運転中の電機子は磁極がどのようになっているかを見ると状態がわかりやすいが、この2種類の巻き方は、それぞれ磁極の現れ方が異なる。

なお、直流整流子モータの電機子コイルでは、集中巻や分布巻という表現があまり使われないが、両タイプを区別しやすいため、本書ではこの呼称を使用する。

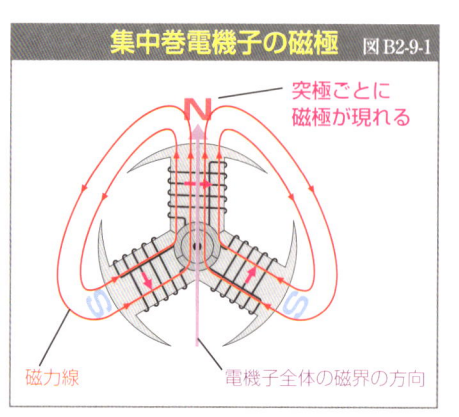

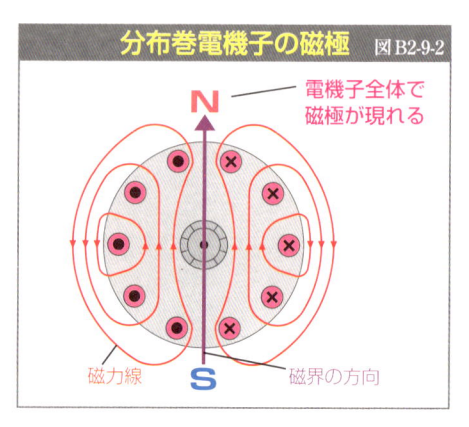

集中巻電機子の磁極 図B2-9-1

突極ごとに磁極が現れる

磁力線 / 電機子全体の磁界の方向

分布巻電機子の磁極 図B2-9-2

電機子全体で磁極が現れる

磁力線 / 磁界の方向

集中巻

　集中巻では隣り合うスロットに1個のコイルを巻く。これは、スロットにはさまれた部分、つまり**突極**にコイルを巻くともいえる。

　集中巻の場合、1個のコイルが巻かれた突極部分が1つの**磁極**になる。当然のごとく、磁極が単独で現れることはない。それぞれのコイルが巻かれた突極部分は中心でつながっているため、他のコイルの突極が組になる磁極になる。

　この場合、N極とS極が1対1で現れるとは限らない。N極1に対してS極2といった組み合わせになることもある。もちろん、全体で見れば、合成磁界としてN極とS極を捉えることも可能だ。

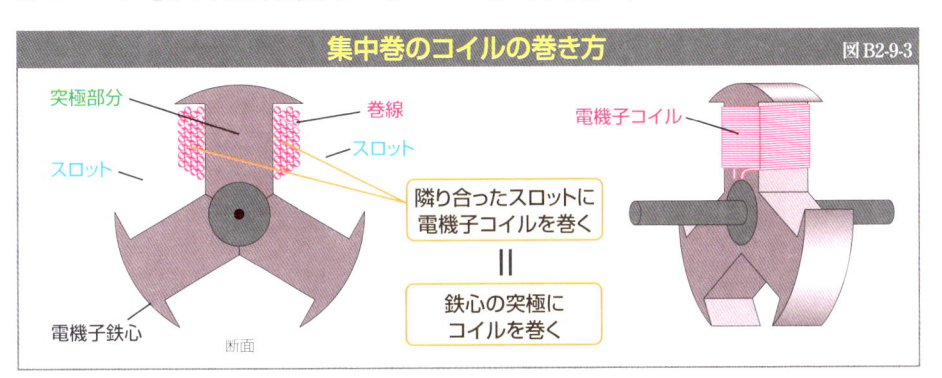

集中巻のコイルの巻き方　　図B2-9-3

- 突極部分
- 巻線
- スロット
- スロット
- 電機子鉄心
- 断面
- 電機子コイル

隣り合ったスロットに電機子コイルを巻く
＝
鉄心の突極にコイルを巻く

分布巻

　いくつかのスロットをまたいで1個のコイルを巻く方法である**分布巻**では、複数のコイルで1組の磁極を構成する。回転軸方向から見て、**界磁磁束**が水平な状態で考えてみると、2極の電機子の場合、右半分にある**コイル辺**と左半分にあるコイル辺の電流の方向が逆になる。これにより、すべてのコイルの合成磁界としてN極とS極が現れる。電磁力による回転原理の説明（P46参照）で使用したような1個の**方形コイル**を鉄心の2本のスロットに収めたものはスロットをまたいではいないが、分布巻の基本形といえるものだ。

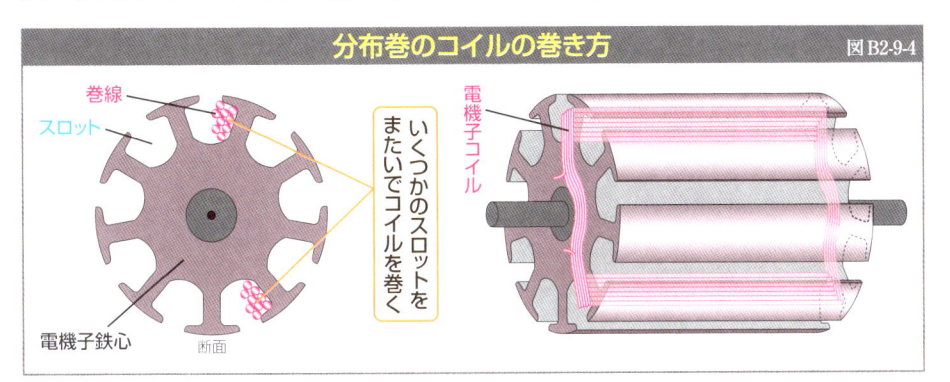

分布巻のコイルの巻き方　　図B2-9-4

- 巻線
- スロット
- 電機子鉄心
- 断面
- 電機子コイル

いくつかのスロットをまたいでコイルを巻く

第2章 直流整流子モータ
スロット

電機子鉄心に設けられた溝がスロットであり、ここに電機子コイルのコイル辺が収められる。スロット数や、スロットに対するコイルの巻き方でモータの性質が変化する。

スロット数と巻き方

　直流整流子モータは電機子のスロット数が多いほど、**トルク変動**が抑えられたスムーズなモータになる。しかし、電機子の製造に手間がかかりそれだけコスト高になる。通常、モータが大きいほどスロット数が増えるが、そのモータに求められるトルクやトルク変動の程度によってスロット数が決められる。

　電機子コイルを**集中巻**にするか**分布巻**にするかは、一般的にスロット数で決まる。分布巻は集中巻に比べて**コイル端**が長くなりやすいため、**巻線**の電気抵抗の面で不利だが、集中巻の場合、スロット数が多くなると、1本ずつのスロットの幅が狭くなり、コイルを巻くことが難しくなる。

　そのため、スロット数の多い電機子では分布巻が採用される。この場合、太い巻線を使用し、ターン数を少なくして巻線の電気抵抗を抑え、大きな電流を流せるようにすることが多い。スロット数の少ない電機子では集中巻が採用される。この場合、細い巻線を使用し、ターン数を多くすることが多い。こうすることで、トルク変動はあるものの、ピークのトルクが大きなモータにできる。

　4極機や6極機では、**極数**に応じてスロット数も多くなるため、おもに分布巻が採用されるが、4極機に集中巻がまったくないわけではない。4極6スロットといった集中巻の電機子が使われることもあるが、次ページで説明するスロット数と極数の関係から、あまり好まれない。

　モータの大きさや極数、用途によっても異なるため、集中巻と分布巻の双方が採用されるスロット数もあるが、一般的に集中巻は12スロット程度まで使われることがある。

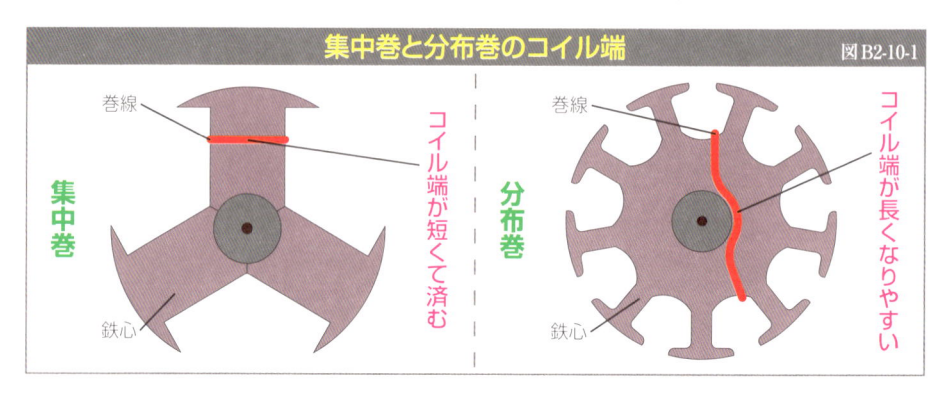

集中巻と分布巻のコイル端　図B2-10-1

集中巻：巻線／コイル端が短くて済む／鉄心
分布巻：巻線／コイル端が長くなりやすい／鉄心

スロット数と極数

電機子の**スロット数**は、スロット数÷極数が整数にならないようにされることが多い。**2極機**でいえば、電機子のスロット数には奇数が採用されることが多いということになる。

2極機でスロット数が奇数の場合、**整流子片**とブラシの切り替わりはすべて独立したタイミングで起こるが、スロット数が偶数だと2カ所で同時に起こる。**転流**は電気的に不安定な状態なので、2カ所で同時に起こることは避けたほうが望ましい。

また、直流整流子モータでは、回転位置によってブラシで短絡される電機子コイルができる。こうしたコイルは**電機子反作用**によってフラッシオーバーが起こる可能性があるが、2極機でスロット数が偶数だと2カ所で同時にフラッシオーバーが起こる可能性がある。

全電機子コイル数に対する休止するコイル数の割合も異なる。例えば、集中巻の2極3スロット電機子では休止するコイルは1個なので、全コイル数の1/3のコイルが休止するが、2極4スロット電機子では同時に休止するコイルが2個なので、1/2のコイルが休止することになる。2極5スロットを選択すれば、休止するコイルの割合は1/5になるので、3スロットよりスロット数を増やす場合には5スロットを選択したほうが望ましい。

2極電機子のスロット数による違い　図B2-10-2

2極3スロット
- 転流は1カ所ずつ独立して起こる
- 短絡によりフラッシオーバーを起こす可能性のあるコイルは常に1個
- 休止するコイル数が全体の1/3

2極4スロット
- 2カ所で同時に転流が起こる
- 休止する2個のコイルの逆起電力でフラッシオーバーの可能性あり
- 休止するコイル数が全体の1/2

2極5スロット
- 転流は1カ所ずつ独立して起こる
- 短絡によりフラッシオーバーを起こす可能性のあるコイルは常に1個
- 休止するコイル数が全体の1/5

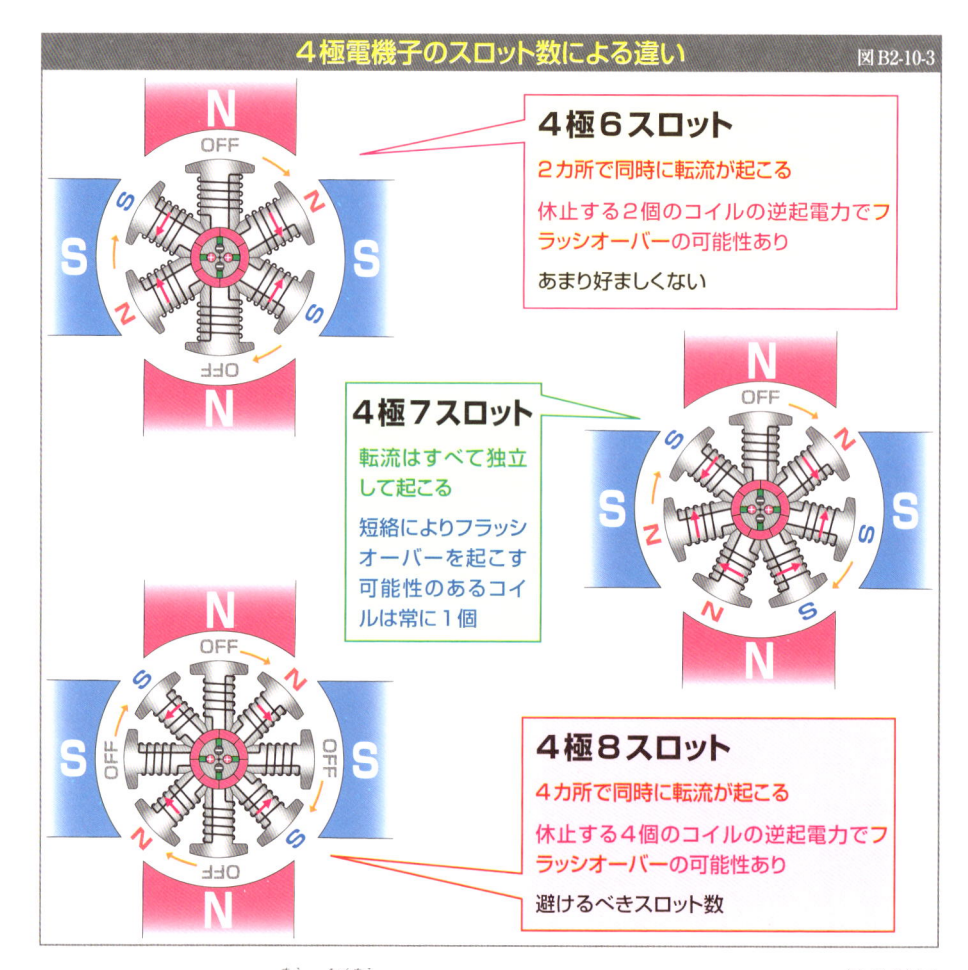

4極電機子のスロット数による違い

図B2-10-3

4極6スロット
2ヵ所で同時に転流が起こる
休止する2個のコイルの逆起電力でフラッシオーバーの可能性あり
あまり好ましくない

4極7スロット
転流はすべて独立して起こる
短絡によりフラッシオーバーを起こす可能性のあるコイルは常に1個

4極8スロット
4ヵ所で同時に転流が起こる
休止する4個のコイルの逆起電力でフラッシオーバーの可能性あり
避けるべきスロット数

4極機では、**スロット数÷極数**が整数だと、電気的に不安定な**転流**が4ヵ所で同時に起こり、**フラッシオーバー**も4ヵ所で同時に起こる可能性があるので、スロット数÷極数が整数にならないようにされる。

また、スロット数÷極数が整数にならない場合でも、4極6スロットのようにスロット数÷極数を2倍にすると整数になる場合は、2ヵ所で同時に転流が起こり、フラッシオーバーも2ヵ所で同時に起こる可能性がある。4ヵ所で同時に起こるよりは望ましい状態だが、あまり好ましい状態とはいえない。

ただ、スロット数が多い大形の巻線形直流整流子モータの場合は、**電機子反作用**の対策が施されていることが多く、コイルの数が多いので休止するコイルの割合も小さいものになる。そのため、スロット数÷極数が整数になるスロット数が採用されることもある。

なお、電機子コイルと整流子片の接続がわかりやすいため、図はすべて集中巻にしている。また、実際の構造とは異なるが、ブラシを整流子の内側に描いている。こうすることでコイルと整流子片の接続がさらにわかりやすくなる。

直溝と斜溝

ここまでは、**電機子コイル**の**コイル辺**が電機子の回転軸と平行な状態で説明してきたが、実際のモータには**電機子鉄心**の**スロット**が斜めにされ、コイル辺が回転軸と平行でないものもある。こうしたスロットを**斜溝**や**スキュー**という。斜溝に対して、回転軸と平行なスロットを**直溝**という。

斜溝にしてコイル辺を斜めにすると、回転角度に対して電磁力を発生する範囲が広くなるため、**トルクリップル**を小さくできる。**コギングトルク**も分散されることになるので、**トルク変動**を抑えることが可能となる。

ただし、斜溝にすると**トルク**が低下する。電磁力は**界磁**の磁力線と電流の双方に直交する方向に発生するため、コイル辺を斜めにすると、当然のごとく電流の方向が斜めになり、電磁力の方向が傾く。電磁力が傾くと、トルクに利用できるのは、回転軸に垂直な成分だけになる。傾きが大きいほど、トルクに利用できる成分が小さくなる。

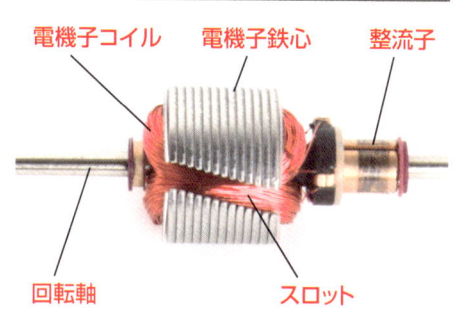

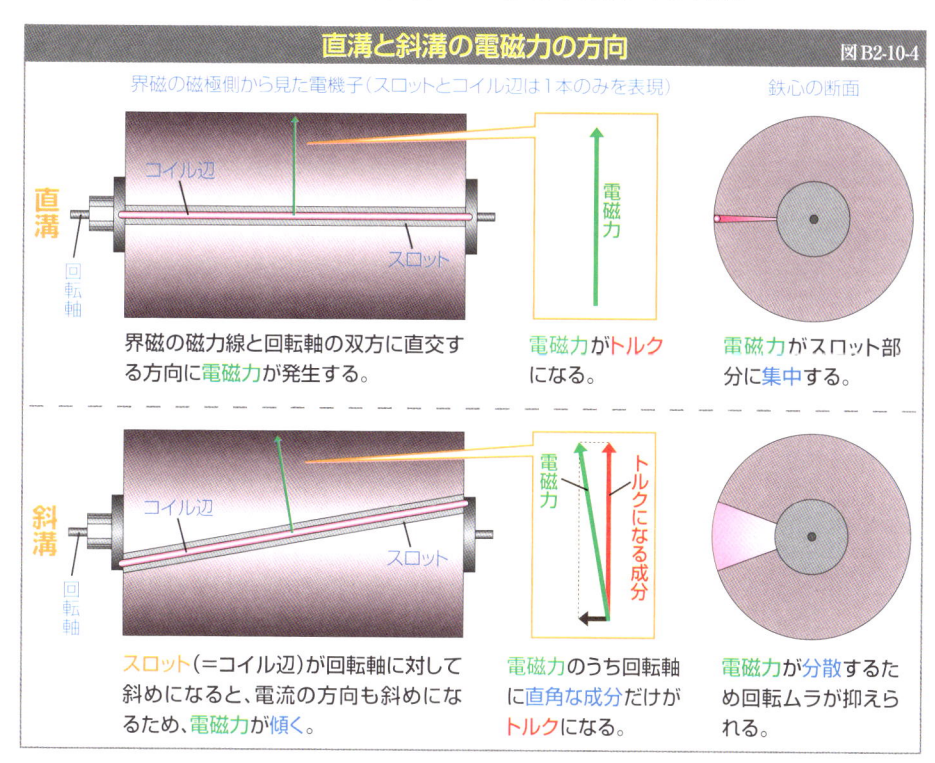

↑斜溝が採用された電機子。回転軸に対してスロットが斜めになっている。

（電機子コイル／電機子鉄心／整流子／回転軸／スロット）

直溝と斜溝の電磁力の方向　図B2-10-4

界磁の磁極側から見た電機子（スロットとコイル辺は1本のみを表現）／鉄心の断面

直溝
- 界磁の磁力線と回転軸の双方に直交する方向に電磁力が発生する。
- 電磁力がトルクになる。
- 電磁力がスロット部分に集中する。

斜溝
- スロット（＝コイル辺）が回転軸に対して斜めになると、電流の方向も斜めになるため、電磁力が傾く。
- 電磁力のうち回転軸に直角な成分だけがトルクになる。
- 電磁力が分散するため回転ムラが抑えられる。

→ スキュー＝skew、斜溝→skewed slot

第2章 直流整流子モータ
電機子コイルと鉄心

一般的な直流整流子モータの電機子は、電機子コイルと電機子鉄心で構成される。鉄心には積層鉄心が採用され、コイルの製造方法には2種類の方法がある。

乱巻コイルと型巻コイル

電機子コイルの製造方法には、乱巻コイルと型巻コイルがある。集中巻の電機子では、乱巻コイルが採用されることが大半だ。

分布巻の電機子では、おもに型巻コイルが採用されるが、スロット数が少ない場合には乱巻が採用されることもある。

◆乱巻コイル

乱巻コイルは、電機子鉄心のスロットに直接、巻線を巻いて製造する。乱という文字が使われているが、コイルの巻き方が乱れているというわけではない。巻線器という機械で整然と巻かれる。

しかし、スロット数が多く、個々のスロッ

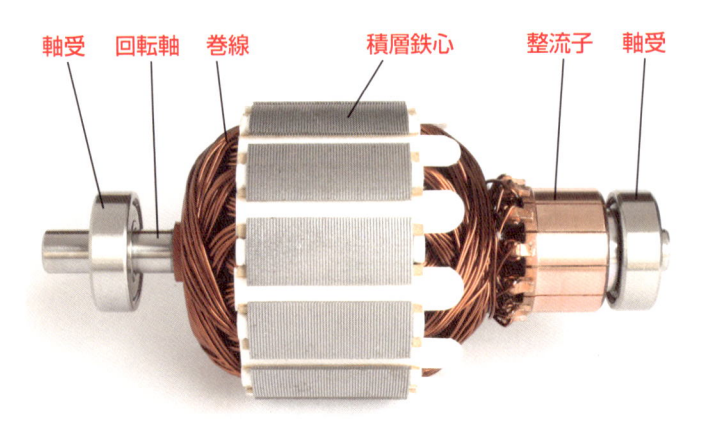

↑12スロットに分布巻された電機子。1個のコイルはスロットを4本またいで巻いてある。

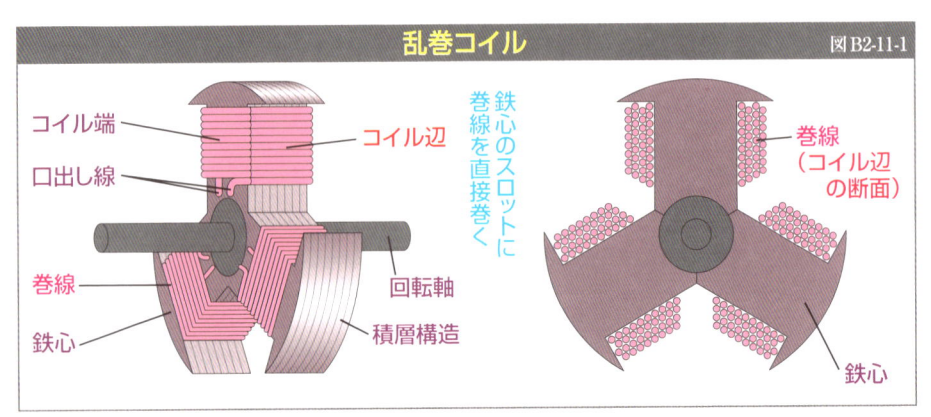

乱巻コイル 図B2-11-1

トの幅が狭くなると、巻線器の先端部分がスロットに入らなくなるため、乱巻コイルが採用できなくなる。

◆**型巻コイル**

　型巻コイルの場合、あらかじめ型取りしたコイルを使用する。1ターンもしくは多ターンのコイルが、装着する**スロット**の位置に合わせて亀の甲羅のような六角形の形状にされる。大形機では巻線に**丸線**ではなく**角線**が採用されることもある。コイルは絶縁テープを巻いたり、合成樹脂などの**絶縁体**で固めたりして一体化される。こうして作られたコイルを型巻コイルという。

　この型巻コイルをスロットにはめ込む方法で電機子コイルが製造される。運転時には巻線に遠心力がかかって飛び出してしまうこと

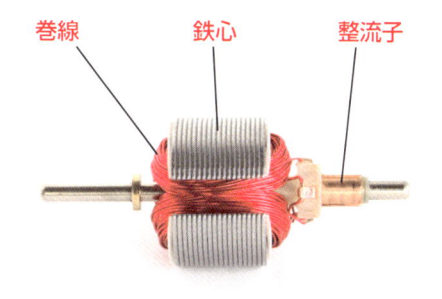

巻線　鉄心　整流子

↑模型にも使われるような小形の直流整流子モータの電機子。3スロットで集中巻されている。

があるため、型巻コイルはスロット内に固定される。スロット内に設けた専用の溝にクサビを差し込んで型巻コイルを固定する方法や、電機子・外周にテープを巻いて固定する方法などがある。

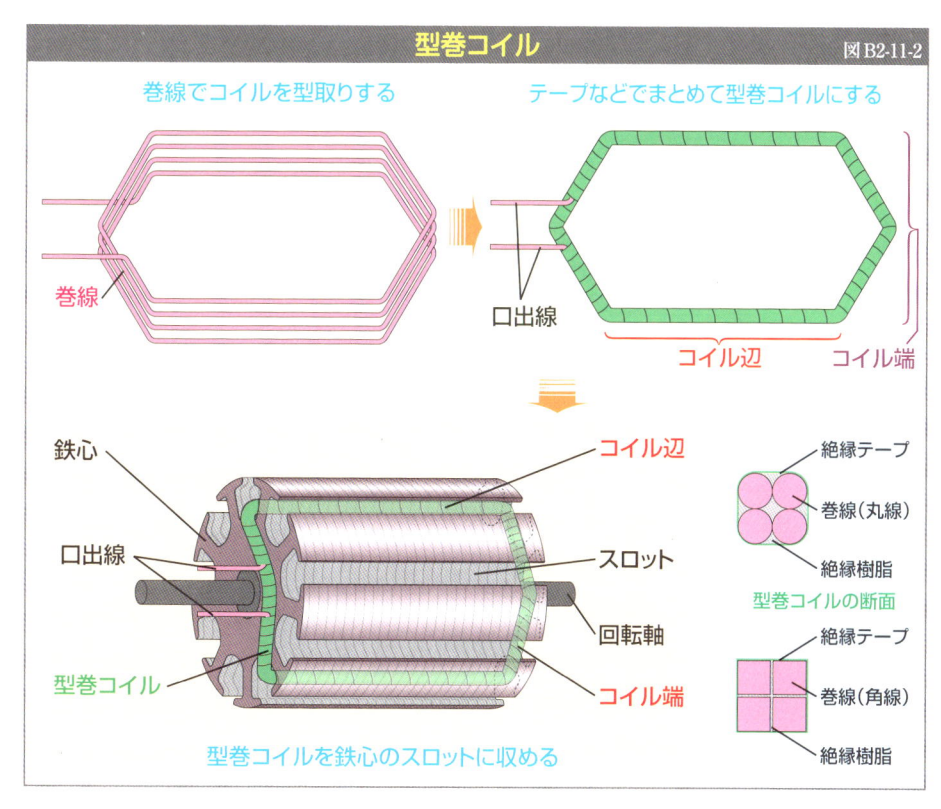

型巻コイル　図B2-11-2

巻線でコイルを型取りする　テープなどでまとめて型巻コイルにする

巻線　口出線　コイル辺　コイル端

鉄心　コイル辺　絶縁テープ　巻線(丸線)　絶縁樹脂

口出線　スロット　型巻コイルの断面

回転軸　絶縁テープ　巻線(角線)　絶縁樹脂

型巻コイル　コイル端

型巻コイルを鉄心のスロットに収める

電機子鉄心

電機子鉄心は、その名の通り電機子コイルの鉄心だ。この鉄心によって、電機子コイルの**磁束密度**を高くすることができる。コイルを巻く**スロット**も、鉄心があるからこそ、設けることができる。電機子鉄心はほかにも、**界磁**の磁束密度を高めたり、回転ムラを抑えたりする役割もある。

直流整流子モータの**トルク**は、界磁の磁束密度に比例する。鉄心の代わりに非磁性体に電機子コイルを巻いたり、鉄心をなくしてしまうと、空気中など鉄より**透磁率**が低い部分を**界磁磁束**が通過することになり、界磁の**磁束密度**が低下する。電機子鉄心があれば、磁力線の大部分が鉄心を通るため、界磁の磁束密度を高めることが可能になり、トルクが大きくなる。

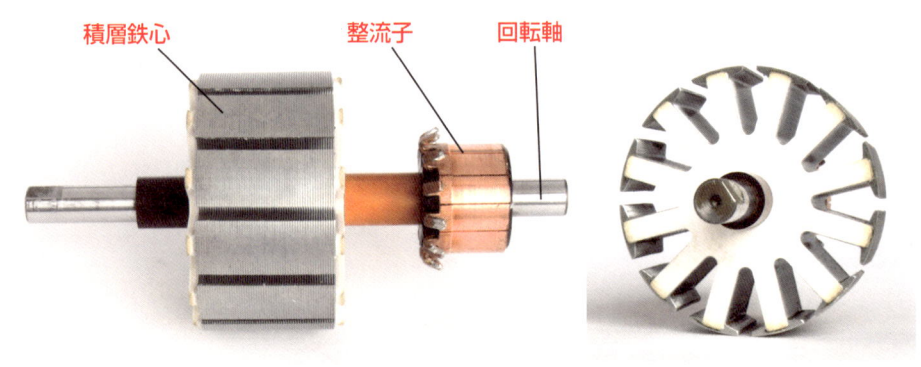

積層鉄心　**整流子**　**回転軸**

↑ケイ素鋼板による積層鉄心は、絶縁加工されたそれぞれの鋼板が隙間なく重ねられている。

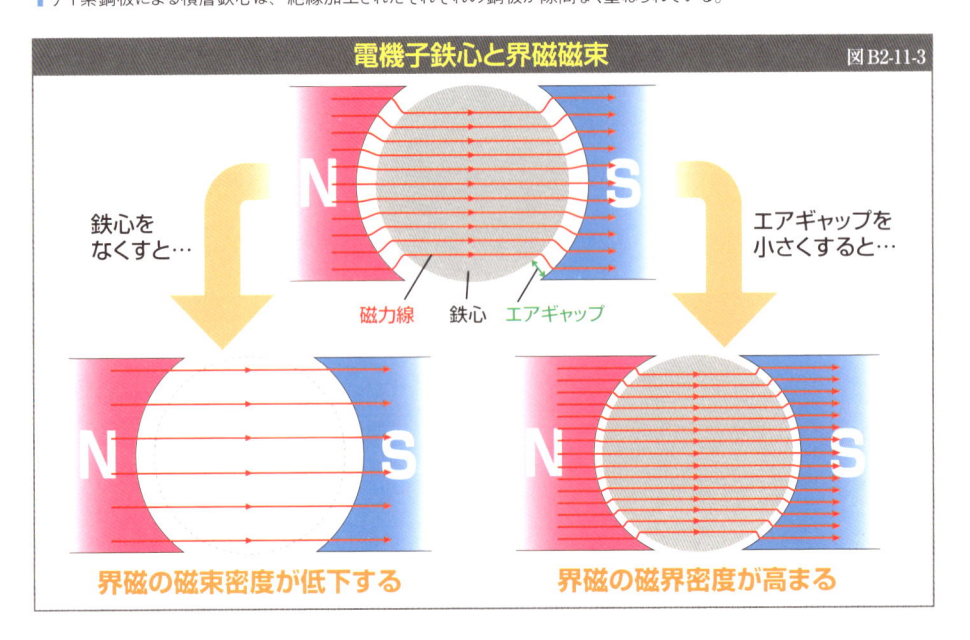

電機子鉄心と界磁磁束　　図B2-11-3

鉄心をなくすと…　　エアギャップを小さくすると…

磁力線　鉄心　エアギャップ

界磁の磁束密度が低下する　　**界磁の磁界密度が高まる**

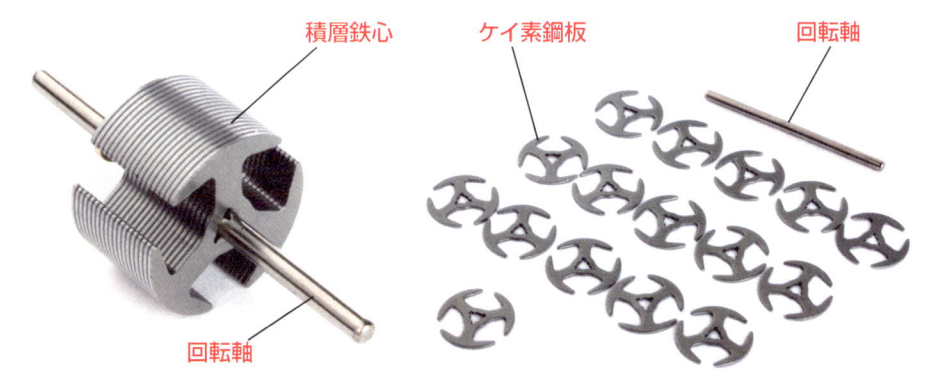

画像ラベル:
- 積層鉄心
- ケイ素鋼板
- 回転軸
- 回転軸

↑模型に使われるような小形の直流整流子モータであっても電機子鉄心には積層構造が採用されている。

　また、電機子と固定子の隙間である**エアギャップ**を小さくすればするほど、界磁磁束が空気中を通る距離が短くなるため、界磁の磁束密度を高めることができる。

　電機子鉄心の有無で比較してみると、鉄心があるほうが電機子の**慣性モーメント**が大きくなる。慣性モーメントが大きいほど、**フライホイール効果**によって回転ムラを抑えることが可能となる。

　電機子鉄心は非常に有用なものだが、弱点もある。電機子コイルを流れる電流は直流だが、整流子とブラシによって**転流**が行われるため、交流のような状態といえる。そのため、電機子鉄心で**鉄損**が発生する。この鉄損を抑えるために、**ケイ素鋼板**などによる**積層鉄心**にされる。

　また、鉄心によって電機子の慣性モーメントが大きくなるほど、**機械時定数**が大きくなり、応答性の悪いモータになる。さらに、鉄心はモータ自体を重くする要素ともいえる。

積層鉄心　図B2-11-4

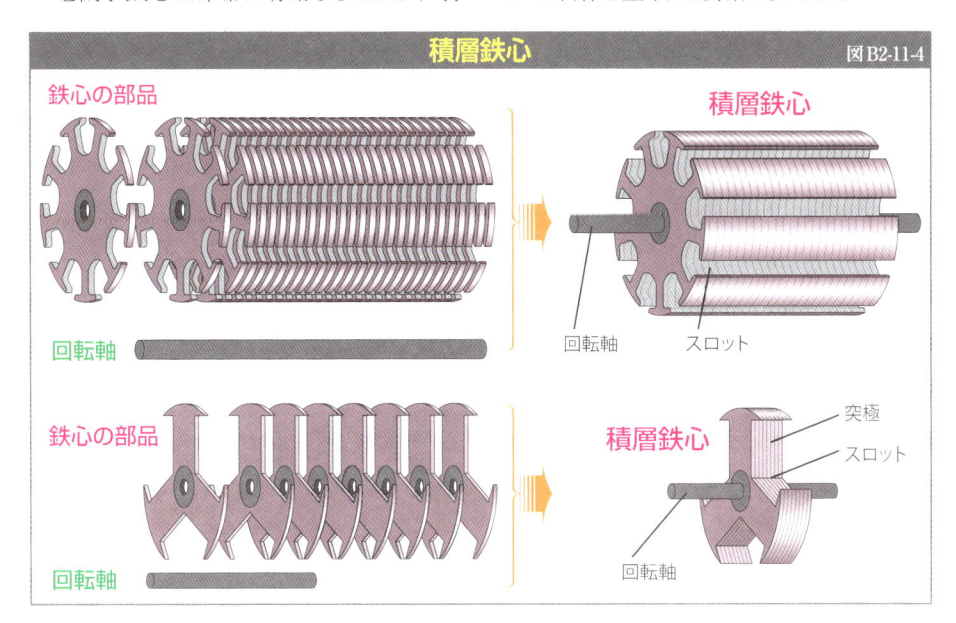

鉄心の部品 → 積層鉄心
- 回転軸
- スロット

鉄心の部品 → 積層鉄心
- 突極
- スロット
- 回転軸

第2章 直流整流子モータ
整流子とブラシ

整流子は電機子とともに回転子を構成する。この整流子とブラシが整流子モータには欠かせない電機子電流の転流を行うが、整流子モータの弱点を生み出す部分でもある。

整流子

　整流子を構成する整流子片は、導電率が高く摩耗しにくい銅、または耐熱性を向上させるために銀を混入した銅の合金で作られる。隣り合う整流子片同士は絶縁される必要があるため、ある程度の隙間が作られ、そこに絶縁体としてマイカ片などが配されている。

　整流子片とマイカ片を交互に並べて円筒形にし、リングなどで固定する。整流子片とマイカ片を樹脂で固定する方法もある。外周側から見ると、マイカ片は整流子片よりわずかに低くされている。

　一体化された整流子は、電機子とともに回転軸に固定される。各整流子片には電機子コイルの口出線がつながれる。口出線の固定には溶接やハンダが使われる。

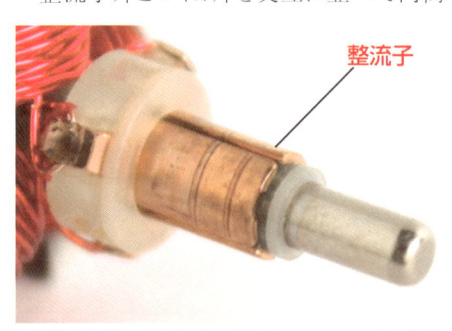

↑模型にも使われるような小形の3スロットモータの整流子。3個の整流子片が樹脂で一体化されている。

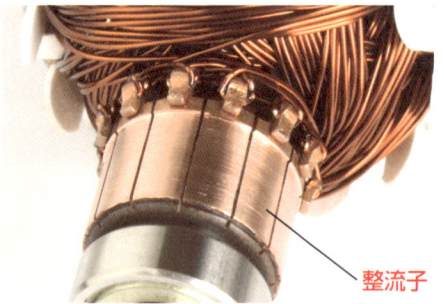

↑12スロットモータの整流子。それぞれの整流子片に電機子コイルの巻線が導かれている。

ブラシ

　ブラシはブラシホルダーに備えられ、ブラシホルダーがモータケースやブラケットなどに固定される。ブラシホルダーはブラシ保持器ともいい、内蔵されたスプリングなどの力でブラシを整流子に押しつける。

　小形のモータでは、細長い板状の金属を板バネとして利用し、その弾力で先端部分に備えられたブラシを整流子に押しつけることもある。先端にブラシを備えず、板状の金属そのものをブラシとして利用することもある。

　ブラシにはリード線が備えられ、モータケース外側の端子に接続される。小形のモータでは、端子を備えずリード線がそのままモータから出されることもある。

◆ブラシ圧力

　ブラシが整流子に押しつけられる力を**ブラシ圧力**という。ブラシ圧力が強すぎると回転の抵抗になるが、弱すぎても接触不良が起こる。強すぎても弱すぎても、ブラシの摩耗が進みやすくなる。

◆接触電圧降下

　2つの導体を接触させて電流を流した時、その境界面に発生する電気抵抗を**接触抵抗**という。ブラシと整流子にも接触抵抗があり、この電気抵抗によって、電機子コイルにかかる電圧が低下することがある。これを**接触電圧降下**という。

　高い電圧で駆動するモータであれば接触電圧降下は大きな問題にならないが、低電圧で駆動するモータや高効率を目指すモータなどでは接触抵抗を可能な限り小さくするのが望ましい。

◆ブラシの素材

　ブラシは滑らかに接触する性質のあるカーボンで作られることが多い。これを**カーボンブラシ**という。カーボンに銅などの金属を混合したものが**金属カーボンブラシ**だ。銅を混合した金属カーボンブラシは接触抵抗による電圧降下を小さくできる。用途によってはさらに通電がよくなる銀を含有させることもある。カーボンブラシと金属カーボンブラシを総称してカーボンブラシということもある。

　このほか潤滑性のある金属で作られた**金属ブラシ**もある。金属ブラシは全般に接触電圧降下が小さい。安価なモータに使われることが多い板状の金属ブラシでは、リン青銅が採用される。リン青銅はバネとしての性能に優れているが、空気中で酸化して通電が悪くなる。

　ブラシの電気抵抗を特に抑えたい場合は、金や白金などの貴金属を含む合金でできた**貴金属ブラシ**が採用される。貴金属ブラシは酸化しにくいが、火花が発生すると表面が傷みやすい。**コアレスモータ**（P126参照）は、電機子コイルのインダクタンスが小さく、火花が飛びにくいため、高級なものには貴金属ブラシが採用されることがある。

整流子とブラシ　図B2-12-1

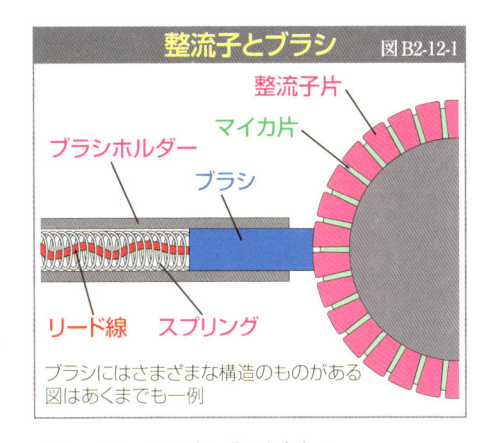

整流子片／マイカ片／ブラシホルダー／ブラシ／リード線／スプリング

ブラシにはさまざまな構造のものがある　図はあくまでも一例

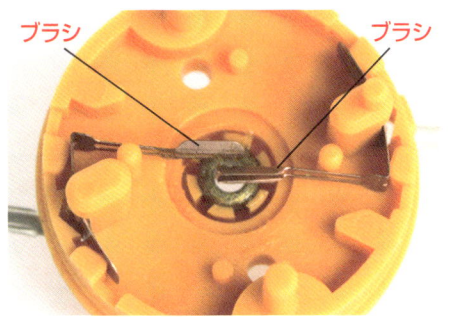

↑ブラシそのものが板バネとして機能し、その弾力で整流子に押しつけられる小形のモータのブラシ。

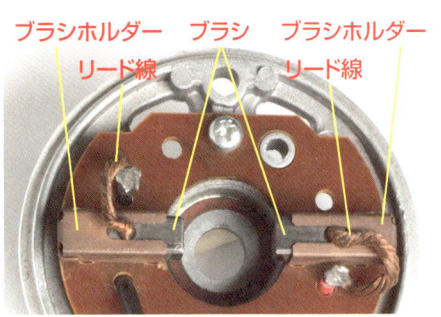

↑ブラシホルダーに収められた2極機のブラシ。リード線は赤と黒の配線に接続されモータ外に導かれる。

第2章 直流整流子モータ
固定子

直流整流子モータでは固定子によって界磁が行われる。界磁の磁界を強くするほど、モータのトルクを高めることが可能になる。界磁は界磁磁石か界磁コイルで行われる。

界磁を行う永久磁石と電磁石

永久磁石形直流整流子モータの固定子は永久磁石による**界磁磁石**であり、巻線形直流整流子モータの固定子は**界磁コイル**と**界磁鉄心**だ。1個の界磁磁石や界磁コイルでも、**ヨーク**を利用すれば2極の**界磁**を行うことが可能だが、ヨークのスペースが必要になるため、特殊な用途のモータ以外では採用されない。**2極機**であれば2個、**4極機**であれば4個と、**極数**と同じ数の界磁磁石や界磁コイルが使用される。

界磁磁石や界磁コイルに**磁気回路**を構成させるヨークは、**モータケース**を利用するのが一般的で、**透磁率**の高い鋼板や鋳鉄で作られる。これにより、全体としてコンパクトに構成することができる。こうした機能があるため、モータケースは固定子の一部であるともいえる。

2極の直流整流子モータでは、固定子のない部分で回転子とモータケースの間に無駄な空間が生じる。そのため、断面形状が

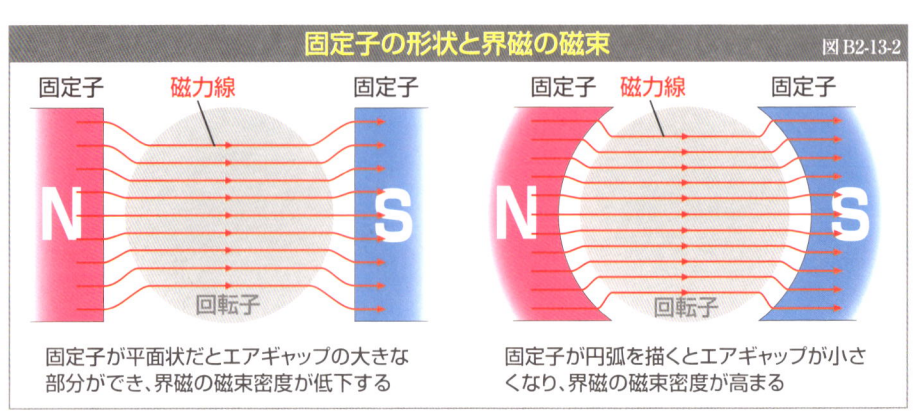

1個の磁石による界磁 図B2-13-1

ヨーク / 界磁磁石または界磁コイル / N / S / 回転子 / 界磁磁極 / 界磁磁極

固定子の形状と界磁の磁束 図B2-13-2

固定子 / 磁力線 / 固定子 / N / S / 回転子

固定子が平面状だとエアギャップの大きな部分ができ、界磁の磁束密度が低下する

固定子 / 磁力線 / 固定子 / N / S / 回転子

固定子が円弧を描くとエアギャップが小さくなり、界磁の磁束密度が高まる

円形モータと小判形モータ 図B2-13-3

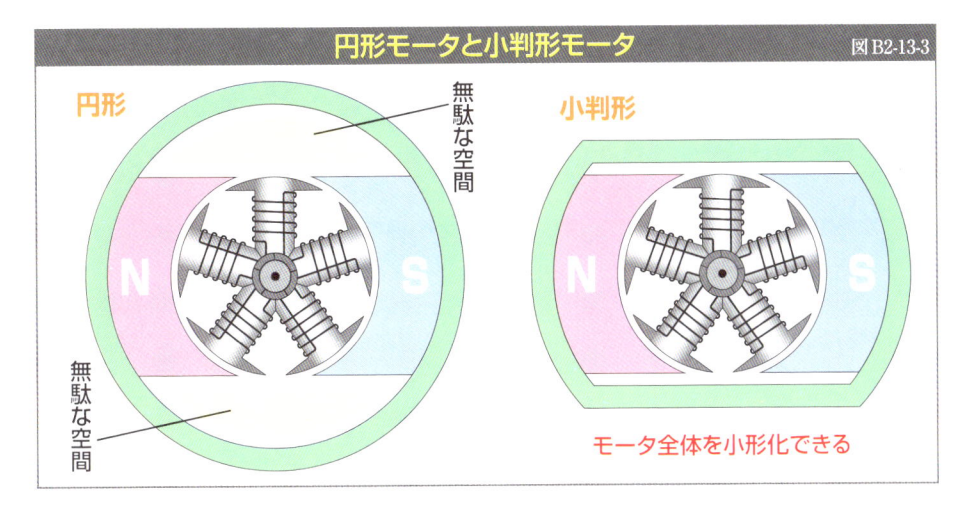

円形／無駄な空間／N／S／無駄な空間

小判形／N／S／モータ全体を小形化できる

円形ではなく、長円形のものもある。こうしたものを一般的には**小判形モータ**といい、モータの小形化が可能となる。小判形は永久磁石形で採用されることが多い。

回転原理の説明や、原理検証の実験の場合、四角い永久磁石を使うことが多いが、実際のモータでは、界磁磁石や界磁鉄心の回転子と向かい合う面は、回転子の外周に沿って円弧にされる。こうすることで界磁の**磁界**が回転子全体をカバーできるようになり、**エアギャップ**による**磁束密度**の低下を最小限に抑えることができる。

界磁磁石

界磁磁石には**フェライト磁石**が使われるのが一般的だ。しかし、モータを小型化するために**希土類磁石**が採用されることもある。希土類磁石を使用すれば、小さな**固定子**で大きなフェライト磁石と同等の**磁束密度**を得ることが可能になる。

円弧の一部を描く形状にされた**永久磁石**が、モータケースに固定される。**2極機**の場合、S極とN極が180度間隔で向かい合うように配置され、4極機の場合は90度間隔でS極同士、N極同士が向かい合うように配置される。

モータケース／永久磁石
↑4極機の固定子。モータケース内に4個の永久磁石がしっかりと固定されている。

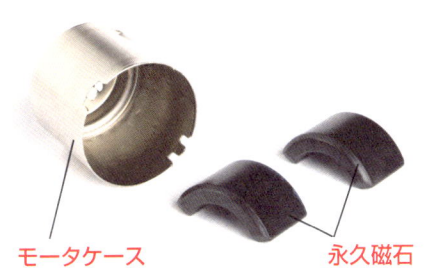

モータケース／永久磁石
↑2極機のモータケースと永久磁石。モータケースがヨークとして磁気回路を構成する。

界磁コイル

　界磁は集中巻のコイルでも分布巻のコイルでも可能だが、集中巻コイルの乱巻コイルが一般的だ。回転子に向かい合う部分が円弧状にされた界磁鉄心(固定子鉄心)に、界磁コイル(固定子コイル)を巻いたうえで、ヨークであるモータケースに固定される。

　2極機の場合、2個の界磁コイルは直列に接続することが多い。4極以上の場合、それぞれのコイルの接続方法にはさまざまなものがある。さらに、電機子コイルと界磁コイルとの接続方法にも、いろいろな種類がある(P106参照)。

　界磁を行う固定子は、主極ということもある。これは、電機子反作用の対策のために備えられる補極に対する名称だ。固定子を構成するコイルや鉄心は主極コイル(主極巻線)や主極鉄心ともいう。補極コイル(補極巻線)は補極鉄心に巻かれ、主極間に主極と同数配置される。

◆界磁鉄心

　界磁コイルを流れる電流は直流なので、界磁磁束が一定の状態なら鉄損が発生す

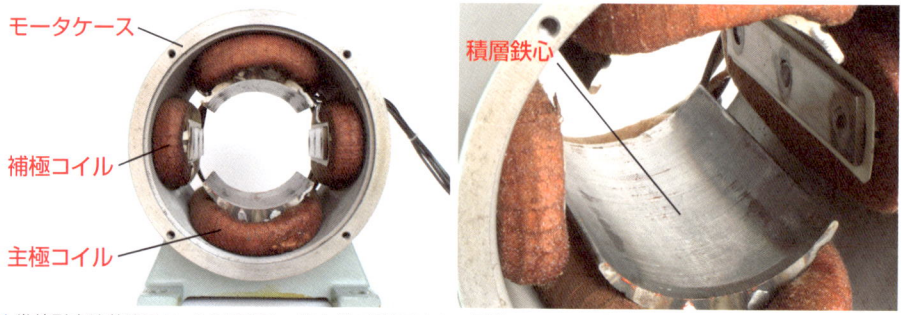

↑巻線形直流整流子モータの固定子。集中巻が採用された2極機。コイルは4個あるが、上下のものが主極コイルで、左右のものが補極コイル。主極の鉄心には積層鉄心が採用されている。

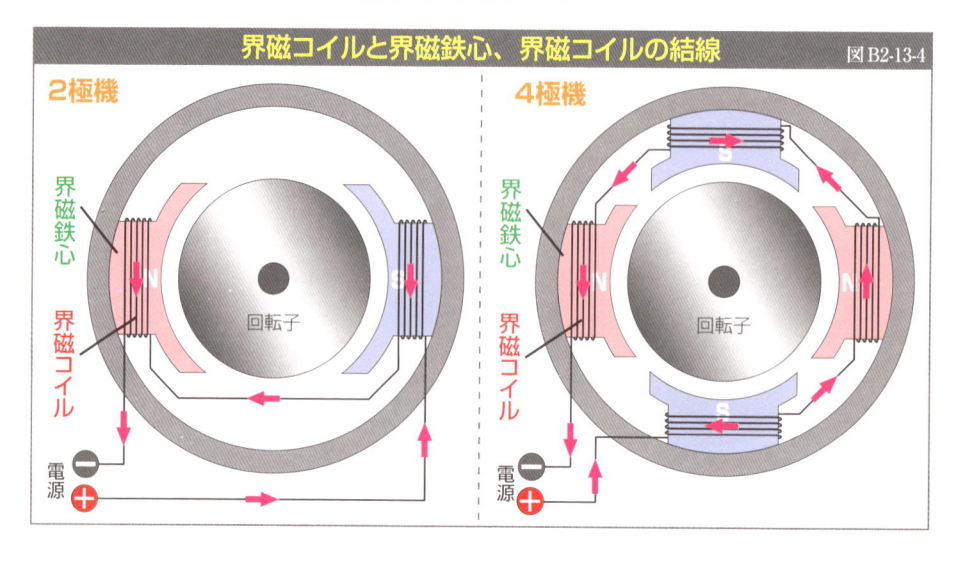

界磁コイルと界磁鉄心、界磁コイルの結線　図B2-13-4

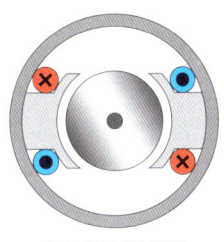

界磁コイルの略図

集中巻の電機子と同じように本書では界磁コイルをらせん状に描くことが多いが、コイル辺を流れる電流の方向を示す記号による略図も使われる。この場合も、電機子と同じように、ターン数にかかわらず2個の記号で1個のコイルを表現することもあれば、多数の記号を使用してターン数の大きさを表現することもある。

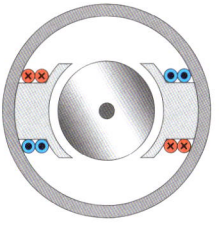

1つのコイル辺を1個の記号で表現

1つのコイル辺を複数の記号で表現

ることはほとんどない。しかし、**始動**の際や**回転速度制御**の際には界磁電流が変化し、界磁の磁束密度が変化するので鉄損が発生することになる。

また、電機子の**磁界**は界磁鉄心にも及ぶ。電機子の磁界は移動する磁界であるため、界磁鉄心に鉄損を発生させる。

そのため、効率を重視するモータでは、鉄損による損失を防ぐために界磁鉄心に**積層鉄心**が採用される。さらに、モータケースをヨークとして使用せず、ケースとは独立した積層鉄心で固定子全体が構成されることもある。

主極と補極 図B2-13-5

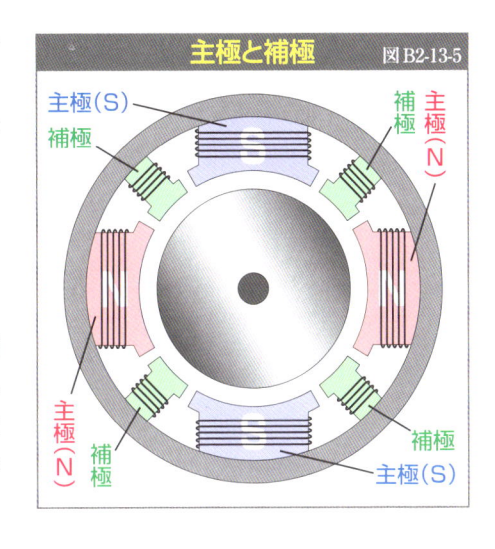

主極(S) / 補極 / 主極(N) / 補極 / 主極(N) / 補極 / 主極(S)

モータの図記号

回路図に使用する直流整流子モータの図記号は、円で囲ったMの上下にブラシをイメージさせる四角い部分がついたものがよく使われるが、JISでは円のなかにMの文字と実線と破線を組み合わせたものになっている。これらの図記号は、モータ全体を表現するものだが、巻線形では電機子の図記号としても使われる。こうした場合、界磁コイルはコイルの図記号によって表現される。従来記号で電機子を表現する場合は、円内の文字がMではなく、Aが使われることもある。

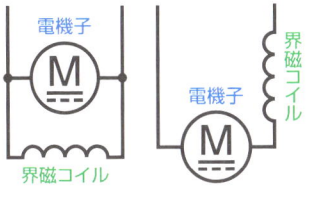

直流整流子モータ: JIS記号、従来記号

記号を電機子とした場合①: 電機子 / 界磁コイル（並列接続）、電機子 / 界磁コイル（直列接続）

記号を電機子とした場合②: 直列接続（電機子 / 界磁コイル）、並列接続（電機子 / 界磁コイル）

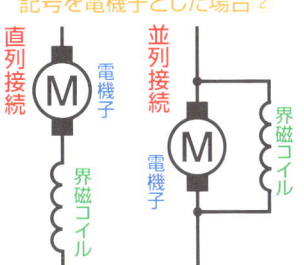

第2章 直流整流子モータ
電機子と整流子

2極機の場合、それぞれの電機子コイルと整流子片の接続方法は1種類だが、4極機以上では2種類の接続方法があり、モータの性質が異なったものになる。

分布巻2極電機子の重ね巻

直流整流子モータの**電機子**が**分布巻**の場合、**電機子鉄心**の1本の**スロット**に1本の**コイル辺**を収める**単層巻**という巻き方もあるが、一般的には1本のスロットに2本のコイル辺を収める**2層巻**が採用される。1個の**電機子コイル**には2本のコイル辺があるため、電機子の**スロット数**とコイル数が一致する。**整流子片**の数も同数だ。

分布巻の**2極機**でスロット数が偶数の場合には、180度の位置に1個のコイルの2本のコイル辺を収める。1個のコイルの2本のコイル辺の間隔を**コイルピッチ**といい、この場合はコイルピッチと**磁極ピッチ**が等しくなる。こうした巻き方を**全節巻**という。180度離れた2本のスロットに2個のコイルが収まる。

スロット数が奇数の場合には、一方のコイル辺を収めたスロットから、電機子の回転方向とは逆方向に進み、180度以内で180度にもっとも近いスロットにもう一方のコイル辺を収める。この場合、コイルピッチが磁極ピッチより短くなるため、**短節巻**という。同じスロットにコイル辺が収められた2個のコイルのもう一方のコイル辺を収めるスロットは異なった位置になる。

それぞれのコイルは、整流子片を介して、隣のスロットのコイルに順次つながれる。こうした接続方法を**重ね巻**という。重ね巻では、両極のブラシに対して半数のコイルが直列に接続されるが、回転位置によって電流の流れ方が異なる。スロット数が偶数の場合と奇数の場合で変化の仕方が違うため、以降のページで詳しく説明する。

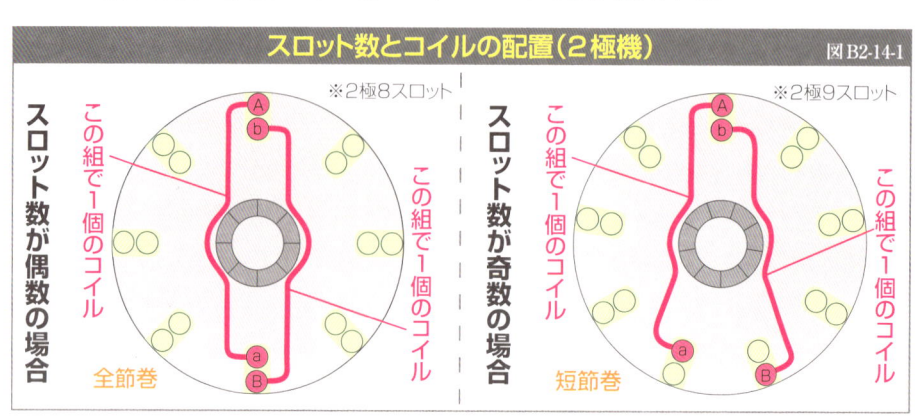

スロット数とコイルの配置（2極機） 　図B2-14-1

※2極8スロット ― スロット数が偶数の場合 ― 全節巻

※2極9スロット ― スロット数が奇数の場合 ― 短節巻

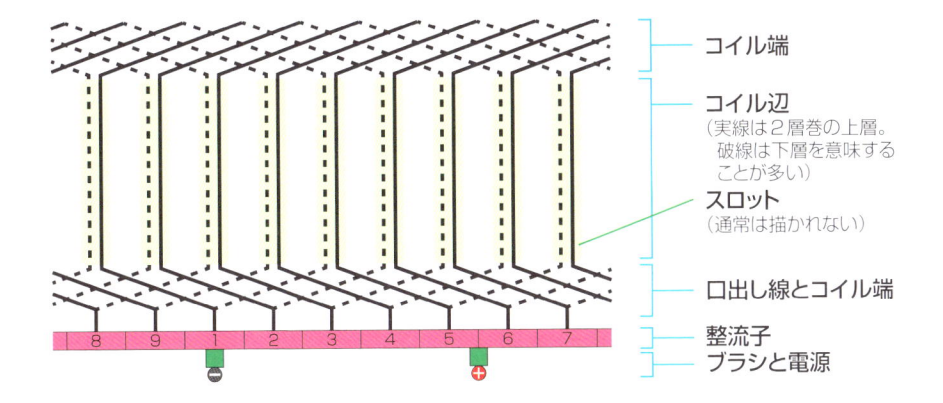

図中ラベル（上部展開図）:
- コイル端
- コイル辺（実線は2層巻の上層。破線は下層を意味することが多い）
- スロット（通常は描かれない）
- 口出し線とコイル端
- 整流子
- ブラシと電源

電機子の展開図と断面図

電機子コイルと整流子の接続状況は、展開図で表示されることが多い。展開図とは円筒形である電機子と整流子を切り開いて平面状に表現したものだ。展開図では、回転位置の変化を、コイルと整流子の移動ではなく、ブラシの位置の平行移動で表現することが多い。

コイルの巻線がすべて実線で描かれることもあるが、実線と破線が使用されることも多い。こうすることで実線と破線の組が同じスロットに収まることがわかりやすい。通常は展開図に描かれないが、ここではスロットも表示してある。

本書の以下のページでは、展開図だけでなく、実際の構造に近い形で見ることができるように、回転軸側から整流子と電機子を描いた断面図のような図も掲載した。通常、こうした図ではコイル辺と整流子片の接続が明示されるだけだが、ここでは鉄心の外側を利用してコイル端によるコイル辺の接続もわかるようにしている。

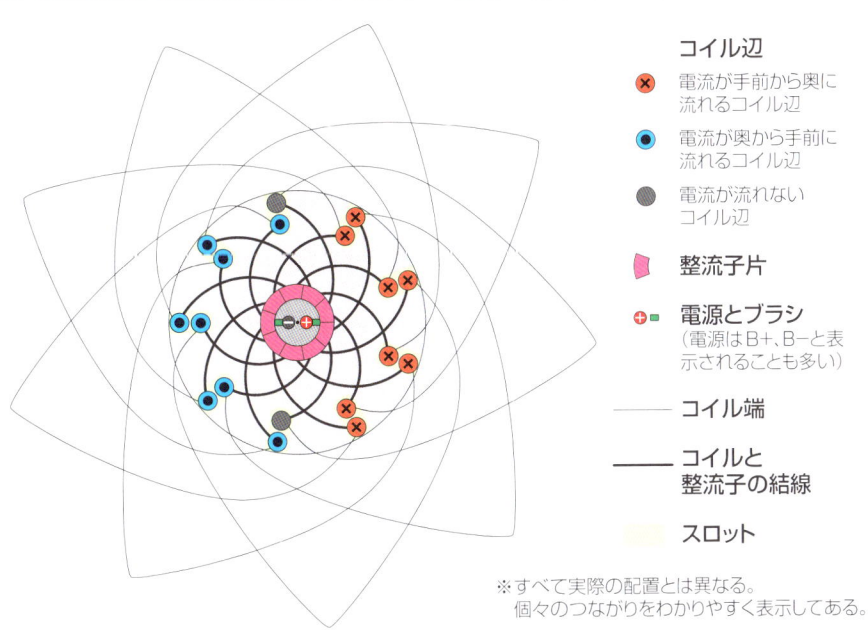

図中ラベル（下部断面図）:
- コイル辺
  - ⊗ 電流が手前から奥に流れるコイル辺
  - ⊙ 電流が奥から手前に流れるコイル辺
  - ● 電流が流れないコイル辺
- 整流子片
- 電源とブラシ（電源はB+、B−と表示されることも多い）
- コイル端
- コイルと整流子の結線
- スロット

※すべて実際の配置とは異なる。個々のつながりをわかりやすく表示してある。

第2部・直流で働くモータ

第2章・直流整流子モータ／電機子と整流子

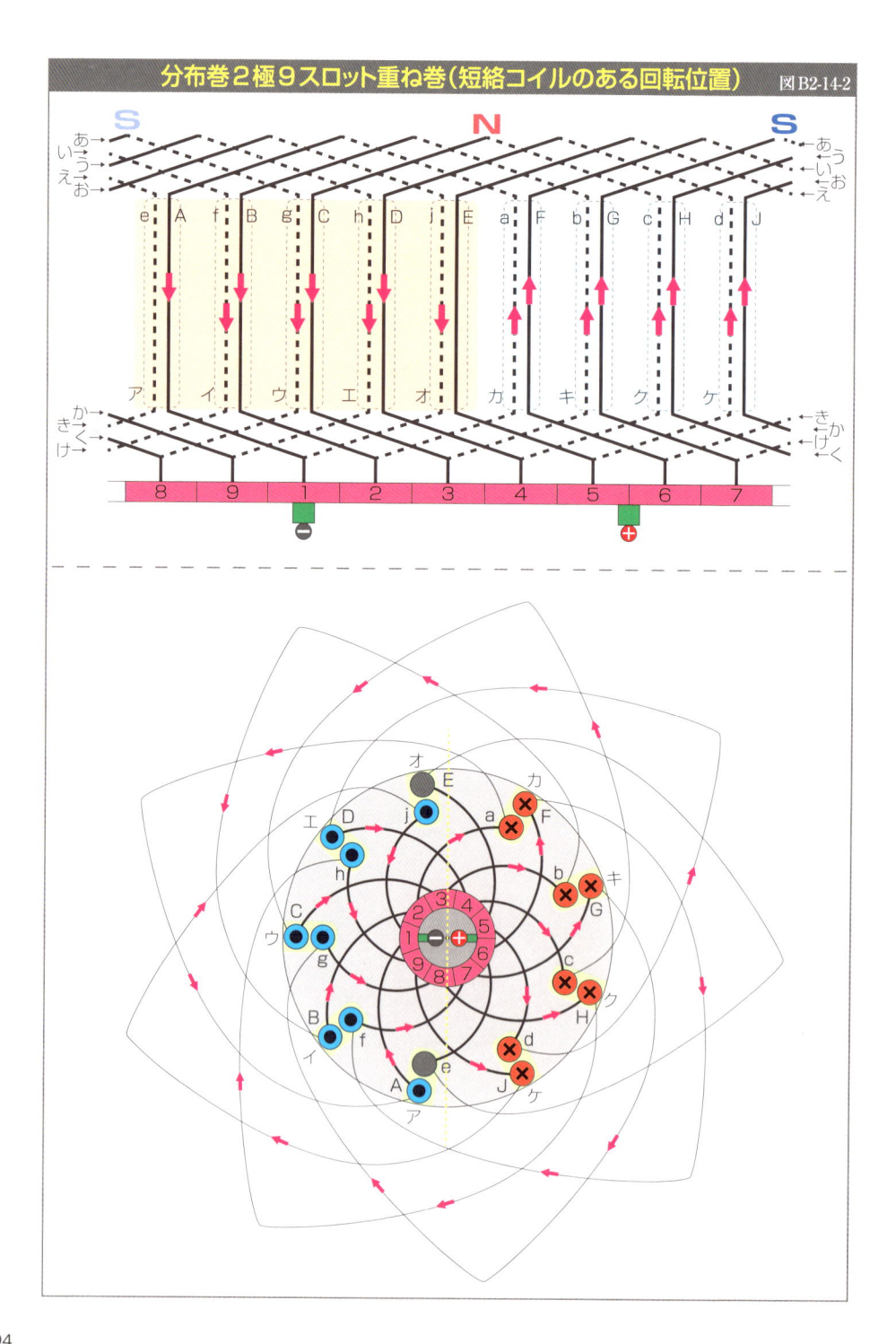

分布巻2極9スロット重ね巻（短絡コイルのある回転位置）

図B2-14-2

94

◆スロット数が奇数の場合

2極機で電機子のスロット数が奇数の場合、ブラシによって短絡される電機子コイルは1個しか発生しない。短絡されるコイルが発生する回転位置では、残りのコイルの半数ずつがグループになり、ブラシに対して直列に接続される。短絡されたコイルには電磁力が発生しないが、同じスロットに収められたもう1本のコイル辺には電流が流れているため、スロット単位で考えれば、そのスロットに電磁力が発生している。しかも、こうしたスロットは電磁力がトルクにならない幾何学的中性軸付近になるため、電機子全体のトルクへの影響も小さい。また、短絡されたコイルに逆起電力が発生すると高電圧が発生するが、幾何学的中性軸では逆起電力が発生しないため、その悪影響も小さい。

短絡されるコイルが発生しない回転位置の場合は、ブラシに対して直列に接続されるコイルが2グループできるが、一方のグループのほうがコイル数が1個多くなる。この場合、同じスロットに収められた2本のコイル辺の電流が逆方向になるスロットが発生する。このスロットでは2本のコイル辺の電磁力の方向が逆になり、相殺される。こうしたスロットは電磁力がトルクにならない幾何学的中性軸付近になるため、電機子全体のトルクへの影響が小さい。

9スロットの電機子を例にしてみると、左ページの図（B2-14-2）のような回転位置では、整流子片5と6によってコイルE-eが短絡され、整流子片1と5によって4個のコイルが直列になり、整流子片1と6によって4個のコイルが直列になる。スロット・アとオは、短絡により休止しているコイル辺が収まっているが、コイル辺Aとjには電流が流れている。電流の方向では、スロット・ア〜オのグループと、スロット・カ〜ケのグループになる。この両グループの間に電機子の磁極が現れる。

次ページの図（B2-14-4）のような回転位置では、短絡されるコイルはなく、整流子片1と5によって4個のコイルと5個のコイルが直列になる。このうちコイル辺Eとjは、幾何学的中性線上にあるスロット・オに収まっているが、電流の方向が逆になるため、電磁力は相殺される。スロット・ア〜エと、スロット・カ〜ケがそれぞれグループになり、その間に電機子の磁極が現れる。

図B2-14-3 分布巻2極9スロットのコイルの接続状況

短絡コイルあり ※展開図等は94ページ（図B-2-14-2）

ブラシ⊕ — 5 — d-D — 4 — c-C — 3 — b-B — 2 — a-A — 1 — ブラシ⊖
    └ E-e ┘
    └ 6 — F-f — 7 — G-g — 8 — H-h — 9 — J-j ┘

短絡コイルなし ※展開図等は96ページ（図B-2-14-4）

ブラシ⊕ — 5 — d-D — 4 — c-C — 3 — b-B — 2 — a-A — 1 — ブラシ⊖
         └ E-e — 6 — F-f — 7 — G-g — 8 — H-h — 9 — J-j ┘

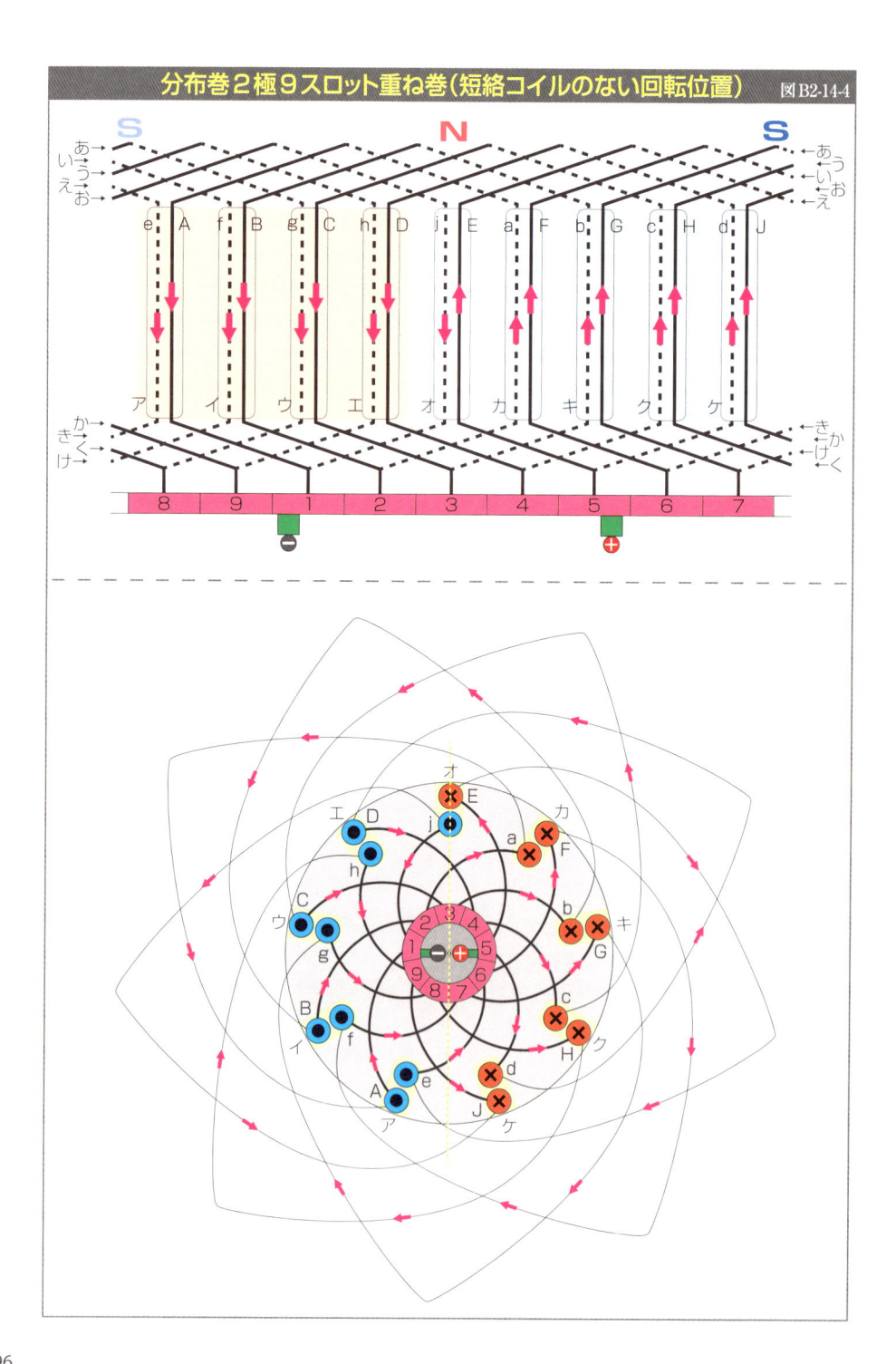

図B2-14-4 分布巻2極9スロット重ね巻（短絡コイルのない回転位置）

電機子の略図

直流整流子モータの電機子では、1本のスロットに2本のコイル辺を収めるのが一般的だが、略図の場合は、1本のスロットを1本のコイル辺で表示することが多い。こうした略図を見て、スロット数＝コイル辺数だと誤解しないようにしたい。

また、電機子の回転位置によっては、1本のスロットに収められた2本のコイル辺の電流が逆方向になり、電磁力が相殺されることがある。こうした場合、略図では、そのスロットのコイル辺が休止として描かれることが多い。こうしたスロットのコイルがブラシによって短絡され電流が流れていないコイル辺と勘違いしないようにしよう。

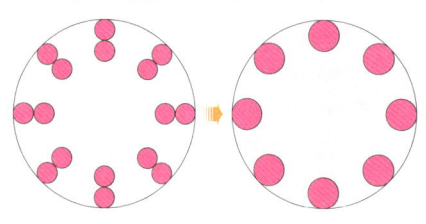

実際には各スロットのコイル辺が2本だが ➡ 略図では1本のコイル辺のように描かれる

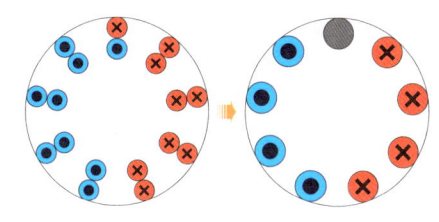

実際には電流が逆方向に流れるコイル辺でも ➡ 略図では休止したコイル辺のように描かれる

◆スロット数が偶数の場合

2極機で電機子の**スロット数**が偶数の場合、短絡されるコイルが発生しない回転位置では、半数ずつのコイルがグループになり、ブラシに対して直列に接続される。各スロットの**コイル辺**はすべて同じ方向に電流が流れる。電流の方向が同じスロットは、**幾何学的中性軸**を境にして左右に分かれる。

短絡されるコイルが発生する回転位置では、2個のコイルが同時に休止し、残りのコイルの半数ずつのコイルがグループになり、ブラシに対して直列に接続される。短絡される2個のコイルのコイル辺は、幾何学的中性軸付近にある180度離れた2本のスロットにあるため、トルクへの影響が小さく、**逆起電力**による悪影響が小さい。8スロットの電機子の展開図等の例を下図（B2-14-5）と次の見開きの図（B2-14-6～7）に掲載してある。

分布巻2極8スロットのコイルの接続状況　図B2-14-5

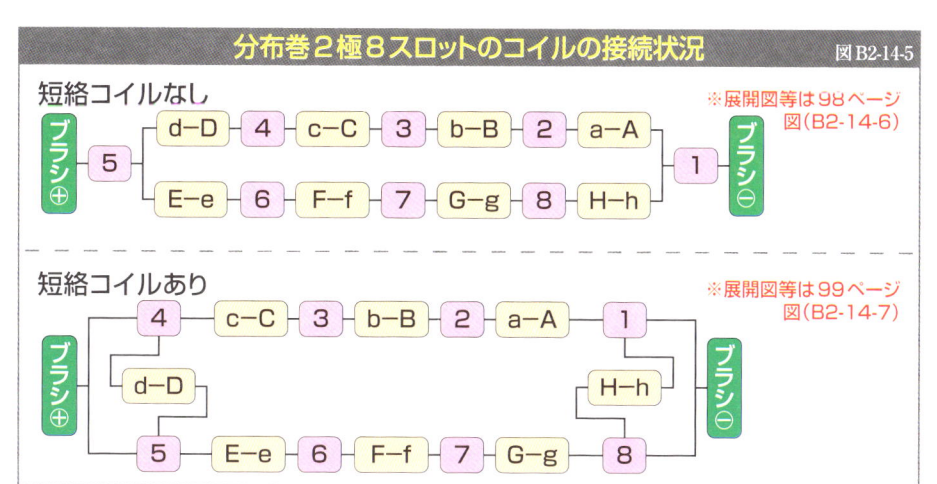

短絡コイルなし ※展開図等は98ページ　図（B2-14-6）

ブラシ⊕ ─ 5 ─ d-D ─ 4 ─ c-C ─ 3 ─ b-B ─ 2 ─ a-A ─ 1 ─ ブラシ⊖
　　　　　└ E-e ─ 6 ─ F-f ─ 7 ─ G-g ─ 8 ─ H-h ─┘

短絡コイルあり ※展開図等は99ページ　図（B2-14-7）

ブラシ⊕ ─ 4 ─ c-C ─ 3 ─ b-B ─ 2 ─ a-A ─ 1 ─ ブラシ⊖
　　　├ d-D ─┤　　　　　　　　　　　　├ H-h ─┤
　　　└ 5 ─ E-e ─ 6 ─ F-f ─ 7 ─ G-g ─ 8 ─┘

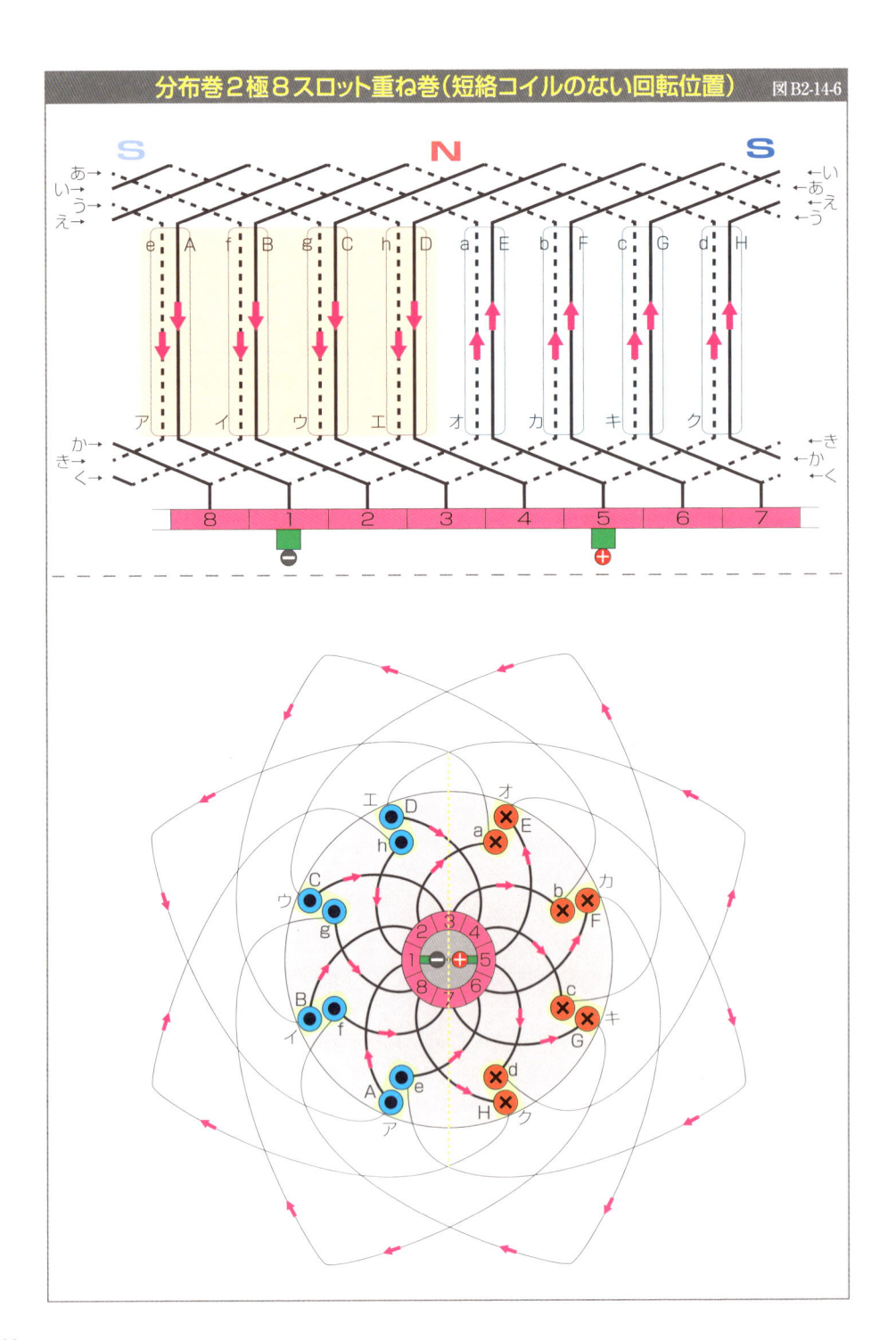

分布巻2極8スロット重ね巻（短絡コイルのない回転位置）

図B2-14-6

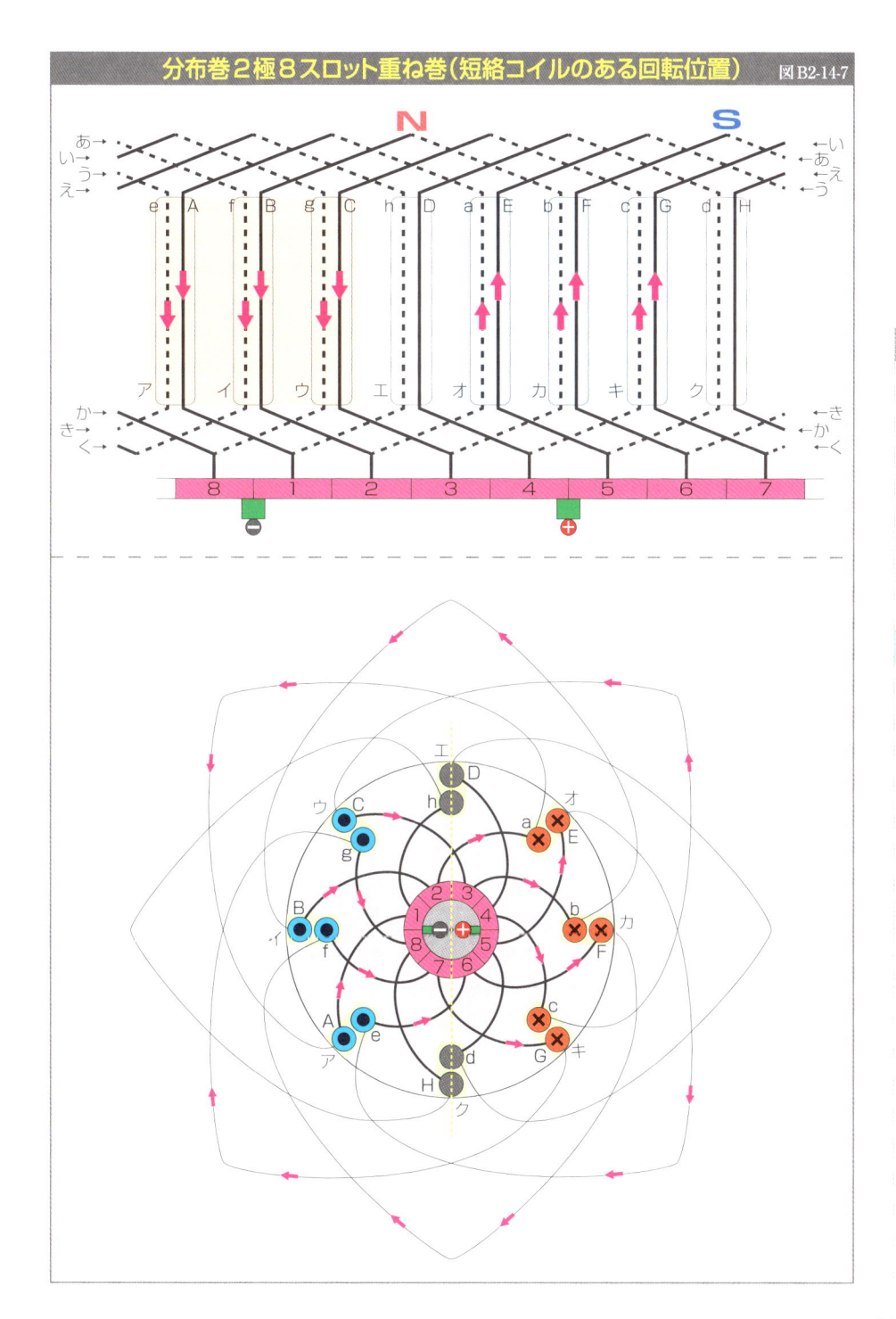

分布巻2極8スロット重ね巻（短絡コイルのある回転位置） 図B2-14-7

99

分布巻4極電機子の重ね巻と波巻

分布巻で極数が4以上の電機子の場合は、電機子コイルと整流子の接続方法に**重ね巻**と**波巻**の2種類がある。ただし、スロットに対するコイル辺の収め方はどちらの場合も同じだ。重ね巻と波巻で異なるのは、コイルの口出線と整流子片の接続になる。

◆全節巻と短節巻

スロット数÷極数が整数の場合は、**全節巻**が採用され、磁極ピッチと同じ角度だけ離れた2本のスロットに、1個のコイルの2本のコイル辺を収める。4極機であれば、90度離れた2本のスロットに1本のコイルを収めることになる。2極機の場合、全節巻にすると、2個のコイルが同じ2本のスロットに収まるが、4極以上の場合は1本のスロットに収まった2個のコイルのもう一方のコイル辺は、異なったスロットに収まる。一方は磁極ピッチ分だけ回転方向に進んだスロットに収まり、もう一方は磁極ピッチ分だけ回転方向とは逆方向に進んだスロットに収まる。

スロット数÷極数が整数にならない場合は、**短節巻**が採用される。一方のコイル辺を収めたスロットから、電機子の回転方向とは逆方向に進み、磁極ピッチ以内でもっとも磁極ピッチに近いスロットにもう一方のコイル辺を収める。4極機であれば、90度以内でもっとも90度に近い2本のスロットに1本のコイルを収めることになる。

◆重ね巻と波巻

重ね巻は、2極機と同じように整流子を介して隣のスロットのコイルと順次つないでいく。ブラシは極数と同じ数だけ必要で、磁極ピッチで配置される。

波巻は、磁極ピッチの2倍に近い位置にある2個の整流子片に1個のコイルを接続する。ブラシは2個でもモータとして成立するが、極数と同じ数だけのブラシを使用することが多い。

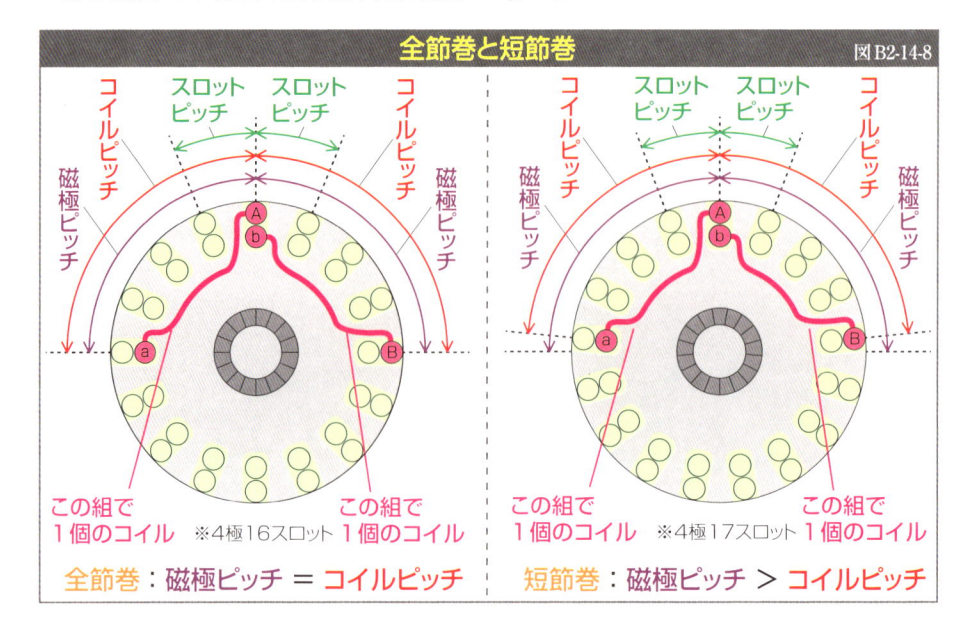

全節巻と短節巻　図B2-14-8

※4極16スロット　この組で1個のコイル

全節巻：磁極ピッチ ＝ コイルピッチ

※4極17スロット　この組で1個のコイル

短節巻：磁極ピッチ ＞ コイルピッチ

展開図で1個のコイルを見ると、重ね巻の場合は亀の甲羅のような6角形に近い形状になり、波巻の場合は尖塔のような建物、もしくは矢印のような形状になる（図B2-14-9）。

以降のページで実例で説明するが、重ね巻では極数と同じ数だけの並列回路が各コイルによって構成されるため、重ね巻は**並列巻**ともいう。波巻の場合は、極数に関係なく、コイルによって構成される並列回路数は常に2になる。そのため波巻を**直列巻**ともいう。重ね巻は並列回路数を多くできるので、大電流を流しやすくなる。そのため、低電圧大電流機には重ね巻が用いられ、高電圧小電流機には波巻が用いられることが多い。

ただし、重ね巻は並列回路数が多いため、各磁極の**磁束密度**の不均一などによって各

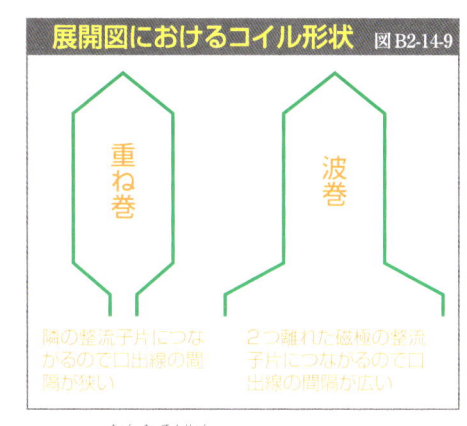

展開図におけるコイル形状　図B2-14-9

重ね巻 — 隣の整流子片につながるので口出線の間隔が狭い
波巻 — 2つ離れた磁極の整流子片につながるので口出線の間隔が広い

コイルの**逆起電力**に違いがあると、整流子片間に**電位差**が生じて、**転流**に悪影響を及ぼすことがある。そのため、同じ**電位**になるべきコイルをリングなどでつなぐ。この結線を**均圧結線**や**均圧環**という。

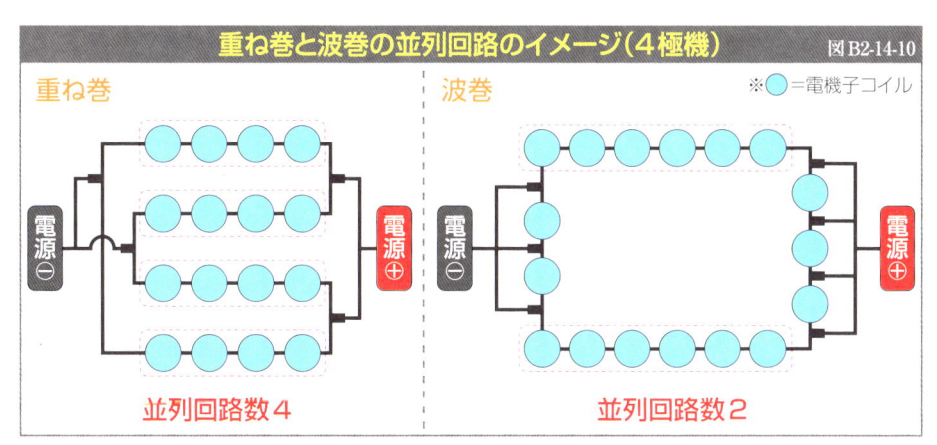

重ね巻と波巻の並列回路のイメージ（4極機）　図B2-14-10

※○＝電機子コイル

重ね巻：並列回路数4
波巻：並列回路数2

電機子コイルの巻き方

モータのコイルでは、○○巻という用語が数多く使われる。いずれも「コイルの巻き方」と表現されることが多いので、しっかり区別して理解しておく必要がある。直流整流子モータの電機子だけでも、集中巻、分布巻、型巻、乱巻、単層巻、2層巻、全節巻、短節巻、重ね巻、波巻などがある。

「集中巻」と「分布巻」は電機子の磁極の現れ方が違い、1個のコイルの2本のコイル辺を収めるスロットの位置が異なったものになる。「型巻」と「乱巻」は、コイルの製造方法に関するものだ。「単層巻」と「2層巻」は1本のスロットに収めるコイル辺の数が1本か2本かを表している。「全節巻」と「短節巻」は、磁極ピッチとコイルピッチの関係を示す。「重ね巻」と「波巻」は、個々のコイルと整流子片の接続方法の違いを表すもので、コイルが作る並列回路数が異なる。

分布巻4極16スロット重ね巻

図B2-14-11

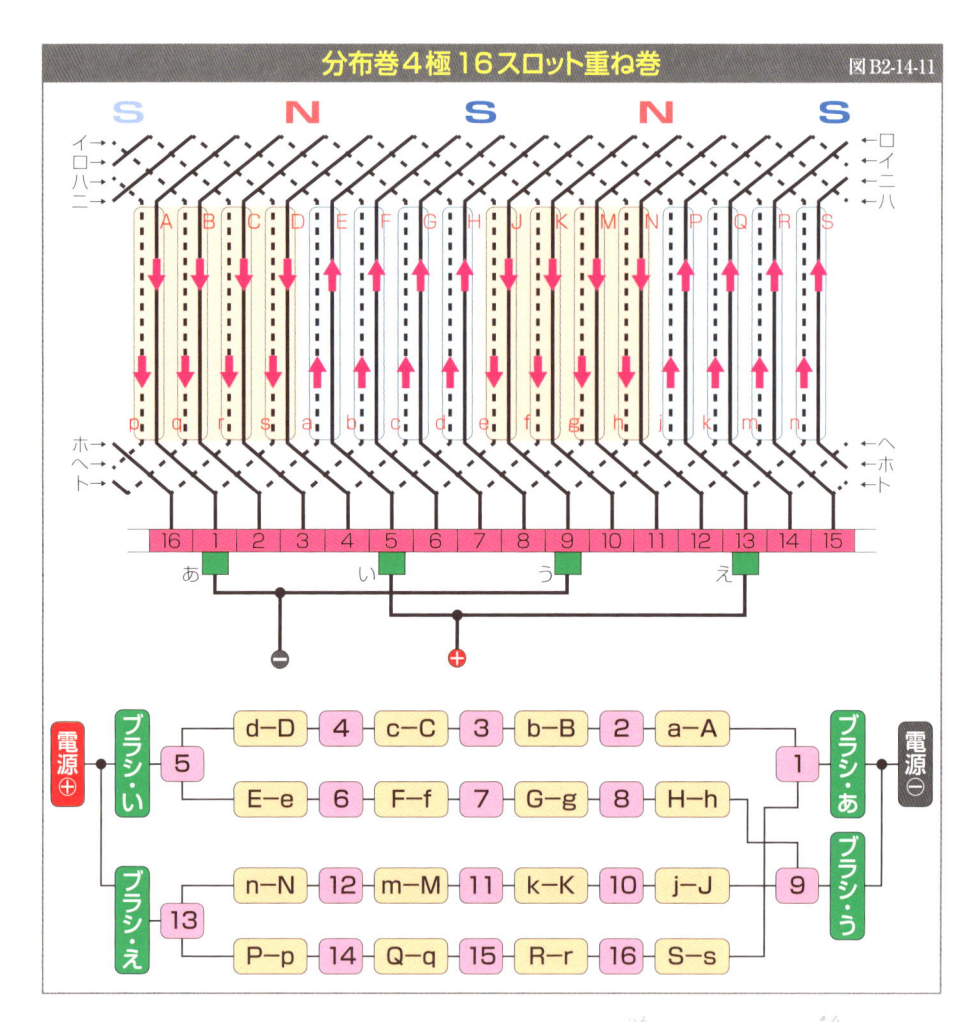

◆重ね巻の実例

上の図は4極16スロット**重ね巻**の展開図とコイルの接続状況を示したものだ。電源とブラシを無視すると、すべてのコイルと整流子片が直列に環状につながった閉じた回路を構成している。回路内のコイルの並び順は、スロットに収まったコイルの位置順だ。

この回路にブラシを加えると、コイルA-a〜D-d、コイルE-e〜H-h、コイルJ-j〜N-n、コイルP-p〜S-sがそれぞれ並列回路を構成し、そのグループごとにスロット内のコイル辺の電流の方向が揃う。これにより、各グループの間に磁極が現れ、4つの磁極ができる。回転位置によっては短絡されるコイルが発生するが、その場合でも並列回路数は常に4になり、それぞれのグループの間に磁極が現れる。

◆波巻の実例

右ページの図は4極17スロット**波巻**の展開図とコイルの接続状況を示したものだ。この場合も、電源とブラシを無視すれば、すべてのコイルと整流子片が直列に環状につ

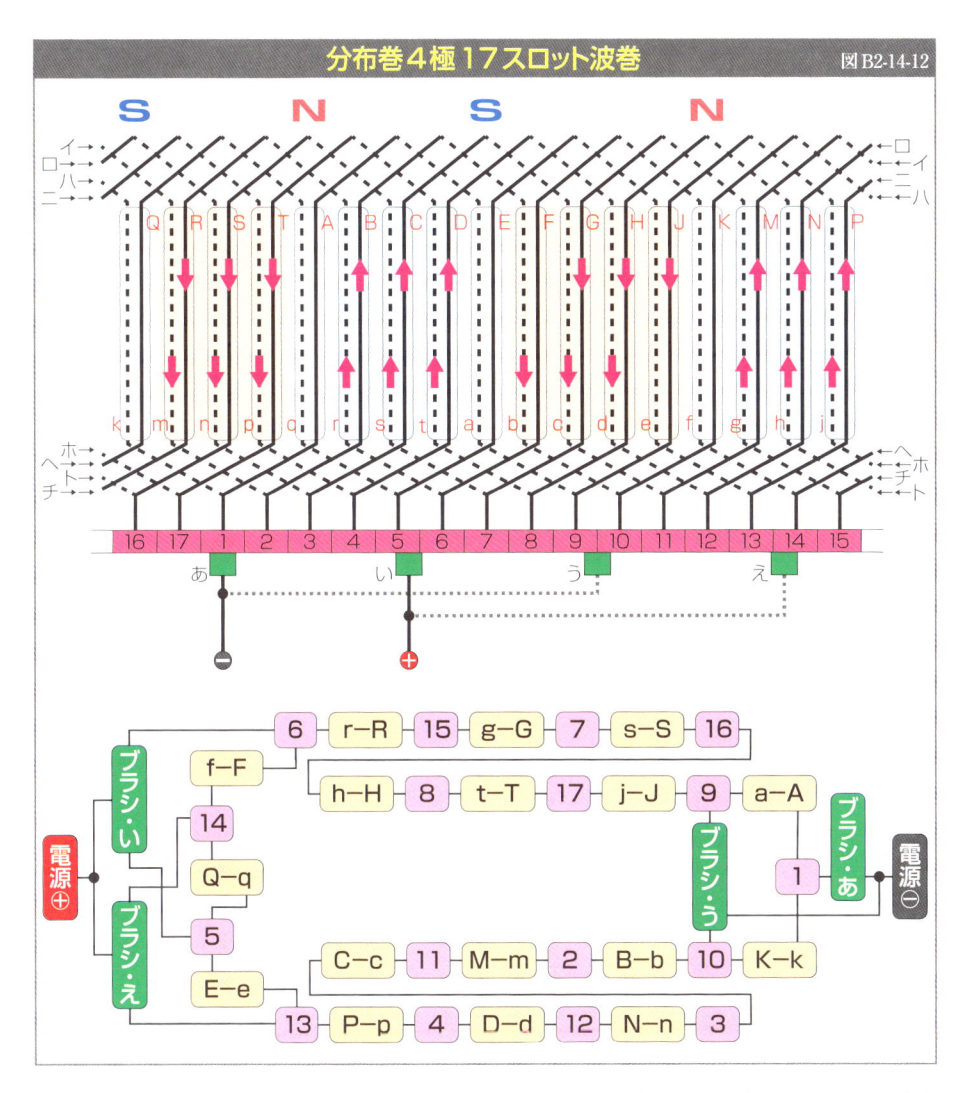

分布巻4極17スロット波巻 図B2-14-12

ながった閉じた回路を構成している。しかし、回路内のコイルの並び順は、重ね巻の場合と異なる。磁極ピッチのほぼ2倍の位置のコイルが順に並ぶ。

この回路に4個のブラシを加えると、コイルJ-j～R-rと、コイルP-p～B-bがそれぞれ並列回路を構成し、コイルA-aとK-k、コイルF-fとQ-qとE-eがブラシによって短絡される。並列回路数は2だが、展開図でわかるようにスロット内のコイル辺の電流の方向が揃う4つのグループができ、各グループの間に磁極が現れる。

「ブラシ・う」と「ブラシ・え」を取り外してブラシ2個にしても波巻は成立する。この場合、短絡されるのがコイルF-fとQ-qの2個になるが、並列回路数は2のままで、スロット内のコイル辺の電流の方向が揃うグループが4つでき、4つの磁極が現れる。

集中巻の重ね巻

直流整流子モータの電機子では、**集中巻**が4極機に採用されることもあるが、おもに**2極機**で使われる。分布巻の場合、1個の**電機子コイル**の2本の**コイル辺**を収めるスロットの位置によって**全節巻**と**短節巻**の違いがあり、**極数**によっても配置が異なるが、集中巻ではコイル辺の配置に種類がなく、極数による違いもない。隣り合うスロット同士の間隔（角度）は**スロットピッチ**というが、必ず隣り合ったスロットに1個の電機子コイルが巻かれるため、スロットピッチと**コイルピッチ**は一致する。

コイルと整流子の接続は、**重ね巻**が採用される。集中巻で波巻が採用されることはない。整流子片を介して隣のコイルに順次つないでいく。集中巻の場合、1個1個のコイルが独立しているので、コイル同士の関係や整流子との結線がわかりやすい。2極機ではブラシが2個、4極機ではブラシが4個になる。

2極機の場合、ブラシに対して並列回路数が2になり、それぞれ全コイルの半数のコイルが直列につながれる。実際には**スロット数**は奇数のことが多いため、短絡されるコイルがない状態では一方の並列回路のほうがコイル数が1個多くなり、短絡されるコイルがある状態では、残るコイルの半数ずつが直列になる。4極機の場合は、4個のブラシに対して、並列回路数が4になる。

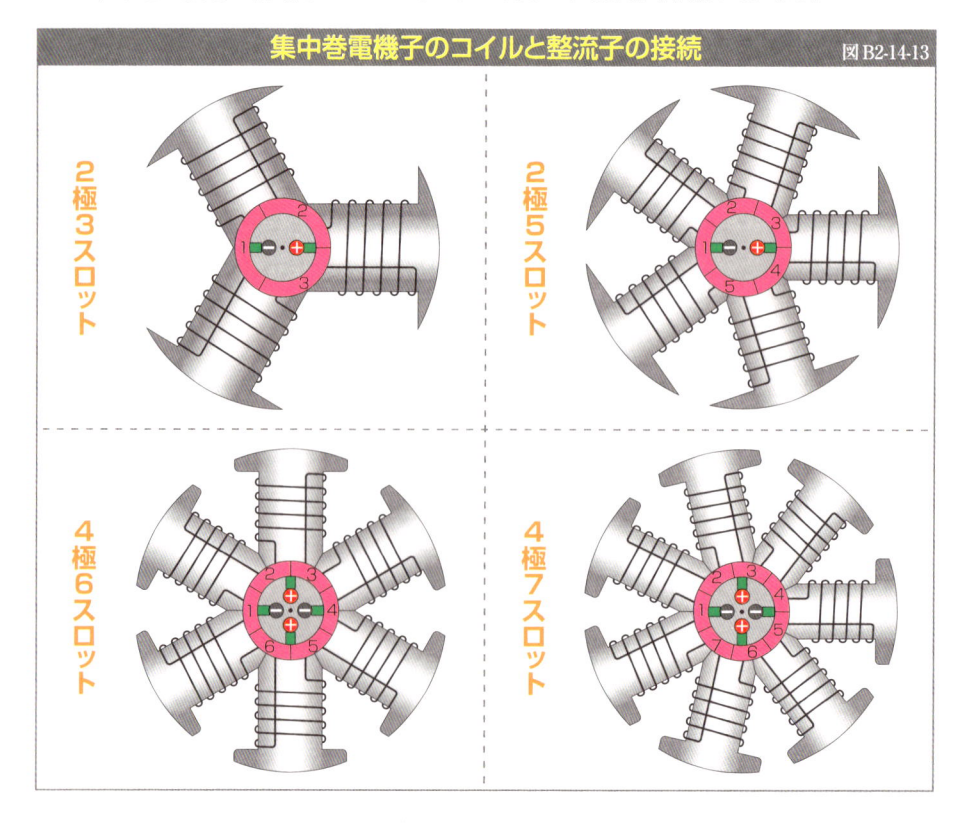

集中巻電機子のコイルと整流子の接続　図B2-14-13

2極3スロット

2極5スロット

4極6スロット

4極7スロット

集中巻電機子の略図

　本書では集中巻の電機子のコイルは、らせん状に描くことが多いが、コイル辺を流れる電流の方向を示す記号による略図も使われる。こうした略図に表現のルールはない。分布巻では、コイルのターン数にかかわらず1本のコイル辺に1個の記号が使われることもあれば、同一スロットに収まる複数のコイル辺を1個の記号で表すこともある。集中巻の場合も、左の図のように1個の電機子コイルを2個の記号で表現することもある。また、集中巻ではターン数の大きいコイルが多いので、そのイメージを表現するために複数の記号が使用されることもあり、右の図のように、実際のコイルの巻線がカバーする範囲に記号が配置されることもある。

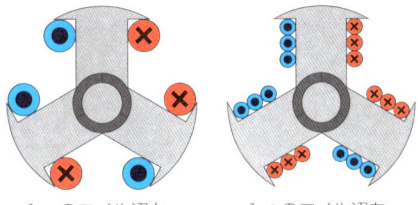

1つのコイル辺を1個の記号で表現　　　1つのコイル辺を複数の記号で表現

　集中巻は分布巻のように展開図で表示することはほとんどないが、展開図に準じた方法で描くと下の図の右側部分のようになり、個々のコイルごとに磁極が現れる。2極機であればN極のグループとS極のグループが2つでき、4極機ではグループが4つになる。

　なお、集中巻の場合、2極機でも4極機でも、コイルの配置も整流子との接続方法も同じになる。そのため、2極機と4極機で電機子を共用することが可能となる。

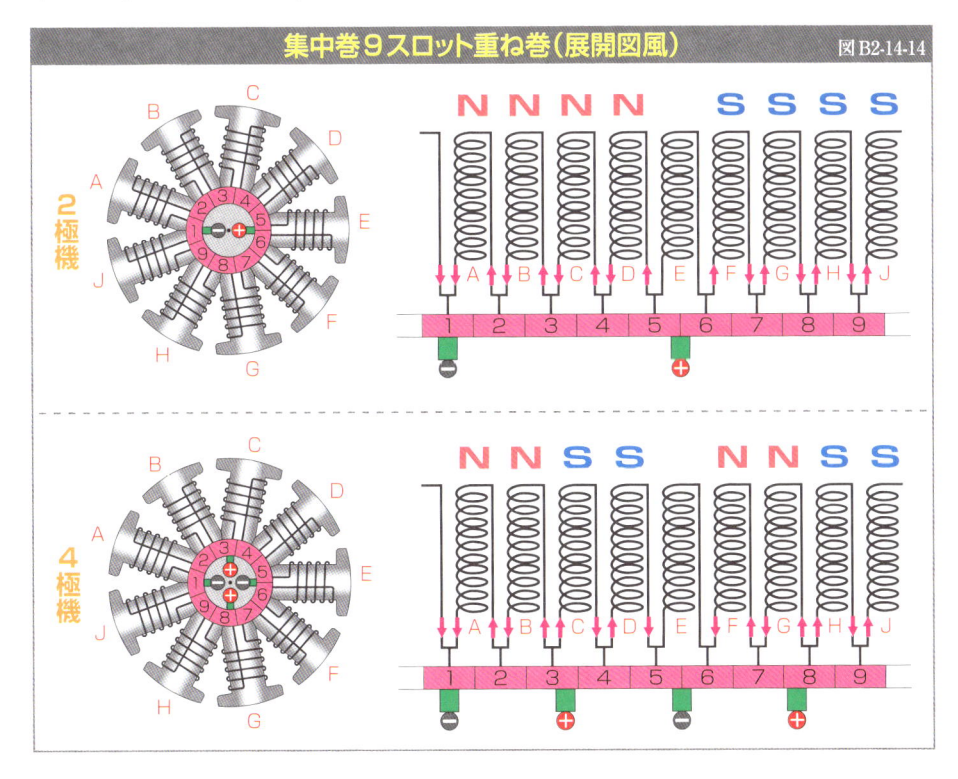

集中巻9スロット重ね巻（展開図風）　　図B2-14-14

第2部・直流で働くモータ

第2章・直流整流子モータ／電機子と整流子

第3章 巻線形直流整流子モータ
種類

巻線形直流整流子モータでは電機子コイルと界磁コイルという2種類のコイルが使用される。2種類のコイルの接続や電源の取り方にさまざまな方法を考えることができる。

■巻線形直流整流子モータの現状

さまざまな分野で多用されている永久磁石形直流整流子モータに比べると、**巻線形直流整流子モータ**は主流を外れつつある。

高出力のモータには大電力が必要になる。こうした大電力の供給はおもに交流で行われている。巻線形は制御が容易であるため、以前は交流を整流したうえで使用していた。しかし、半導体技術の進歩により交流モータの制御が容易になったため、わざわざ整流する必要がない交流モータに主流が移っている。現在では、高出力の巻線形を使用しているのは電車程度だが、これも交流モータに主流が移りつつある。比較的小形の直流モータでも、**希土類磁石**の採用によって永久磁石形で大きなトルクが得られるようになったため、構造が複雑になりやすい巻線形が採用されることは減っている。

ただ、直流整流子モータを考えるうえで、巻線形の特性や制御方法を知っておくのは重要なことであるため、本章で取り上げる。

直巻、分巻、複巻、他励

巻線形直流整流子モータは**電機子**と**界磁コイル**の接続によって分類することができる。接続方法によって**電機子電流**と**界磁電流**の関係が異なったものになり、特性が違っ

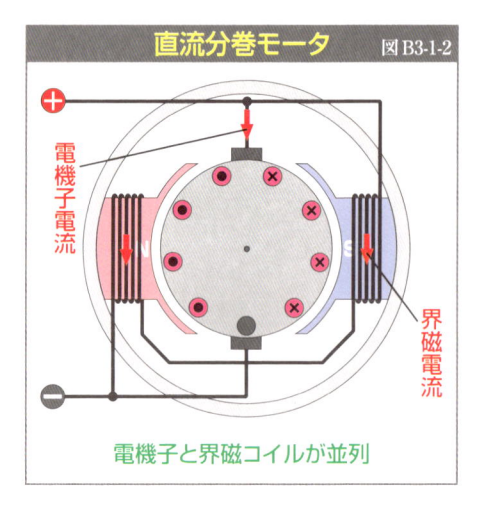

直流直巻モータ 図B3-1-1
電機子電流
界磁電流
電機子と界磁コイルが直列

直流分巻モータ 図B3-1-2
電機子電流
界磁電流
電機子と界磁コイルが並列

106 ● 直巻を「ちょっけん」、分巻を「ぶんけん」、複巻を「ふくけん」または「ふっけん」と読むこともある

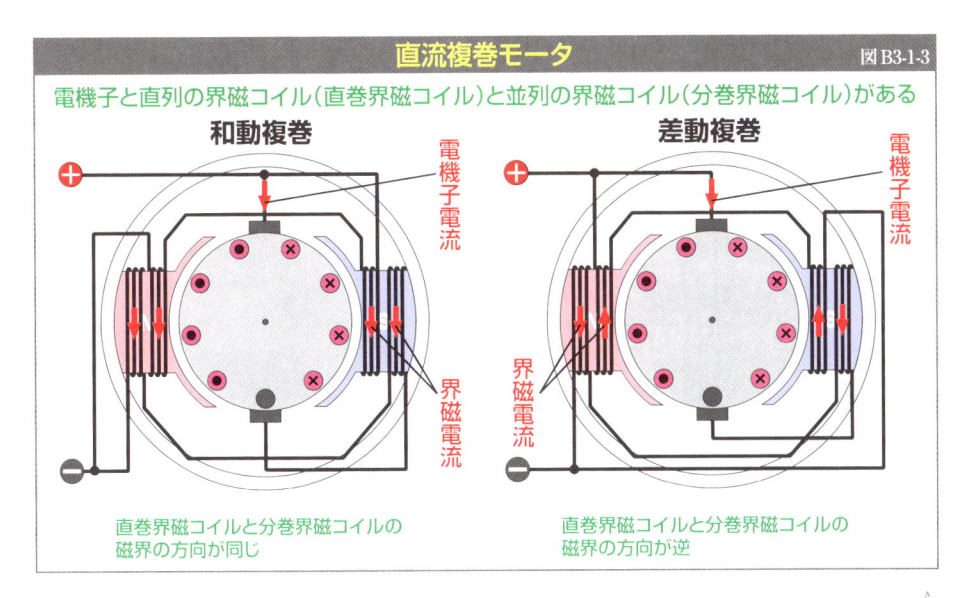

直流複巻モータ　図B3-1-3

電機子と直列の界磁コイル（直巻界磁コイル）と並列の界磁コイル（分巻界磁コイル）がある

和動複巻
直巻界磁コイルと分巻界磁コイルの磁界の方向が同じ

差動複巻
直巻界磁コイルと分巻界磁コイルの磁界の方向が逆

たものになる。

　電機子と界磁コイルを直列にしたものが**直流直巻モータ**で、並列にしたものが**直流分巻モータ**だ。電機子に直列の界磁コイル（直巻界磁コイル）と並列の界磁コイル（分巻界磁コイル）の双方を備えるものを**直流複巻モータ**という。直巻界磁コイルと分巻界磁コイルは同じ位置に配置され、両コイルの磁束が加わるように配置されたもの**和動複巻モー**タ、両コイルの磁束が逆方向になるものを**差動複巻モータ**という。ただし、差動複巻モータはほとんど使われないので、単に複巻モータといった場合は和動複巻を指すことがほとんどだ。

　これら電機子と界磁コイルに同一の電源を使用するものを**直流自励モータ**というが、ほかにも異なった電源を使用するものがある。こうしたものを**直流他励モータ**という。

　なお、例えば直流直巻モータであれば、正式には巻線形直流直巻整流子モータと表現するべきだが、巻線形の整流子モータにしか存在しない構造であるため、巻線形や整流子の言葉が省略されるのが一般的になっている。直流の部分も略してしまい、**直巻モータ、分巻モータ、複巻モータ、自励モータ、他励モータ**ということも多い。

直流他励モータ　図B3-1-4

電機子と界磁コイルの回路が独立している

第3章 巻線形直流整流子モータ
特性

巻線形直流整流子モータは、電機子コイルと界磁コイルの接続方法や電源の取り方にさまざまな種類があり、それぞれに異なった特性のモータになる。

巻線形直流整流子モータの基本特性

　直流整流子モータの**トルク**は、**電機子電流**に比例し、**界磁**の**磁束密度**に比例する。**回転速度**は**電源電圧**にほぼ比例し、界磁の磁束密度に反比例する。界磁の磁束密度は、**界磁電流**に比例する。基本特性は以上の通りだが、**巻線形直流整流子モータ**では電源と**電機子**や**界磁コイル**の関係によって、電機子電流と界磁電流が相互に関連することがあるため、モータの種類によって異なった特性になる。

直流直巻モータの特性

　直流直巻モータは**電機子**と**界磁コイル**が直列であるため、**電機子電流**と**界磁電流**が等しくなる。電機子電流は負荷の大きさによって変化するため、ほぼ**負荷電流**といえる。界磁の磁束密度は界磁電流に比例するため、負荷電流にもほぼ比例する。直流整流子モータのトルクは、電機子電流と界磁の磁束密度に比例するため、直巻モータの**トルク**は、負荷電流の2乗にほぼ比例する。ただし、電流が大きくなり、界磁コイルが**飽和**すると界磁磁束が一定になるため、トルクが負荷電流にほぼ比例するようになる。

　巻線形の場合、電機子の電気抵抗は通常小さいので、**回転速度**は**電源電圧**にほぼ比例し、界磁の磁束密度に反比例する。界磁の磁束密度は負荷電流に比例するため、直巻モータの回転速度は、電源電圧にほぼ比例し、負荷電流に反比例する。

　結果、直巻モータは、回転速度が低い時はトルクが大きく、回転速度が高くなるとトルクが小さくなる。こうした特性を**直巻特性**といい、始動時に大きなトルクを発揮できることが大きなメリットだ。このように、負荷の増減によって回転速度が変化するため、直巻モータを**変速度モータ**という。ただし、無負荷であったり、負荷があまりに小さいと、危険な高速回転になる。

直流直巻モータ回路図 図B3-2-1

図B3-2-2　直流直巻モータ特性図

無負荷だと高速回転になって危険

トルク特性曲線
速度特性曲線
回転速度 n
トルク T
負荷電流→

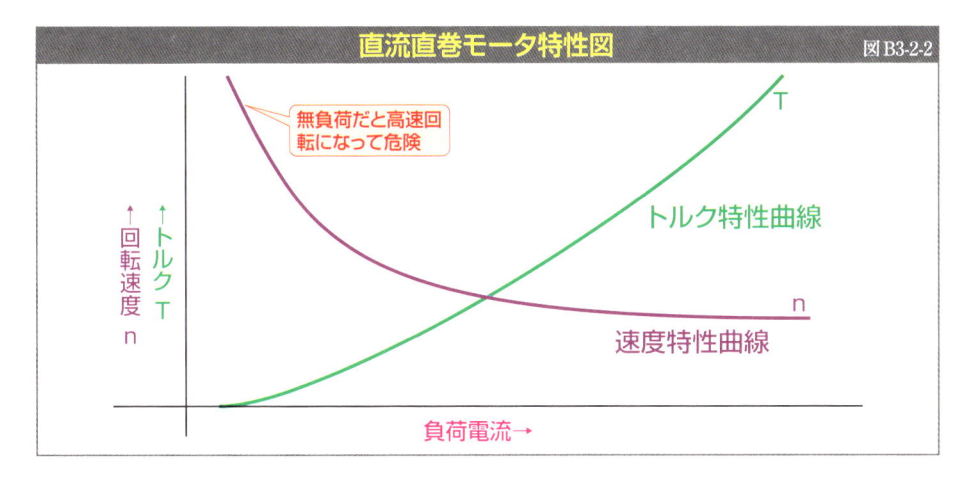

直流分巻モータの特性

　直流分巻（ちょくりゅうぶんまき）モータは**電機子**と**界磁コイル**が並列であるため、電機子にかかる電圧と界磁コイルにかかる電圧が等しくなる。**電機子電流**と**界磁電流**の合計がほぼ**負荷電流**になる。**電源電圧**が一定なら、界磁電流は一定で、**電機子電流**は負荷の大きさにほぼ比例する（特性図は次ページ図B3-2-4）。

　ただし、巻線形の場合、電機子の電気抵抗は通常小さいので、負荷の大きさが変化しても電機子電流の変化は小さい。そのため、電源電圧が一定の状態では、負荷の大きさが変化しても回転速度があまりかわらない。こうした性質から、分巻モータを**定速度モータ**という。

　直流整流子モータのトルクは電機子電流と界磁の磁束密度に比例する。分巻モータの電源電圧が一定なら界磁電流が一定なので、界磁の磁束密度も一定になる。そのため、分巻モータのトルクは、負荷電流にほぼ比例する。こうした特性を**分巻特性**という。

　また、界磁電流を変化させれば、回転速度の調整が可能となる。界磁電流を大きくすれば回転速度が下がり、界磁電流を小さくすれば回転速度が上がる。ただし、界磁電流を小さくしすぎたり、断線などで界磁電流を失うと、危険な高速回転になる。

　分巻モータは定速度モータであり、回転数-トルク特性と負荷電流-トルク特性がほぼ直線を描くので、制御しやすい。しかし、この特性は交流の三相誘導モータに似ている。現在では交流モータも制御が容易になり、電源面でも有利であるため、分巻モータは採用されなくなった。

図B3-2-3　直流分巻モータ回路図

界磁電流
電機子電流
界磁コイル
電機子 M

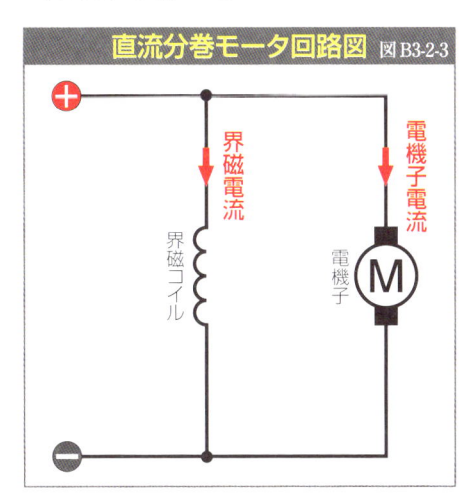

直流分巻モータ特性図　図B3-2-4

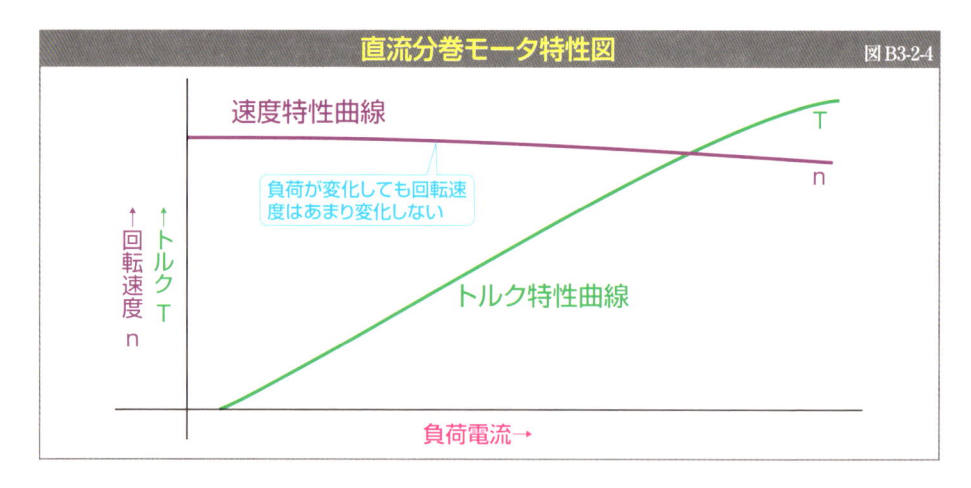

速度特性曲線

負荷が変化しても回転速度はあまり変化しない

↑回転速度 n　↑トルク T

トルク特性曲線

負荷電流→

直流複巻モータの特性

　直流複巻モータは、電機子と直列にされた直巻界磁コイルと、電機子と並列にされた分巻界磁コイルを備えることで、直流直巻モータと直流分巻モータ双方の特性を兼ね備えている。

　和動複巻モータは、2種類の界磁コイルの磁界が同じ方向になるように配置されている。分巻モータより始動トルクが大きく、直巻モータのように無負荷で異常な高速回転になることがない。

　差動複巻モータは、2種類の界磁コイルの磁界が逆方向になるように配置されている。速度が一定に保たれるが、始動トルクが小さく、負荷の変動で回転が不安定になりやすい。そのため、ほとんど使われることがなかった。

直流複巻モータ回路図　図B3-2-5

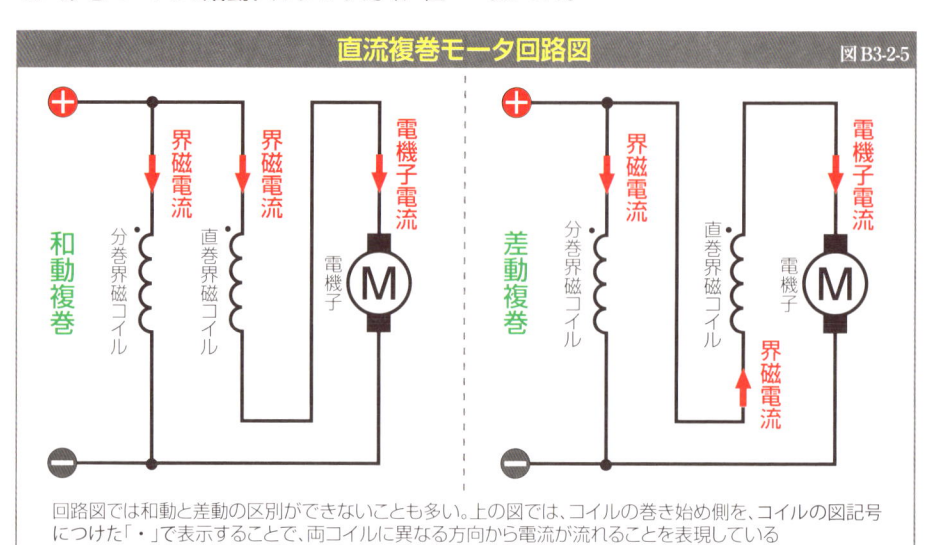

和動複巻：界磁電流／界磁電流／電機子電流／分巻界磁コイル／直巻界磁コイル／電機子 M

差動複巻：界磁電流／界磁電流／電機子電流／分巻界磁コイル／直巻界磁コイル／電機子 M／界磁電流

回路図では和動と差動の区別ができないことも多い。上の図では、コイルの巻き始め側を、コイルの図記号につけた「・」で表示することで、両コイルに異なる方向から電流が流れることを表現している

直流複巻モータ特性図 図B3-2-6

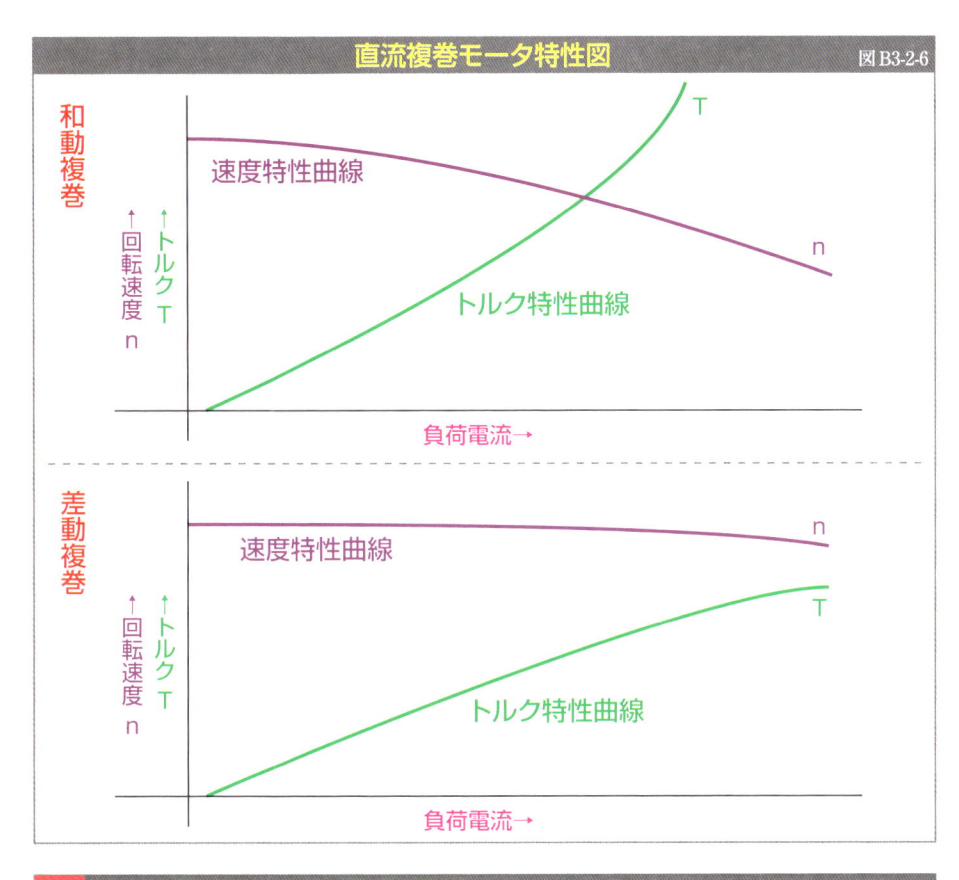

和動複巻
↑回転速度 n ↑トルク T
速度特性曲線
トルク特性曲線
負荷電流→

差動複巻
↑回転速度 n ↑トルク T
速度特性曲線
トルク特性曲線
負荷電流→

直流他励モータの特性

　直流他励モータは、電機子と界磁コイルの電源が独立しているため、負荷の大きさによって**電機子電流**が変化しても、**界磁電流**が変化しない。電源電圧が一定の状態では、負荷の大きさが変化しても**回転速度**があまりかわらない。逆に、**界磁電流**を調整して回転速度を制御することも可能だ。

　他励モータの基本的な特性は直流分巻モータに類似しているが、電源が独立しているため、制御の自由度が高い。しかし、それだけに設備は複雑なものになり、コストもかかるため、大規模なシステムで採用されることがほとんどだった。

直流他励モータ回路図 図B3-2-7

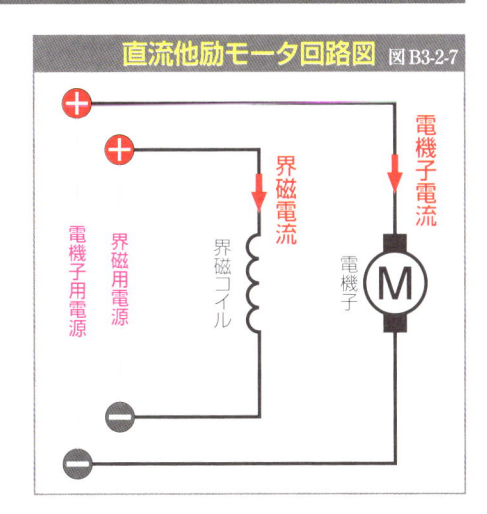

電機子用電源　界磁用電源　界磁電流　界磁コイル　電機子電流　電機子 M

第3章 巻線形直流整流子モータ
始動法

直流整流子モータは始動時に大電流が流れてモータが損傷することがあるため、始動に工夫が必要になることもある。

始動電流

運転中の**直流整流子モータ**の**電機子コイル**には**逆起電力**が発生して、**電源電圧**を打ち消している。**始動**時には逆起電力が発生していないため、電源電圧がそのまま電機子コイルにかかり、大きな電流が流れる。こうした**始動電流**は定格電流の10～20倍に達することもあり、電機子コイルの**巻線**を傷めてしまう。巻線だけでなく、整流子やブラシはもちろん、スイッチや電源を損傷することもある。そのため、始動時は電流を**定格電流**程度に抑え、少しずつ回転速度を高めていき、**定格回転速度**になったところで定格電圧を加える工夫が必要になる。

始動法には、**抵抗始動法**と**可変電源始動法**がある。どちらも、**電機子電流**を制限するために、電機子にかかる電圧を少しずつ高めていく方法だ。

抵抗始動法は**抵抗器**で電圧を調整する。抵抗器によって電力を消費させることで、モータにかかる電圧を抑えているため、損失が発生する。

可変電源始動法は**加減電圧始動法**ともいい、電源電圧を0から少しずつ上げていくことで電機子電流を制限する。抵抗始動法と違い、始動時の損失を最小限に抑えることができる。可変電源始動法は、**回転速度制御**で説明する**電圧制御法**の**ワードレオナード方式**(P116参照)や、直流モータの**半導体制御**で説明する**チョッパ制御**(P212参照)が該当する。

なお、小形のモータでは始動時の電流が問題になることはほとんどないため、直接電源電圧をかけて始動する。こうした始動法を**直入れ始動法**という。

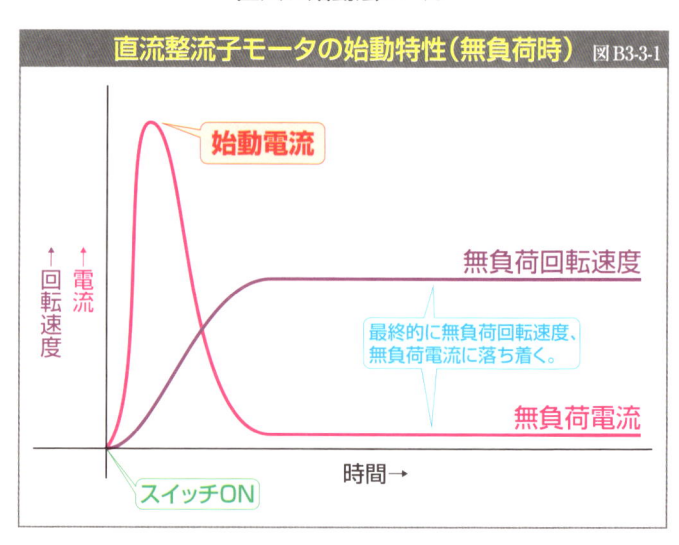

直流整流子モータの始動特性(無負荷時) 図B3-3-1

始動電流
↑回転速度 ↑電流
無負荷回転速度
最終的に無負荷回転速度、無負荷電流に落ち着く。
無負荷電流
スイッチON　時間→

抵抗始動法

抵抗始動法では、電機子コイルに抵抗器を直列に配することで、電機子電流を定格電流程度に制限する。回転速度の上昇とともに抵抗値を順次小さくしていき、最終的に抵抗値を0にする。この抵抗を始動抵抗といい、複数の抵抗器を組み合わせるか可変抵抗器を使用する。通常は抵抗器と切り替え機構などを組み合わせた始動器を利用する。始動器には、手動で抵抗値を切り替えていく手動始動器と、自動的に切り替えが行われる自動始動器がある。

手動始動器は、ハンドル操作で段階的に始動抵抗の抵抗値を切り替えることができる。ハンドルはスプリングの力でOFFの位置が保持されている。抵抗値ごとのハンドルの位置をノッチといい、ノッチ1が全始動抵抗値（始動抵抗の最大値）で、ノッチ数が大きくなるに従って抵抗値が小さくなり、もっとも大きなノッチ数で抵抗値が0になる。

また、この抵抗値が0のハンドル位置には無電圧解放器という電磁石が備えられていて、スプリングの力に打ち勝ってハンドルの位置を保持することができる。停止時には、電源スイッチをOFFにするだけでよい。無電圧解放器の磁力がなくなり、ハンドルが最初の位置に戻る。停電や分巻モータで界磁コイルの巻線が断線したような場合にも、無電圧解放器がハンドルを戻してくれるので安全だ。

自動始動器も基本的な回路は手動始動器と同じで、切り替えがリレーによって行われる。リレーの切り替えを何によって決定するかでいくつかの種類がある。あらかじめ設定された時間で順次切り替えを行うものを限時形自動始動器、モータの電流が規定値以下になると順次切り替えていくものを限流形自動始動器、モータの逆起電力が高まるにつれて順次切り替えていくものを逆起電力形自動始動器という。

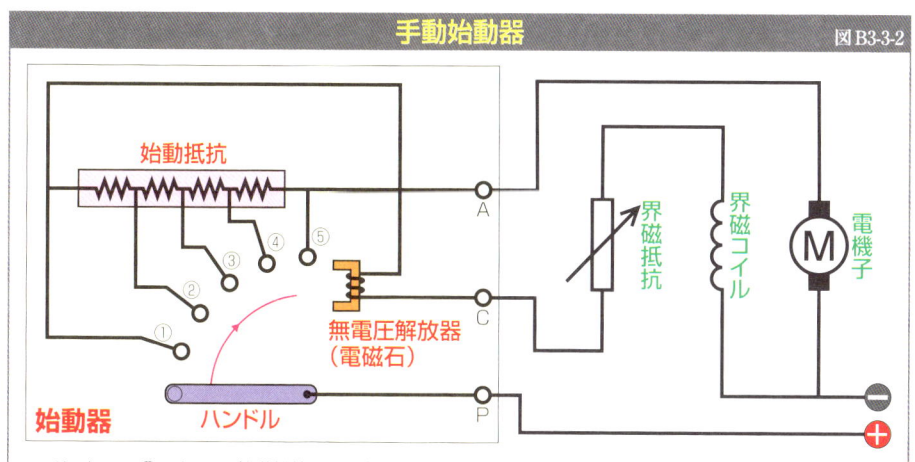

手動始動器 図B3-3-2

ハンドルをノッチ①にすると、始動抵抗の抵抗値がもっとも大きな状態で電機子に電流が流れる。同時に、無電圧解放器に電流が流れ、ハンドル保持の準備ができる。界磁抵抗（P116参照）がある場合は、事前に界磁抵抗0の状態にしておく。回転速度が高まってきたら、順次ハンドルをノッチ②、③と切り替えて始動抵抗の抵抗値を小さくしていく。定格回転速度程度になったらハンドルをノッチ⑤の位置にして抵抗値を0にすると、無電圧解放器によってその状態が維持される。

第3章 巻線形直流整流子モータ
回転速度制御

直流整流子モータの回転速度は、電源電圧にほぼ比例し、界磁磁束に反比例する。この特性を利用して回転速度を制御することができる。

回転速度を変化させる方法

巻線形直流整流子モータは、電源電圧か界磁の磁束密度を変化させれば、回転速度を制御できる。界磁の磁束密度は界磁電流を調整することで変化させられる。

実際の制御法には、電源電圧を変化させる抵抗制御法、直並列制御法、電圧制御法、界磁の磁束密度を変化させる界磁制御法があり、複数の制御が併用されることもある。これらの制御を半導体制御で行うことも可能だ（P212参照）。

抵抗制御法

抵抗制御法は、抵抗器によって電源電圧を調整することで回転速度制御を行う。抵抗によって、電機子コイルにかかる電圧が低下するため、回転速度が低下する。電機子抵抗制御法ともいい、本来は電機子の回路に抵抗器を直列に配するべきだが、直流直巻モータでは界磁コイルを含め、モータ全体の回路に対して抵抗器を直列に配する。直流分巻モータでも使用可能だが、あまり採用されない。

抵抗制御法は、回転速度の制御範囲が大きく、可変抵抗器を使用すれば、滑らかに変速を行うことができ、モータにトラブルを与えることが少ない。しかし、抵抗器が負担する電力はすべて損失になる。同じように電源電圧を調整する制御方法だが、半導体によるチョッパ制御であれば、損失を抑えることが可能になる。

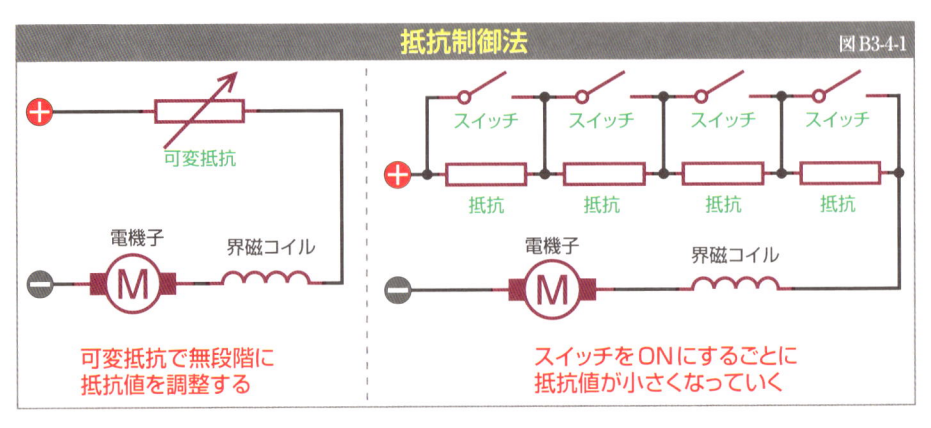

抵抗制御法 図B3-4-1

可変抵抗で無段階に抵抗値を調整する

スイッチをONにするごとに抵抗値が小さくなっていく

直並列制御法

直並列制御法は、定格が同じ複数の**直流直巻モータ**を直列にしたり並列にしたりすることで**回転速度制御**を行う。例えば、2台を並列にすれば2台に同じ電圧がかかるが、直列にすれば電圧が1/2になる。抵抗制御法と同じように、**電源電圧**を調整しているといえるが、抵抗による損失がない。

しかし、**回転速度**の切り替えが段階的になるうえ、切り替え時に多少の衝撃が発生することもある。また、切り替え時には、**始動電流**が流れてしまうため、モータを傷めることがある。そのため、抵抗制御に用いる抵抗器とモータで**ブリッジ**回路を構成することもある。ブリッジ回路によって切り替え時の電流を抑える方式を**ブリッジ渡り**という。

直並列制御 図B3-4-2

- 4台直列 — 各モータにかかる電圧が1ならば
- 2台2組直列並列 — 各モータにかかる電圧は2
- 4台並列 — 各モータにかかる電圧は4

ブリッジ渡り 図B3-4-3

① 4台直列
② 渡り
③ 2台ずつ並列

①は4台直列の状態で電流が流れている。この状態からブリッジ渡りのために、抵抗制御用のスイッチS1〜S4をOFFにして抵抗器R1〜R4を回路に接続し、さらに両側のスイッチSb、ScをONにすると、②のような回路になる。この時、モータM1とM2のインピーダンス、モータM3とM4のインピーダンス、抵抗R1とR2のインピーダンス、抵抗R3とR4のインピーダンス、つまりブリッジの4辺のインピーダンスが等しいと、スイッチSaの部分を電流がほとんど流れなくなる。これをホイートストンブリッジという。スイッチSaの部分は電流がほとんど流れていないので、スイッチSaをOFFにしても電流の変動が起こらない。これにより、モータ2台ずつが並列に接続された③の状態になる。ここから、抵抗制御用のスイッチを順次ONにしていけばいい。

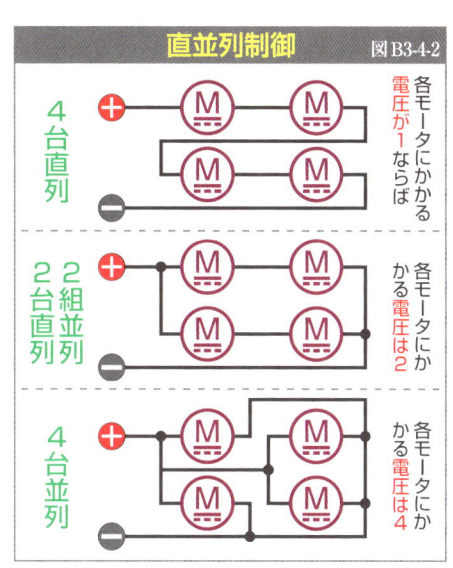

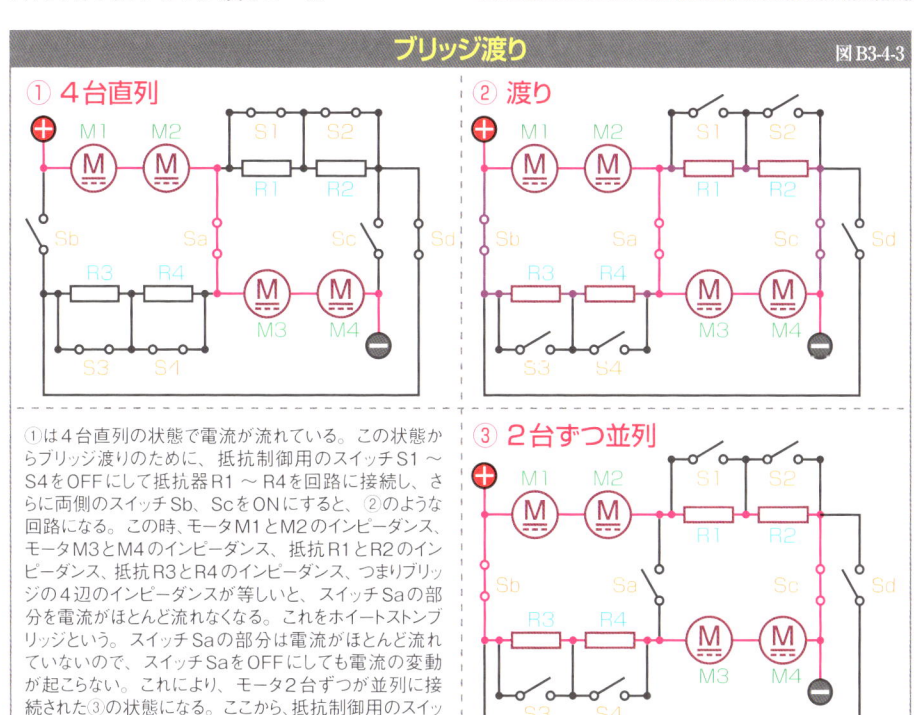

界磁制御法

界磁制御法は、界磁の磁束密度を調整することで回転速度制御を行う。抵抗器によって界磁電流を抑えると、界磁の磁束密度が低下して、回転速度が高まる。制御に使用する抵抗器を界磁抵抗や界磁抵抗器という。界磁を弱めることによって制御を行うため、弱界磁制御法もしくは弱め界磁制御法ともいう。

電機子コイルと界磁コイルが並列にされている直流分巻モータ、直流複巻モータ、直流他励モータで採用され、界磁コイルと直列に抵抗器が配される。直流直巻モータでも、界磁コイルと並列に抵抗器を配すれば制御が可能だが、あまり採用されない。抵抗器が負担する電力はすべて損失になる。

界磁電流を小さくしすぎると、回転速度が不安定になるため、制御範囲には限界がある。通常、本来の界磁電流の1/4程度までとされる。そのため抵抗制御法や電圧制御法と組み合わせて使われることが多い。

図B3-4-4 界磁の磁束密度による特性変化

図B3-4-5 電圧制御と界磁制御の併用

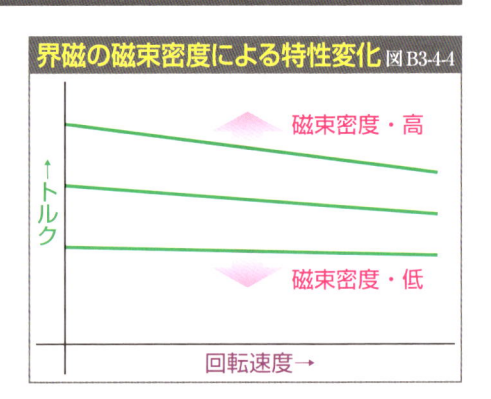

図B3-4-6 界磁制御

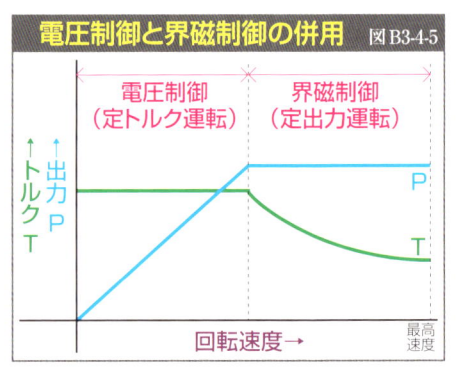

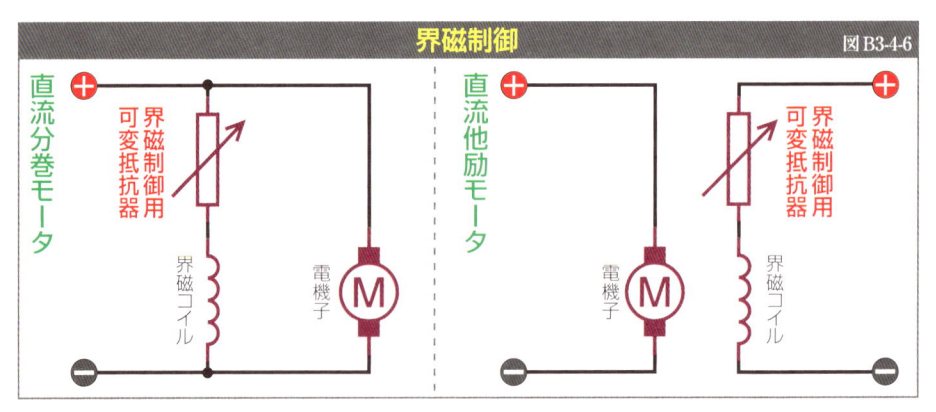

電圧制御法

電源電圧で回転速度を制御する方法で、おもに直流他励モータで採用されるのが電圧制御法だ。電圧制御法には、ワードレオナード方式やイルグナ方式などがあり、広

範囲の**回転速度制御**が可能だが、大規模なシステムになりやすく設備にコストがかかる。同じ制御を半導体で行う静止レオナード方式（P219参照）もある。

◆ワードレオナード方式

ワードレオナード方式は略して**レオナード方式**ということも多く、**回転速度制御**を行う**直流他励モータ**に加えて、**直流他励発電機**と、その発電機を駆動するモータが必要になる。この直流他励発電機の発電電圧を、制御する直流他励モータの電機子に加える。発電機の発電電圧を調整すれば、回転速度制御が可能となる。

駆動用モータには三相誘導モータが使われることが多く、交流電源が必要になる。直流他励モータと直流他励発電機の界磁は同じ直流電源によって行うが、駆動用モータと同じ交流電源を整流して直流電源を得るのが一般的だ。発電機については本書では説明していないが、直流他励モータが**界磁電流**で回転速度を調整できるように、直流他励発電機は界磁電流を調整することで発電電圧を調整できる。これにより直流他励モータ

の回転速度制御が可能となる。

回転速度の制御は、停止状態から最高回転速度まで行うことができ、直流他励モータの**界磁制御法**を併用すれば、回転速度の微調整も可能となる。制動時に直流他励モータを発電運転すれば、**回生制動法**が使える。ただし、発電機と駆動用モータの**慣性モーメント**が大きくないと、直流他励モータの負荷変動の影響を受ける。そのため、小形モータでは採用できない。

◆イルグナ方式

イルグナ方式は、ワードレオナード方式の弱点である直流他励モータの負荷変動の影響を小さくしたものだ。基本的な構成装置や回路はワードレオナード方式と同じだが、発電機と駆動用モータの慣性モーメントを大きくするために、直流他励発電機に**フライホイール**が備えられる。

これにより、直流他励モータに負荷の変動があっても、駆動用モータへの入力の変動を小さくすることができ、大きなピークのある負荷や、脈動のある負荷に対応することが可能となる。

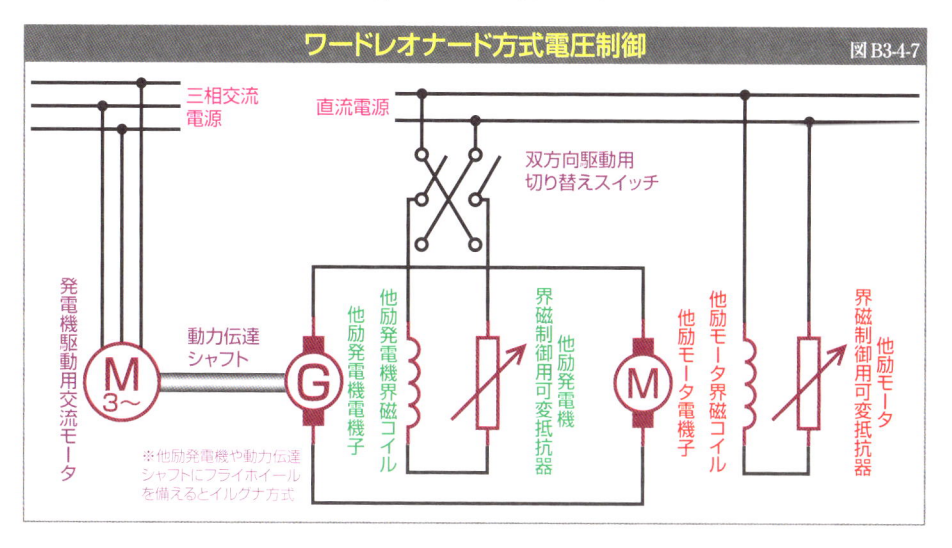

ワードレオナード方式電圧制御 図B3-4-7

▶ワードレオナード制御方式＝Ward-Leonard control system、イルグナ＝Ilgner control system

117

第3章 巻線形直流整流子モータ
双方向駆動と制動

巻線形直流整流子モータは、電源の極性を逆にしても逆回転しないため、回路に工夫が必要になる。また、発電機としても機能するため、回路の工夫で電気的制動が可能だ。

双方向駆動

巻線形直流整流子モータのうち**直流自励モータ**は電源の極性を逆にしても、**電機子電流**と**界磁電流**が同時に逆転するため、それまでと同じ方向に回転を続ける。逆方向に回転させるためには、電機子回路の接続を逆にするか、界磁回路の接続を逆にして、どちらかの電流だけを逆転させる必要がある。一般的には電機子回路の接続を逆に接続する方法が使われる。

ただし、モータの運転中に電機子回路の接続を逆にすると、始動時同様に一瞬、大きな**始動電流**が流れる。そのため、制動してモータを停止させたうえで、接続を切り替え、**始動**と同じ手順を踏む必要がある。

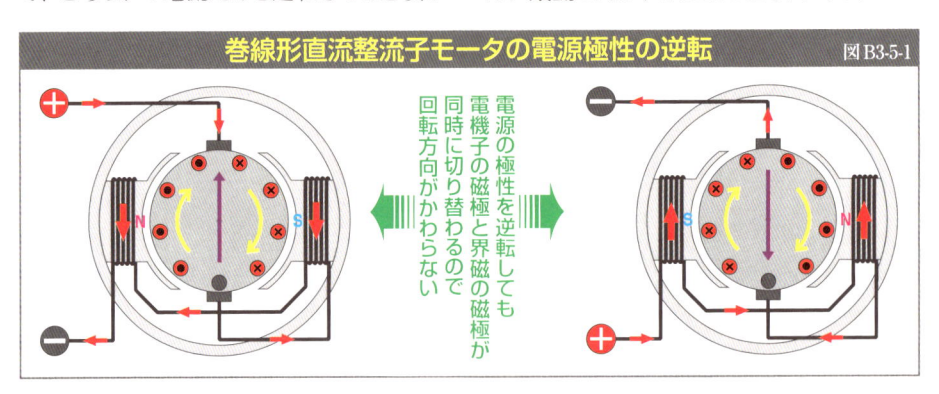

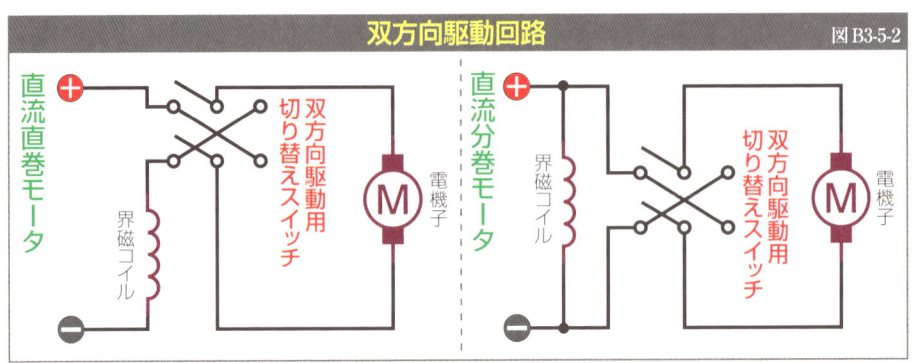

図B3-5-1　巻線形直流整流子モータの電源極性の逆転

電源の極性を逆にしても電機子の磁極と界磁の磁極が同時に切り替わるので回転方向がかわらない

図B3-5-2　双方向駆動回路

直流直巻モータ／双方向駆動用切り替えスイッチ／界磁コイル／電機子

直流分巻モータ／界磁コイル／双方向駆動用切り替えスイッチ／電機子

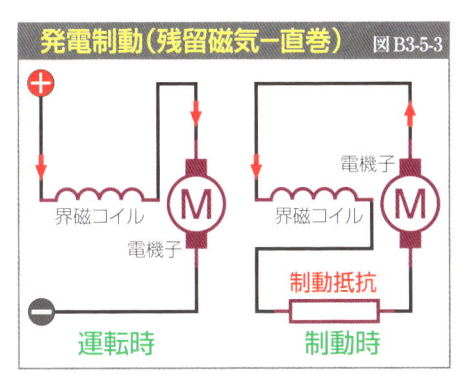

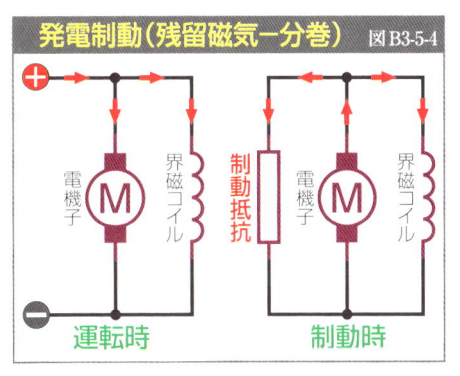

電気的制動

巻線形直流整流子モータの電気的制動には、**発電制動法（抵抗制動法）**、**回生制動法**、**逆相制動法**がある。発電制動と回生制動は、どちらもモータを発電機として作動させる方法で、発電を行うための負荷によって回転速度が落ちる。

発電制動法の場合は、発電された電力を**抵抗器**で熱エネルギーに変換する。ただし、巻線形整流子モータを発電機として作動させるためには、界磁を行う必要がある。**直流直巻モータ**以外では、界磁回路を独立させやすいが、直巻モータではどうしても回路が複雑になる。

電源による界磁を行わず、固定子の**残留磁気**だけでも、多少は発電制動を行うことができるが、その場合でも、界磁コイルを流れる電流の方向を運転中と同じ方向にする必要があるため、直巻モータでは回路が複雑になりやすい。

回生制動法の場合は、発電された電力を電源側に戻す。**電源電圧**より発電電圧が高くないと回生できないうえ、逆流を防ぐ必要もあるため、回路は複雑になる。

逆相制動法は、モータを逆回転させる場合と同じように電機子回路か界磁回路の接続を逆にする。回転子を逆転させようとするトルクが、それまでの回転を打ち消すことで制動を行う。その際には、**制動電流**という大電流が電機子回路を流れるため、抵抗器を直列に接続して電流の制限を行う必要がある。

図B3-5-3 発電制動（残留磁気－直巻）

図B3-5-4 発電制動（残留磁気－分巻）

図B3-5-5 逆相制動法（複巻）

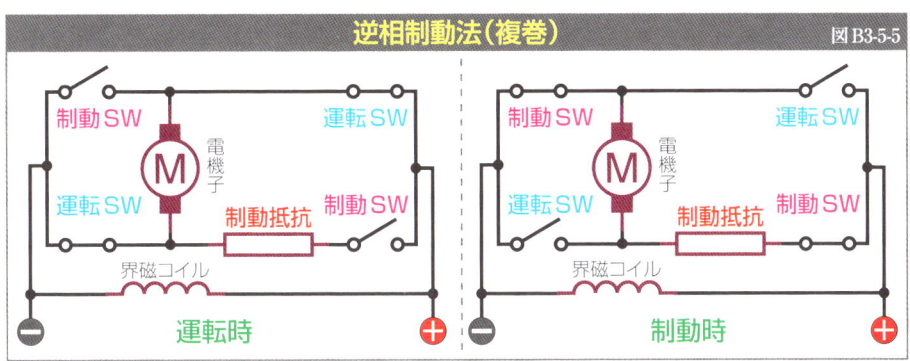

第4章 永久磁石形直流整流子モータ
特性

運転中に調整が可能なのは電源電圧だけだが、永久磁石形直流整流子モータは、さまざまな特性が直線を描くため、非常に制御しやすい。

■制御しやすい特性のモータ

永久磁石形直流整流子モータも直流整流子モータの一種であるので、**トルクは電機子電流**と**界磁**の**磁束密度**に比例し、**回転速度**は**電源電圧**にほぼ比例し、界磁の磁束密度に反比例する。しかし、永久磁石形の場合、界磁の磁束密度は常に一定である。そのため、永久磁石形直流整流子モータのトルクは電機子電流に比例し、回転速度は電源電圧にほぼ比例する。当然のごとく、**負荷電流**と**電機子電流**は等しい。

電源電圧が一定であれば、トルクと回転速度が反比例し、トルクと負荷電流が比例することになる。巻線形の直流分巻モータの特性に準じたものなので、永久磁石形直流整流子モータは一般的に**分巻特性**と表現されることが多い。

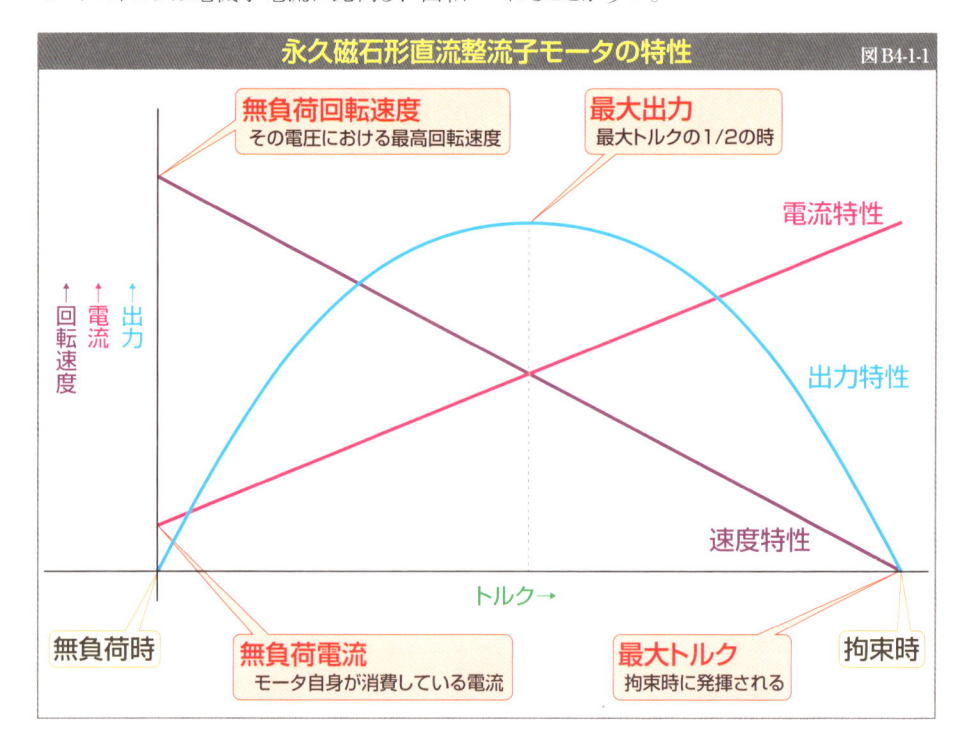

図B4-1-1 永久磁石形直流整流子モータの特性

- **無負荷回転速度**：その電圧における最高回転速度
- **最大出力**：最大トルクの1/2の時
- **電流特性**
- **出力特性**
- **速度特性**
- **無負荷時**
- **無負荷電流**：モータ自身が消費している電流
- **最大トルク**：拘束時に発揮される
- **拘束時**

縦軸：回転速度↑、電流↑、出力↑
横軸：トルク→

モータを無負荷で運転している時はトルクがほぼ0の状態であり、負荷電流がもっとも小さくなる。モータの出力としてのトルクは0だが、この状態でもトルクは発生している。そのトルクは回転子そのものを回転させることに使われている。この時の回転速度を**無負荷回転速度**（**無負荷回転数**）といい、電流を**無負荷電流**という。

いっぽう、モータの回転軸を拘束している時が**最大トルク**になる。トルクを発生しているのに回転していない状態というのはイメージしにくいかもしれないが、負荷（拘束するための力）とトルクがつり合っているわけだ。この最大トルクの時に負荷電流がもっとも大きくなる。こうした拘束状態が続くと、定格電流を超えた大きな電流が流れることになるため、モータを損傷することがある。取り扱い上で注意すべき点となる。

このように、永久磁石形直流整流子モータは、トルク－電流、トルク－回転数、回転数－電圧などの特性がすべて直線を描くため、制御しやすいモータとなる。出力はトルクと回転速度の積なので、最大トルクの1/2付近が**最大出力**になる。

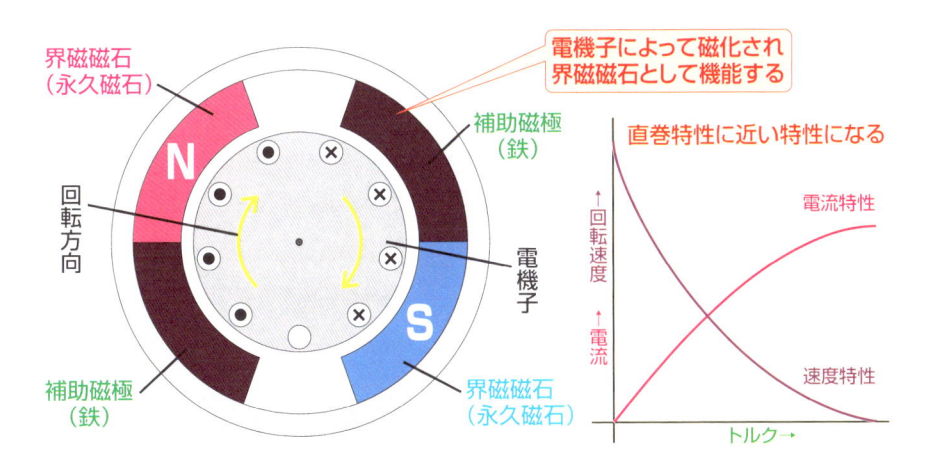

補助磁極付永久磁石形直流整流子モータ

分巻特性である永久磁石形直流整流子モータは制御しやすいが、直巻特性のように低速回転時のトルクが大きいほうが都合のよいこともある。こうした要求を、永久磁石形で満たしたものが**補助磁極付永久磁石形直流整流子モータ**だ。

補助磁極付永久磁石形直流整流子モータでは、界磁磁石を小さくし、代わりに補助磁極として鉄を配置している。補助磁極には、電機子電流によって誘導電流が流れ、その電流によって磁界が発生する。これにより、界磁の磁束は、永久磁石の磁束と、補助磁極を流れる電流に比例した磁束を合わせたものになる。結果、界磁の磁束密度の変化が、電流の2乗に比例したものに近づき、直巻特性が実現される。始動時や低速回転時のトルクが大きくなるが、一定方向にしか回転させることができない。こうした技術は**ブラシレスモータ**（P132参照）でも活用されている。

第4章 永久磁石形直流整流子モータ制御

永久磁石形整流子モータの各種制御は、巻線形直流整流子モータに準じたものになるが、永久磁石形では界磁を調整することができないため、シンプルな内容になる。

各種制御法

◆**始動**

永久磁石形直流整流子モータの場合も、**逆起電力**が発生していない**始動**時には、**電源電圧**がそのまま**電機子**にかかり、**始動電流**が流れる。しかし、永久磁石形は小形のものが多く、電源電圧も高くないため、始動時の大電流が問題になることはほとんどない。そのため、**直入れ始動法**で始動されるのが一般的だ。もちろん、回転速度制御のために電源電圧を調整する機構を備えているのであれば、電圧0から高めていったほうが安全だ。モータの寿命を延ばすことにもなる。

◆**回転速度制御**

界磁の**磁束密度**が一定である永久磁石形の場合、**回転速度制御**は電源電圧でしか行えない。もっとも簡単な方法が**抵抗制御法**であり、**可変抵抗器**によって回転速度制御が行える。この場合、抵抗が負担する電力は損失になる。その点、**チョッパ制御**（P212参照）などの**半導体制御**で電圧を調整すれば、損失を抑えることができる。

◆**双方向駆動**

巻線形直流整流子モータの場合、電源の極性を逆にしても、電機子と界磁の極性が同時に逆になるため、同方向に回転を続けてしまうが、永久磁石形の場合は、界磁の極性が一定であるため、電源の極性を逆にすれば、逆回転させることができる。

機械的なスイッチであれば、2回路を切り替えられるスイッチ2個か、4個のON/OFFスイッチの**ブリッジ**で双方向駆動回路を構成できる。4個のスイッチでブリッジを構成した回路は、**フルブリッジ**という。また、回路図がH字形になるので、**Hスイッチ**やHブ

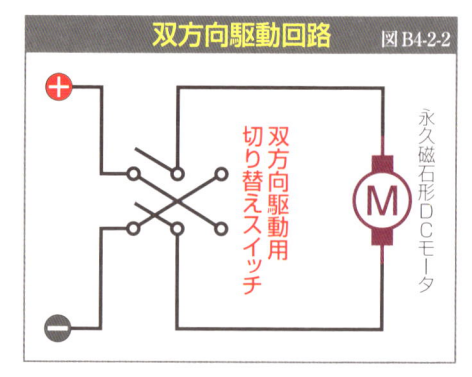

回転速度制御（抵抗制御） 図B4-2-1

速度調整用可変抵抗器／永久磁石形DCモータ

双方向駆動回路 図B4-2-2

双方向駆動用切り替えスイッチ／永久磁石形DCモータ

発電制動 　図B4-2-3

制動抵抗／永久磁石形DCモータ

スイッチを切り替えると発電電流が制動抵抗を流れる

回生制動 　図B4-2-4

回生用ダイオード／永久磁石形DCモータ

スイッチをOFFにすると発電電流が電源に向かって流れる

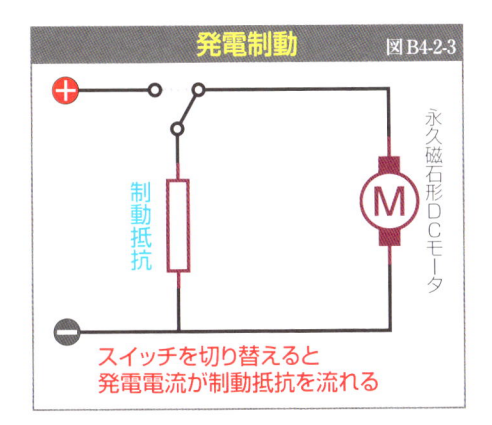

リッジともいう。こうしたブリッジ回路は半導体制御（P213参照）でも活用される。

◆**電気的制動**

　永久磁石形の**電気的制動**には、**発電制動法**（**抵抗制動法**）と**回生制動法**がある。永久磁石形の場合、モータがどのような状態でも界磁が行われているため、巻線形のようにモータを発電機として機能させるために特別な工夫は必要ない。発電された電力を**抵抗器**に導けば発電制動が行われ、電源側に戻せば回生制動となる。

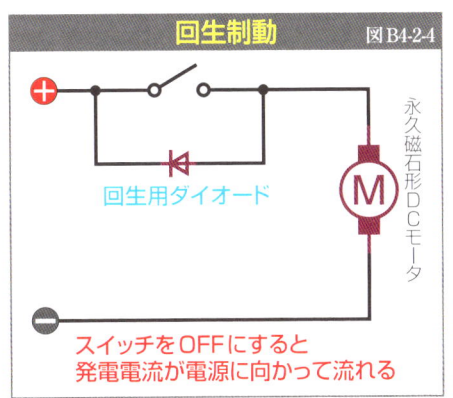

　発電制動法の場合、発電される電力が大きければ、抵抗器で電力を消費させる必要があるが、出力が小さなモータの場合、モータを短絡させることでも発電制動が行える。Hブリッジによる双方向駆動回路なら、短絡による発電制動が可能となる。

　回生制動法の場合、制動時に電源の電力がモータに供給されないようにする必要がある。一定方向にしか電流が流れないようにするために、回生用の**ダイオード**などのバイパス回路が設けられる。

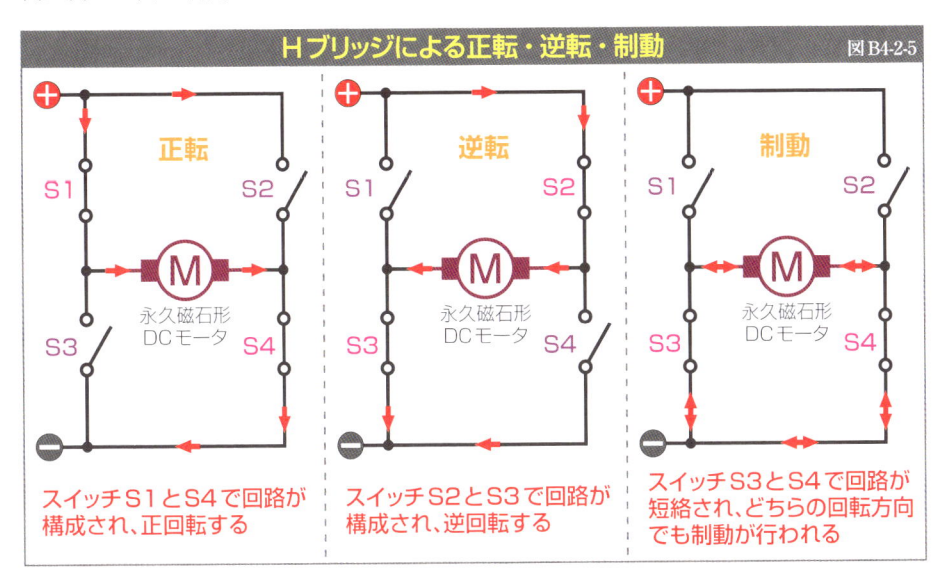

Hブリッジによる正転・逆転・制動　図B4-2-5

正転：S1、S2、S3、S4／永久磁石形DCモータ

スイッチS1とS4で回路が構成され、正回転する

逆転：S1、S2、S3、S4／永久磁石形DCモータ

スイッチS2とS3で回路が構成され、逆回転する

制動：S1、S2、S3、S4／永久磁石形DCモータ

スイッチS3とS4で回路が短絡され、どちらの回転方向でも制動が行われる

第5章 その他の直流整流子モータ
スロットレスモータ

直流整流子モータのトルク変動とコギングによる回転ムラを最小限にしたものがスロットレスモータだ。電機子鉄心のスロットをなくしている。

■電機子鉄心にスロットがない直流整流子モータ

　スロットレスモータは、その名の通り**電機子**の**鉄心**に**スロット**がない。一般的な**直流整流子モータ**では**電機子鉄心**にスロットを設け、そこに**電機子コイル**の**巻線**を収めている。この**スロット数**、つまりコイル数を増やすことで、一般的な直流整流子モータは**トルク変動**を抑えているが、スロットをなくすことでもトルク変動を抑えることが可能となる。

　スロットレスモータの電機子鉄心は円柱形で、その外周に隙間なく電機子コイルの巻線が巻いてある。そのままでは巻線が動きやすいため、樹脂などで固定する。**鉄心**の表面にスロットがなく平滑であるため、スロットレスモータは**平滑鉄心モータ**ともいう。

　このように巻線を配することで、電磁力の発生する位置が電機子の全周に広く分布するため、**トルクリップル**が小さくなる。また、鉄心の断面形状が円形になるため、**コギングトルク**も小さくなるため、双方の効果でトルク変動が抑えられる。

　電機子鉄心の外周に配されたコイル辺数の半数の整流子片数にすれば、個々のコイル辺が独立して**転流**するので、理想的なスロットレスモータになる。しかし、これでは整流子片が非常に小さくなる。そのため、通常は何本かのコイル辺でグループを構成し、そのグループごとに整流子片が備えられる。つまり、数ターンのコイルの各コイル辺をばらして、鉄心の外周に隙間なく並べているわけだ。こうした場合、コイル辺ごとに転流するわけではないが、スロットにコイル辺を収めた状態に比べると、トルクリップルが小さくなる。

　コイル辺が回転軸に平行なもののほか、**斜溝**と同じように斜めに巻いた**スキュー**もある。コイル辺を2層にし、それぞれを逆方向に傾けてたすき掛けにした電機子もある。

　原理上は巻線形のスロットレスモータも可能だが、永久磁石形で小形のものがほとん

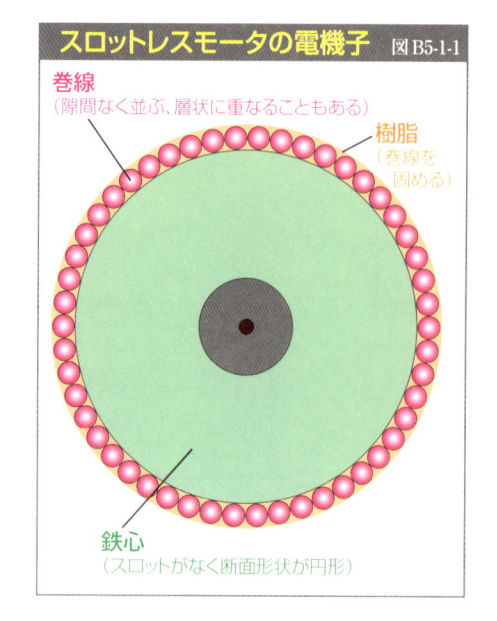

図B5-1-1　スロットレスモータの電機子

- 巻線（隙間なく並ぶ、層状に重なることもある）
- 樹脂（巻線を固める）
- 鉄心（スロットがなく断面形状が円形）

スロットの有無による回転ムラの違い　図B5-1-2

- 電磁力がスロットに集中し、トルク変動を引き起こす
- コイル辺集合
- 電磁力が全周囲に分散し、トルク変動が抑えられる
- コイル辺1本
- スロットありモータ
- スロットレスモータ
- スロットによる鉄心の欠損でコギングトルクが発生する
- 鉄心の断面形状が円形なのでコギングトルクが発生しない

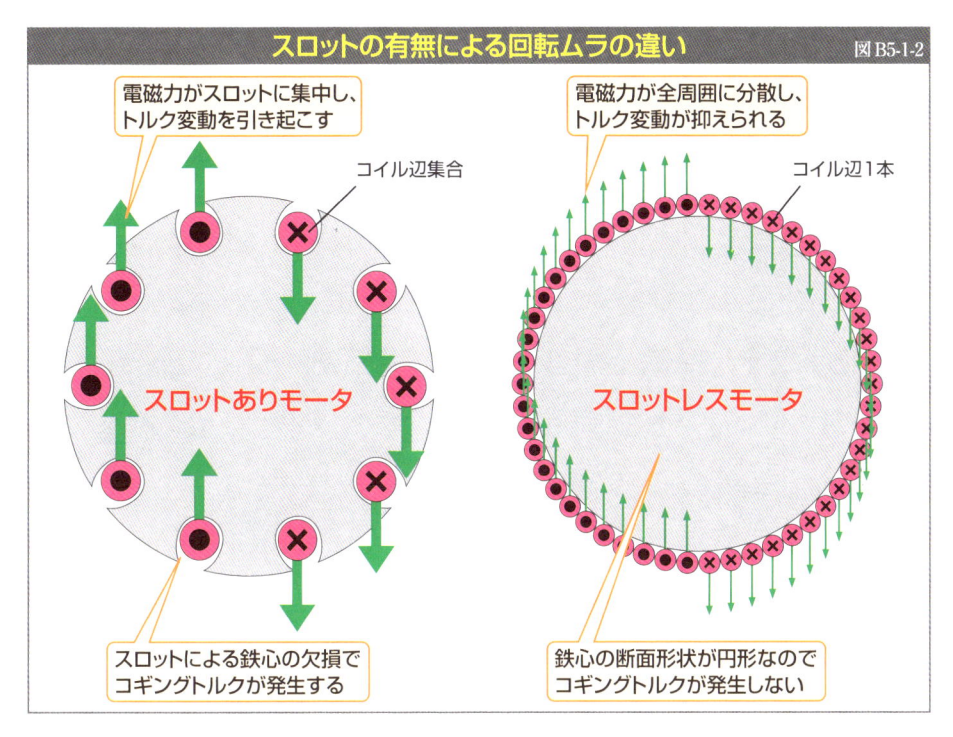

どだ。スロットレスモータはトルク変動が抑えられスムーズに回転するモータだが、鉄心に巻くことができる**巻線**の長さに限界がある。そのため、同程度の大きさのスロットあり鉄心を使用した直流整流子モータに比べるとトルクが小さくなる。スロット有りと同程度のトルクを発生させるためには、**界磁磁束（かいじじそく）**を強くする必要があり、強力な磁石が必要になる。

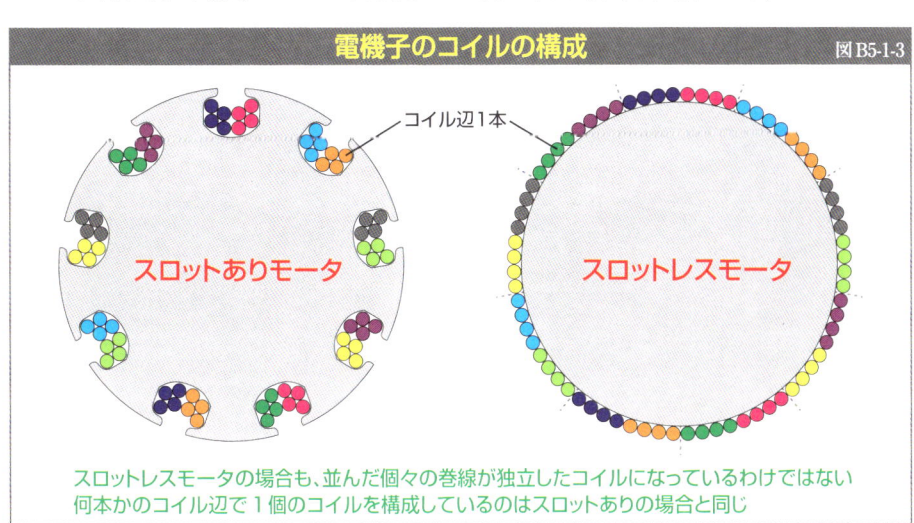

電機子のコイルの構成　図B5-1-3

- コイル辺1本
- スロットありモータ
- スロットレスモータ

スロットレスモータの場合も、並んだ個々の巻線が独立したコイルになっているわけではない
何本かのコイル辺で1個のコイルを構成しているのはスロットありの場合と同じ

第5章 その他の直流整流子モータ
コアレスモータ

コアレスモータはスロットレスモータの発展形といえるもので、鉄心をなくすことで応答性が高まるほかさまざまなメリットがあるが、当然のごとくデメリットもある。

■電機子コイルに鉄心のない直流整流子モータ

　直流整流子モータの回転子の**慣性モーメント**を最小限にしたものが**コアレスモータ**だ。一般的な直流整流子モータは**電機子鉄心**を使用している。**鉄心**があると**電機子**と**界磁**の双方の**磁束密度**が高くなってモータのトルクが大きくなるが、回転子の**慣性モーメント**が大きいため、**機械時定数**が大きくなる。

　コアレスモータは、その名の通り**電機子コイル**に鉄心(コア)を使用しない。鉄心がないことにより慣性モーメントが小さくなるので、機械時定数が小さくなり応答性が高くなる。そのため、始動、加減速、停止、逆転を繰り返す用途に適している。鉄心がないため、コアレスモータは**無鉄心モータ**や**アイアン**レスモータともいう。また、コイルだけが回転するため**ムービングコイル形モータ**ともいう。原理上は巻線形も可能だが、一般的には永久磁石形で小形のものがほとんどだ。

　コアレスモータは**スロットレスモータ**から鉄心を取り除いたものなので、分類上ではスロットレスモータに含まれる。**アウターロータ形コアレスモータ**や**アキシャルギャップ形コアレスモータ**もあるが、他の直流整流子モータ同様のインナーロータ形が基本形だ。

　インナーロータ形コアレスモータの電機子コイルはスロットレスモータ同様に樹脂やガラス繊維などで固められている。しかし、そのままではコイルが円筒で回転軸が備えら

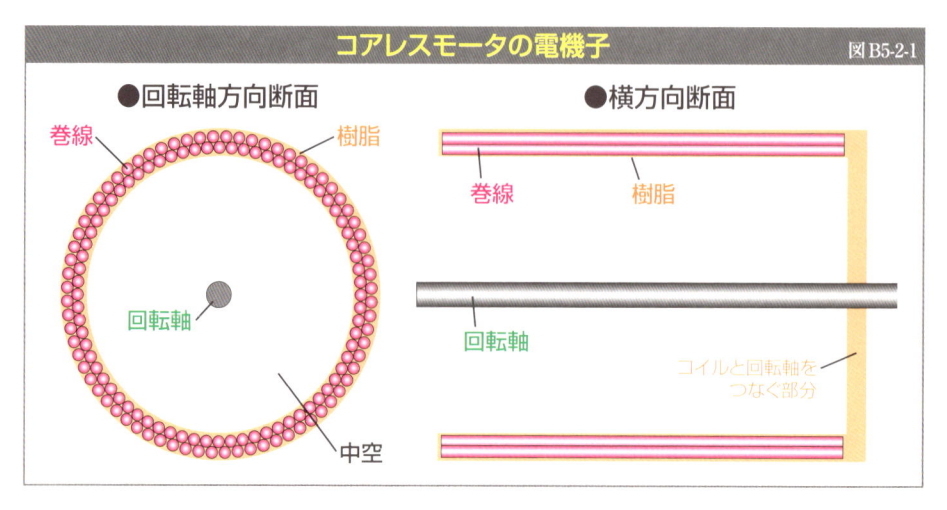

コアレスモータの電機子
図B5-2-1

●回転軸方向断面　　　　●横方向断面

巻線　樹脂　回転軸　中空　巻線　樹脂　回転軸　コイルと回転軸をつなぐ部分

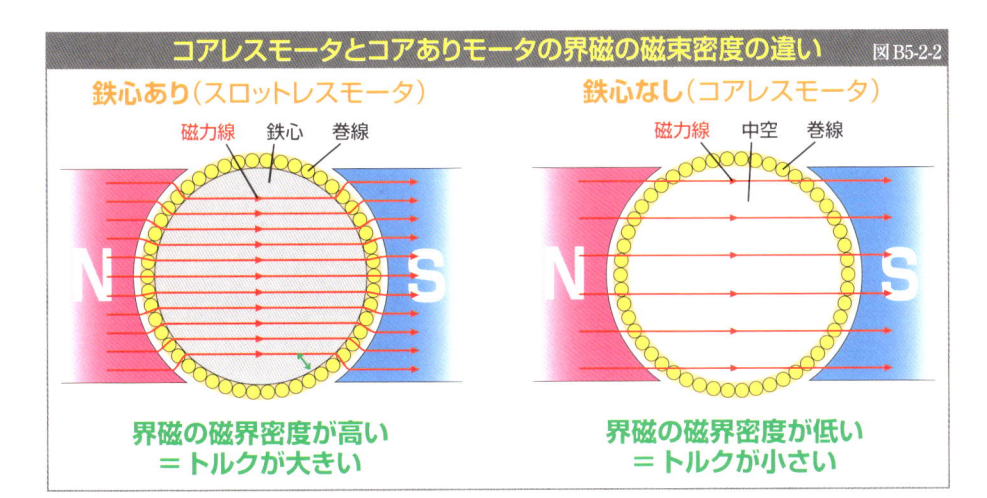

コアレスモータとコアありモータの界磁の磁束密度の違い　図B5-2-2

鉄心あり（スロットレスモータ）
磁力線　鉄心　巻線
界磁の磁界密度が高い
＝トルクが大きい

鉄心なし（コアレスモータ）
磁力線　中空　巻線
界磁の磁界密度が低い
＝トルクが小さい

れないため、円筒の一端に円板状の部分が設けられ、カップ状の形状にするのが一般的だ。コイルの巻き方や整流子との接続もスロットレスモータと同じだ。

◆メリット

コアレスモータのメリットは、応答性の高さばかりではない。スロットレスモータ同様に**トルク変動**が小さなモータになる。

鉄心がないことにより電機子コイルの**インダクタンス**が小さくなるので、整流子とブラシ間で火花が飛びにくくなり、**転流**の際にはスピーディに電流の方向が切り替わる。電気抵抗を抑えることができるが火花に弱い**貴金属ブラシ**の採用が可能となる。

鉄心がないことにより**鉄損**がなくなるため、コアレスモータは効率を高めることも可能だ。

小形の永久磁石形直流整流子モータの効率は高くても75～80％程度だが、コアレスモータでは95％に及ぶものもある。

アウターロータ形で小形にできることや、アキシャルギャップ形で薄形にできることもコアレスモータのメリットといえる。

◆デメリット

鉄心がないことによるデメリットもある。**電機子コイル**の磁束密度が鉄心がある場合より低下するうえ、界磁磁束が空気中を通る距離が長くなるため、界磁の磁束密度が鉄心がある場合より低下する。そのため、一般的な直流整流子モータよりトルクが小さくなるのはもちろん、鉄心のあるスロットレスモータよりもトルクが小さくなる。トルクを大きくするためには強力な磁石が必要になる。

スロットレスとコアレス

コアレスモータはスロットレスモータの一種だ。コアレスモータは鉄心なしスロットレスモータといえるものであり、前節で説明したスロットレスモータは、鉄心ありスロットレスモータといえる。鉄心ありスロットレスモータは、トルク変動の低減を求めたモータだが、スロットのある一般的な直流整流子モータでもさまざまな工夫によってトルク変動を低減することができるため、製造に手間のかかる鉄心ありスロットレスモータが採用されることは非常に少ない。そのため、単にスロットレスモータといった場合には、鉄心なしスロットレスモータ、つまりコアレスモータを指すことも多い。

ラジアルギャップ形コアレスモータ

　インナーロータ形コアレスモータの場合、電機子内の空間に存在するのは回転軸だけなので、無駄な空間といえる。この空間に**界磁磁石**を備えれば、無駄な空間がなくなり、モータを小形化することが可能になる。こうした構造のものを**アウターロータ形コアレスモータ**という。

　インナーロータ形コアレスモータは**内転形コアレスモータ**や**外部磁石形コアレスモータ**ともいい、アウターロータ形コアレスモータは**外転形コアレスモータ**や**内部磁石形コアレスモータ**ともいう。インナーロータ形とアウターロータ形はともに**ラジアルギャップ形コアレスモータ**であり、径方向空隙形コア

回転軸 / 電機子コイル

↑コアレスモータの電機子。内部が中空なのがわかる。巻線は中間地点で逆方向にスキューしてある。

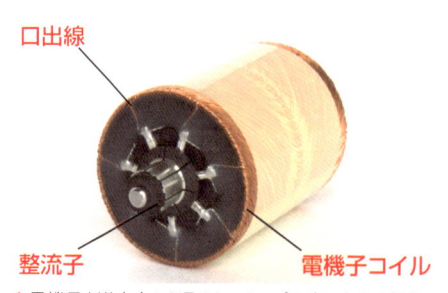

口出線

整流子 / 電機子コイル

↑電機子を逆方向から見ると、カップの底にあたる部分に口出線が見える。コイルは7個で整流子片も7個ある。

永久磁石 / モータケース

↑アウターロータ形コアレスモータの固定子。モータケースと永久磁石の隙間に電機子コイルが収められる。上記写真はいずれも〔キヤノンプレシジョン・コアレスモータ〕

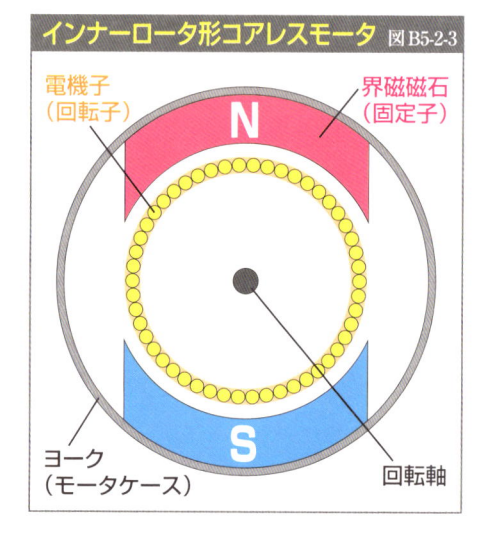

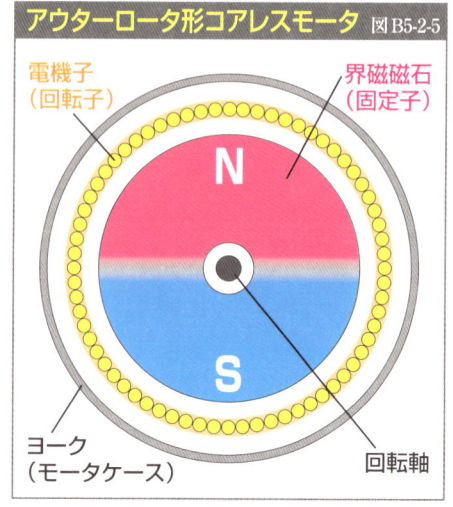

インナーロータ形コアレスモータ 図B5-2-3

電機子（回転子） / 界磁磁石（固定子） / ヨーク（モータケース） / 回転軸

アウターロータ形コアレスモータ 図B5-2-5

電機子（回転子） / 界磁磁石（固定子） / ヨーク（モータケース） / 回転軸

レスモータともいう。回転子の形状から**カップ形コアレスモータ**ともいう。

ラジアルギャップ形の**電機子コイル**は、斜めに巻いた**斜溝**（スキュー）もある。**コイル辺**を2層にし、それぞれを逆方向に傾けてたすき掛けにした電機子もある。また、巻きつける前の形状が菱形の巻線を使用することで、1本のコイル辺が途中で逆方向にスキューする電機子コイルもある。

菱形巻線 図B5-2-7

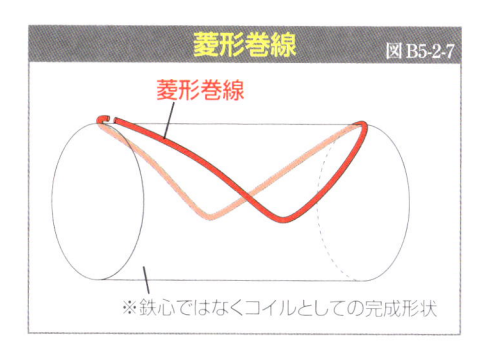

菱形巻線

※鉄心ではなくコイルとしての完成形状

インナーロータ形コアレスモータ 図B5-2-4

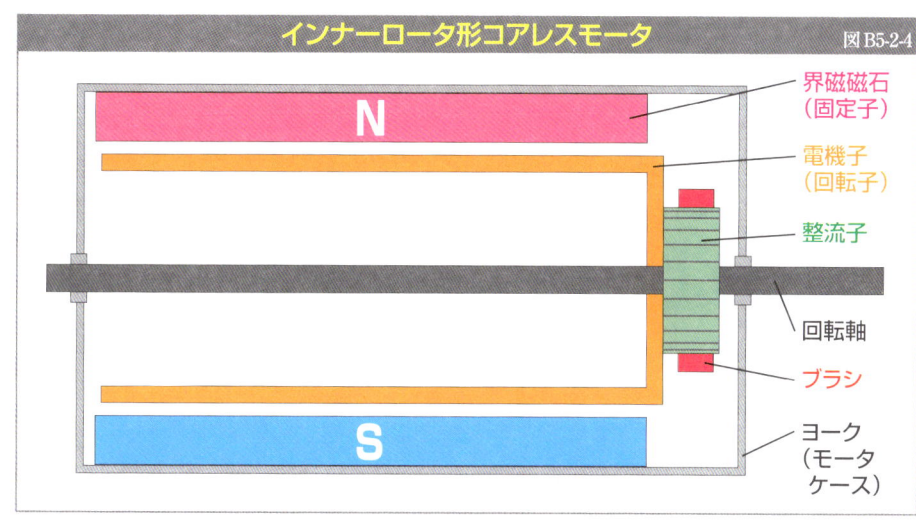

- N
- S
- 界磁磁石（固定子）
- 電機子（回転子）
- 整流子
- 回転軸
- ブラシ
- ヨーク（モータケース）

アウターロータ形コアレスモータ 図B5-2-6

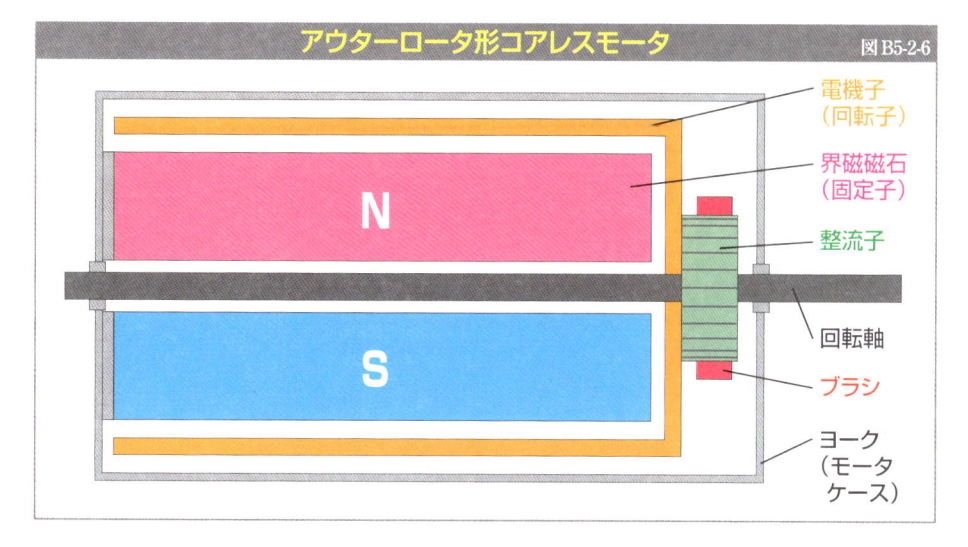

- N
- S
- 電機子（回転子）
- 界磁磁石（固定子）
- 整流子
- 回転軸
- ブラシ
- ヨーク（モータケース）

アキシャルギャップ形コアレスモータ

　コアレスモータは、ラジアルギャップ形だけでなく、アキシャルギャップ形のモータも構成することができ、薄形化が可能となる。**アキシャルギャップ形コアレスモータ**は、**軸方向空隙形コアレスモータ**ともいう。また、その形状から**ディスク形コアレスモータ**や**シート形コアレスモータ**、**パンケーキ形コアレスモータ**もいう。さらに、**フラット形コアレスモータ**ということもあるが、フラット形のなかにはアキシャルギャップ形ではなくアウターロータ形を薄くしたものもある。

　アキシャルギャップ形コアレスモータは、**固定子**と**電機子**がともに円板状で、向かい合うように配置される。固定子は、電機子と向かい合う側がN極になる**永久磁石**とS極になる永久磁石が交互に並べられる。通常、これらの**界磁磁石**は鉄製の円板に固定される。円板は**ヨーク**として機能するため、**バックヨーク**という。バックヨークによって**磁気回路**が構成されて、磁石から磁石への磁力線で界磁が行われる。大きなトルクが求められる場合には、電機子の両面に固定子を配することもある。

　電機子には、カップ形と同じようにコイルを樹脂で固めたものや、薄く作ったコイルを円板上に配置したもののほか、通常の**巻線**を使用しない**電機子コイル**もある。

　巻線を使用しない場合、銅板などの導体を**フォトエッチング**や型抜き加工することで細い薄板状にし、**コイル辺**として利用する。コイルを加工する際には、**整流子片**まで同時に加工されることが多く、整流子片とコイルの接続の手間を省くことができる。

　こうした方法であれば電機子コイルを薄くすることが可能なうえ、複雑なコイルでも高精度で大量生産が可能だ。こうしたモータのうち、フォトエッチングで加工された電機子を採用したモータは、**プリント形コアレスモータ**ともいう。

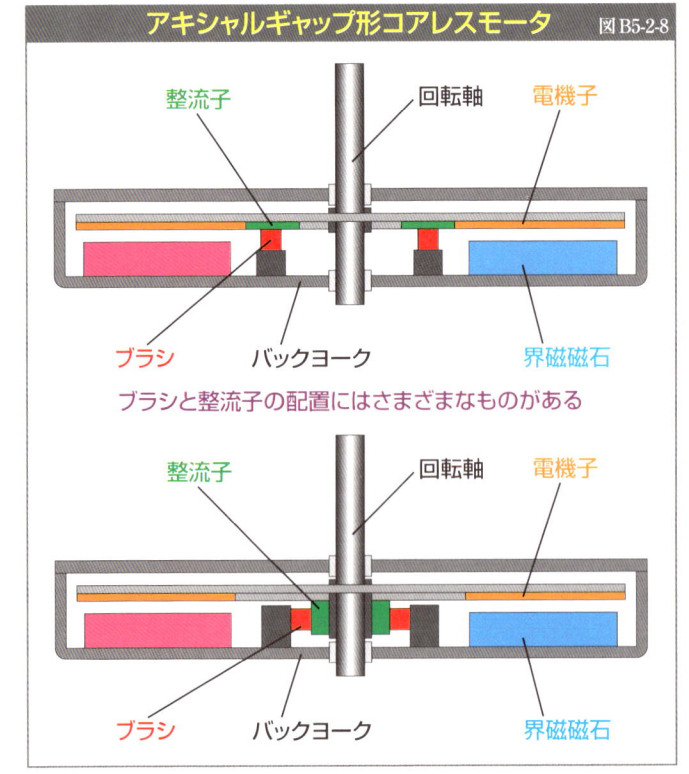

図B5-2-8　アキシャルギャップ形コアレスモータ

整流子／回転軸／電機子／ブラシ／バックヨーク／界磁磁石

ブラシと整流子の配置にはさまざまなものがある

整流子／回転軸／電機子／ブラシ／バックヨーク／界磁磁石

アキシャルギャップ形コアレスモータの構造 図B5-2-9

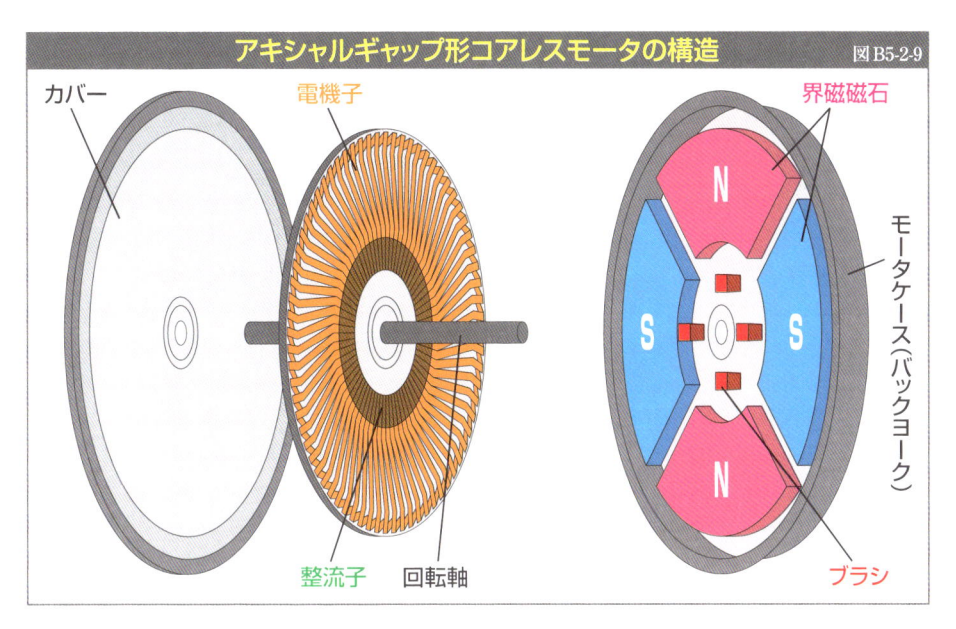

カバー / 電機子 / 整流子 / 回転軸 / 界磁磁石 / モータケース（バックヨーク） / ブラシ

ただし、こうした構造のモータの場合、1枚のコイルで得られる**有効導体長**はさほど大きくすることができないため、高電圧で小電流のモータとすることは難しい。しかし、導体の幅を広くとることで大電流のモータにすることは可能だ。

また、1枚のコイルではトルクが小さい場合は、複数枚を重ねることもある。例えば2枚を重ねるのであれば、外周部で表裏のコイルを接続する。

アキシャルギャップ形の電機子 図B5-2-10

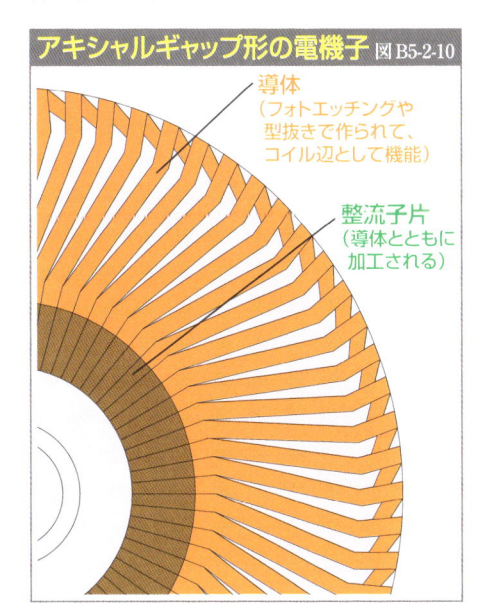

導体（フォトエッチングや型抜きで作られて、コイル辺として機能）
整流子片（導体とともに加工される）

アキシャルギャップ形の界磁 図B5-2-11

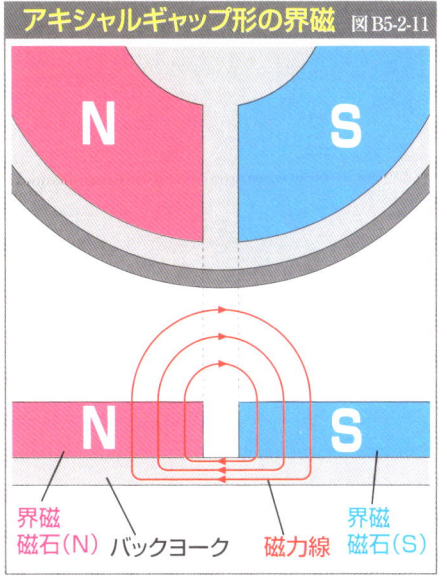

界磁磁石(N) / バックヨーク / 磁力線 / 界磁磁石(S)

第6章 ブラシレスモータ
回転原理

ブラシレスモータは永久磁石形直流整流子モータの弱点を解消するために開発されたモータだが、永久磁石形同期モータから派生したモータと考えることもできる。

電子的に転流を行う永久磁石形直流モータ

永久磁石形直流整流子モータは、効率が高く、始動から低速時にトルクが大きく、制御しやすい特性があるが、**整流子とブラシ**に大きな弱点がある。この弱点を解消したモータが**ブラシレスモータ**だ。

整流子形モータでは整流子とブラシで転流させながら**電機子コイル**に電流を流している。整流子とブラシは機械的なスイッチといえるが、このスイッチを電子的なスイッチに置き換えたものがブラシレスモータだ。ブラシレスモータの転流を行う電子回路を**駆動回路**や駆動装置という。

ただ、回転子に電機子があったのでは、コイルに電流を流すためにスリップリングやブラシが必要になる。これでは、ブラシレスにならない。そこで、ブラシレスモータでは固定子を電機子にし、回転子で**界磁**を行う。

ブラシレスモータは英語を略して、**BLモータ**ともいう。電子的に整流を行っているため、**電子整流モータ**ともいい、英語の頭文字から**ECモータ(ECM)**ともいう。詳しくは後で説明するが、回転子の回転位置の検出に**ホール素子**(P241参照)が使われることが多いため**ホールモータ**ということもある。

磁気の吸引力と反発力によるトルク

ブラシレスモータにはインナーロータ形やアウターロータ形など各種構造のものがあるが、永久磁石形直流整流子モータと比較しやすいのが、**アウターロータ形ブラシレスモータ**だ。整流子モータの回転子を固定し、**永久磁石**を備えた**モータケース**が回転できるようにしたものといえる。

例えば、3スロットの永久磁石形直流整流子モータをアウターロータ形のブラシレスモータに置き換えると図(B6-1-1)のような構造になる。双方で固定子と回転子の関係が逆になる。整流子形モータでは**電機子コイル**は回転子コイルだが、ブラシレスモータでは電機子コイルが**固定子コイル**だ。

ブラシレスモータの3個の固定子コイルに6個のスイッチで構成された**駆動回路**から、順に電流を流していくと、2個のコイルにN極とS極が現れ、磁気の**吸引力**と**反発力**がトルクになって回転子が回転する。回転子が60度回転するごとに、励磁するコイルを切り替えていけば、連続して回転させることができる。個々のスイッチごとに見ると、通電しているのは120度になるので、こうした駆動方法を**120度通電**という。また、3個の固定子コイルが独立して順に**磁極**を作っていくブラシレスモータを**3相ブラシレスモータ**という。

▶ブラシレスモータ＝brushless motor、ECモータ＝electronically commutated motor、ホールモータ＝hall motor

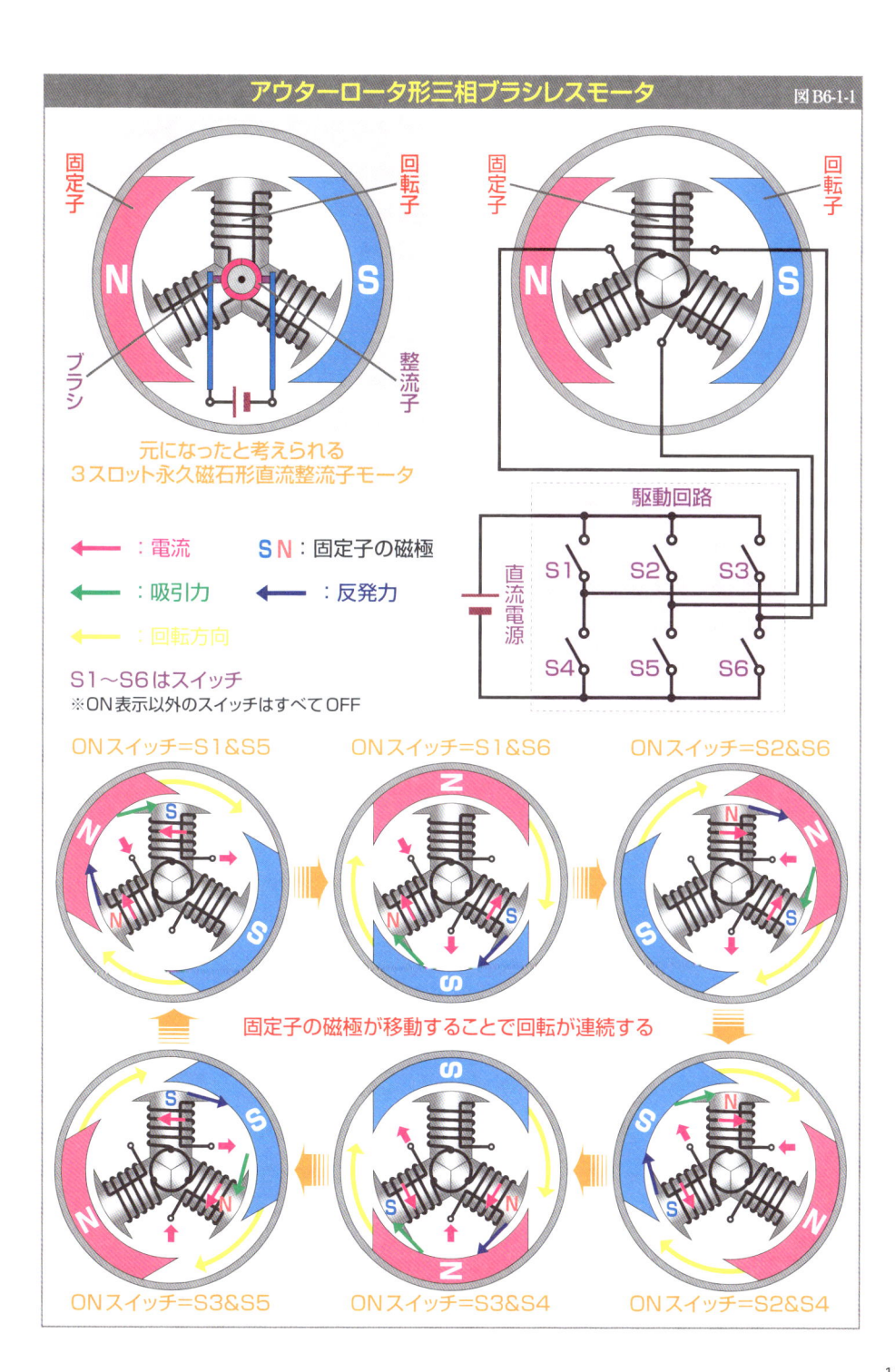

アウターロータ形三相ブラシレスモータ

図B6-1-1

元になったと考えられる
3スロット永久磁石形直流整流子モータ

- ←（赤）：電流
- ←（緑）：吸引力
- ←（青）：反発力
- ←（黄）：回転方向

S N：固定子の磁極

S1～S6はスイッチ
※ON表示以外のスイッチはすべてOFF

駆動回路 / 直流電源

S1	S2	S3
S4	S5	S6

ONスイッチ=S1&S5　　ONスイッチ=S1&S6　　ONスイッチ=S2&S6

固定子の磁極が移動することで回転が連続する

ONスイッチ=S3&S5　　ONスイッチ=S3&S4　　ONスイッチ=S2&S4

第2部・直流で働くモータ

第6章・ブラシレスモータ／回転原理

ホール素子と駆動回路

整流子形モータの場合、機械的なスイッチである**整流子**とブラシの動作は、回転子の回転に連動している。転流すべき回転位置になると、自動的に接点が切り替わる。**ブラシレスモータ**の場合も、正しいタイミングで転流を行わないと、回転子が正常に回転できない。そのため、ブラシレスモータでは回転子の回転位置を**センサ**で検出することで、**駆動回路**による転流のタイミングと回転位置を連動させている。回転位置検出にはさまざまな方法があるが、部品点数の増加が最小限で、シンプルな構造にできるため、**ホール素子**を採用する方法が一般的だ。

前ページのような3相ブラシレスモータの場合、固定子コイルと同じように120度間隔でホール素子が配置される。ホール素子は面している回転子の磁極がN極かS極かを検出することができる。ホール素子の情報は論理回路に伝えられ、駆動回路の**スイッチング素子**に指示を出す。ホール素子の出力とスイッチングの状態をタイムチャートにしてみると、図のようになる。回転子の1回転(360度)に対して、各コイルに120度の間通電を行う**120度通電**だ。

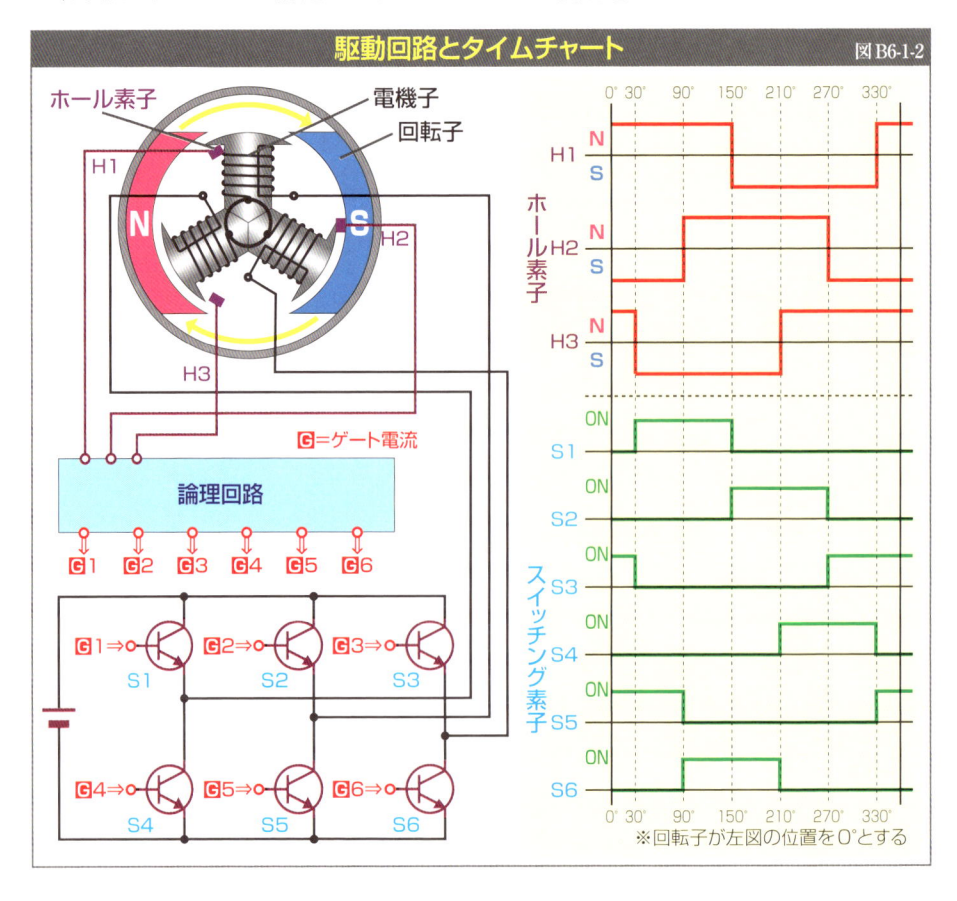

駆動回路とタイムチャート 図B6-1-2

※回転子が左図の位置を0°とする

ブラシレスモータと同期モータ

永久磁石形整流子モータを元にして**ブラシレスモータ**を見てきたが、ブラシレスモータの回転原理は**永久磁石形同期モータ**（P204参照）と基本的に同じだ。図（B6-1-3）のような三相の**インナーロータ形ブラシレスモータ**の3個の固定子コイルに三相交流を流せば、同期モータとして機能する。同期モータは電源につなぐだけでは始動できないが、**駆動回路**を使えば始動させることが可能になる。

また、ブラシレスモータの駆動方法にはさまざまなものがあるが、駆動回路から正の**パルス波**と負のパルス波をモータに送る駆動方法が基本だ。こうした**矩形波（方形波）**は、正負を繰り返すので広義では**交流**の一種といえる。これらの理由があるため、ブラシレスモータは**交流モータ**の一種とも考えられる。

しかし、そもそもブラシレスモータという呼称は、直流モータが元になったことを意味している。回転磁界を利用する交流モータはブラシのないモータだが、ブラシレスモータということはない。ブラシレスモータとは「ブラシのない」モータではなく、直流モータから「ブラシをなくした」モータを意味しているわけだ。

ところが、現在ではブラシレスモータが**サイン波駆動**されることもある。そのため、ブラシレスモータが直流と交流で区別されるようになり、**矩形波駆動**のものを**ブラシレスDCモータ（BLDCモータ）**といい、サイン波駆動のものを**ブラシレスACモータ（BLACモータ）**という。

インナーロータ形三相ブラシレスモータ　図B6-1-3

- 固定子＝電機子
- 回転子
- N
- S
- ホール素子

※同期モータの場合は始動のために、回転子にかご形導体が備えられることが多いが、ブラシレスモータでは不要

ブラシレスモータの特性と特徴

ブラシレスモータは、永久磁石形直流整流子モータをベースにしたものなので、基本的な特性は同じだ。始動から低速時にトルクが大きく、電圧で回転速度を制御できる。

整流子モータ特有のデメリットは解消されている。**電気ノイズ**がなく、**機械ノイズ**も非常に小さい。整流子形より高速回転が可能で、寿命が長い。デメリットを受け継いでいる点には、**トルク変動**がある。**トルクリップル**や**コギングトルク**によるトルク変動が発生しやすい。

ブラシレスにしたことによるデメリットは、**駆動回路の存在**だ。**半導体素子**が使われているため温度などの環境に配慮が必要になる。駆動回路とモータ本体との接続に多数の配線が必要なことも、デメリットといえる。

駆動回路の分のコストもデメリットだが、メリットの大きさと比較してコスト高が受け入れられることが多い。また、整流子形モータであっても回転速度制御を行うためには、センサや制御回路が必要になるため、そもそも大きなコスト差はないともいえる。

第6章 ブラシレスモータ
種類と特徴

ブラシレスモータには、駆動する電源による分類のほかに、コアレスモータと同じようにインナーロータ形やアウターロータ形など構造上の分類がある。

ブラシレスモータの種類

ブラシレスモータは、ラジアルギャップ形ブラシレスモータとアキシャルギャップ形ブラシレスモータに分類される。また、ラジアルギャップ形にはインナーロータ形とアウターロータ形がある。こうした分類はコアレスモータから受け継いだものといえる。

インナーロータ形ブラシレスモータ

インナーロータ形ブラシレスモータは、**内転形ブラシレスモータ**ともいい、モータケース側に**固定子コイル**があり、その内側に永久磁石の回転子を備える。

インナーロータ形は回転子の直径を小さくできるため、**慣性モーメント**が小さく制御しやすい。小形化が可能だが、そのためには強力な磁石が必要になり、コストがかかる。固定子のコイルの製造にも手間がかかる。

◆表面磁石形回転子と埋込磁石形回転子

インナーロータ形の回転子は、永久磁石の配置方法によって表面磁石形と埋込磁石形の2種類がある。

表面磁石形回転子は表面配置形回転子やSPM形回転子ともいう。磁石と固定子の距離が近いので磁力を有効活用でき、トルクが大きくなる。**トルク変動**は小さく制御性や応答性がよいが、高回転時の磁石の剥がれや飛散の可能性がある。埋込磁石形回転子は内部磁石形回転子や内部配置形回転子、IPM形回転子ともいう。高回転時の危険性がなくなるが、磁力が弱くトルクが小さい。

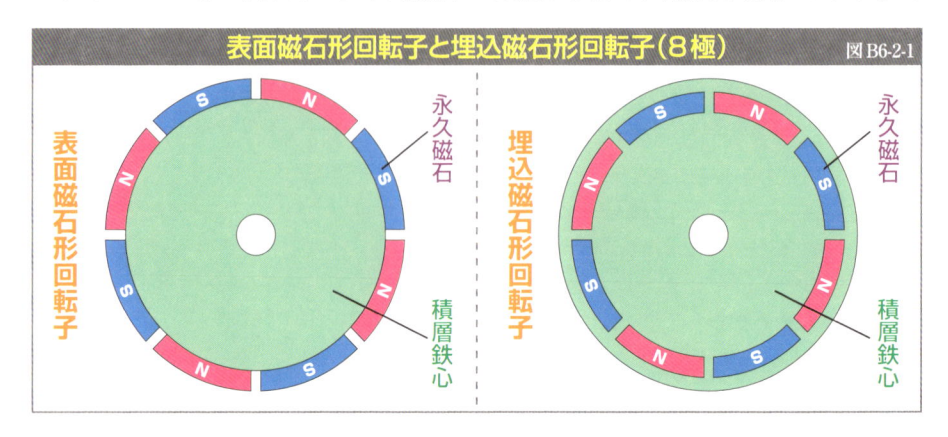

表面磁石形回転子と埋込磁石形回転子（8極） 図B6-2-1

SPM = surface permanent magnet、IPM = interior permanent magnet

アウターロータ形ブラシレスモータ

アウターロータ形ブラシレスモータは、**外転形ブラシレスモータ**ともいい、中心側に**固定子コイル**が備えられる。回転軸を備える必要があるため、回転子ヨークがカップ状にされ、その内側に**永久磁石**が備えられる。単独でモータとして成立させるためには、外側にモータケースが備えられるが、装置内に組み込まれるような場合には、モータケースは使用せず、装置の駆動すべき部分に回転軸や回転子が直接つながれることも多い。

アウターロータ形は、永久磁石が遠心力で剥がれたり破損したりする心配は少ない。回転子の**慣性モーメント**が大きくなりやすいので、頻繁に加減速を行う回転速度制御を行う用途では不利だが、一定の回転速度を維持するような用途には適している。

アキシャルギャップ形ブラシレスモータ

アキシャルギャップ形ブラシレスモータは、回転子の**永久磁石**と**固定子コイル**が、向かい合うように平面上に配置されている。その形状や製造方法から、**ディスク形ブラシレスモータ**や**シート形ブラシレスモータ**、フラット形ブラシレスモータともいう。

固定子コイルは、**鉄心**を使用しない**空心コイル**がプリント基板上に配置されることが多い。この基板上に**ホール素子**や**駆動回路**などが搭載されることも多い。通常の**巻線**を使用せず銅板などの導体を**フォトエッチング**加工で製造することもある（P15参照）。

永久磁石の**磁気回路**を構成するヨークには、固定子側に固定する**固定ヨーク**と回転軸に接続して回転子とともに回転させる**回転ヨーク**がある。固定ヨーク形は構造が簡単だが、回転子とヨークの間で磁気の**吸引力**が働く。この力が回転軸方向の力になるため、軸受などに対策が必要になる。また、永久磁石が回転することで**鉄損**が発生する。回転ヨーク形の場合、構造は複雑だが、磁気の吸引力対策は必要ない。鉄損もないため、非常に損失が小さくなる。

アキシャルギャップ形は、厚さの割に径が大きな回転子になるため、**慣性モーメント**が大きい。加減速制御の面では不利だが、一定の回転速度を維持するような用途には適している。ただし、**電機子コイル**には回転方向だけでなく、回転軸方向の力も加わるため、高回転や高出力にすることは難しい。

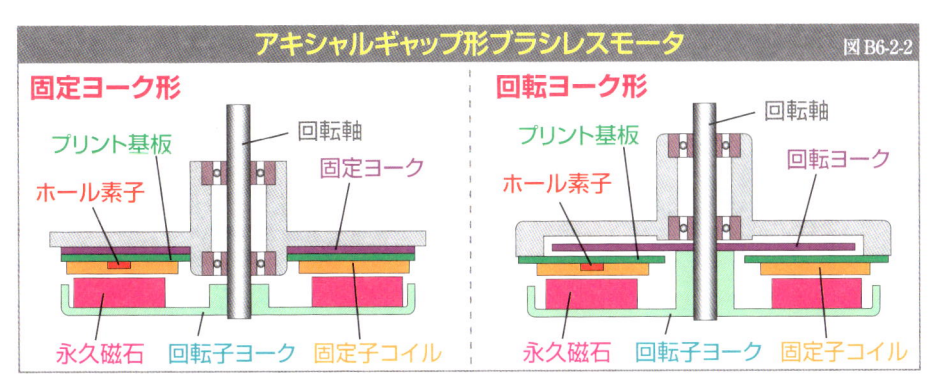

アキシャルギャップ形ブラシレスモータ 図B6-2-2

固定ヨーク形
プリント基板／ホール素子／回転軸／固定ヨーク／永久磁石／回転子ヨーク／固定子コイル

回転ヨーク形
プリント基板／ホール素子／回転軸／回転ヨーク／永久磁石／回転子ヨーク／固定子コイル

第6章 ブラシレスモータ
極数、相数と駆動方法

ブラシレスモータの基本的な能力は回転子の極数と固定子の相数やスロット数で決まる。これらの数や比率がトルク変動に大きな影響を及ぼす。

回転子の極数

ブラシレスモータの回転子は永久磁石で構成される。その**磁極**の数を、回転子の**極数**という。N極とS極が必ず対になるので、極数は偶数だ。4極、6極、8極などさまざまな回転子があり、なかには30に近い極数のものもある。極数を多くするほど**トルクリップル**を抑えることができるが、固定子の構造が複雑になり、コストもかかる。

固定子の相数とコイル数

固定子はいくつかの**固定子コイル**（電機子コイル）で構成される。固定子の**相数**とは、独立して動作する固定子コイルの数を意味する。**回転速度制御**を重視したブラシレスモータでは3相が採用されるのが一般的だ。4相のブラシレスモータが使われることもあるが、それより相数が大きなものが使われることはほとんどない。2相や単相（1相）のブラシレスモータもあるが、双方向駆動ができないうえ、トルクリップルが大きいため、回転速度制御を重視しない用途で使われる。

各相のコイルは1個とは限らない。1相が複数のコイルで構成されることもある。各相のコイルが同数でないと回転が安定しないの

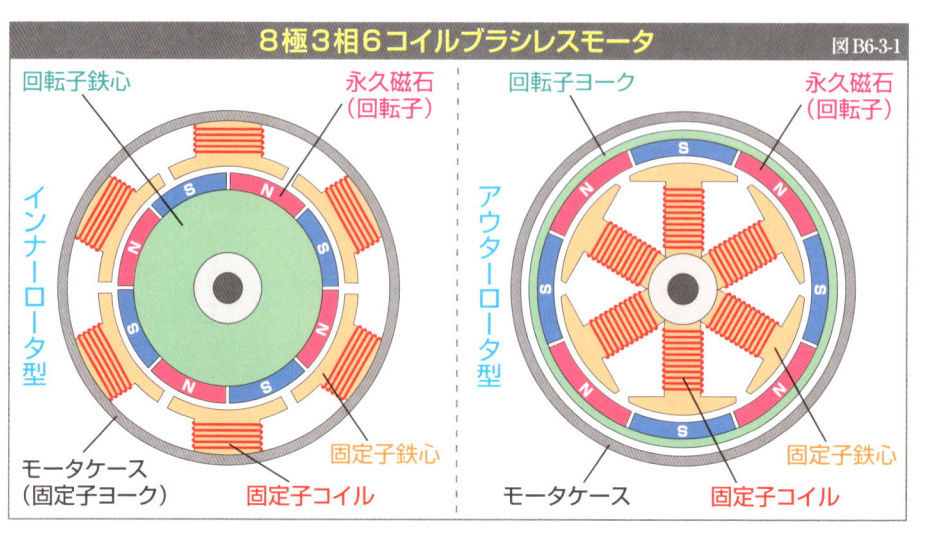

8極3相6コイルブラシレスモータ　図B6-3-1

左図（インナーロータ型）: 回転子鉄心、永久磁石（回転子）、モータケース（固定子ヨーク）、固定子コイル、固定子鉄心

右図（アウターロータ型）: 回転子ヨーク、永久磁石（回転子）、モータケース、固定子コイル、固定子鉄心

で、コイルの総数は相数の倍数になる。図のように回転子が8極で、固定子が3相6コイルの場合、各相のコイルは2個ずつだ。コイルは60度間隔に配置される。こうしたモータを8極3相6コイルまたは8極3相6スロットという。なお、表記順には特に決まりはないため、3相8極6コイルといった表記もある。

単相のブラシレスモータでは、回転子の極数と固定子のコイル数が同数にされるが、一般的な多相のブラシレスモータでは、**コギングトルク**の発生を抑えるために、極数とコイル数の比が整数にならない組み合わせが選ばれる。また、1回転の間に発生するコギングトルクの山の数は、極数とコイル数の最小公倍数になり、その数が大きいほどコギングトルクの振幅が小さくなる。

コイルの巻き方と駆動方法

ブラシレスモータの固定子コイルには、1個の**突極**に1個のコイルを巻く**モノファイラ巻**と、2個のコイルを逆方向に電流が流れるように巻く**バイファイラ巻**がある。コイルへの電流の流し方には**ユニポーラ駆動**と**バイポーラ駆動**の2種類がある。ユニポーラ駆動は**ユニポーラ励磁**や**半波通電**ともいい、コイルを流れる電流の方向が常に一定だ。バイポーラ駆動は**バイポーラ励磁**や**全波通電**ともいい、コイルに双方向で電流を流す。

モノファイラ巻をユニポーラ駆動した場合、突極を一定の極にしか励磁できない。1相のコイル群を1個の**スイッチング素子**で制御できるが、効率が悪いため、あまり採用されない。バイファイラ巻のユニポーラ駆動の場合、2個のスイッチング素子があれば、突極をN極にもS極にも励磁できるが、コイルの利用効率が悪く、モノファイラ巻に比べるとコイルの**巻数**が半分になるため、トルクが小さくなる。

モノファイラ巻のバイポーラ駆動はコイルの利用効率が高く、トルクが大きくなるが、スイッチング素子が4個必要になり、駆動回路が複雑になる。ただ、現在では**半導体素子**が安価で、駆動回路も専用ICが使われることが多いため、モノファイラ巻のバイポーラ駆動が主流になっている。

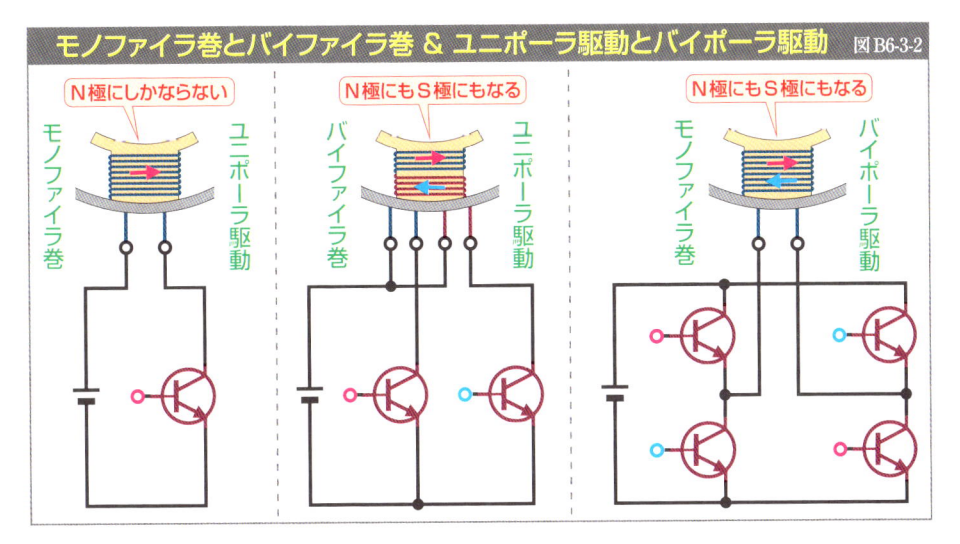

図B6-3-2 モノファイラ巻とバイファイラ巻 & ユニポーラ駆動とバイポーラ駆動

モノファイラ巻 ユニポーラ駆動：N極にしかならない
バイファイラ巻 ユニポーラ駆動：N極にもS極にもなる
モノファイラ巻 バイポーラ駆動：N極にもS極にもなる

↪ モノファイラ＝monofilar、バイファイラ＝bifilar、ユニポーラ＝unipolar、バイポーラ＝bipolar

第6章 ブラシレスモータ
駆動波形とセンサレス駆動

ブラシレスモータはセンサの情報をもとに矩形波で駆動するモータとして開発されたが、現在ではパルス波以外での駆動やセンサレスの駆動方法も使われている。

駆動波形

ブラシレスモータは、パルス波（矩形波、方形波）で駆動するモータとして誕生したが、現在ではその他の駆動波形も採用されている。矩形波で駆動する場合でも**固定子コイル**にインダクタンスがあるため、電流の立ち上がりや停止が遅れる。これにより電流の変化が多少はおだやかになるが、電流変化が振動や騒音の原因になりやすい。

矩形波駆動（方形波駆動）の問題点を改良するために、矩形波の前後に上りと下りの傾斜を加えた**台形波駆動**が採用されることがある。電流変化がゆるやかになり、振動や騒音が抑えられるが、論理回路や駆動回路が複雑になる。

さらに電流変化を滑らかにしたものが**サイン波駆動**（正弦波駆動）だ。振動や騒音が抑えられるのはもちろん、回転磁界に近くなるため**トルクリプル**も抑えられる。しかし、回転位置情報の検出精度が求められ、論理回路や駆動回路が複雑になる。このようにサイン波駆動されるブラシレスモータが**ブラシレスACモータ**（P.206参照）だ。

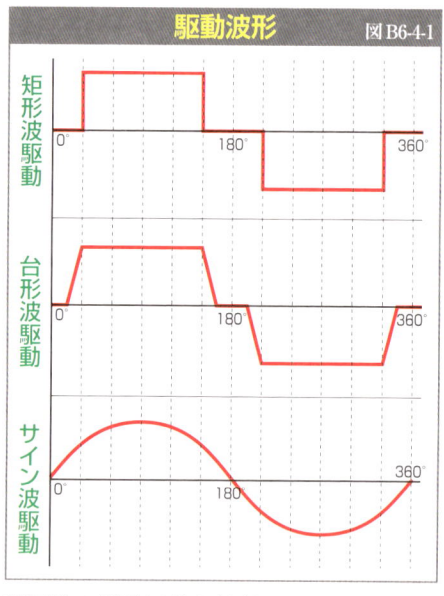

駆動波形 図B6-4-1

矩形波駆動

台形波駆動

サイン波駆動

センサレス駆動

ブラシレスモータに採用されるホール素子には、温度制限がある。また、ブラシレスモータはモータ本体と**駆動回路**の間の配線の数が多いため、双方を離して設置するのは現実的でない。駆動回路の**半導体素子**も温度管理が必要なため、ブラシレスモータを厳しい環境で使うのは難しい。配線の多さ自体もデメリットといえる。もっとも多用されている3相ブラシレスモータの場合、コイル用に3本、ホール素子用に8本、合計11本の配線が必要だ。そこで考え出されたのがブラシレスモータの**センサレス駆動**だ。

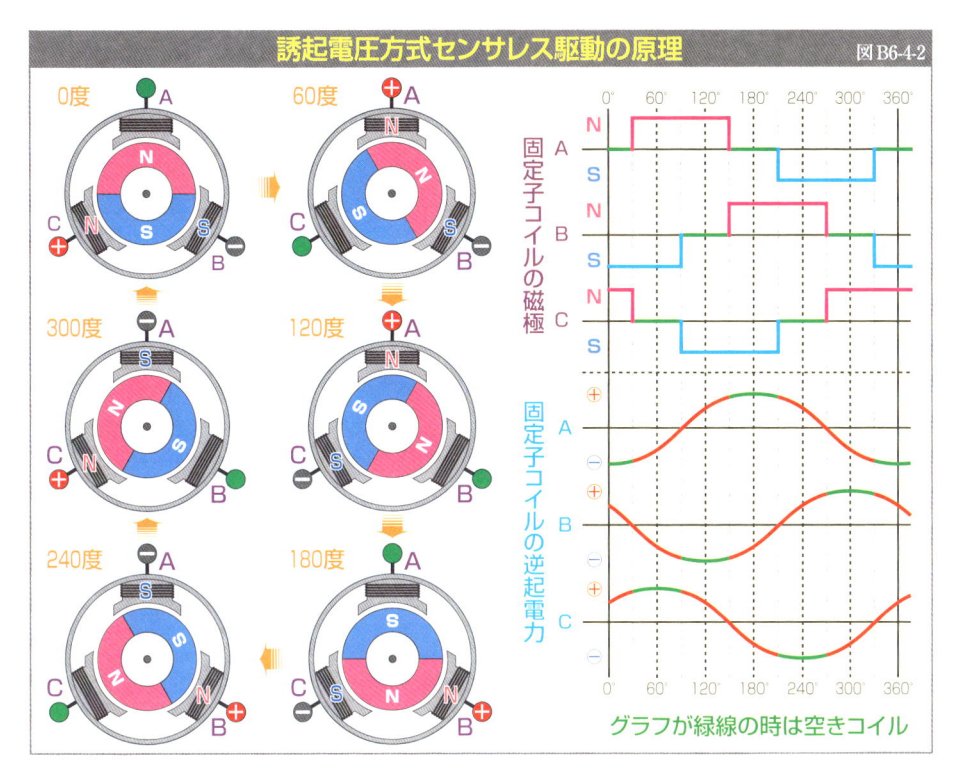

誘起電圧方式センサレス駆動の原理

図B6-4-2

グラフが緑線の時は空きコイル

　センサレス駆動にはさまざまな方式が考えられているが、一例に**固定子コイルをセンサ**の代用とする方式がある。ブラシレスモータも他の多くのモータ同様に、発電機としての機能を備えている。運転中のブラシレスモータの場合も、回転子の**永久磁石**の回転によって、固定子コイルに**誘導起電力**が発生する。3相ブラシレスモータの一般的な駆動方法では、電流が流されているコイルは常に2相で、1相は使われていない。この空きコイルの**逆起電力**を検出すれば、回転子の回転位置を検出することができる。この方式を**誘起電圧方式センサレス駆動**という。ホール素子を使わないので、厳しい環境にもモータを設置でき、駆動回路とモータ本体間の配線は4本（コイル3相と中性点）なので、離れた位置に駆動回路を設置することも、さほど困難ではない。

　ただし、起電力を検出する回路に**時定数**があるため、使用できる回転速度が制限を受ける。一定速度を保つ運転ならばさほど問題がないが、加減速を繰り返すような制御には適さない。また、起電力は回転子が回転しないと発生しないため、運転を始めてみないと回転方向がわからない。そこで、始動時には任意のタイミングでスイッチングを行って駆動し、発生した起電力によって回転方向を検出する。もし、想定した方向とは逆方向に回転していた場合は、スイッチングの順番を切り替える。センサがなくなるため、駆動回路が単純化できそうだが、実際には始動の制御やわずかな起電力から回転方向を検出する必要があるため、駆動回路は複雑になる。

第7章 交直両用モータ
単相直巻整流子モータ

交流でも直流でも使用できるモータが交直両用モータだ。身近な家電製品にも採用されている。基本的な構造は直流整流子モータと同じだ。

交流で使われる整流子形モータ

整流子形モータは直流モータであると説明してきたが、実際には交流電源で使用される**交流整流子モータ**というものもある。さまざまな構造のものがあるが、一般的に使われているのは**単相交流整流子モータ**だ。なかでも、**単相直巻整流子モータ**がもっとも使われている。このモータは交流でも直流でも使用できるため、**交直両用モータ**や**ユニバーサルモータ**ともいう。

整流子形モータには、**ブラシ**と**整流子**によるデメリットがあるが、一般的な**交流モータ**である**回転磁界形モータ**（P146参照）には、同じようなデメリットが存在しない。デメリットがあるのに、交流電源下でわざわざ整流子形モータを採用しているのは、回転磁界形モータには同じような特性のものがないためだ。**半導体制御**を活用すれば、交流モータの特性を整流子形モータに近づけられるが、コスト面で折り合わなくなるため、整流子形モータを採用することがあるわけだ。

単相直巻整流子モータ

巻線形直流整流子モータは、直流電源の極性を逆にしても、同じ方向に回転する。そのため、交流でも動作することができる。**単相直巻整流子モータ**の構造は、**直流直**

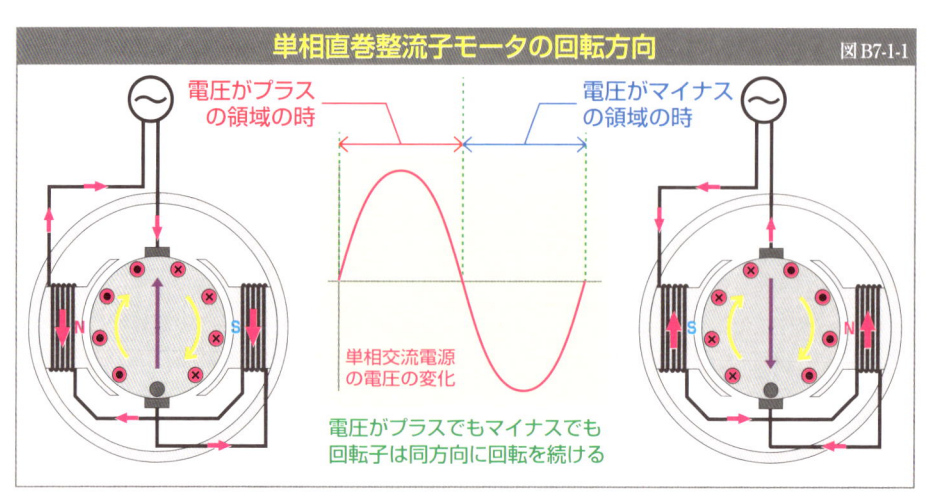

単相直巻整流子モータの回転方向　図B7-1-1

電圧がプラスの領域の時 ／ 電圧がマイナスの領域の時

単相交流電源の電圧の変化

電圧がプラスでもマイナスでも回転子は同方向に回転を続ける

──　ユニバーサルモータ＝universal motor

分巻モータと交流

　原理的には、直流分巻整流子モータも単相交流で運転することができる。しかし、直流用に作られた分巻モータでは電機子コイルのインダクタンスより界磁コイルのインダクタンスが大きくされているため、交流を流すと、電機子電流と界磁電流の位相差が大きくなり、十分なトルクが発揮できない。こうした問題を解消するようにコイルを設計すれば、単相分巻整流子モータも実現するわけだが、分巻モータで得られる特性は、単相誘導モータで満たされる。そのため、わざわざ整流子とブラシによるデメリットのある分巻モータを交流で採用する必然性がないわけだ。

巻モータとまったく同じだ。図（B7-1-1）のように回転の途中で交流の極性がかわると、**界磁電流**が逆方向になって界磁の**磁極**が反転するが、同時に**電機子電流**も逆方向になるため、**回転子**は同じ方向に回転を続ける。

　単相直巻整流子モータは交直両用モータだが、実際の用途では、交流電源と直流電源の双方で使われることはほとんどない。

　直流用に作られた直流直巻モータは、**界磁コイル**による**鉄損**の心配が少ないため、対策が施されないことがある。こうしたモータに交流を流すと、鉄損で大量に熱が発生し、**巻線**などを傷めてしまう。そのため、単相直巻整流子モータの場合は、**界磁鉄心**を**積層鉄心**にして、鉄損を抑えていることが多い。

◆特性

　単相直巻整流子モータの特性は直流直巻整流子モータと基本的に同じだ。**始動トルク**が大きく、交流モータで多用される**誘導モータ**より高速回転させやすく、小形でも高い出力が得られる。負荷が大きくなると回転速度が下がり、トルクが大きくなるので扱いやすく、電圧で回転速度を制御できる。界磁または電機子の極性逆転で双方向駆動が可能となる。交流モータは**始動**の工夫が必要なものが多いが、単相直巻整流子モータは**自己始動**が可能だ。**電源周波数**の2倍でトルクが脈動するが、50/60Hzであれば、さほど問題になることはない。

　デメリットとしては、整流子とブラシがあるため、直流整流子モータ同様に**電気ノイズ**や**機械ノイズ**が発生する。交流の電源極性の反転によるトルクの脈動も加わるため、騒音が大きくなることが多い。また、高回転による発熱が大きいため、長時間の連続運転には適していない。効率もさほど高くない。直流であれば問題にならないが、交流では**インダクタンス**の影響で**力率**が低くなる。

　そのため、採用されている用途はいずれも連続使用時間が短いものばかりだ。短時間使用であれば、効率や力率の悪さがさほど気にならず、騒音にも耐えられる。熱の影響があるため、トータルの使用時間で考えるとモータの寿命は短いが、短時間使用の用途に採用されるため、あまり問題にならない。

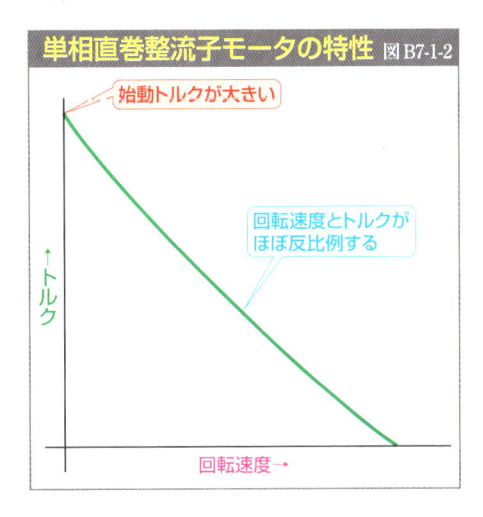

単相直巻整流子モータの特性 図B7-1-2

- 始動トルクが大きい
- 回転速度とトルクがほぼ反比例する
- ↑トルク
- 回転速度→

モータの減速機構

　一般的に小形の直流モータはある程度まで回転速度を高められるが、トルクが小さい。回転速度を高めたほうが効率が高くなることも多い。交流モータの場合は、そもそも電源周波数によって回転速度が決まってくる。現在では、半導体制御によってモータの回転速度を幅広く制御できるが、制御によって回転速度を落としてしまうと、トルクが不足することもある。そのため、駆動対象の求める回転速度やトルクに応じて、歯車による**減速機構**を組み合わせて減速が行われることがある。こうした**歯車機構**を内蔵したモータを**ギヤードモータ**という。また、モータの外部に一体化しやすいように作られた歯車機構もあり、**ギヤヘッド**という。ギヤヘッドを一体化した状態をギヤードモータということもある。こうした減速機構に対して、伝達機構や減速機構を使用せずモータで直接駆動対象を回転させることを**ダイレクトドライブ**という。

　減速機構の歯車には、**外歯歯車**の組み合わせか**遊星歯車**（プラネタリーギヤ）が使われることが多い。外歯歯車には、もっとも一般的な歯車である歯と回転軸が平行な**平歯歯車**のほか、歯と回転軸が斜めになった**はす歯歯車**が使われることもある。外歯歯車の組み合わせは構造がシンプルだが、入力回転軸と出力回転軸が同軸にならない（組み合わせの数を増やせば同軸にもできる）。遊星歯車は、サンギヤ、リングギヤ、プラネタリーギヤの3種の歯車と、プラネタリーギヤの位置をまとめているプラネタリーキャリヤで構成される。通常、リングギヤは固定されていて、モータの回転がサンギヤに伝えられる。サンギヤが回転すると、プラネタリーギヤは自転しながらサンギヤの周囲を公転する。この公転がプラネタリーキャリヤによって出力される。遊星歯車はこうした構造であるため、入力と出力を同軸にすることができる。また、複数のプラネタリーギヤに分散できるため、大きなトルクの伝達が可能だ。

　歯車による減速機構は、その構造上、かみ合う歯と歯の間にわずかな隙間が必要になる。これを遊びといい、騒音の原因になったり、動作の遅れの原因になったりするうえ、損失も発生する。また、減速機構のためのスペースが必要になることもデメリットだ。

　ギアヘッドにはほかにも、減速と同時に回転軸の方向をかえられるものもある。また、回転運動を直線運動に変換できるものもあり、**リニアギヤヘッド**という。

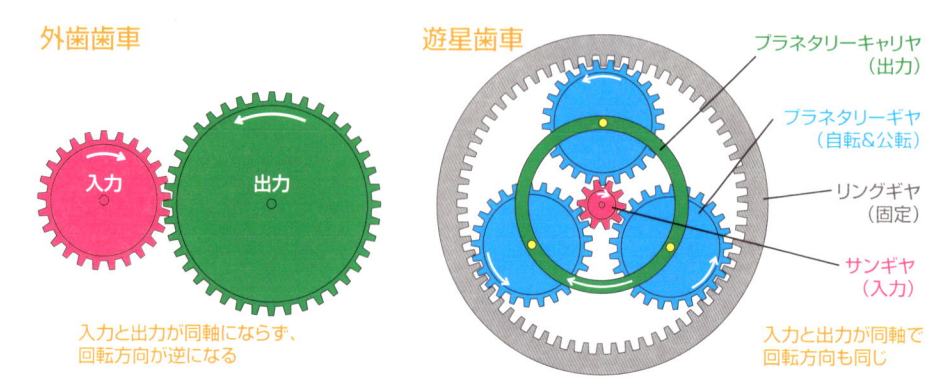

外歯歯車

入力　出力

入力と出力が同軸にならず、回転方向が逆になる

遊星歯車

プラネタリーキャリヤ（出力）
プラネタリーギヤ（自転&公転）
リングギヤ（固定）
サンギヤ（入力）

入力と出力が同軸で回転方向も同じ

第3部

交流で働くモータ

第1章■交流モータ
- ◆種類と基本構造 ・・・・・・・146
- ◆三相回転磁界 ・・・・・・・・148
- ◆二相回転磁界 ・・・・・・・・152

第2章■三相誘導モータ
- ◆回転原理 ・・・・・・・・・・154
- ◆すべりと特性 ・・・・・・・・156
- ◆回転子 ・・・・・・・・・・・160
- ◆固定子 ・・・・・・・・・・・166
- ◆始動法 ・・・・・・・・・・・170
- ◆回転速度制御 ・・・・・・・・174
- ◆双方向駆動と制動 ・・・・・・180

第3章■単相誘導モータ
- ◆回転原理と種類 ・・・・・・・182
- ◆分相始動形単相誘導モータ
- ◆コンデンサモータ ・・・・・・186
- ◆くま取りコイル形単相誘導モータ・190

第4章■同期モータ
- ◆回転原理と種類 ・・・・・・・192
- ◆負荷角とトルク・・・・・・・・194
- ◆始動と制御 ・・・・・・・・・196
- ◆巻線形同期モータ ・・・・・・198
- ◆リラクタンス形同期モータ・・・202
- ◆永久磁石形同期モータ ・・・・204
- ◆その他の同期モータ ・・・・・208

第1章 交流モータ
種類と基本構造

交流モータといえば誘導モータと同期モータだ。それぞれの回転原理は異なるが、基本となっているのは回転磁界だ。

交流モータの種類

交流モータ（ACモータ）には、**誘導モータ（インダクションモータ）**と**同期モータ（シンクロナスモータ）**がある。ほかに**交流整流子モータ**というモータもあるが、交流モータのなかでは少し異色な存在といえる。単に交流モータといった場合には、誘導モータと同期モータを指すことがほとんどだ。本書でも、そのように扱うことにする。

構造や回転原理の面から、**ブラシレスモータとステッピングモータ**は交流モータの一種として扱うという考え方がある。しかし、直流電源下で使われるうえ、**パルス波**を作る**駆動回路**が必要になるため、ブラシレスモータとステッピングモータは交流モータとは異なった扱いになることが多い。本書ではブラシレスモータは第2部（P132～）で、ステッピングモータは第5部（P246～）で説明する。

◆回転原理による分類

誘導モータと同期モータはどちらも、**固定子が磁界**を回転させることで**回転子**に影響を与えて回転させる。この回転する磁界のことを**回転磁界**といい、回転原理に回転磁界を利用しているモータを**回転磁界形モータ**という。

いっぽう、交流整流子モータは直流整流子モータと同じ回転原理を利用する**整流子形モータ**だ。

◆誘導モータと同期モータ

回転磁界形モータには、誘導モータと同期モータがある。詳しい回転原理は各モータの章で説明するが、簡単に説明すると以下のようになる。誘導モータは、固定子の回転磁界によって回転子に**誘導電流**を発生させ、その誘導電流の**電磁力**によって回転する。同期モータは、固定子の回転磁界による磁気の**吸引力**と**反発力**で回転子が回転する。誘導モータ、同期モータともに、回転子にはさまざまな構造のものがあり、この回転子の種類によってさらに細かく分類される。

◆同期モータと非同期モータ

回転磁界の磁界の**回転速度**は、**電源周波数**と固定子の**磁極**の数によって決まる。この回転速度を**同期速度**や**同期回転数**という。同期モータは同期速度で回転することが名称の由来だ。これに対して、誘導モータは、同期速度で回転しないため、**非同期モータ**という。しかし、誘導モータも回転磁界を利用しているため、同期速度とまったく無関係ではなく、同期速度の影響を受ける。

交流整流子モータは、非同期モータに分類される。ただし、同じ非同期モータでも、誘導モータは同期速度の影響を受けるが、交流整流子モータの回転速度と電源周波数にはまったく関係がない。

インダクションモータ＝induction motor、シンクロナスモータ＝synchronous motor、ステータ＝stator

◆三相交流モータと単相交流モータ

　交流モータは電源に**三相交流**を利用するものと、**単相交流**を利用するものがある。一般的には、回転原理まで含めて、**三相誘導モータ、単相誘導モータ、三相同期モータ、単相同期モータ**という。正確には三相交流誘導モータのように交流の文字も入れるべきだが、三相や単相で交流を意味することができるうえ、誘導モータと同期モータは必ず交流モータなので、通常は省略される。

◆交流整流子モータ

　三相交流を利用するものなど、交流整流子モータにはさまざまな構造のものがあるが、一般的に使われているのは**単相交流整流子モータ**だ。単に交流整流子モータといった場合は、単相交流整流子モータを指すことがほとんどだ。そのなかでも**単相直巻整流子モータ**がおもに使われている。本書では回転原理の面から第2部（P142～）で説明する。

交流モータの基本構造

　誘導モータと**同期モータ**の回転原理の基本になっている**回転磁界**は、**モータケース**内に備えられた**固定子（ステータ）**によって作られる。回転磁界を作り出すコイルを**固定子コイル（ステータコイル）**という。

　回転する部分は**回転子（ロータ）**といい、その回転軸が**軸受**を介して、モータケース前後のブラケットに備えられる。誘導モータの場合も同期モータの場合も、回転子にはさまざまな構造のものがある。

　なお、同期モータでは固定子を**電機子（アーマチュア）**ともいい、備えられるコイルを**電機子コイル（アーマチュアコイル）**ともいう。

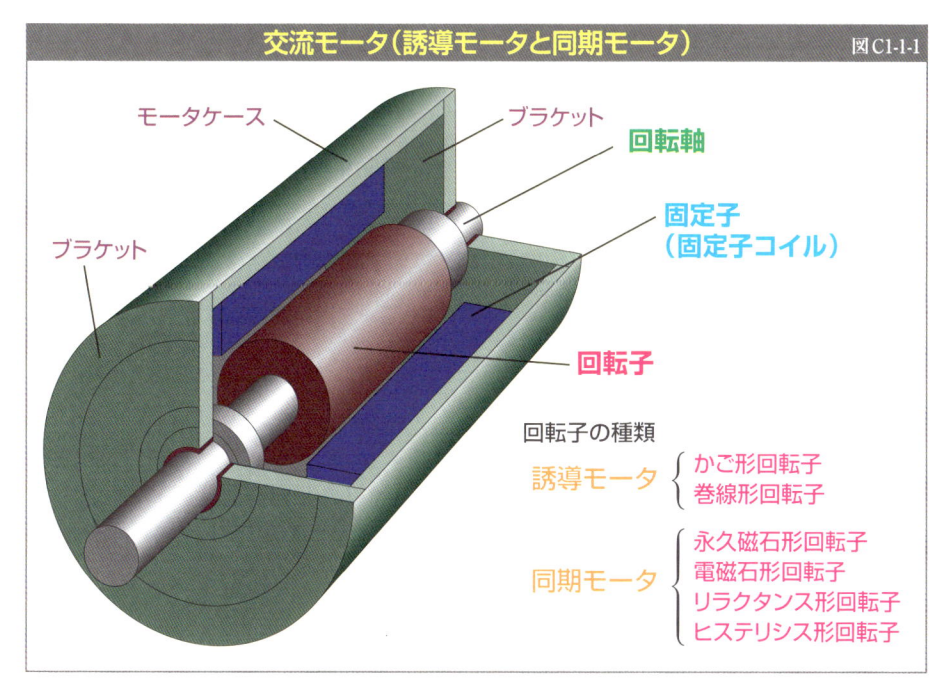

図C1-1-1　交流モータ（誘導モータと同期モータ）

- モータケース
- ブラケット
- 回転軸
- 固定子（固定子コイル）
- ブラケット
- 回転子

回転子の種類

- 誘導モータ
  - かご形回転子
  - 巻線形回転子
- 同期モータ
  - 永久磁石形回転子
  - 電磁石形回転子
  - リラクタンス形回転子
  - ヒステリシス形回転子

→ ステータコイル＝stator coil、ロータ＝rotor、アーマチュア＝armature、アーマチュアコイル＝armature coil

第1章 交流モータ

三相回転磁界

三相交流を利用して作り出す回転磁界を三相回転磁界という。元々が磁界の回転によって作られた三相交流は、回転磁界を作るのに適している。

三相交流が作り出す回転磁界

　回転磁界とは、その名の通り回転する**磁界**のことだ。**交流モータ**の場合、固定された**電磁石**によって回転磁界を作り出す。その際に、3個の**コイル**と三相交流を使用するものを**三相回転磁界**といい、**三相誘導モータ**と**三相同期モータ**が利用している。

　巻数や大きさなど性能がすべて等しい3個のコイルを、中心位置から120度間隔で配置して、それぞれのコイルに三相交流の各相を流すと、三相回転磁界ができる。個々のコイルの磁界は流れる単相交流と同じ**相**になり、**サインカーブ**（**正弦曲線**）を描く。個々のコイルの磁界は強弱と**磁極**の反転を繰り返すだけだが、それぞれのコイルの配置は120度ずつ**位相**がずれていて、流される三相交流も120度ずつ位相がずれているため、時間の変化につれて、それぞれのコイルの磁界から生まれた**合成磁界**は、順次方向をかえていく。つまり、合成磁界が回転する。回転の周期は交流の**周期**と同じになる。

　しかも、回転中に磁界の強さに変化がなく、常に一定の強さの磁界が回転する。個々のコイルの**磁界強度**の最大値が1だとすると、合成磁界の強度は1.5になる。

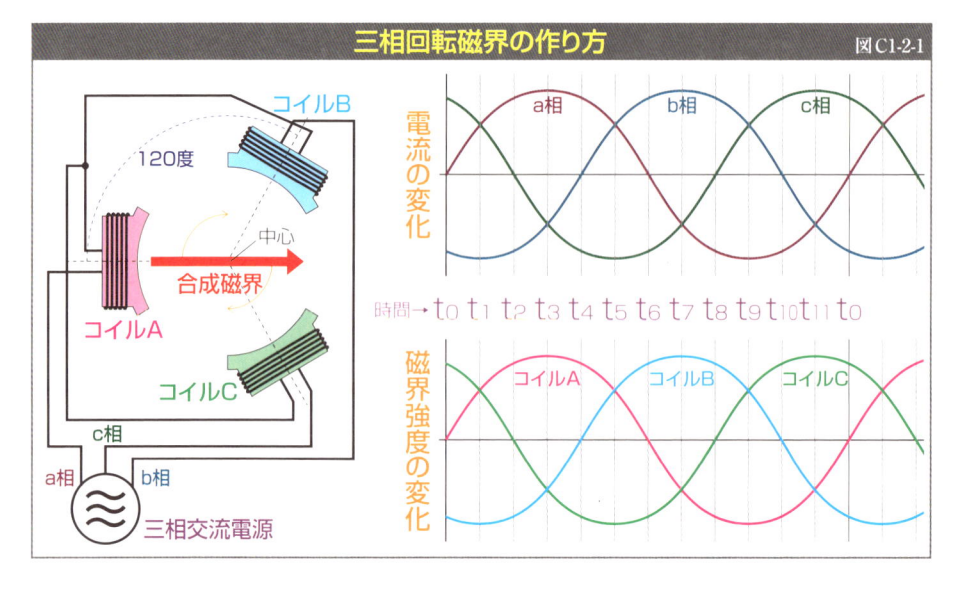

三相回転磁界の作り方　　　　　　　図C1-2-1

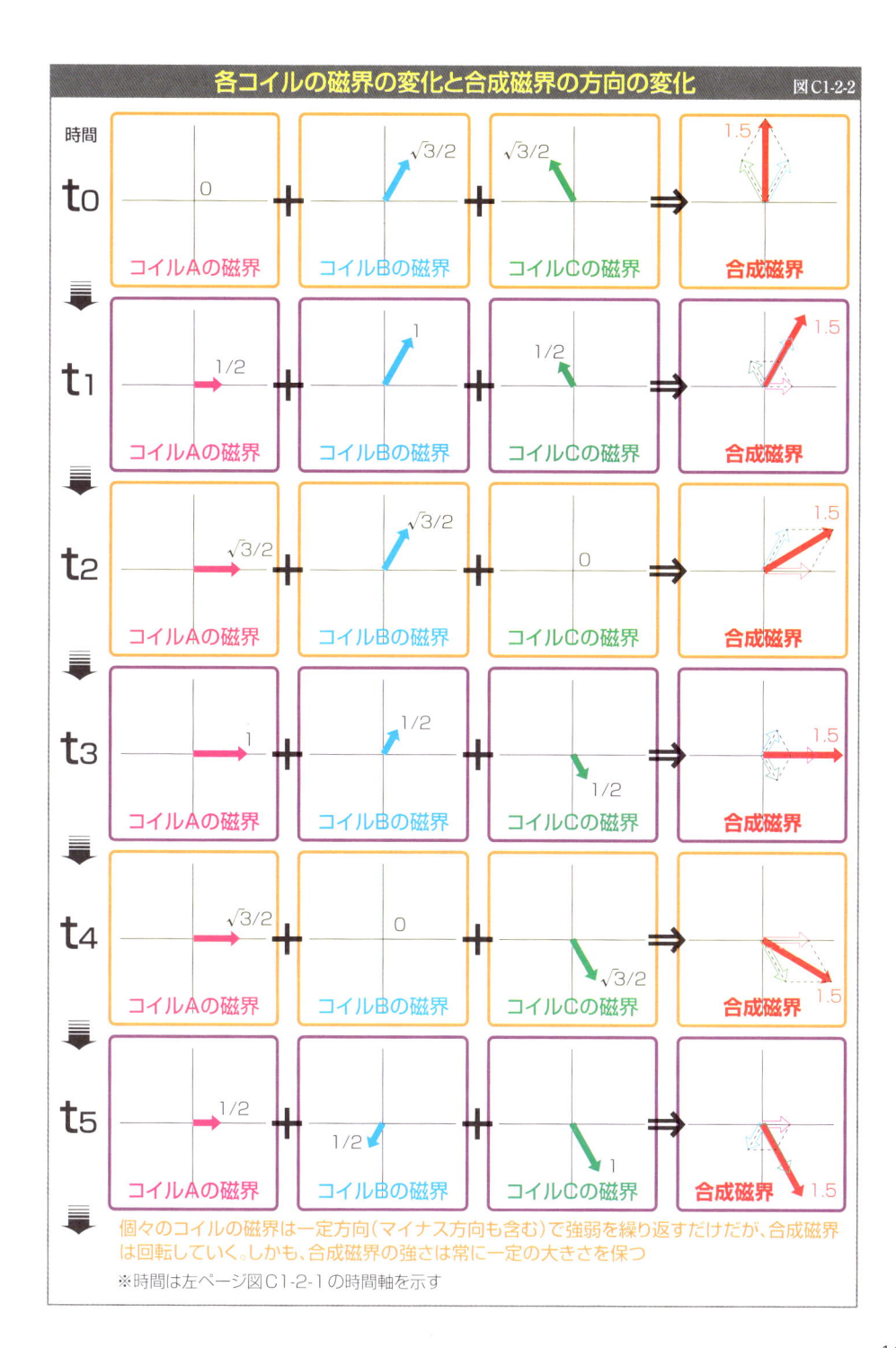

各コイルの磁界の変化と合成磁界の方向の変化

図C1-2-2

時間	コイルAの磁界	コイルBの磁界	コイルCの磁界	合成磁界
t_0	0	$\sqrt{3}/2$	$\sqrt{3}/2$	1.5
t_1	1/2	1	1/2	1.5
t_2	$\sqrt{3}/2$	$\sqrt{3}/2$	0	1.5
t_3	1	1/2	1/2	1.5
t_4	$\sqrt{3}/2$	0	$\sqrt{3}/2$	1.5
t_5	1/2	1/2	1	1.5

個々のコイルの磁界は一定方向(マイナス方向も含む)で強弱を繰り返すだけだが、合成磁界は回転していく。しかも、合成磁界の強さは常に一定の大きさを保つ

※時間は左ページ図C1-2-1の時間軸を示す

第3部・交流で働くモータ

第1章・交流モータ／三相回転磁界

極数

　先の例では、3個のコイルが向かい合うように配置してあるが、3個の**方形コイル**を図（C1-2-3）のように120度間隔で配置しても、同じように**三相回転磁界**が得られる。こうした**回転磁界**はN極とS極の1組の**磁極**が回転するため、2極の回転磁界という。
　コイルの数を倍にして60度ごとに配置すれば、4極の回転磁界を作ることが可能だ。コイルの数を増やせば、**極数**をさらに大きくすることができる。もちろんN極とS極は必ず組になるので、極数は必ず偶数になる。
　交流モータはこうした極数で分類される。極数によって**2極機**や**4極機**というほか、**2ポールモータ**や**4ポールモータ**ともいう。

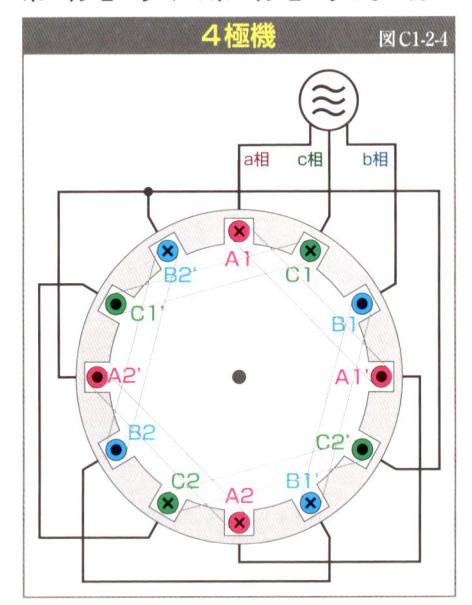

2極機 図C1-2-3

4極機 図C1-2-4

※アルファベットはコイル辺を表し、
AとA'で1個の方形コイルになる

同期速度

　回転磁界が回転する速度を、**同期速度**や**同期回転数**という。2極の**三相回転磁界**の場合、**三相交流**の1周期で、**磁界**が1回転する。極数が2倍になれば、三相交流の2周期で磁界が1回転することになる。
　交流の**周波数**は1秒間当たりの周期の回数で表されるため、2極機に60Hzの三相交流を流せば、1秒間に磁界が60回転する。ただし、モータの回転速度は1分間当たりの回転数で表されるのが一般的なので、交流の**電源周波数**を60倍したもの、つまり$3600\,\mathrm{min}^{-1}$となる。

一般的には回転磁界の極数まで含めて以下の数式で回転速度が表される。

$$N = 120f \div p$$

N：回転速度$[\mathrm{min}^{-1}]$　　p：回転磁界の極数
f：交流電源周波数$[\mathrm{Hz}]$

⇦ 2ポールモータ=2 pole motor、4ポールモータ=4 pole motor

図C1-2-5 方形コイルによる2極機の磁界の回転

← 磁力線
← 合成磁界

交流電源の周期で合成磁界が1回転する

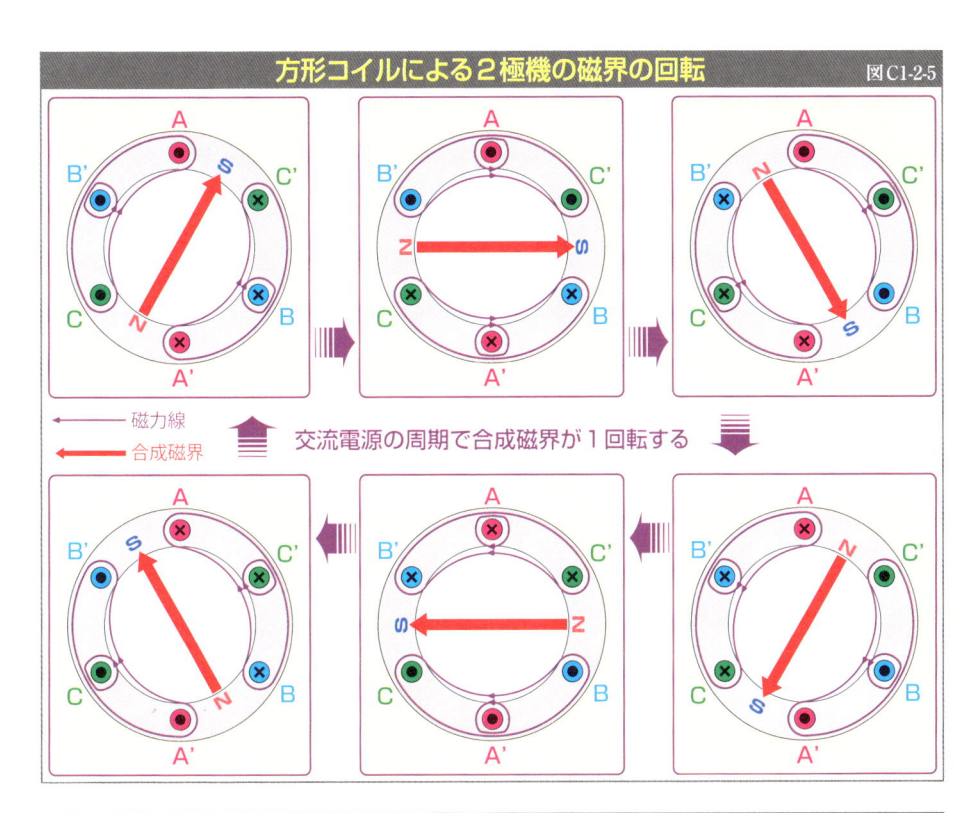

デルタ結線とスター結線

　三相交流の結線には、**デルタ結線（Δ結線）** と **スター結線（Y結線）** の2種類がある。三相交流モータの駆動にはどちらの結線方法も使われる。スター結線とデルタ結線を比較してみると、スター結線は電圧がデルタ結線の$1/\sqrt{3}$になり、電流も$1/\sqrt{3}$になるため、回転磁界の磁界の強さは$1/3$になる。こうした結線方法の違いによる磁界の強さの違いを、モータの**回転速度制御**に利用することもある。

図C1-2-6 デルタ結線とスター結線

デルタ結線 / スター結線 / 固定子コイル / 三相交流電源

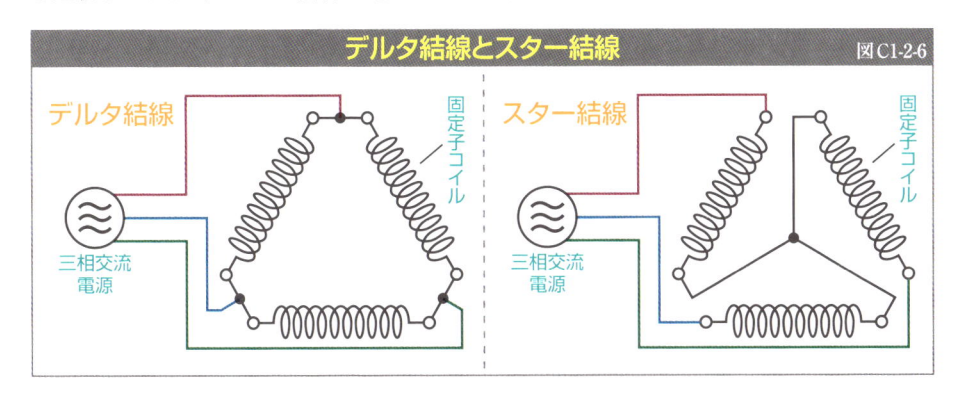

第1章 交流モータ
二相回転磁界

単相交流では回転磁界を作り出すことができない。そのため、単相交流モータでは単相交流を工夫して二相交流にすることで、二相回転磁界を作り出している。

単相交流を工夫して作り出す回転磁界

単相交流を**コイル**に流しても、**電源周波数**に応じて**磁極**が入れ替わるだけで**磁界**が回転することはない。向かい合うように2個のコイルを配置して、同じ単相交流を流したとしても、交互に磁極が入れ替わるだけだ。こうした磁界を**交番磁界**という。

回転磁界を作るには、コイルの位置と電流に**位相**のずれがある2つ以上の相が必要になる。**単相交流モータ**では、単相交流からさまざまな工夫によって位相のずれを発生させ、**二相回転磁界**を作り出している。その際に使われる**位相差**のある2つの単相交流の組み合わせを、**二相交流**という。

例えば、性能が等しい2個のコイルを、図のように中心位置から90度の角度で配置して、それぞれのコイルに、**周波数**や電圧などが等しい単相交流を90度の位相差で流すと、二相回転磁界ができる。個々のコイルの磁界は方向が一定で、強弱とプラス、マイナスを繰り返して**サインカーブ**（**正弦曲線**）を描くが、**合成磁界**は一定の強さで、交流電源の**周期**に同期した速度で回転する。個々のコイルの**磁界強度**の最大値が1だとすると、合成磁界の強度も1になる。

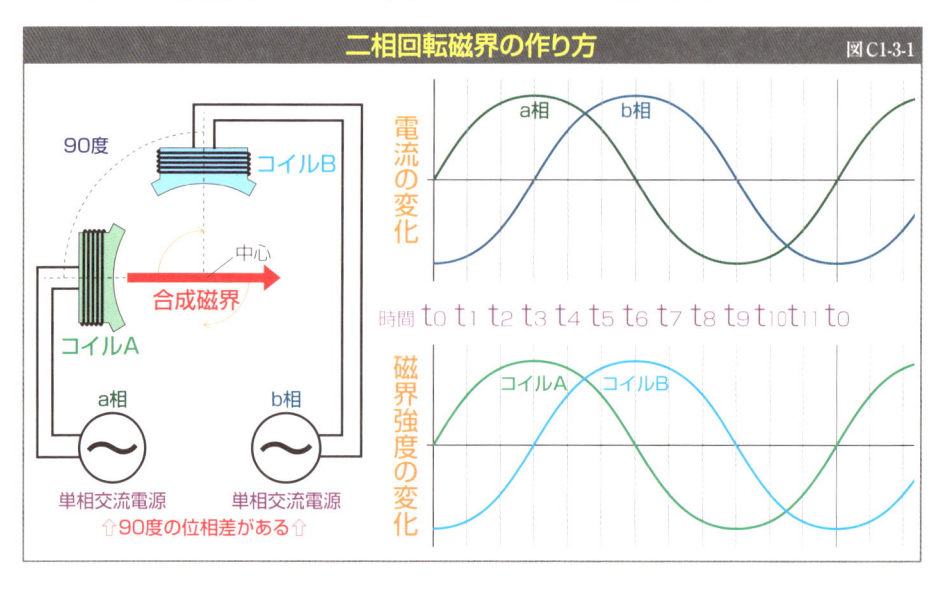

二相回転磁界の作り方　図C1-3-1

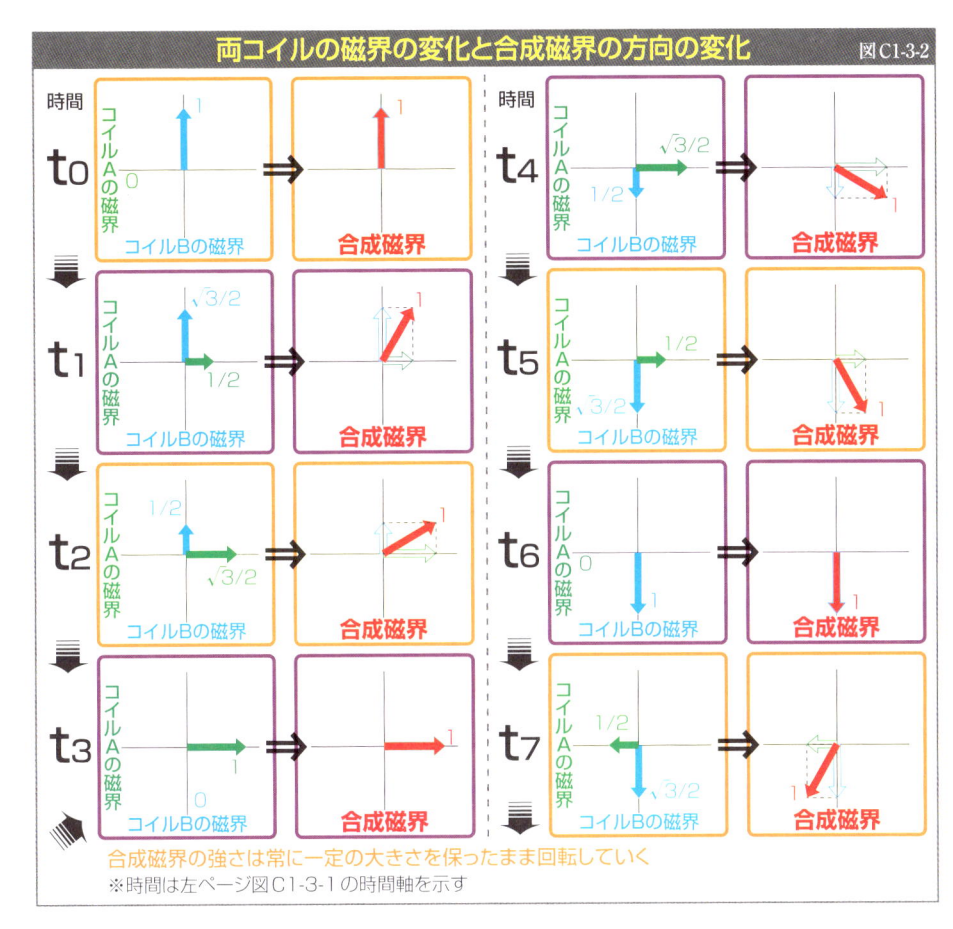

両コイルの磁界の変化と合成磁界の方向の変化

図C1-3-2

（時間 t0〜t7 における、コイルAの磁界、コイルBの磁界、および合成磁界を示す図）

- t0: コイルAの磁界=1、コイルBの磁界=0、合成磁界=1（上向き）
- t1: コイルAの磁界=√3/2、コイルBの磁界=1/2、合成磁界=1（右上斜め）
- t2: コイルAの磁界=1/2、コイルBの磁界=√3/2、合成磁界=1
- t3: コイルAの磁界=0、コイルBの磁界=1、合成磁界=1（右向き）
- t4: コイルAの磁界=1/2（下向き）、コイルBの磁界=√3/2、合成磁界=1（右下）
- t5: コイルAの磁界=√3/2（下向き）、コイルBの磁界=1/2、合成磁界=1
- t6: コイルAの磁界=1（下向き）、コイルBの磁界=0、合成磁界=1（下向き）
- t7: コイルAの磁界=√3/2（下向き）、コイルBの磁界=1/2（左向き）、合成磁界=1

合成磁界の強さは常に一定の大きさを保ったまま回転していく

※時間は左ページ図C1-3-1の時間軸を示す

◆不完全な回転磁界

　先の例のように、配置が90度ずれた同じコイル2個と位相差が90度の二相交流による回転磁界は、一定の磁界の強さで回転するため完全な**二相回転磁界**といえるものだが、実際の交流モータでは、不完全な二相回転磁界も利用されている。

　中心位置から角度を隔てて配置した2個のコイルに位相差のある交流を流せば、回転磁界ができる。コイルの**巻数**などコイルの性能に違いがあっても、2個のコイルの電流に大きさの差があっても、回転磁界になる。ただし、こうした場合は回転の途中で磁界の強度が変化するため、不完全な二相回転磁界になる。

◆交番磁界と誘導モータ

　誘導モータや**同期モータ**の回転原理には、回転磁界が不可欠なように説明したが、実際には誘導モータは**交番磁界**でも動作することができる。詳しくは**単相誘導モータ**の章（P182）で説明するが、ある程度の速度で回転子が回転していないと、交番磁界では回転子の回転を継続させることができない。つまり、回転速度0からの**自己始動**は不可能だ。そのため、始動時にのみ二相回転磁界を利用している単相誘導モータが多い。

第2章 三相誘導モータ
回転原理

電磁誘導作用を利用して円板を回転させる実験にアラゴの円板というものがある。誘導モータの回転原理はこのアラゴの円板の回転原理とまったく同じだ。

アラゴの円板

　回転軸を備えたアルミニウムなど**非磁性体**で**導体**の円板に対して、図（C2-1-1）のように**磁力線**が円板を横切るようにして**永久磁石**を回転させると、**電磁誘導作用**で円板が同じ方向に回転する。この実験を**アラゴの円板**という。

　磁石が移動すると円板の磁力線が変化する。磁石後方では、減っていく磁力線を補うために、磁石と同じ方向の磁力線が発生するように**渦電流**が発生する。新たに磁石が到達した部分では、それまで磁力線がなかった部分に磁力線が増加してくるので、それを

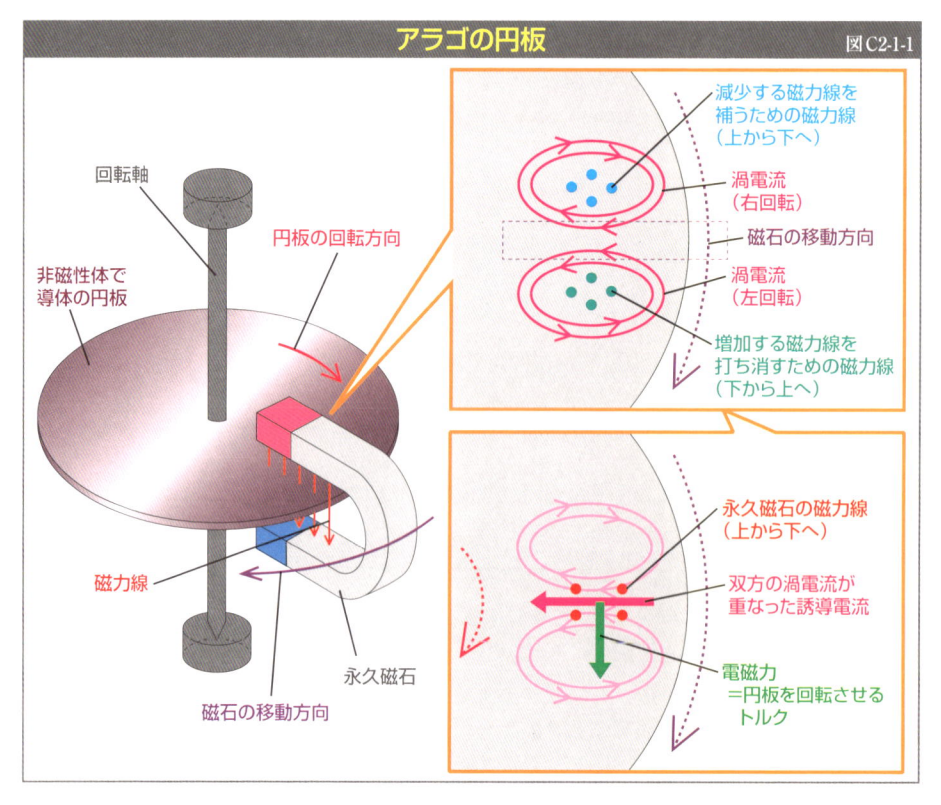

アラゴの円板　　　　　　　　　　　　　　　図C2-1-1

- 回転軸
- 円板の回転方向
- 非磁性体で導体の円板
- 磁力線
- 永久磁石
- 磁石の移動方向
- 減少する磁力線を補うための磁力線（上から下へ）
- 渦電流（右回転）
- 磁石の移動方向
- 渦電流（左回転）
- 増加する磁力線を打ち消すための磁力線（下から上へ）
- 永久磁石の磁力線（上から下へ）
- 双方の渦電流が重なった誘導電流
- 電磁力＝円板を回転させるトルク

打ち消すために、磁石と逆方向の磁力線が発生するように渦電流が発生する。

磁石前後の渦電流の回転方向は逆方向になるため、双方の渦電流が触れ合う部分では電流の方向が揃い、もっとも強い**誘導電流**になる。この誘導電流と磁石の磁力線によって**電磁力**が発生する。電磁力の方向は**フレミングの左手の法則**で説明されるように、磁石が移動する円弧の接線方向になる。この電磁力によって円板が回転する。

三相誘導モータの回転原理

誘導モータの回転原理は**アラゴの円板**そのものだ。円板の代わりにアルミニウムなど非磁性体で導体の円筒に回転軸を備え、その周囲で**永久磁石**を回転させると、円筒に**渦電流**が流れ、その電磁力によって磁石を追いかけるように回転する。磁石を移動させる代わりに**回転磁界**を利用するのが誘導モータだ。円筒が**回転子**であり、**固定子コイル**に**三相交流**を流すことで**回転磁界**を生み出しているのが**三相誘導モータ**だ。**電磁誘導作用**による**誘導電流**で回転させるため誘導モータという。円筒のように誘導電流を発生させる物体を**誘導体**という。

直流整流子モータの場合、電磁力の方向とトルクの方向が一致しない回転位置があるため、電磁力のすべてがトルクに利用されるわけではない。しかし、誘導モータでは電磁力のほぼすべてが**トルク**に利用される。

誘導モータの回転原理　図C2-1-2

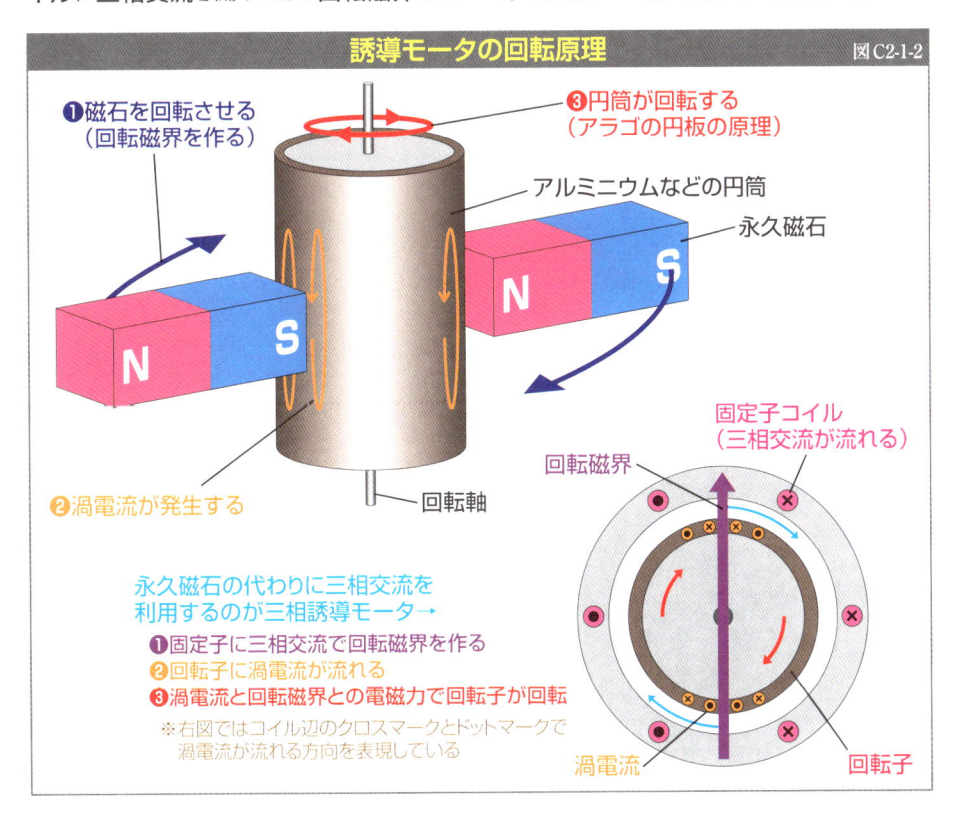

❶磁石を回転させる（回転磁界を作る）
❷渦電流が発生する
❸円筒が回転する（アラゴの円板の原理）

アルミニウムなどの円筒
永久磁石
回転軸
固定子コイル（三相交流が流れる）
回転磁界
渦電流
回転子

永久磁石の代わりに三相交流を利用するのが三相誘導モータ→
❶固定子に三相交流で回転磁界を作る
❷回転子に渦電流が流れる
❸渦電流と回転磁界との電磁力で回転子が回転

※右図ではコイル辺のクロスマークとドットマークで渦電流が流れる方向を表現している

第2章 三相誘導モータ
すべりと特性

誘導モータ独特の現象がすべりだ。このすべりがあるからこそ誘導電流が発生し、電磁力によって回転子が回転することができる。

すべり

　三相誘導モータは、固定子コイルに三相交流を流して回転磁界を発生させると、回転子が回転する。この時、回転子の回転速度は、回転磁界の同期速度より遅い必要がある。もし、回転子の回転速度と同期速度が等しいとすると、回転子に対して磁界が移動しないことになる。これでは、誘導電流が発生しないので、回転子が回転できるはずがない。従って、回転子の回転速度は同期速度より必ず遅くなる。この速度差によって、誘導電流が発生するわけだ。

　誘導モータで回転子の回転速度が、同期速度より遅い状態を、回転子にすべりが生じているという。すべりの度合いは、同期速度と速度差の比率で表すのが一般的だが、この数値に100を乗じて百分率（％）で表すこともある。

　通常のモータの運転状態では、すべりは0より大きく1より小さい範囲にある。すべり1とはモータが停止している状態だ。無負荷で運転している時は、すべりは限りなく0に近づいていく。このように、誘導モータは同期速度で回転しないため、非同期モータに分類される。

回転磁界の同期速度と回転子の回転速度 図C2-2-1

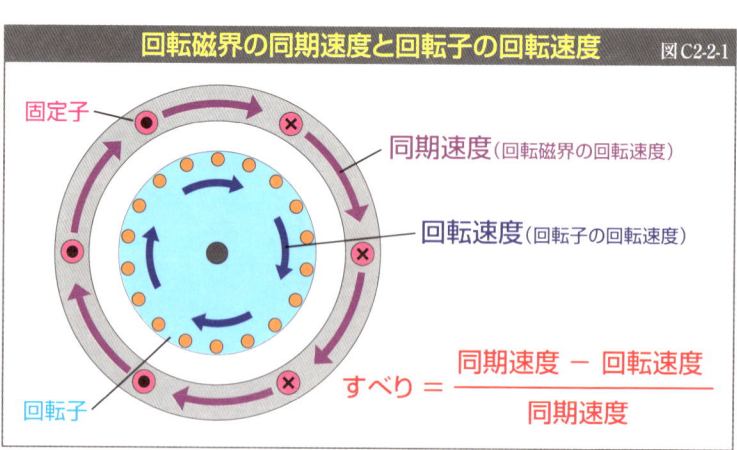

- 固定子
- 同期速度（回転磁界の回転速度）
- 回転速度（回転子の回転速度）
- 回転子

$$すべり = \frac{同期速度 - 回転速度}{同期速度}$$

すべりは、同期速度と、同期速度と回転速度の差の比率で表される。

$$S = (Ns - N) \div Ns$$
$$0 < S < 1$$

Ns：同期速度[min^{-1}]
N：回転子の回転速度[min^{-1}]
S：すべり

トルク特性

　誘導モータでは電源電圧を**一次電圧**といい、**固定子コイル**を流れる電流を**一次電流**という。回転磁界によって**回転子**に誘導される**起電力**を**二次誘導起電力**といい、流れる**誘導電流**を**二次電流**という。回転子の電気抵抗は**二次抵抗**という。

　誘導起電力は、**磁界の磁束密度**と磁界の移動する速度に比例する。誘導モータの場合、磁界の強さは一次電圧に比例する。回転子に対する磁界の移動する速度は**すべり**となるため、二次誘導起電力は、一次電圧とすべりに比例する。

　誘導モータの**トルク**は**電磁力**である。電磁力は、電流と磁界の磁束密度に比例する。そのため誘導モータのトルクは、二次電流と一次電圧に比例する。回転子の二次抵抗が一定なら、二次電流は二次誘導起電力に比例する。二次誘導起電力は、一次電圧が一定ならすべりに比例する。結果、誘導モータのトルクは、すべりに比例する。

　ただし、始動直後のすべりが大きな領域では、一次電流と二次電流の位相差の影響が大きくなる。すべりの大きな領域は実用の範囲から外れているうえ、現象が難しくなるので説明は省略するが、位相差が大きいと、トルクはすべりに反比例する。この反比例する範囲と、比例する範囲が切り替わる領域が**最大トルク**となる。一般的な誘導モータではすべり0.3付近が最大トルクになる。最大トルクは**停動トルク**ともいう。ただし、実際に運転に使用するのは最大トルクよりすべりが小さな領域なので、誘導モータのトルクはすべりに比例すると考えていい。

　このように、誘導モータの場合は、すべりが特性に対する大きな要素となる。そのため、回転速度ではなく、すべりを中心にして考えることが多い。回転速度の上昇はすべりの減少を意味する。グラフに描く場合も、回転速度ではなくすべりを目盛りにする。もっとも、グラフの基点はすべり0ではなく、すべり1にされることが多い。つまり、基点から離れるにつれて、回転速度が上昇することになる。

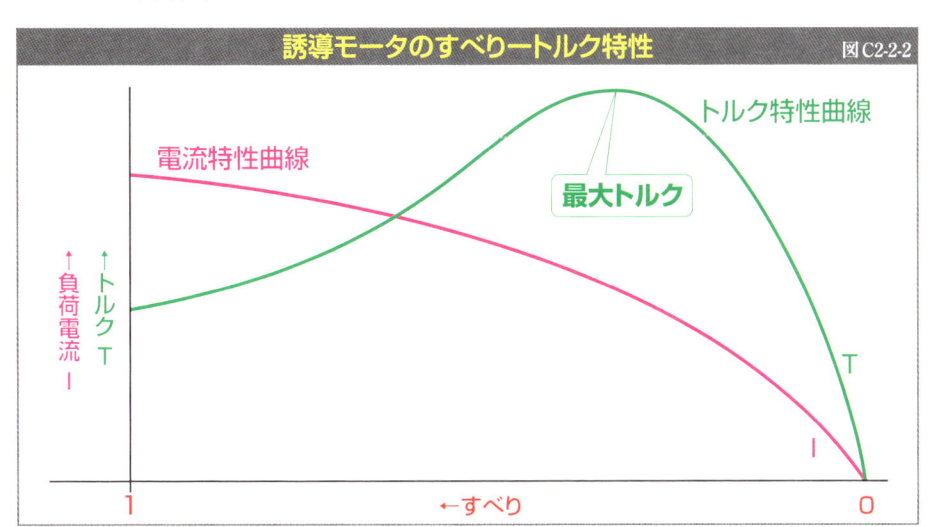

誘導モータのすべり―トルク特性

図C2-2-2

電流特性曲線　　　　　トルク特性曲線

最大トルク

↑トルク T
↑負荷電流 I

1　　　←すべり　　　0

第3部・交流で働くモータ　第2章・三相誘導モータ／すべりと特性

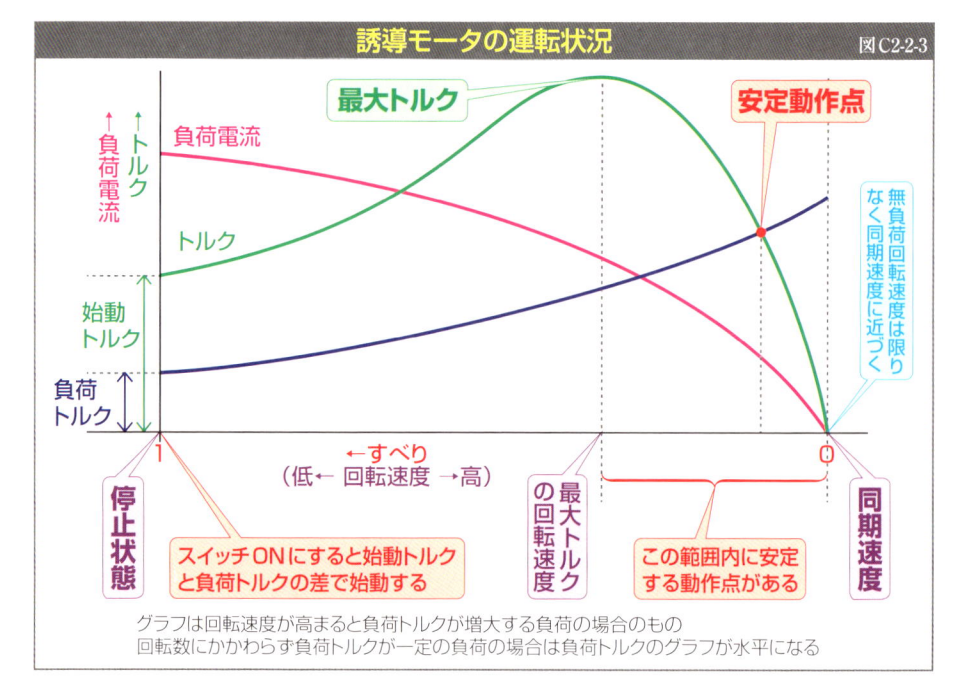

誘導モータの運転状況　図C2-2-3

グラフ内ラベル：
- 最大トルク
- 安定動作点
- 負荷電流
- トルク
- 始動トルク
- 負荷トルク
- 無負荷回転速度は限りなく同期速度に近づく
- ←すべり（低←回転速度→高）
- 停止状態（1）
- 最大トルクの回転速度
- 同期速度（0）
- スイッチONにすると始動トルクと負荷トルクの差で始動する
- この範囲内に安定する動作点がある

グラフは回転速度が高まると負荷トルクが増大する負荷の場合のもの
回転数にかかわらず負荷トルクが一定の負荷の場合は負荷トルクのグラフが水平になる

◆実際の運転

三相誘導モータに電圧をかけると、**始動トルク**で回転を始める。始動トルクは比較的小さいが、**負荷トルク**が始動トルクより小さければ、両トルクの差で回転を始める。もちろん、始動トルクより負荷トルクが大きければ、始動できない。この始動時の電流がもっとも大きく、**回転速度**が高まるにつれて、電流が小さくなっていく。始動して回転速度が上昇する（すべりが減少する）につれて、**トルク**が大きくなっていき、最大値を迎える。

最大トルクを超えると、回転速度の上昇（すべりの減少）につれて、トルクが減少していき、すべりが0％に近づくと、急激にトルクが減少し、電流もほとんど流れなくなる。最終的には負荷トルクとつり合うトルクを発生するすべりで回転を続ける。安定する動作点は、すべり0％、つまり無負荷の状態と、最大トルクを発生するすべりの間にある。

こうした特性があるため、負荷トルクが変動して安定する動作点が移動しても、誘導モータは回転速度の変化が小さい。そのため、**誘導モータ**はほぼ一定速度で運転できる**定速度モータ**として扱われる。

その他の特性と特徴

◆トルクと電圧

トルクと**すべり**の関係を、**電源電圧**との関係で見てみると、トルクは**二次電流**と**一次電圧**に比例する。**二次抵抗**が一定なら、二次電流は**二次誘導起電力**に比例し、二次誘導起電力は一次電圧に比例する。結果、誘導モータのトルクは、一次電圧（電源電圧）の2乗に比例する。この電源電圧とトルクの比例関係を利用して、**回転速度制御**を行うことができる。

誘導モータの出力特性

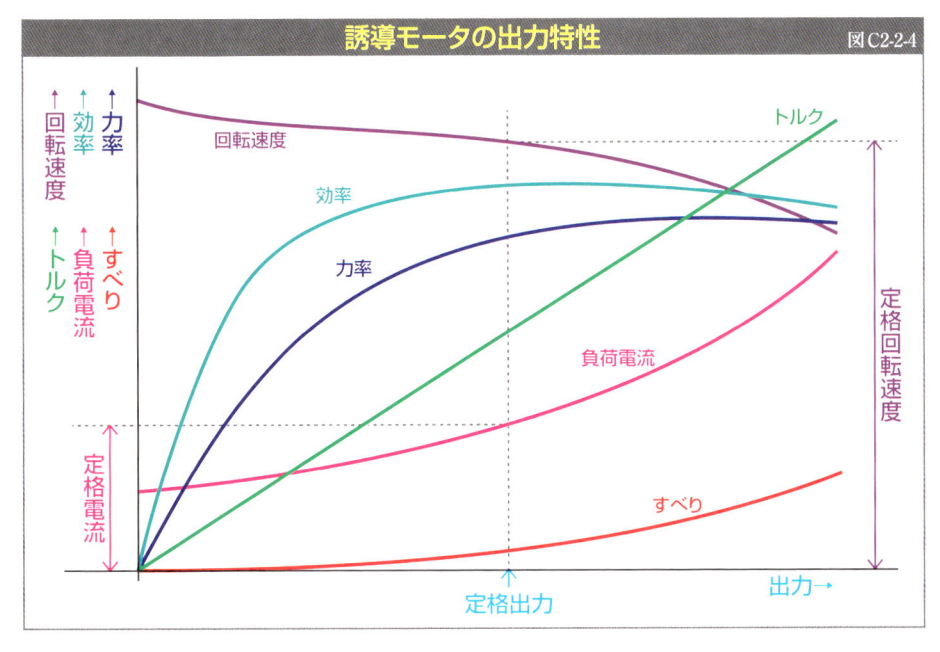

図C2-2-4

グラフ：回転速度、効率、力率、負荷電流、すべり、トルク、定格回転速度、定格電流、定格出力、出力

◆トルクと回転子の電気抵抗

トルクとすべりや一次電圧の関係を、二次抵抗との関係で見てみると、トルクは二次電流と一次電圧に比例する。一次電圧が一定だと、**二次誘導起電力**も一定になり、二次電流は**二次抵抗**に反比例する。結果、誘導モータのトルクは二次抵抗に反比例する。ただし、トルクとすべりの関係の場合と同じように、始動直後のすべりが大きな領域では、**一次電流**と**二次電流**の**位相差**の影響が大きくなり、トルクは二次抵抗に比例する。

結果、二次抵抗を大きくすると、低速域でのトルクが大きくなる。逆に、二次抵抗を小さくすると、高速域でのトルクが大きくなる。また、二次抵抗を小さくするほど、**最大トルク**よりすべりが小さい領域では、**負荷トルク**が変動しても、**回転速度**の変化が小さくなる。回転子の電気抵抗を調整できるようにすれば、二次抵抗とトルクの関係を利用して、**回転速度制御**が行える。

◆効率と力率

三相誘導モータの効率は、数kWクラスのもので効率は80％以上。数MWクラスでは90％を超える。効率が高いモータだといえるが、負荷トルクが小さく、すべりが小さくなると、急激に効率が低下する。**無効電力**が大きいため、**力率**は比較的低く、軽負荷時には効率同様に急激に低下する。そのため、力率や効率が最大になる付近に**定格出力**を設定すると有利になる。

◆三相誘導モータの特徴

三相誘導モータの特徴は以下のようになる。ある程度の定速で運転できる（負荷の変動で回転速度が変化）。回転磁界の影響を受けるため、幅広い制御は難しかったが、**半導体制御**の進歩によって、範囲の広い制御が行える。効率が高く、大出力のモータが作りやすい。以降で説明する**かご形三相誘導モータ**であれば、構造がシンプルで丈夫であり、保守も簡単に行える。

第2章 三相誘導モータ
回転子

固定子の回転磁界によって誘導電流を発生させ、その電流の電磁力によって回転するのが誘導モータの回転子だ。大別すると、かご形と巻線形の2種類がある。

三相誘導モータの種類

誘導モータの回転子は、回転原理の説明で使用したような円筒形の誘導体で成立するが、渦電流が周囲に広がって効率が悪くなるため、実際には**かご形回転子**と**巻線形回転子**が使われることが大半だ。こうした回転子の構造で特性や制御方法が異なるため、三相誘導モータは回転子で分類される。それぞれ**かご形三相誘導モータ**、**巻線形三相誘導モータ**というが、単相誘導モータは回転子で分類することがほとんどないため、三相の部分を略して、単に**かご形誘導モータ**、**巻線形誘導モータ**ということも多い。

かご形回転子

かご形回転子は、かご状の導体と**回転子鉄心**で構成される。鉄心は**積層鉄心**で、外周に導体をはめ込む**スロット**（溝）が設けられている。回転軸はステンレスのことが多い。

スロットには、電気をよく通すアルミニウムや銅で作られた棒がはめ込まれる。この棒を**ロータバー**や**導体バー**といい、断面形状が円形のもののほか、角形のものもある。ロータバーをスロットにはめるのではなく、アルミニウムを溶解してスロットに流し込む製造方法もある。これを**アルミダイキャスト導体**という。

ロータバーの両端は**エンドリング**や**短絡環**という銅やアルミニウムの輪が溶接される。これによりロータバーは互いに電気的に接続される。これを**かご形導体**という。

ロータバーは回転軸に対して少し斜めに

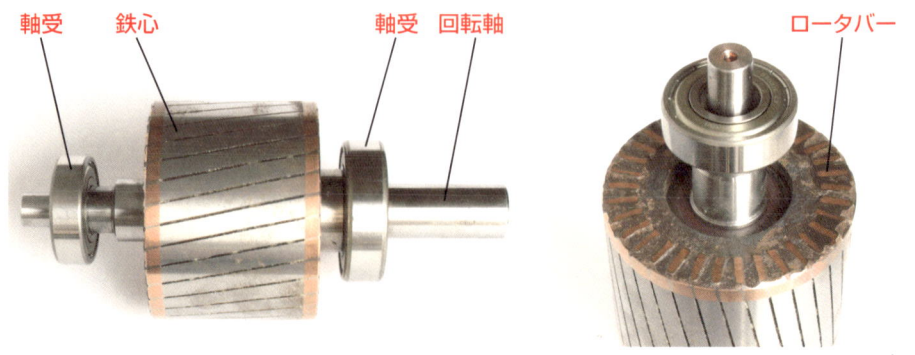

↑回転軸に対して斜めにロータバーが配置されたかご形回転子。側面からは鉄心しか見えない。エンドリングを使用せずに各ロータバーを電気的に接続した回転子なので、回転軸方向からロータバーを確認することができる。

● ロータバー＝rotor bar、エンドリング＝end ring

されることもある（図は次ページC2-3-2）。回転軸に平行なロータバーに比べるとトルクが減少するが、直流整流子モータの**斜溝**（**スキュー**）と同じように、回転角度に対して**電磁力**を発生する範囲が広く分散するため、**トルク変動**を抑えることができる。

かご形回転子は、実際には回転子鉄心がなくても回転子として機能することができる。鉄心があると回転子の**慣性モーメント**が大きくなるので、回転がスムーズになるが、加減速の応答性は低下する。モータ全体で考えると、重くなる。しかし、鉄心があるとロータバー周囲の**磁束密度**が高まることで**誘導電流**が大きくなり、**トルク**が増大する。回転子が丈夫になるといったメリットもあるため、鉄心が採用される。

かご形回転子は、構造が単純なのでコストがかからず、非常に丈夫にできる。ブラシが必要になる巻線形回転子に比べて、ノイズも少なく、保守が容易だが、**始動トルク**が小さく、中大形機では始動に工夫が必要になる。

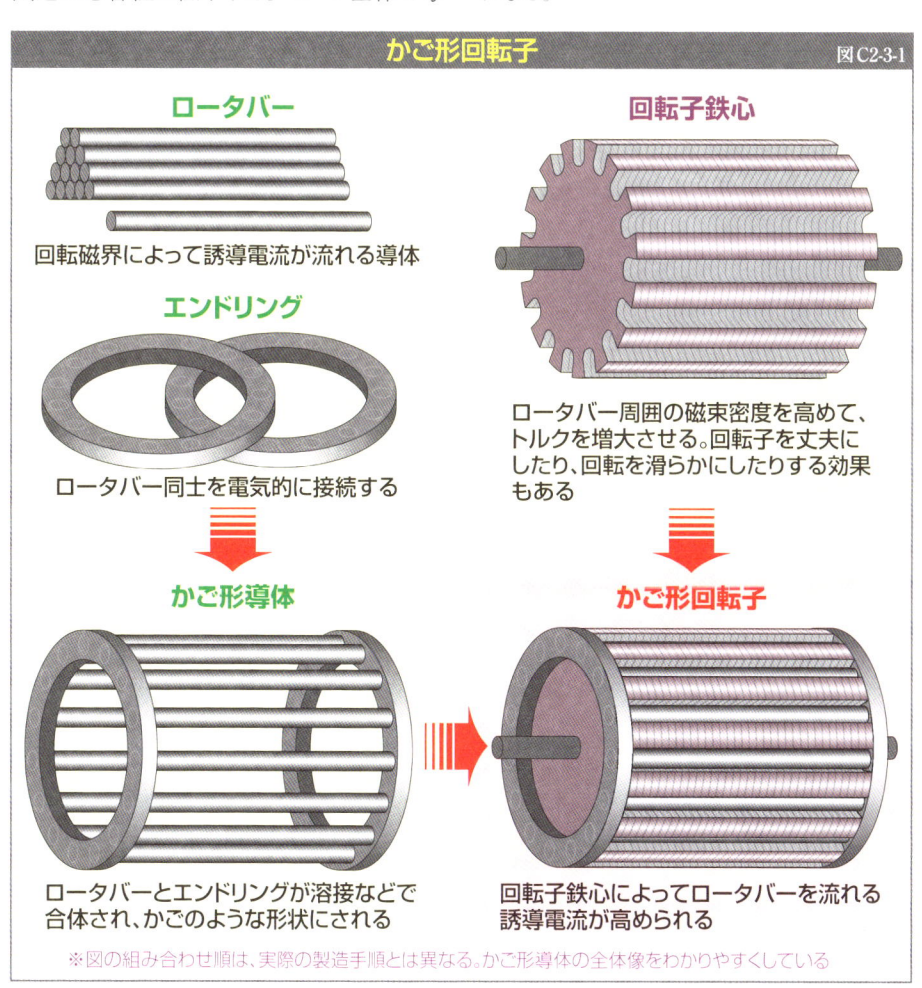

かご形回転子　図C2-3-1

ロータバー
回転磁界によって誘導電流が流れる導体

エンドリング
ロータバー同士を電気的に接続する

回転子鉄心
ロータバー周囲の磁束密度を高めて、トルクを増大させる。回転子を丈夫にしたり、回転を滑らかにしたりする効果もある

かご形導体
ロータバーとエンドリングが溶接などで合体され、かごのような形状にされる

かご形回転子
回転子鉄心によってロータバーを流れる誘導電流が高められる

※図の組み合わせ順は、実際の製造手順とは異なる。かご形導体の全体像をわかりやすくしている

図C2-3-2 ロータバーの回転軸に対する角度

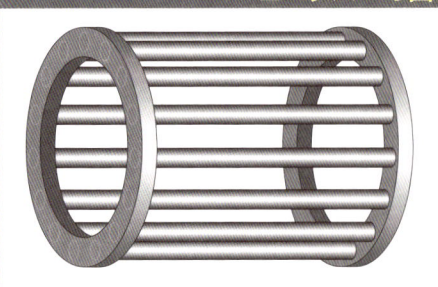

ロータバーが回転軸に平行なかご形回転子

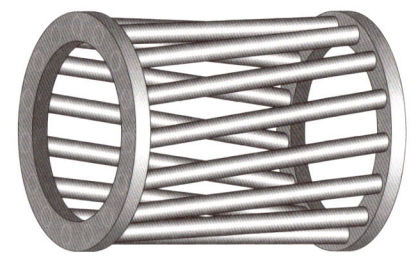

ロータバーが回転軸に対して斜めにされたかご形回転子

■ 特殊かご形回転子

かご形回転子はメリットの多い回転子だが、**始動トルク**が小さいという弱点がある。この弱点を改善したものが**特殊かご形回転子**だ。これを採用するモータを**特殊かご形三相誘導モータ**という。特殊かご形回転子と区別する場合、通常のものを**標準かご形回転子**や**普通かご形回転子**といい、採用するモータを**標準かご形三相誘導モータ**や**普通かご形三相誘導モータ**という。

特殊かご形回転子は、低回転では**特殊かご形導体**の電気抵抗が大きく、高回転では電気抵抗が小さくなる。始動時は低回転なので回転子の電気抵抗が大きくなり、**始動電流**が抑制され、トルクが確保できる。特殊かご形回転子には、**深溝かご形回転子**と**二重かご形回転子**があり、それぞれを採用するモータのかごの形状を明確にする場合は、**深溝かご形三相誘導モータ**や**二重かご形三相誘導モータ**という。

◆深溝かご形回転子

深溝かご形回転子は、回転軸方向から見た断面形状が長方形や長円形、くさび形の導体を、**回転子鉄心**の深いスロットに埋め込む。

交流には**表皮効果**という性質があり、**周波数**が高くなるほど、表面に偏って流れる。偏って流れることで、実質的な導体の断面積が小さくなるため、電気抵抗が大きくなる。始動時は**すべり**が大きいので回転子を横切る**磁界**の周波数が高く、誘導される**二次電流**の周波数も高くなる。そのため、導体の表面に偏って二次電流が流れるため、回転子の実質的な電気抵抗が大きくなる。**二次抵抗**が大きいため、始動トルクが大きくなる。

回転速度が高まるにつれて、誘導電流の周波数が低くなり、表皮効果の影響が小さく

図C2-3-3 特殊かご形回転子のトルク特性

(グラフ: 深溝かご形、二重かご形、標準かご形 のトルク特性。縦軸: トルク、横軸: ←すべり(回転速度→))

かご形回転子の導体の断面　　　図C2-3-4

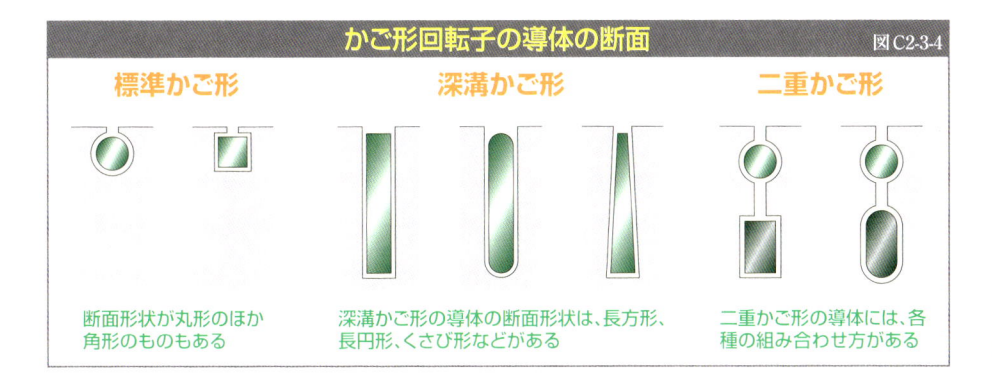

標準かご形
断面形状が丸形のほか角形のものもある

深溝かご形
深溝かご形の導体の断面形状は、長方形、長円形、くさび形などがある

二重かご形
二重かご形の導体には、各種の組み合わせ方がある

なって、電気抵抗が小さくなる。すると、普通のかご形回転子と同じように機能する。

◆ **二重かご形回転子**

二重かご形回転子では、導体を2層に配置する。回転子の表面近くに配する導体は電気抵抗が大きく、内部に配する導体は抵抗が小さい。深溝かご形の場合と同じように、始動時は表皮効果の影響で表面近くの導体に二次電流が集中する。この部分は電気抵抗が大きいため、実質的な二次抵抗が大きくなり、始動トルクが大きくなる。回転速度が高まると、表皮効果の影響が弱まり、双方の導体に一様に電流が流れるため、二次抵抗が小さくなる。

特殊かご形回転子の電流分布と電気抵抗　　　図C2-3-5

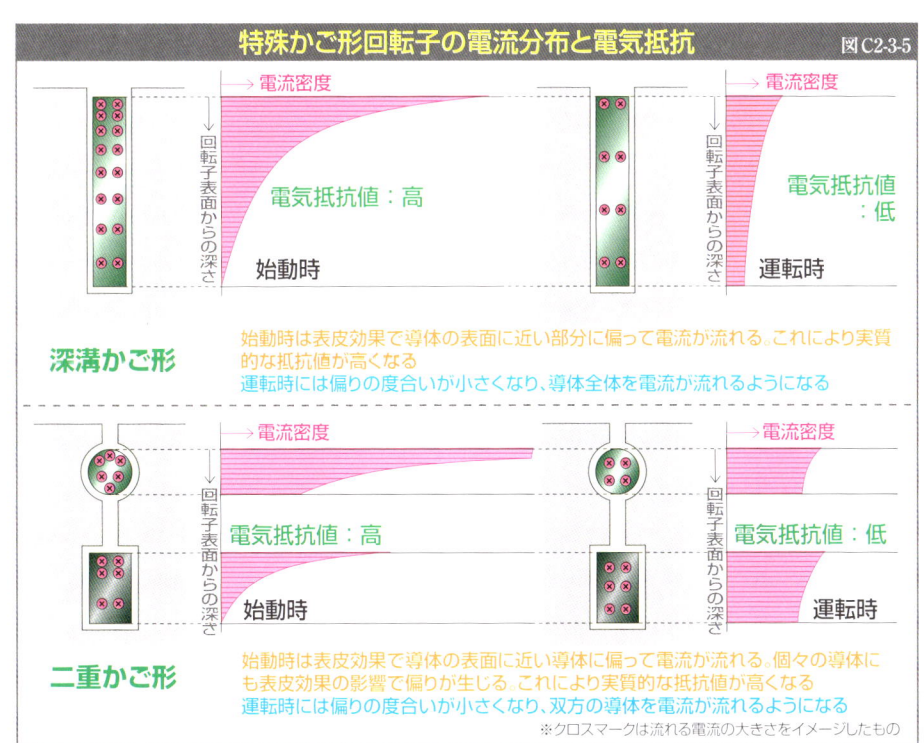

深溝かご形
始動時：電気抵抗値：高
運転時：電気抵抗値：低
始動時は表皮効果で導体の表面に近い部分に偏って電流が流れる。これにより実質的な抵抗値が高くなる
運転時には偏りの度合いが小さくなり、導体全体を電流が流れるようになる

二重かご形
始動時：電気抵抗値：高
運転時：電気抵抗値：低
始動時は表皮効果で導体の表面に近い導体に偏って電流が流れる。個々の導体にも表皮効果の影響で偏りが生じる。これにより実質的な抵抗値が高くなる
運転時には偏りの度合いが小さくなり、双方の導体を電流が流れるようになる

※クロスマークは流れる電流の大きさをイメージしたもの

巻線形回転子

巻線形回転子では、誘導電流を流す導体にコイルを使用する。かご形回転子と同じように、積層鉄心の回転子鉄心にスロットが設けられ、コイルが収められる。スロットが少し斜めにされた斜溝(スキュー)が採用されることもある。

誘導モータでは固定子コイルを一次コイル(一次巻線)というのに対して、回転子コイル(ロータコイル)を二次コイル(二次巻線)という。

二次コイルの両端が短絡されていることもあるが、この場合はかご形回転子と同じように機能する。誘導電流はコイル内だけを流れることになる。しかし、一般的に巻線形回転子といった場合には、コイルは短絡されておらず、コイルに流れる誘導電流が外部に取り出せるようにされている。

巻線形回転子の基本的な構造は巻線形直流整流子モータの回転子に準じたものだが、転流を行う整流子はなく、代わりにスリップリングが備えられている。このスリップリングに接したブラシから外部に電流を導くことができる。

コイルは三相のことが多く、型巻コイルが分布巻される。三相のコイルはスター結線(Y結線)またはデルタ結線(Δ結線)にされ、3個のスリップリングにそれぞれつながれる。ブラシにはリード線が備えられ、モータケース外側の端子に接続される。

巻線形回転子は、スリップリングとブラシが擦れ合うため、ノイズが発生し、保守も必要になる。構造が複雑なのでコストがかかるが、二次コイルの回路を制御に利用できるメリットがある。

ブラシで取り出した二次コイルの回路に抵抗器を接続すれば始動トルクを大きくすることができる。同じように抵抗器で二次コイルの電流を調整すれば、回転速度制御が可能になる。詳しくは後で説明するが、こうした制御を二次抵抗制御法(P178参照)いう。二次コイルの回路に抵抗を接続するのではなく、電圧をかけて行う制御法もあり、二次励磁制御法という。

また、始動時のみ二次抵抗制御を行い、始動後はブラシを上げて二次コイルを短絡すれば、かご形回転子として機能させることができる。こうしたモータをブラシ引上装置付モータという。

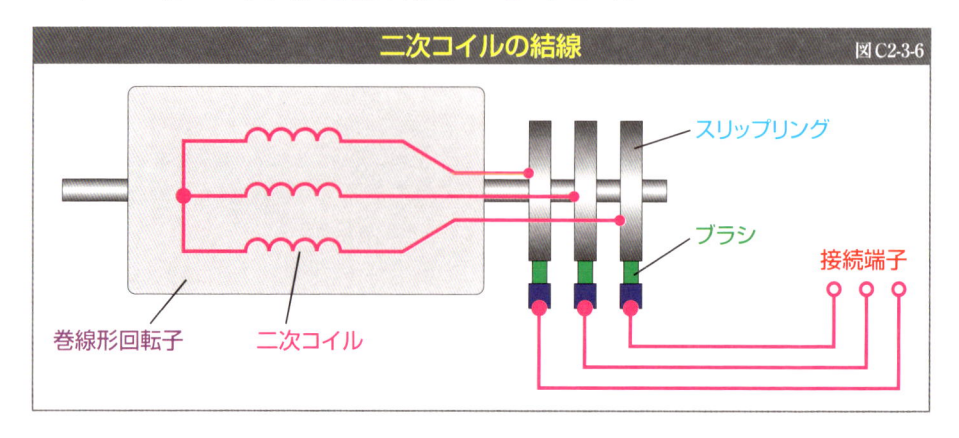

二次コイルの結線　図C2-3-6

スリップリング／ブラシ／接続端子／巻線形回転子／二次コイル

スリップリング＝slip ring

スリップリング

回転する物体を電気回路の一部とすることは難しい。導線を直接つないだのでは、回転するにつれて導線が巻きついていってしまう。そのため、さまざまな機構が考案されているが、モータや発電機ではスリップリングとブラシが使われる。スリップリングにスイッチ機能をもたせたものが整流子だ。

スリップリングは回転軸に備えられる円筒形の端子で、その外周にブラシが押しつけられる。スリップリングが回転軸とともに回転しても、常にスリップリングとブラシが接触しているので、電気を流すことができる。スリップリングを多数に分割すれば整流子片になり、スイッチ機能を備えることができる。

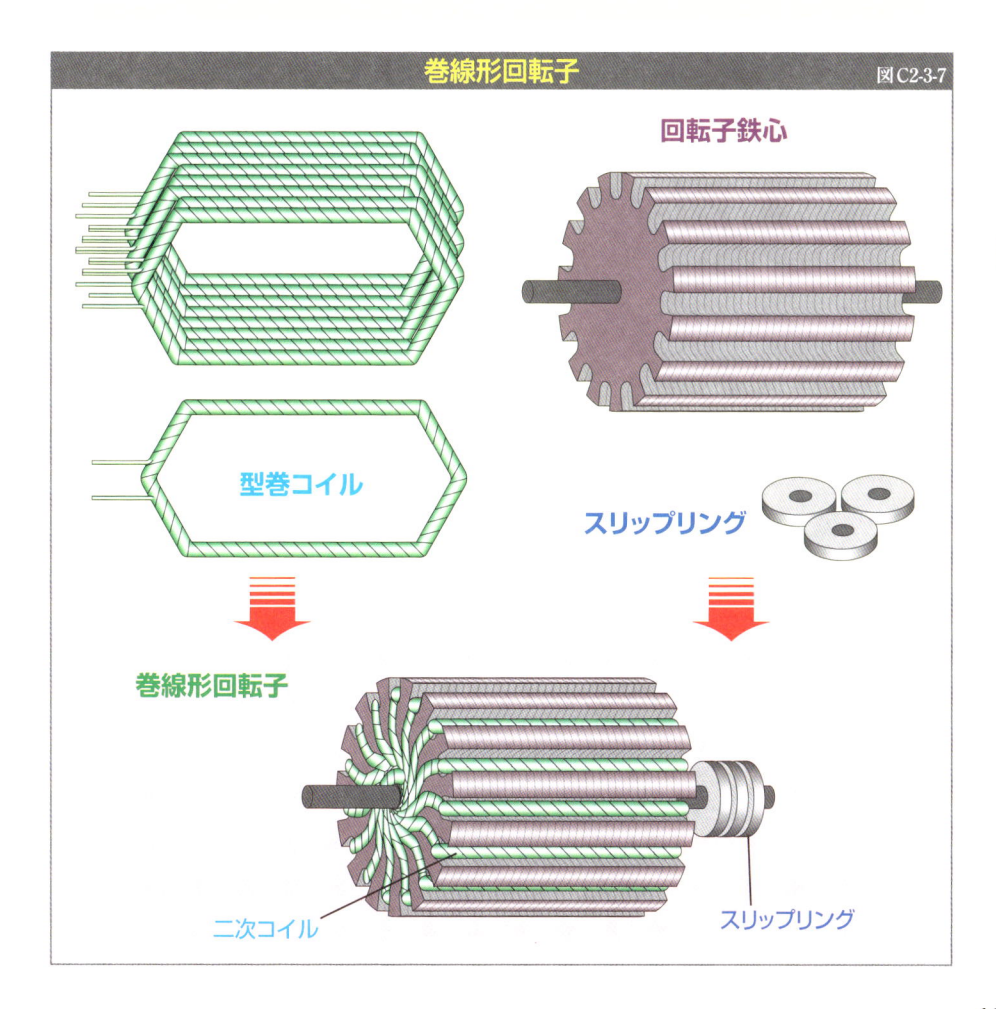

巻線形回転子

図C2-3-7

- 型巻コイル
- 回転子鉄心
- スリップリング
- 巻線形回転子
- 二次コイル
- スリップリング

第2章 三相誘導モータ
固定子

三相交流を固定子コイルに流すことで回転磁界を作り出し、回転子を回転させるのが固定子の役割だ。かご形であっても巻線形であっても固定子の基本的な構造は同じだ。

固定子コイル

三相回転磁界を作る固定子のコイルを**固定子コイル**という。巻線形の場合は、回転子に備えられる**二次コイル**に対して、**一次コイル**ともいう。固定子コイルには交流が流されるため、鉄心で鉄損が発生する。そのため固定子鉄心には**積層鉄心**が採用される。固定子コイルはこの鉄心の**スロット**（溝）に収められる。

誘導モータは固定子の**極数**によって、回転磁界の**同期速度**が変化する。N極とS極が1組なら2極の固定子、2組なら4極の固定子という。三相誘導モータでは8極ぐらいまで使われる。中心から見た隣り合う**磁極**同士の間隔（角度）を**磁極ピッチ**という。また、中心から見た隣り合うスロット同士の間隔（角度）は**スロットピッチ**という。

↑分布巻が採用された三相回転磁界を作り出す固定子。三相4極24スロットの短節巻になっている。

◆型巻コイルと乱巻コイル

固定子コイルの製造方法には、あらかじめ型取りされた1ターンもしくは多ターンのコイルをはめこむ**型巻コイル**と、直接鉄心のスロットに巻線を巻いていく**乱巻コイル**がある。いずれの場合も、コイルをスロットに収めてから樹脂などで固めて絶縁することが多い。

乱巻コイルの場合、個々のコイルの巻線の位置を製造時に正確に管理することが難しいため、相ごとのコイルの距離に微妙な差異が発生し、相と相の絶縁距離が厳密に維持できない可能性がある。そのため、高電圧機では型巻コイルが採用される。

◆集中巻と分布巻

固定子コイルの巻き方には、隣り合ったスロットに巻線を巻き、コイルごとに磁極を構成する**集中巻**と、スロットをいくつかまたいで巻線を巻き、複数のコイルで磁極を構成する**分布巻**がある。集中巻では磁極が集中するが、複数のコイルで磁極を構成する分布巻では回転磁界の磁極が滑らかに変化するため**トルク変動**が抑えられる。そのため、三相誘導モータでは一般的に分布巻が採用される。

分布巻には、1本のスロットに1本の**コイル辺**だけを収める**単層巻**もあるが、三相誘導モータでは1本のスロットに2本のコイル辺を収める**2層巻**が一般的だ。

全節巻と短節巻 図C2-4-1

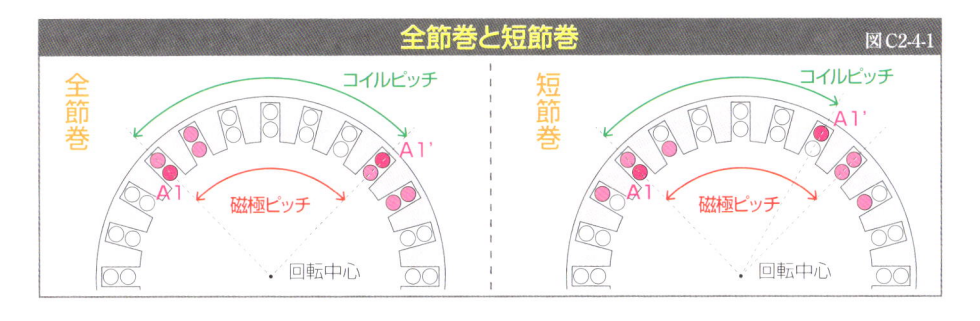

全節巻と短節巻

　同じ12スロットでも、2極2層巻であれば、同じ相で同じ磁極を作るスロットが2本になるが、4極2層巻であれば1本ずつになる。こうした同じ相で同じ磁極の**スロット数**を、**毎極毎相スロット数**という。例えば、12スロット2極2層巻の毎極毎相スロット数は2になり、12スロット4極2層巻の毎極毎相スロット数は1になる。

　中心から見た1個のコイルの**コイル辺**の間隔（角度）を**コイルピッチ**といい、**磁極ピッチ**とコイルピッチが等しい巻き方を**全節巻**、磁極ピッチよりコイルピッチが短い巻き方を**短節巻**という。毎極毎相スロット数1の固定子の場合は全節巻しかできないが、毎極毎相スロット数が2以上の固定子の場合は短節巻も可能となる。

　全節巻では、毎極毎相スロット数分に同じ相で同じ極のコイル辺が並ぶが、短節巻では毎極毎相スロット数＋1本のスロットにコイル辺が分散し、両端のスロットには異なる相のコイル辺が収まることになる。**回転磁界**の強さでは同じ相のコイル辺が集中する全節巻のほうが有利だが、磁極ピッチ間の**磁界**の強さが均一になる。短節巻にすると、両端のスロットの磁界が他の相の磁界で弱められるが、磁極ピッチ間の磁界の強さが**サインカーブ（正弦曲線）** に近づき、回転磁界の磁極が滑らかに変化する。そのため、毎極毎相スロット数が2以上の回転子では短節巻が採用されることが多い。

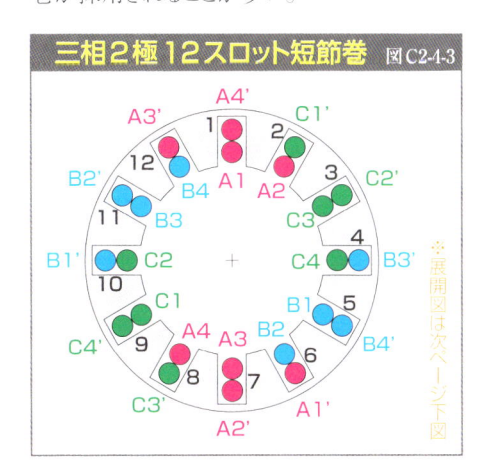

三相2極12スロット全節巻 図C2-4-2

三相2極12スロット短節巻 図C2-4-3

第3部・交流で働くモータ／第2章・三相誘導モータ／固定子

三相2極12スロット全節巻－展開図 図C2-4-4

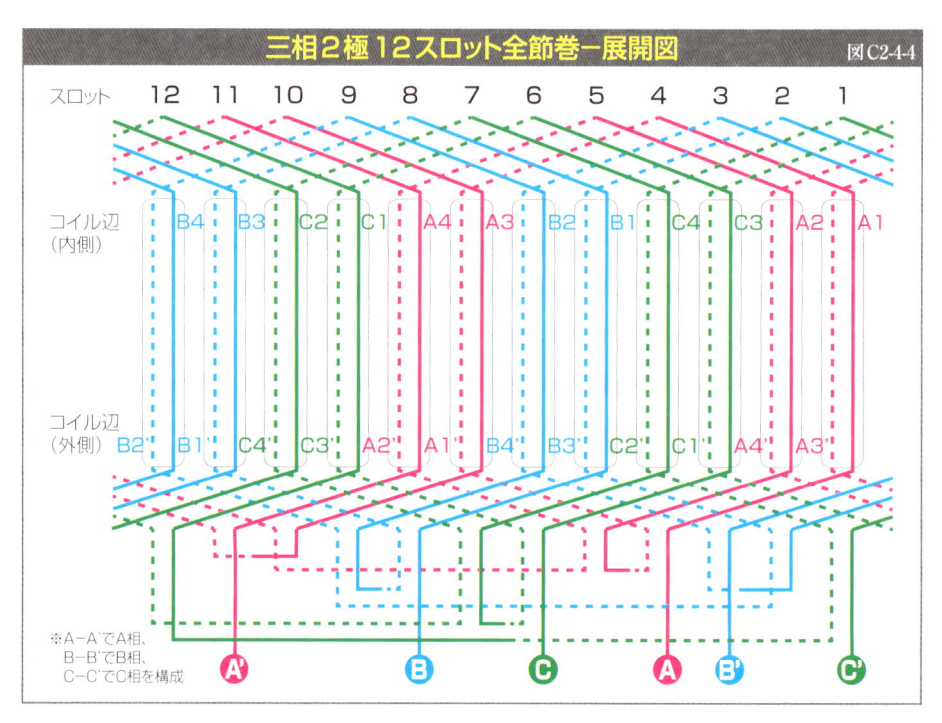

スロット	12	11	10	9	8	7	6	5	4	3	2	1
コイル辺（内側）	B4	B3	C2	C1	A4	A3	B2	B1	C4	C3	A2	A1
コイル辺（外側）	B2'	B1'	C4'	C3'	A2'	A1'	B4'	B3'	C2'	C1'	A4'	A3'

※A–A'でA相、B–B'でB相、C–C'でC相を構成

端子: A' B C A B' C'

三相2極12スロット短節巻－展開図 図C2-4-5

スロット	12	11	10	9	8	7	6	5	4	3	2	1
コイル辺（内側）	B4	B3	C2	C1	A4	A3	B2	B1	C4	C3	A2	A1
コイル辺（外側）	A3'	B2'	B1'	C4'	C3'	A2'	A1'	B4'	B3'	C2'	C1'	A4'

※A–A'でA相、B–B'でB相、C–C'でC相を構成

端子: A' B C A B' C'

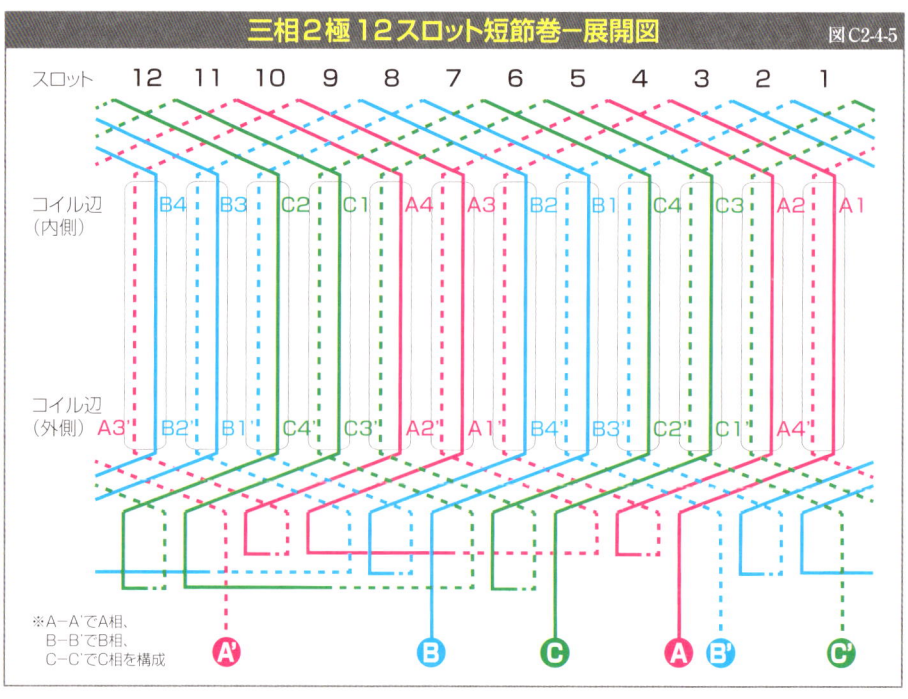

展開図の見方は93ページ参照

2極機と4極機

4極以上の**固定子**の固定子コイル同士の接続方法には、**分布巻**を採用する直流整流子モータの電機子と同じように**重ね巻**と**波巻**の2種類がある。重ね巻では、ほぼ**磁極ピッチ**（**全節巻**ならば磁極ピッチに等しく、**短節巻**ならば磁極ピッチより短い）の2本の**コイル辺**で1個のコイルを構成する。波巻では、ほぼ磁極ピッチのコイル辺を順次通過して一方向に巻き進む。整流子モータの電機子の場合、重ね巻と波巻では並列回路数に違いがあるため、電圧や電流で使い分けされているが、**誘導モータ**の固定子コイルの場合、どちらの巻き方でも直列接続も並列接続も可能なため、電気的な特性に違いがない。そのため、製造コストが抑えられる重ね巻が採用されるのが一般的だ。

図は4極であることがわかりやすい**毎極毎相スロット数**が1の例なので全節巻だが、4極機以上でも毎極毎相スロット数が2以上の場合は、短節巻が採用されることが多い。

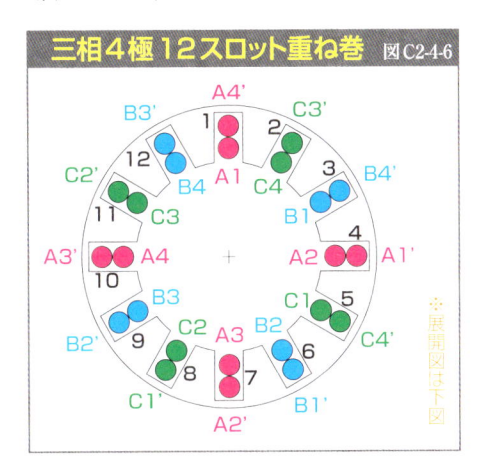

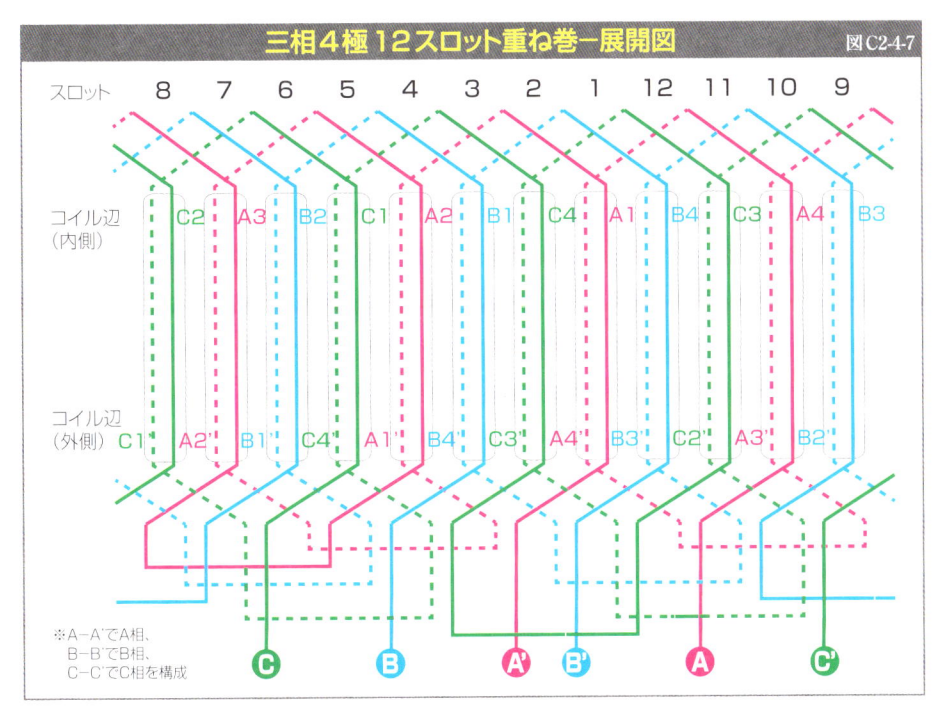

図C2-4-6 三相4極12スロット重ね巻

※展開図は下図

図C2-4-7 三相4極12スロット重ね巻−展開図

※A−A'でA相、B−B'でB相、C−C'でC相を構成

第2章 三相誘導モータ
始動法

大形の三相誘導モータでは始動時に大電流が流れてモータが損傷することがあるため、始動に工夫が必要になることがある。

始動電流と始動法

　三相誘導モータは、固定子コイルに**インダクタンス**があるため**始動**の時にもっとも大きな電流が流れる。この大きな電流を**始動電流**や**突入電流**という。**定格電圧**をかけた際の始動電流は**定格電流**の4～8倍にもなる。小形モータの場合は、そのまま定格電圧をかけて始動しても大丈夫なことがほとんどだ。こうした**始動法**を**全電圧始動法**や**直入れ始動法**という。大形モータになると、大きな始動電流によってモータのコイルや電源が悪影響を受けるため、始動電流を抑えて始動する必要がある。

　巻線形誘導モータの場合、回転子を流れる**二次電流**を調整することで**一次電流**を制御できる。この方法で回転速度制御が行われるが、始動の際に始動電流を抑えることも可能となる。二次電流を電気抵抗で調整するため、**二次抵抗制御法**という。二次抵抗制御法は回転速度制御も含め別項でまとめて説明する（P178参照）。

　かご形誘導モータの場合、巻線形のように二次電流で制御することができないため、始動電流を抑える始動法が必要になる。始動法には、**スターデルタ始動法**、**リアクトル始動法**、**コンドルファ始動法**などがある。

　また、回転速度制御に**インバータ**が使われる場合は、始動もインバータ制御で行われる。これを**可変周波数始動法**という。**すべ**りが小さい状態を保って始動できるので、始動トルクが低下しない。

　回転速度制御の方法である**極数変換法**が始動に使われることもある。極数を増やした状態で全電圧始動が行われる。極数を増やすと、並列回路数が増え、モータのインダクタンスが小さくなるので、始動電流が抑えられる。

　なお、始動電流を抑える始動法では**始動トルク**が小さくなる。そのため、大きな始動トルクが求められる用途では、全電圧始動が可能な**特殊かご形回転子**が使われることがある。

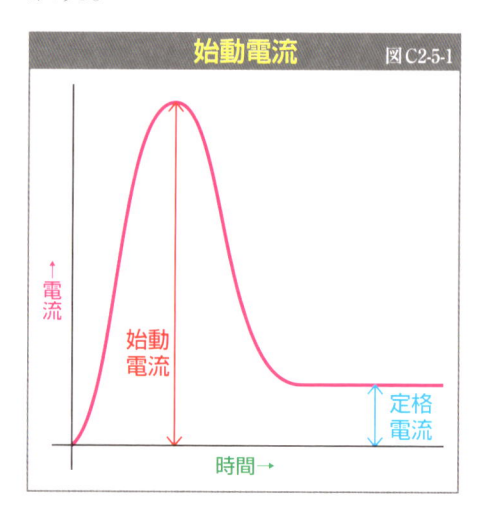

始動電流　図C2-5-1

（グラフ：縦軸「電流」、横軸「時間→」、ピークに「始動電流」、低い水平部分に「定格電流」）

🔶 スターデルタ始動法＝star-delta start、リアクトル始動法＝reactor start、コンドルファ始動法＝kondorfer start

スターデルタ始動法（Y-Δ始動法）

スターデルタ始動法（Y-Δ始動法）は、固定子コイルの結線をかえることで始動電圧を抑える。最初は**スター結線（Y結線）**にしておき、定格電圧をかけて始動する。これにより始動時の電圧が定格電圧の$1/\sqrt{3}$（約1.73分の1）になり、**始動電流**も同じ比率で小さくなるので、安全に始動できる。十分に回転速度が高まったところで**デルタ結線（Δ結線）**にかえる。

スターデルタ始動法は外付の装置が不要で、スイッチ回路だけで低コストに実現できるが、始動トルクは1/3になる。切り替え時には一瞬電流が途切れ、モータが空転状態になるので、トルクの段付が発生することもある。切り替わった瞬間には**突入電流**によるショックが起こることもある。そのため、出力の小さなモータで採用されることが多い。

切り替え時の突入電流を吸収するために**抵抗器**を含めた始動回路もあり、**クローズドトランジションスターデルタ始動法**、または単に**クローズドスターデルタ始動法**という。単純に切り替えを行う方式は**オープントランジションスターデルタ始動法**、または**オープンスターデルタ始動法**という。

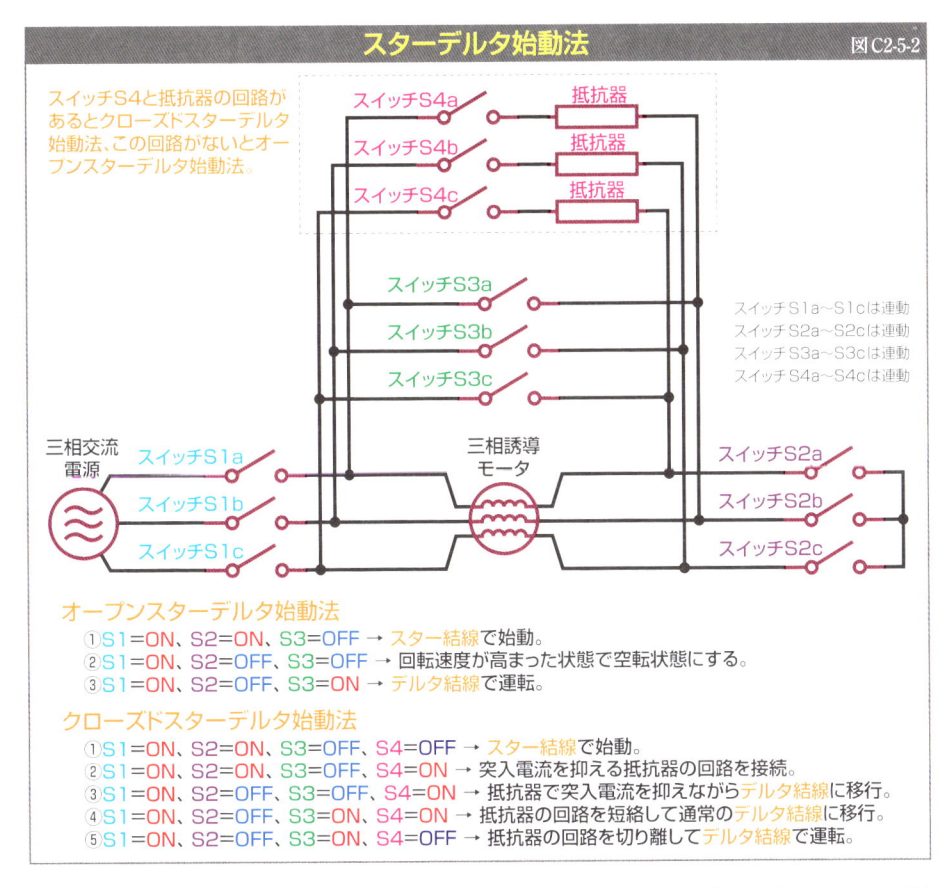

図C2-5-2 スターデルタ始動法

スイッチS4と抵抗器の回路があるとクローズドスターデルタ始動法、この回路がないとオープンスターデルタ始動法。

スイッチS1a〜S1cは連動
スイッチS2a〜S2cは連動
スイッチS3a〜S3cは連動
スイッチS4a〜S4cは連動

オープンスターデルタ始動法
① S1=ON、S2=OFF、S3=OFF → スター結線で始動。
② S1=ON、S2=OFF、S3=OFF → 回転速度が高まった状態で空転状態にする。
③ S1=ON、S2=OFF、S3=ON → デルタ結線で運転。

クローズドスターデルタ始動法
① S1=ON、S2=ON、S3=OFF、S4=OFF → スター結線で始動。
② S1=ON、S2=ON、S3=OFF、S4=ON → 突入電流を抑える抵抗器の回路を接続。
③ S1=ON、S2=OFF、S3=OFF、S4=ON → 抵抗器で突入電流を抑えながらデルタ結線に移行。
④ S1=ON、S2=OFF、S3=ON、S4=ON → 抵抗器の回路を短絡して通常のデルタ結線に移行。
⑤ S1=ON、S2=OFF、S3=ON、S4=OFF → 抵抗器の回路を切り離してデルタ結線で運転。

オープントランジションスターデルタ始動法＝open transition star-delta start、クローズドトランジションスターデルタ始動法＝closed transition star-delta start

リアクトル始動法&一次抵抗始動法

リアクトル始動法は、モータと電源との間に**始動用リアクトル**を入れて始動する。リアクトルがモータと直列に配されるため、**直列リアクトル始動法**ともいう。リアクトルとは**コイル**を利用した**受動素子**の一種で、コイルの**リアクタンス**によって交流に対して電気抵抗と同じように作用する。このリアクトルによって**始動電流**が抑えられる。始動後にはリアクトルを短絡する。

リアクトルに**タップ**を備えれば、**始動トルク**の選択が可能となる。次に説明するコンドルファ始動法に比べると安価だが、始動電流の割に始動トルクが小さくなる。

リアクトルの代わりに**抵抗器**を挿入する方法もあり、**一次抵抗始動法**や**直列抵抗始動法**という。直列に配した抵抗器によって、始動時の電圧を抑えることができる。

簡易式として、1相もしくは2相のみにリアクトルか抵抗器を挿入する方法があり、**クザ始動法**という。

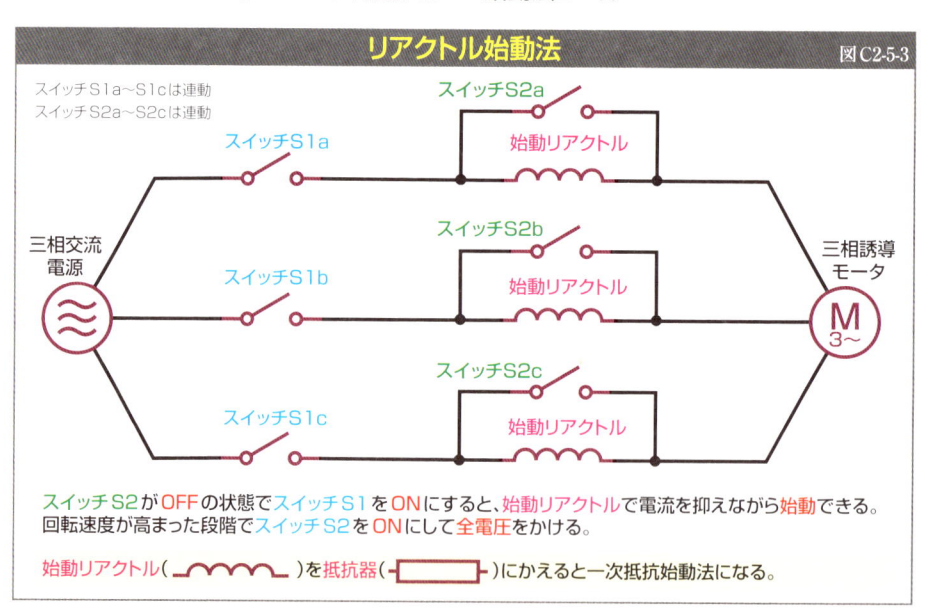

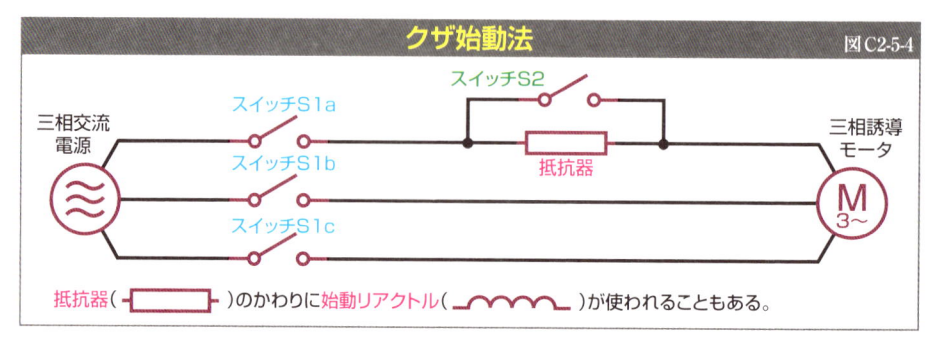

リアクトル始動法　図C2-5-3

スイッチS1a〜S1cは連動
スイッチS2a〜S2cは連動

スイッチS2がOFFの状態でスイッチS1をONにすると、始動リアクトルで電流を抑えながら始動できる。回転速度が高まった段階でスイッチS2をONにして全電圧をかける。

始動リアクトル（ ⌒⌒⌒ ）を抵抗器（ ▭ ）にかえると一次抵抗始動法になる。

クザ始動法　図C2-5-4

抵抗器（ ▭ ）のかわりに始動リアクトル（ ⌒⌒⌒ ）が使われることもある。

● クザ始動法=kuza start

コンドルファ始動法（始動補償器始動法）

コンドルファ始動法は、始動補償器始動法ともいい、特に始動電流を抑えたい場合に採用される。始動補償器といわれる三相単巻の変圧器で電圧を下げ、始動電流を抑えて始動し、回転速度が十分に高まったところで、全電圧に切り替える。

全電圧に切り替える際の突入電流を防ぐために、いったん単巻変圧器の中性点を開き、変圧器をリアクトルとして利用し、最後にリアクトルを短絡して全電圧にする。

変圧器のタップの位置で始動電圧の設定をかえることができ、一般的に全電圧の40%〜80%に抑えることができる。コストがかかり、始動電流の割に始動トルクが小さくなるが、始動電流を大きく抑えることができ、切り替え時のショックが小さい。

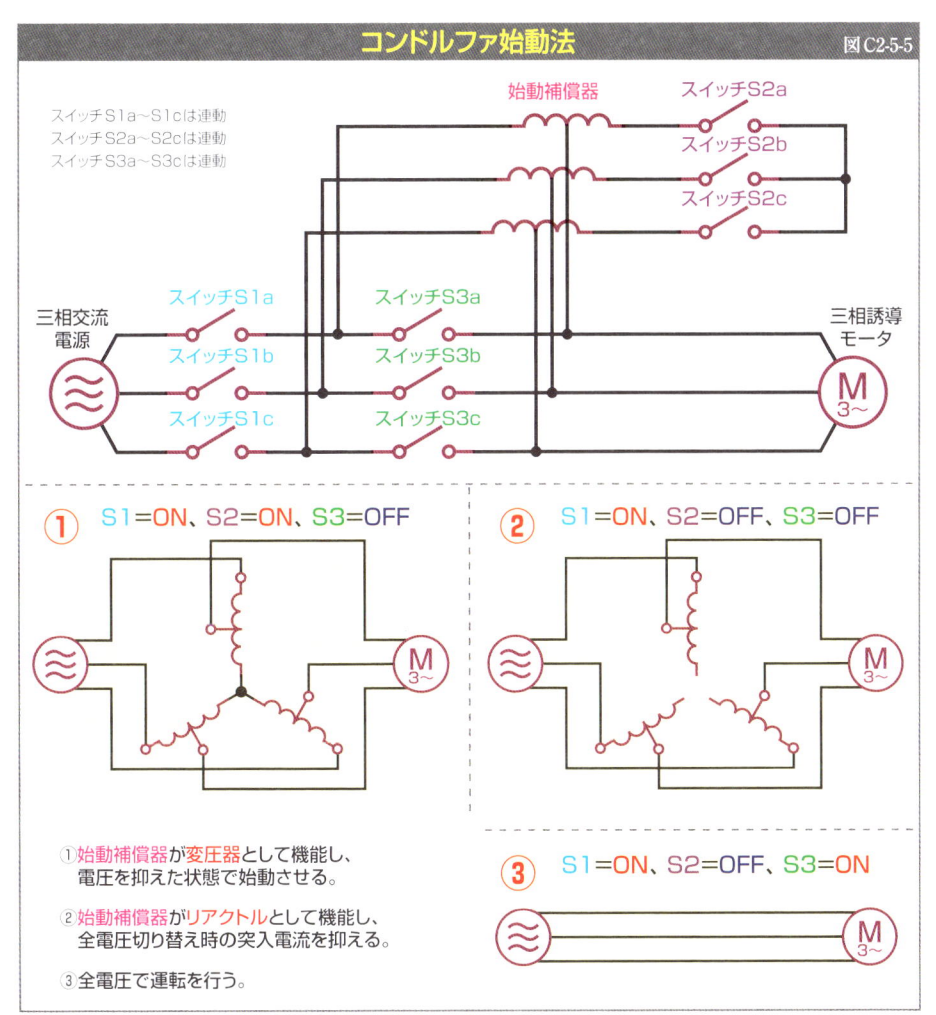

図C2-5-5 コンドルファ始動法

スイッチS1a〜S1cは連動
スイッチS2a〜S2cは連動
スイッチS3a〜S3cは連動

① S1=ON、S2=ON、S3=OFF
② S1=ON、S2=OFF、S3=OFF
③ S1=ON、S2=OFF、S3=ON

① 始動補償器が変圧器として機能し、電圧を抑えた状態で始動させる。
② 始動補償器がリアクトルとして機能し、全電圧切り替え時の突入電流を抑える。
③ 全電圧で運転を行う。

第2章 三相誘導モータ
回転速度制御

三相誘導モータの回転速度を制御する方法には、一次電圧制御法、極数変換法、周波数制御法、二次抵抗制御法がある。

回転速度を変化させる方法

三相誘導モータは、すべり、モータの極数、電源周波数によって回転速度を制御できる。電源電圧ですべりを調整する方法を一次電圧制御法、モータの極数をかえる方法を極数変換法、電源周波数を調整する方法を周波数制御法という。巻線形誘導モータの場合は、さらに二次電流を調整することでも回転速度制御が可能だ。二次電流の制御には一般的に二次抵抗制御法が使われ、この制御で始動も行われる。

一次電圧制御法

誘導モータは電源電圧を調整することで回転速度を制御することができる。誘導モータのトルクは一次電圧の2乗に比例する。一定の負荷トルクが接続された状態で、

一次電圧制御法（二次抵抗：小） 図C2-6-1

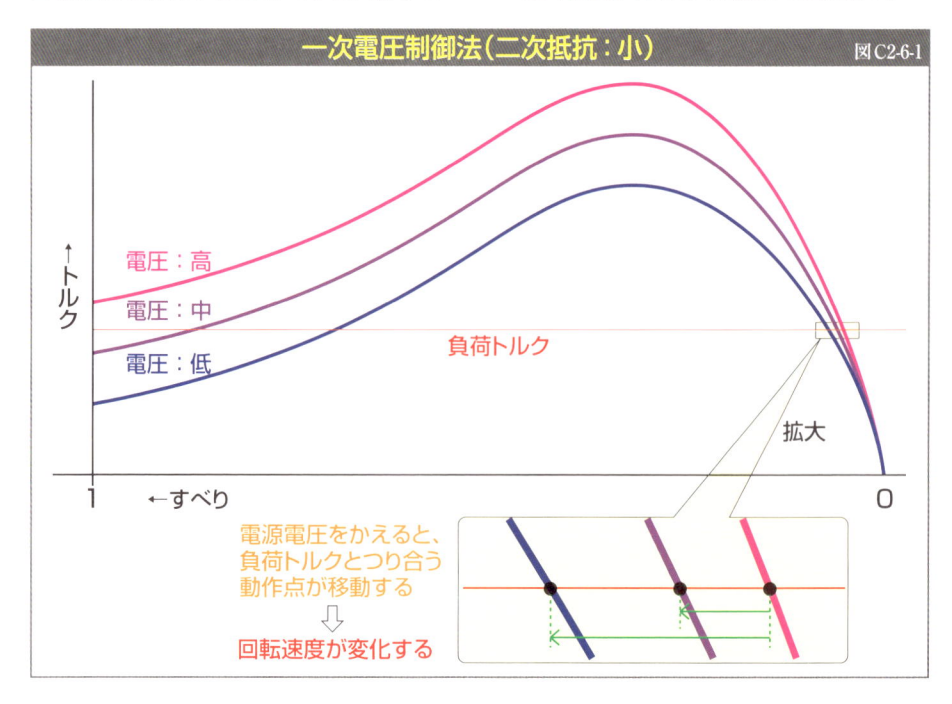

電圧：高
電圧：中
電圧：低
負荷トルク
↑トルク
1 ←すべり 0
拡大

電源電圧をかえると、負荷トルクとつり合う動作点が移動する
回転速度が変化する

三相誘導モータの図記号

三相誘導モータのJISによる図記号は、モータを意味するMの文字と、三相交流を意味する3〜が円のなかに配置される。巻線形をかご形と区別する場合には、円が二重になる。巻線形の場合は導線が6本になり、よく見ると3本の導線は内側の円に接することで、回転子コイルの導線であることを表現している。ただし、これらの図記号はあくまでも基本形だ。かご形であっても、モータ自体の端子は6個のことが多い。図記号から6本の導線を引き出しただけでは、内部のコイルとの結線状況がわからなくなってしまう。そのため、臨機応変にさまざまな図記号が使われている。

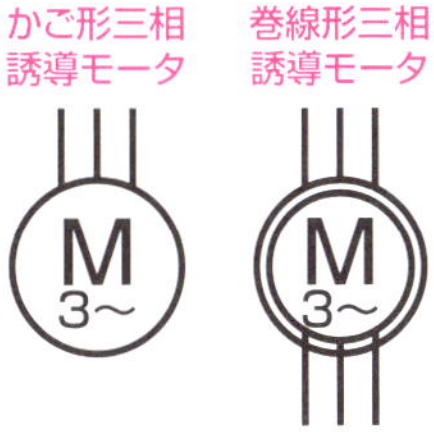

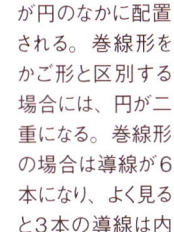

かご形三相誘導モータ / **巻線形三相誘導モータ**

固定子コイルを表現する記号の例

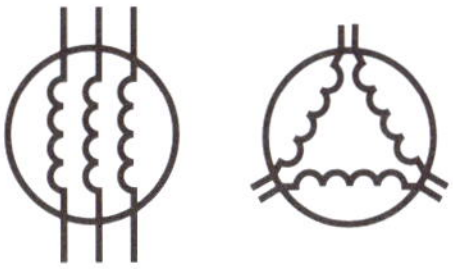

次電圧を変化させれば、モータのトルクが変化する。モータのトルクが変化すれば、つり合う動作点が移動し、**すべり**が変化する。つまり、**回転速度**が変化する。トルクは一次電圧の2乗に比例するので、電圧の変化に対してすべりの変化が大きなものになる。

回転子の**二次抵抗**を大きくして、トルク曲線をなだらかにすると、一次電圧の変化に対するすべりの変化を、さらに大きくすることができる。

ただし、すべりを大きくすると、回転子での損失が大きくなり、効率が低下するうえ、回転子の発熱も大きくなってしまう。一般的に**かご形誘導モータ**に使われる制御方法だが、**巻線形誘導モータ**で**二次抵抗制御法**と併用されることもある。

一次電圧の調整には、**サイリスタ位相角制御**（P228参照）などが使われていたが、**インバータ**による周波数制御法が一般的になった現在では、一次電圧制御法が単独で使われることはほとんどない。周波数制御と同時に一次電圧制御が行われている。

一次電圧制御法（二次抵抗：大） 図C2-6-2

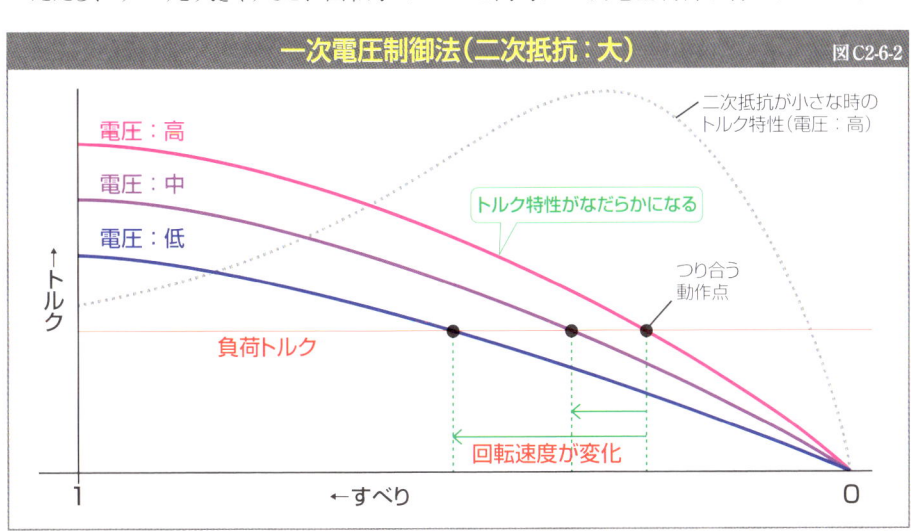

極数変換法

固定子コイルの極数が異なれば、同期速度が異なるため、誘導モータの回転速度をかえることができる。極数切換法ともいわれる極数変換法（ポールチェンジ法）は、固定子コイルの接続方法をかえて極数を変更して回転速度制御を行う。4極以上の極数のモータで可能となる。極数と同期速度は反比例するので、極数を1/2にすれば、同期速度が2倍になる。ただし、誘導モータにはすべりがあるため、極数を1/2にしても、回転速度が正確に2倍になるわけではない。

極数変換法は、段階的な回転速度の制御になり、きめ細かい回転数の制御は行えない。段階的な制御でも問題のない用途で使われる。また、一次電圧制御法と組み合わせて、無段階速度制御が行われることもある。

極数変換法は、モータ外部のスイッチ回路だけで実現できるが、固定子コイルの配線がモータ内で固定されていたのでは不可能だ。極数変換法が使えるように、コイルの回路が個別にモータ外側の端子に導かれている必要がある。こうしたモータを**ポールチェンジモータ**といい、構造が複雑になるため、コストがかかる。切り替え機構も複雑になり、コストがかかる。なかには5段階の切り替えが可能といったポールチェンジモータもある

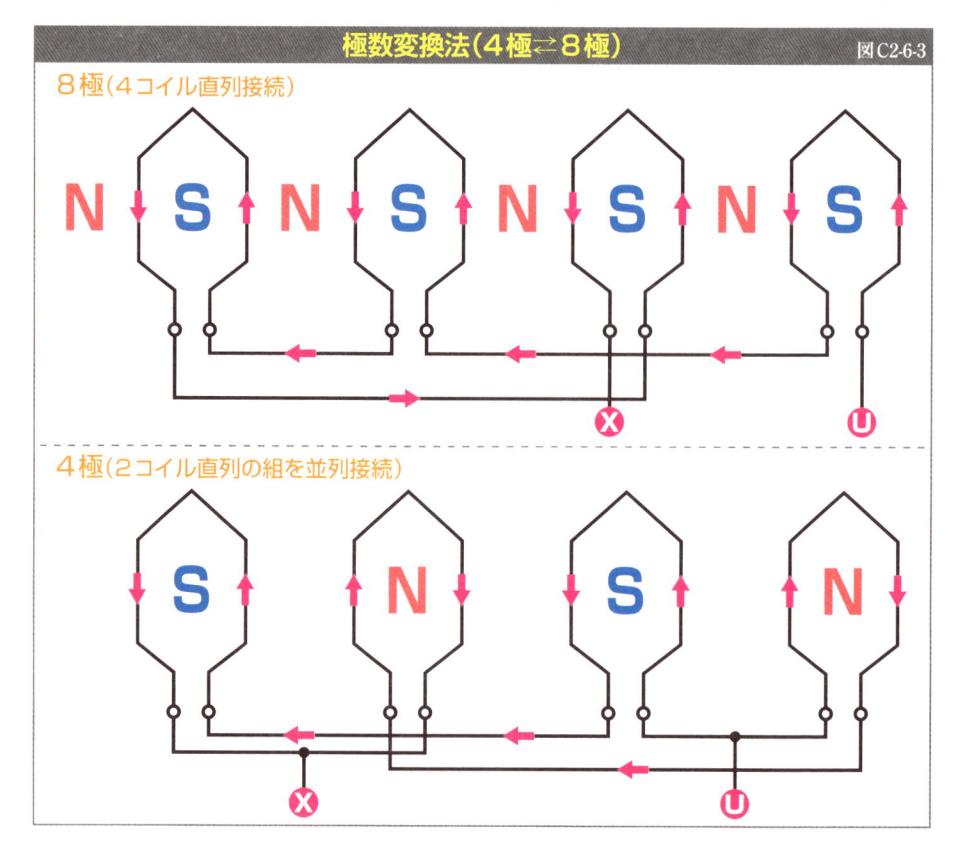

極数変換法（4極⇄8極） 図C2-6-3

8極（4コイル直列接続）

4極（2コイル直列の組を並列接続）

ポールチェンジ＝pole change

が、一般的には2段階か3段階の極数変換が可能とされている。

また、ポールチェンジモータのなかには、固定子コイルの接続方法をかえるのではなく、当初から極数の異なる2種類や3種類の固定子コイルを備えているものもある。モータのコストは高くなるが、切り替え機構は簡単になる。2台のモータを1個のモータケース内に収めたようなポールチェンジモータもある。異なった極数の固定子コイルが同一の**鉄心**上に備えられ、それぞれの固定子に対応した回転子が同軸上に備えられる。

周波数制御法

電源周波数がかわれば**同期速度**がかわるので、**誘導モータ**の回転速度が変化するのは当然のことだ。**周波数制御法**は、半導体を利用した**インバータ**などの**可変周波数電源**によって行われる。インバータについては220ページで説明する。

周波数を調整すれば、**三相誘導モータ**の回転速度制御が可能だが、同時に**電源電圧**の調整も行うのが一般的だ。電圧と周波数の双方を調整する制御を**可変電圧可変周波数制御法**（**VVVF制御法**）という。

もし、電圧一定で周波数を調整すると、周波数が低くなるほど**インダクタンス**の影響が小さくなる。インダクタンスの影響が小さくなると、電流が流れやすくなり、モータの発熱が大きくなる。そのため、周波数を低下させる局面では電圧を下げ、周波数を上昇させる局面では電圧を上げることが望ましい。

さらに、周波数を調整する際に、電圧÷周波数を一定にすると、**回転磁界の強さ**が一定に保たれ、特性がグラフ上で平行移動する。これを**平行推移**といい、回転数を変化させても、トルクを一定に保つことができる。こうした**定トルク制御**を**V/f制御**という。

V/f制御を行っていても、可変周波数電源が出力可能な最高電圧に達してしまえば、それ以上は定トルク制御を行うことができない。こうした場合は、電圧一定で周波数の調整のみを行うことになる。周波数のみの制御を行った場合、**定出力制御**になる。

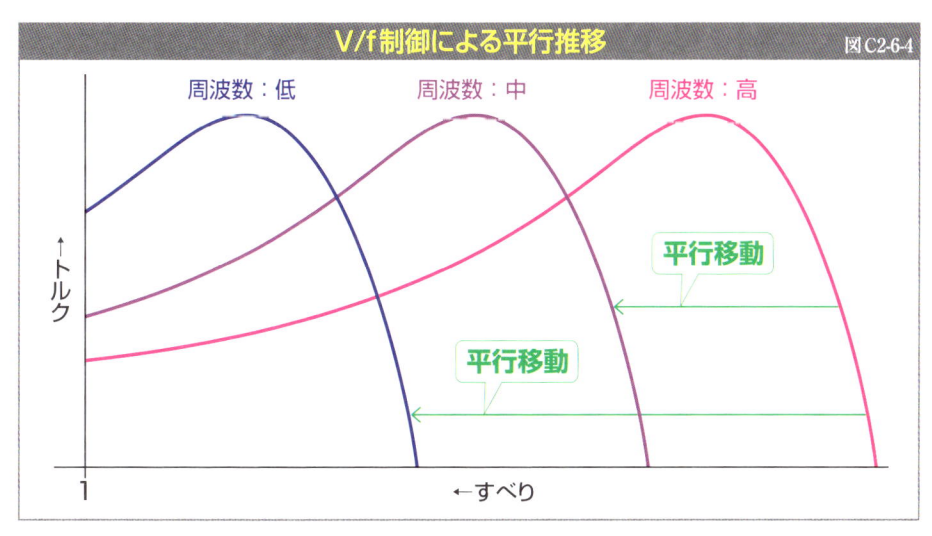

V/f制御による平行推移

図C2-6-4

周波数：低　周波数：中　周波数：高

↑トルク　　　平行移動　　平行移動

1　←すべり

● VVVF＝variable voltage variable frequency、V/f＝voltage/frequency

二次抵抗制御法

巻線形回転子に誘導される電流を**二次電流**という。**巻線形誘導モータ**では、この電流を外部に導き出して調整することで、始動や**回転速度制御**が可能になる。こうした二次電流の調整に**抵抗器**を使用する方法を**二次抵抗制御法**という。

◆始動

始動直後の**すべり**が大きな領域では、トルクは**二次抵抗**に比例する。特殊かご形回転子では、始動時の二次抵抗を大きくすることで**始動トルク**を高めているが、巻線形誘導モータの場合、**二次コイル**の回路を抵抗器に導くことで二次抵抗の抵抗値を調整できる。**回転速度**が高まるにつれて二次抵抗を小さくしていけば、電流を抑えながら始動することができる。

こうした始動には段階的に抵抗値がかえられる**始動抵抗器**や、**可変抵抗器**が使われる。二次コイルは三相が一般的なので、抵抗器が3個必要になる。例えば、手動で二次抵抗の値を4段階で切り替えられる始動抵抗器の場合、各抵抗器の接点が円形に配されていて、ハンドルを回すことで抵抗値を段階的に切り替えられる。こうした**手動始動抵抗器**のほか、リレーや操作用モータで切り替えを行う**自動始動抵抗器**もある。

◆回転速度制御

通常使用する回転速度の領域では、誘

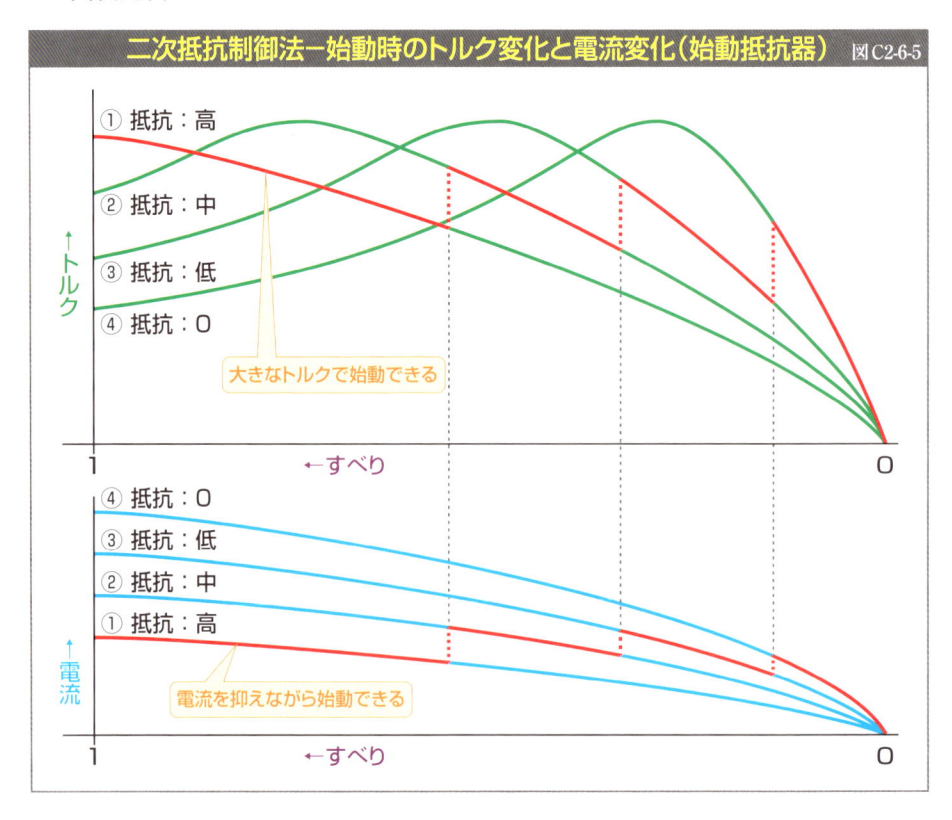

二次抵抗制御法－始動時のトルク変化と電流変化（始動抵抗器） 図C2-6-5

↑トルク

① 抵抗：高
② 抵抗：中
③ 抵抗：低
④ 抵抗：0

大きなトルクで始動できる

1 　　←すべり　　 0

④ 抵抗：0
③ 抵抗：低
② 抵抗：中
① 抵抗：高

↑電流

電流を抑えながら始動できる

1 　　←すべり　　 0

始動抵抗器による始動　図C2-6-6

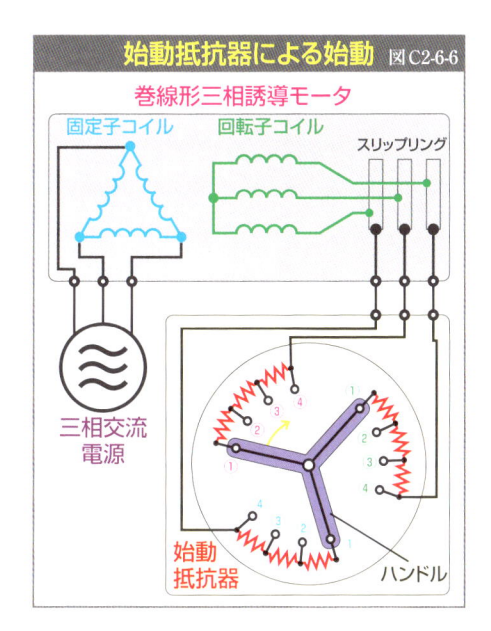

巻線形三相誘導モータ

固定子コイル／回転子コイル／スリップリング／三相交流電源／始動抵抗器／ハンドル

可変抵抗器による回転速度制御　図C2-6-7

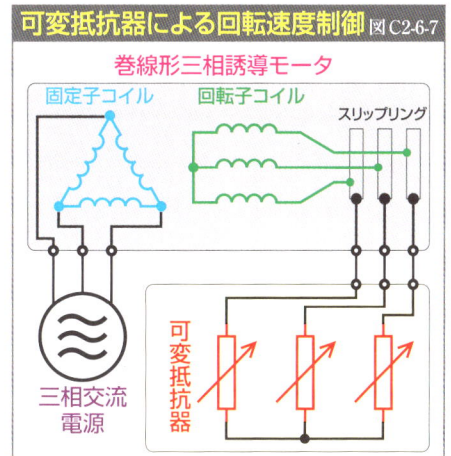

巻線形三相誘導モータ

固定子コイル／回転子コイル／スリップリング／三相交流電源／可変抵抗器

導モータのトルクは二次抵抗に反比例する。二次抵抗を大きくすれば、**最大トルク**が小さくなり、トルクカーブが全体に左に移動する。二次抵抗をn倍にすると、すべりがn倍になる特性があり、これを**比例推移**という。

　一定の**負荷トルク**をモータに接続した状態で二次抵抗を変化させれば、つり合う動作点が変化する。これによりすべりが変化

する。つまり、**回転速度制御**が可能になる。この方法によって同期速度の40％程度まで回転速度を制御することができる。つり合う動作点を変化させるという点では、一次電圧制御法と同じ考え方だ。

　二次抵抗は段階的に抵抗値を調整できる二次抵抗器や可変抵抗器が使用される。抵抗器を利用した場合、二次電流の電力は損失になってしまう。そのため、**インバータ**などの半導体回路を利用して電源側に返還する制御方法もある。

二次抵抗制御法—回転速度制御時のトルク変化（可変抵抗器）　図C2-6-8

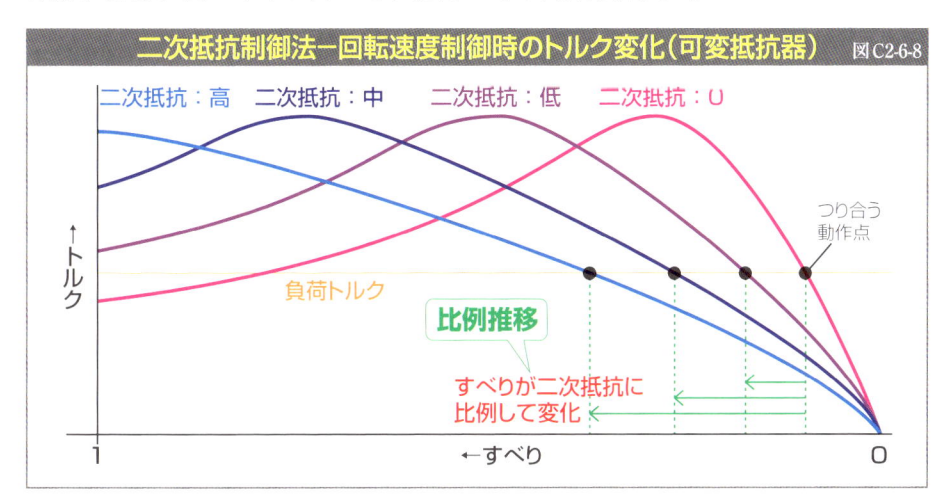

二次抵抗：高　二次抵抗：中　二次抵抗：低　二次抵抗：0

↑トルク／負荷トルク／つり合う動作点／**比例推移**／すべりが二次抵抗に比例して変化／←すべり

第3部・交流で働くモータ

第2章・三相誘導モータ／回転速度制御

第2章 三相誘導モータ
双方向駆動と制動

誘導モータは回転磁界の回転方向を逆にすれば逆方向に回転させることができる。電気的制動にはさまざまな方法がある。

双方向駆動

三相誘導モータの回転方向は、**回転磁界の回転する方向**で決まる。この方向は**三相交流**の循環する方向で決まる。三相交流の循環する方向は**相回転方向**という。

相回転方向は、三相交流の3本の線のうち、いずれか2本を入れ替えればかわる。入れ替える2本は、どの線を選んでもまったく問題ない。簡単なスイッチ回路で構成することができる。

図C2-7-1 双方向駆動回路

図C2-7-2 相回転方向と回転磁界の回転方向

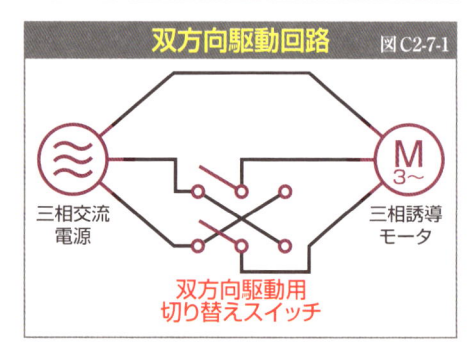

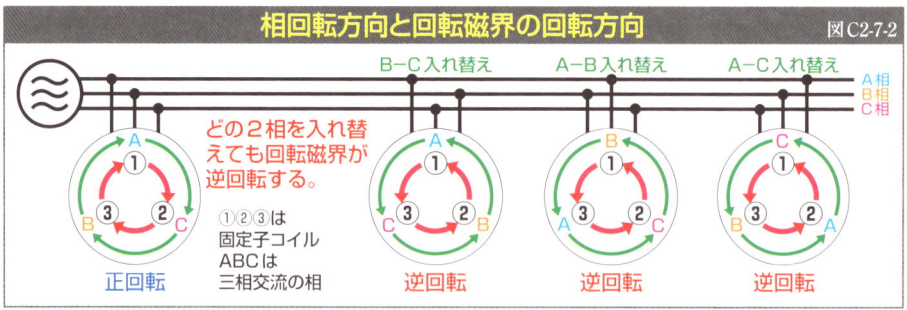

電気的制動

三相誘導モータの**電気的制動**には**直流制動法**、**単相制動法**、**逆相制動法**、**回生制動法**などがある。

直流制動法は**直流励磁法**ともいい、通常の電源を遮断した後に、**固定子コイル**の2相に直流電圧をかける。これにより三相誘導モータが一種の**同期発電機**として機能し、回転を止める方向にトルクが発生するので、制動が行われる。**かご形回転子**の場合、制動によって発生する電力は、**かご形導体**の熱損失となって消費されるため、導体が過熱する恐れがある。**巻線形回転子**の場合、**二次コイル**および外部の**二次抵抗**の熱損失として消費される。外部の二次抵抗の抵抗

直流制動法 図C2-7-3

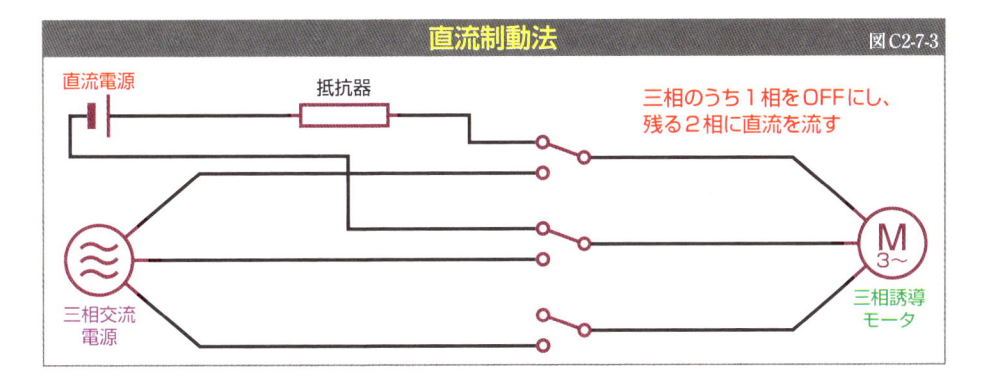

三相のうち1相をOFFにし、残る2相に直流を流す

(直流電源／抵抗器／三相交流電源／三相誘導モータ)

値を回転速度に応じて変化させれば、制動のトルクを調整することができる。

単相制動法は**単相励磁法**ともいい、電源の1相を遮断することで単相運転させる。単相誘導モータは同期速度付近でトルクがマイナスになる性質があるため、制動を行うことができる。この方法でも、制動中の**二次電流**が大きくなるため、かご形回転子の場合はかご形導体が過熱する恐れがある。二次抵抗の抵抗値を大きくすれば、幅広い回転速度で、回転方向とは逆方向のトルクを得ることができるため、二次抵抗を大きくできる**巻線形誘導モータ**に適している。

逆相制動法では、固定子コイルの2相を切り替えて、回転磁界の方向を逆にする。逆方向駆動になるため、その発生トルクが制動のトルクになる。双方向駆動回路で、制動を行うことができる。この方法でも、制動中の二次電流が大きくなるため、かご形回転子の場合はかご形導体が過熱する恐れがある。巻線形の場合は二次抵抗を大きくすることで対処できる。

回生制動法では、負荷から同期速度以上の回転をモータに伝える。誘導モータは回転速度が同期速度以上になると、すべりが負になり、**誘導発電機**として機能する。この発電電力を電源に返すことにより、発生する回転方向とは逆方向のトルクが、制動のトルクになる。

単相制動法 図C2-7-4

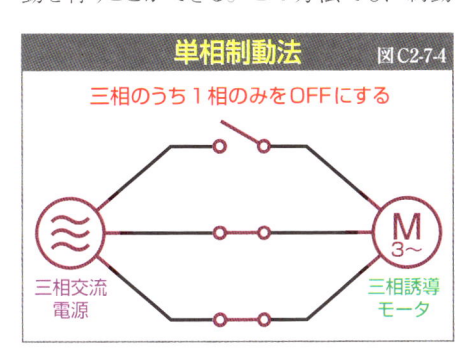

三相のうち1相のみをOFFにする

(三相交流電源／三相誘導モータ)

回生制動時のトルク 図C2-7-5

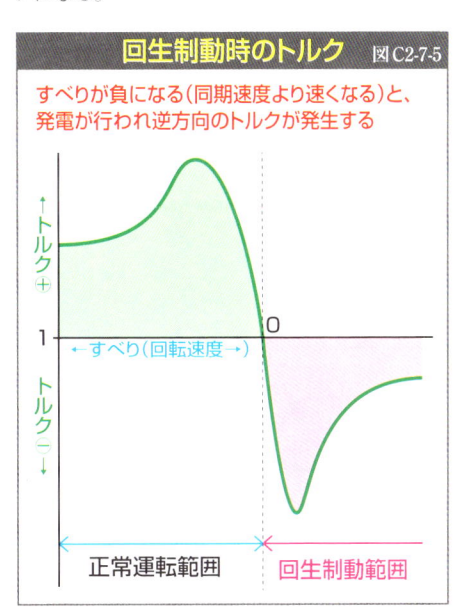

すべりが負になる(同期速度より速くなる)と、発電が行われ逆方向のトルクが発生する

↑トルク+／トルク−↓ ←すべり(回転速度)→

正常運転範囲 ／ 回生制動範囲

第3部・交流で働くモータ

第2章・三相誘導モータ／双方向駆動と制御

第3章 単相誘導モータ
回転原理と種類

誘導モータは回転磁界形モータだが、単相誘導モータの多くは回転磁界ではなく交番磁界で回転子を回転させている。

単相誘導モータの回転原理

単相交流では**回転磁界**を作ることができない。極性が交互に入れ替わるだけの**交番磁界**しか作れない。しかし、交番磁界のなかで**誘導モータ**用の回転子を回転させると、回転子に**誘導電流**が流れて**トルク**を得ることができ、回転を続けることができる。

回転方向以外の条件がすべて同じ回転磁界を同軸上に重ねると、交番磁界ができる。ここから、交番磁界の**磁束**は、相互に逆方向に回転する回転磁界に分解することができることになる。また、こうして作り出した交番磁界の**周期**は回転磁界の周期と等しくなる。つまり、単相交流で交番磁界を作った場合、その**同期速度**は単相交流の**電源周波数**を60倍したものになる。

交番磁界のなかで、回転子が同期速度に対して一定の**すべり**で回転している状況を考えてみる(図C3-1-2)。この時、交番磁界は、正回転の回転磁界Aと逆回転の回転磁界Bに分解することができる。回転磁界Aによって回転子に発生する**電磁力**は、回転子の回転方向と同じ方向のトルクTaに

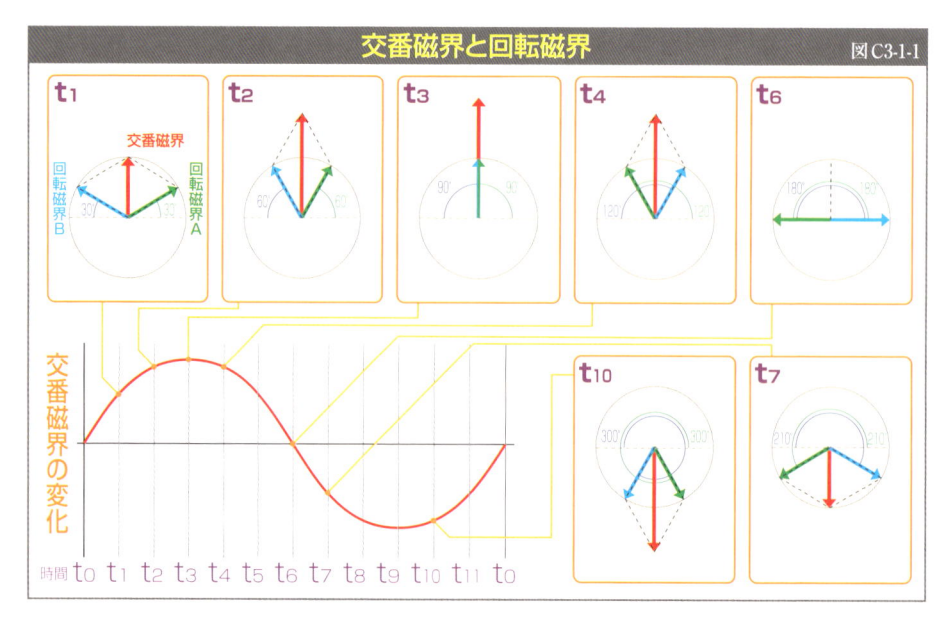

交番磁界と回転磁界 図C3-1-1

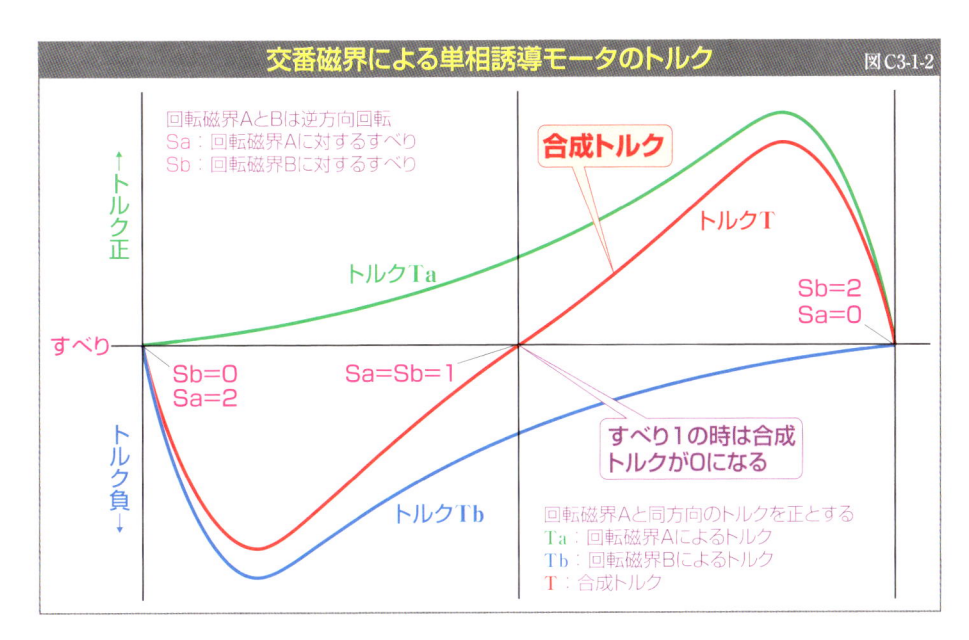

交番磁界による単相誘導モータのトルク　　図C3-1-2

- 回転磁界AとBは逆方向回転
- Sa：回転磁界Aに対するすべり
- Sb：回転磁界Bに対するすべり

合成トルク

トルクT
トルクTa
トルクTb

↑トルク正
すべり
トルク負↓

Sb=0
Sa=2

Sa=Sb=1

Sb=2
Sa=0

すべり1の時は合成トルクが0になる

回転磁界Aと同方向のトルクを正とする
- Ta：回転磁界Aによるトルク
- Tb：回転磁界Bによるトルク
- T：合成トルク

なり、回転磁界Bによって発生する電磁力は、回転子の回転方向とは逆方向のトルクTbになる。この双方のトルクは、回転子の回転速度にすべりがあるため、大きさが異なる。結果、合成トルクTは回転子の回転方向に向かうため、回転子が連続して回転できる。

ただし、すべりが0と1の場合は、双方の回転磁界によって生まれる電磁力を合成しても、回転子を回転させるトルクにならない。

すべりが0になると回転できなくなるのは三相誘導モータも同じだ。しかし、負荷がかかっていれば、すべりが0になることはないので、実用上問題ない。

いっぽう、すべり1とは停止状態のことだ。つまり、交番磁界では**自己始動**できないことになる。そのため、交番磁界で動作させる**単相誘導モータ**には、**始動**のための工夫が必要になる。

単相誘導モータの種類

交番磁界では**自己始動**できないため、**単相誘導モータは二相回転磁界を作ることで始動**を行っている。始動後も二相回転磁界で動作するモータもあれば、始動後は交番磁界で動作するモータもある。単相誘導モータは、この始動のための工夫によって分類される。おもなものに**分相始動形単相誘導モータ**、**コンデンサモータ**、**くま取りコイル形単相誘導モータ**がある。二相回転磁界は、常に一定の強さの磁界で回転するのが理想

だが、始動だけを目的としているため合成磁界の大きさが変動する不完全な二相回転磁界が使われることもある。

単相誘導モータは大きなトルクが求められる用途で使われることがほとんどないため、**かご形回転子**が使われるのが一般的だ。回転軸を中心に向かい合う位置に**固定子コイル**が配されるのが2極機の固定子の基本的な形状だが、モータの種類によって始動用のコイルなどが加えられる。

◆コンデンサモータ＝capacitor motor

第3章 単相誘導モータ
分相始動形単相誘導モータ

コイルのリアクタンスを利用して二相交流を作り出し、始動用の二相回転磁界を発生させているのが分相始動形の単相誘導モータだ。

■リアクタンスを利用して回転磁界を作る

　分相始動形単相誘導モータは、コイルのリアクタンスの違いを利用して**二相交流**による**二相回転磁界**を作り出している。単に**分相誘導モータ**や**分相モータ**ともいう。

　分相始動形単相誘導モータでは、**主コイル**と**始動用コイル**という2種類の固定子コイルがある。始動用コイルは**補助コイル**ともいい、2極機なら主コイルに対して90度ずれた位置に備えられ、双方のコイルが並列に接続される。始動用コイルは主コイルより**巻数**を少なくしてリアクタンスを小さくすると同時に、細い**巻線**を使用して電気抵抗を大きくしてある。固定子コイルは**集中巻**が採用されることもあれば**分布巻**が採用されることもある。

　モータに電源電圧をかけると、どちらのコイルにもリアクタンスがあるため、**遅れ位相**になるが、主コイルは高リアクタンスで低抵抗なので、ほぼ90度**位相**が遅れるが、始動用コイルは低リアクタンスで高抵抗なので、遅れが非常に小さい。そのため、両コイルを流れる電流に**位相差**が生まれ、二相交流となる。完全な**二相回転磁界**とはいえないが、**始動**を行うには十分なものになる。しかし、大きな**始動トルク**を得ることはできない。

　始動して回転を始めれば、始動用コイルは不要なものになる。そのため、回転数が高まった段階で、始動用コイルは回路から切り離される。通常、**同期速度**の70～80%

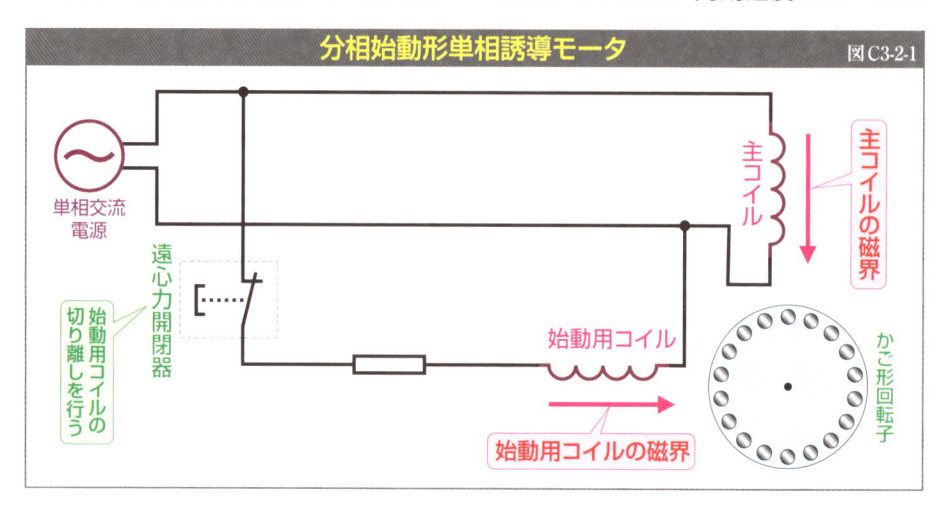

分相始動形単相誘導モータ　　　図C3-2-1

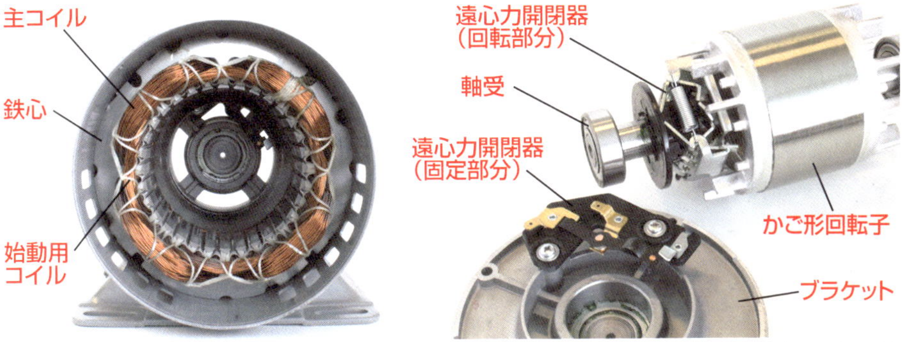
主コイル
鉄心
始動用
コイル
遠心力開閉器
（回転部分）
軸受
遠心力開閉器
（固定部分）
かご形回転子
ブラケット

⬆4極の分相始動形単相誘導モータ。固定子は巻数の多い主コイルと巻数の少ない始動用コイルが交互に並ぶ。遠心力開閉器は回転子に回転部分、ブラケットに固定部分が備えられる。〔日立産機システム・分相始動式単相モータ〕

程度の速度で単相運転に切り替える。

切り離しには、**遠心力開閉器**やリレーが使われる。遠心力開閉器は**遠心開閉器**ともいい、回転速度によって動作するスイッチだ。これがモータに内蔵され、回転軸の回転が伝えられている。回転速度が高まって遠心力が一定以上の大きさになると、スプリングなどの力に打ち勝って端子を備えている部分が移動し、回路が切断される。

分相始動形単相誘導モータは、構造が簡単で比較的低コストに製造でき、手軽に使用することができる。しかし、コンデンサモータに比べて始動電流が大きく、始動トルクが小さい。また、逆転させることができない。そのため、多くが小形のモータで、定速運転される用途が多い。2極機のほか、4極機や6極機もある。

分相始動形単相誘導モータの特性 図C3-2-2

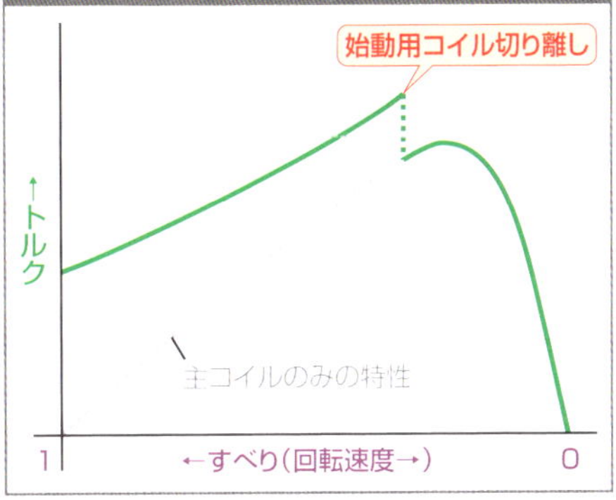
始動用コイル切り離し
↑トルク
主コイルのみの特性
1
←すべり（回転速度→）
0

始動用コイルと主コイルの電流の位相差 図C3-2-3

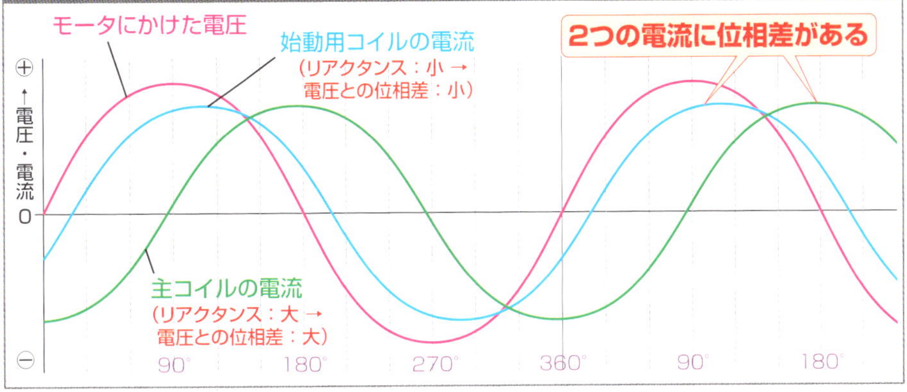
モータにかけた電圧
始動用コイルの電流
（リアクタンス：小 →
電圧との位相差：小）
2つの電流に位相差がある
⊕
↑電圧・電流
0
⊖
主コイルの電流
（リアクタンス：大 →
電圧との位相差：大）
90°
180°
270°
360°
90°
180°

第3章 単相誘導モータ
コンデンサモータ

コンデンサの進み電流を利用して二相交流を作り出し、始動用の二相回転磁界を発生させているのがコンデンサ形の単相誘導モータだ。

■コンデンサを利用して回転磁界を作る

　コンデンサモータは、コンデンサの**進み電流**を利用して**二相交流**による**二相回転磁界**を作り出している。**コンデンサ始動形**、**コンデンサ運転形**、**コンデンサ始動コンデンサ運転形**、**リバーシブルモータ**などの種類があり、2極機、4極機、6極機がある。固定子コイルは**集中巻**も**分布巻**もある。

　コンデンサモータは効率が高く、**始動トルク**が大きいため、用途が広い。特にコンデンサ始動形とコンデンサ始動コンデンサ運転形が始動トルクを大きくできる。過去には多くの家電製品に使われたが、現在でも一部で使われている。工業用途でも、単相交流環境で使われることが多い。

　なお、コンデンサモータという名称は、これらコンデンサを利用する単相誘導モータを総称する場合と、コンデンサ運転形のみを指す場合がある。

コンデンサ始動形単相誘導モータ

　コンデンサ始動形単相誘導モータは、**分相始動形**と同様に、2種類の**固定子コイル**を使用する。2極機であれば**主コイル**に対して90度の位置に**補助コイル**（**始動用コイル**）が備えられている。両コイルは並列に接続され、補助コイルの回路には、**始動用コンデンサ**が直列に配されている。

　両コイルともに**リアクタンス**があるため、**遅れ電流**になるはずだが、補助コイルには**コンデンサの進み電流**が流れるため、両コ

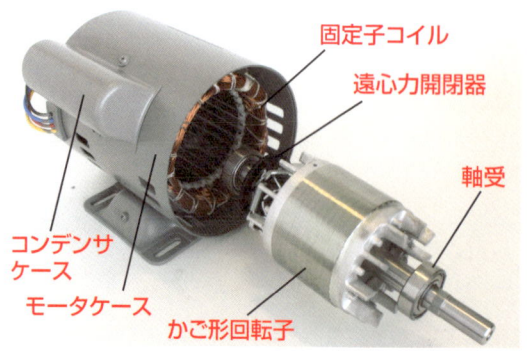

↑4極のコンデンサ始動形単相誘導モータ。固定子と回転子は前ページの分相始動形とほぼ同じだが、モータケース外側に突出部がある。ここに収められたコンデンサによって始動を行う。〔日立産機システム・コンデンサ始動式単相モータ〕

▶リバーシブルモータ＝reversible motor

コンデンサ始動形単相誘導モータ　図C3-3-1

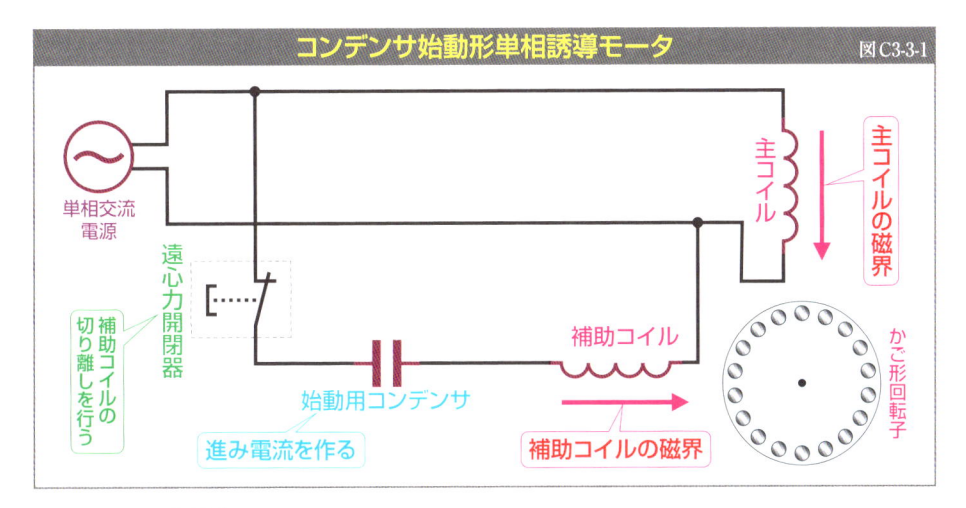

イルの電流に**位相差**が発生する。これにより二相回転磁界が生まれ、**始動**が可能となる。始動後は補助コイルは必要ないため、分相始動形と同じように、**遠心力開閉器**やリレーなどで補助コイルが回路から切り離される。

コンデンサ始動形単相誘導モータは、分相始動形に比べると、小さな**始動電流**で大きな**始動トルク**を得ることができる。

主コイルと補助コイルに同一のものを使用し、コンデンサの進み電流を供給するコイルを切り替えれば、位相差を逆にすることができ、**双方向駆動**が可能となる。

コンデンサ始動形単相誘導モータの特性　図C3-3-2

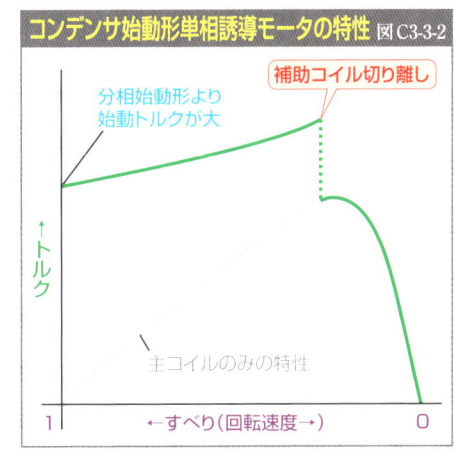

補助コイルと主コイルの電流の位相差　図C3-3-3

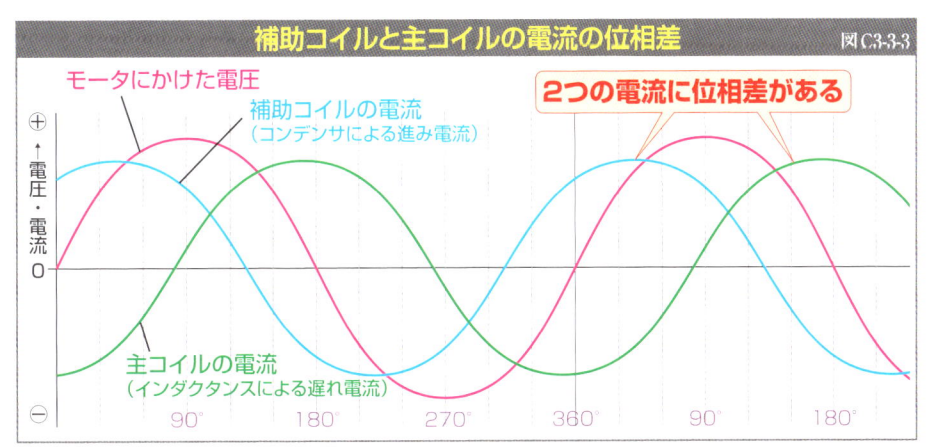

コンデンサ運転形単相誘導モータ

コンデンサの**進み電流**を利用すると、電圧と電流の**位相差**が小さくなり、**力率**が高まる。この効果を利用するために、始動後も常時、コンデンサと補助コイルを使い続けるのが**コンデンサ運転形単相誘導モータ**だ。**コンデンサラン形単相誘導モータ**ともいう。

主コイルと補助コイルに同じコイルを使用し、最適な容量の**進相コンデンサ**を採用すれば、両コイルの電流の位相差を90度にして、完璧な**二相回転磁界**が得られる。

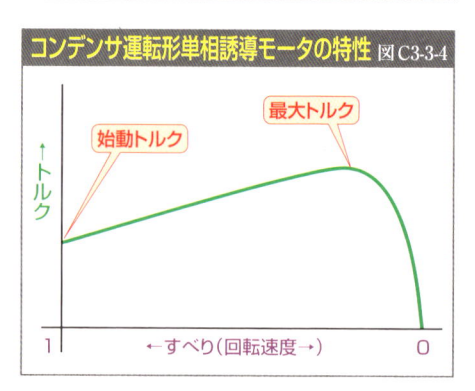

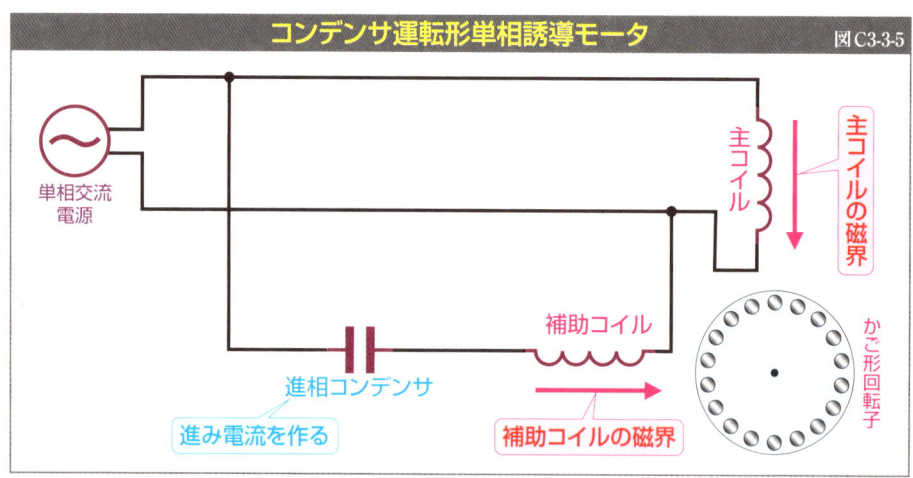

コンデンサ運転形単相誘導モータの特性 図C3-3-4

始動トルク／最大トルク
↑トルク
←すべり（回転速度→）
1　　　　　　　　　　0

コンデンサ運転形単相誘導モータ 図C3-3-5

単相交流電源／主コイル／主コイルの磁界／進相コンデンサ／進み電流を作る／補助コイル／補助コイルの磁界／かご形回転子

コンデンサ始動コンデンサ運転形単相誘導モータ

コンデンサ運転形の**始動トルク**を大きくしたものが**コンデンサ始動コンデンサ運転形単相誘導モータ**だ。**コンデンサ始動コンデンサモータ**や**コンデンサ始動コンデンサラン形単相誘導モータ**ともいう。

補助コイルの回路には**始動用コンデンサ**と**運転用コンデンサ**が備えられ、始動時には2個のコンデンサを使用して容量を大きくすることで位相差を大きくする。これにより完璧な**二相回転磁界**に近づけ、小さな**始動電**

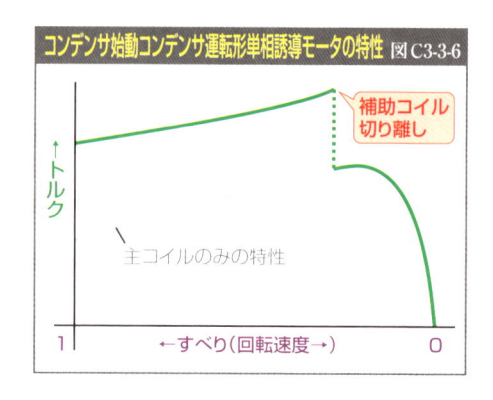

コンデンサ始動コンデンサ運転形単相誘導モータの特性 図C3-3-6

補助コイル切り離し
↑トルク
主コイルのみの特性
←すべり（回転速度→）
1　　　　　　　　　　0

図C3-3-7 コンデンサ始動コンデンサ運転形単相誘導モータ

- 単相交流電源
- 運転用コンデンサ
- 主コイル / 主コイルの磁界
- 遠心力開閉器（始動用コンデンサの切り離しを行う）
- 始動用コンデンサ（進み電流を作る）
- 補助コイル / 補助コイルの磁界
- かご形回転子

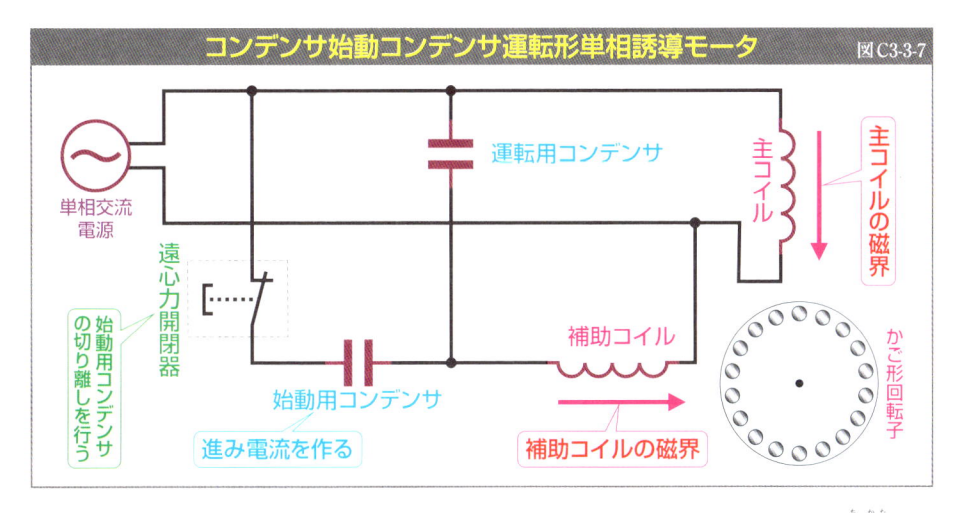

流で大きな**始動トルク**を得る。始動後に始動用コンデンサは回路から切り離される。2つの容量のコンデンサを使うため**2値形コンデンサモータ**ともいう。

リバーシブルモータ

正逆運転を頻繁に繰り返す用途に適したモータとして作られたものが**リバーシブルモータ**だ。レバーシブルモータという表記もある。**コンデンサ運転形単相誘導モータ**の一種だが、**主コイル**、**補助コイル**という考え方はなく、同じコイルが2個使われていて、スイッチによってコンデンサで進相されるコイルを切り替えることができる。このスイッチで正転/逆転の切り替えが可能だが、瞬時に切り替えられるようにするために、**ブレーキ**が内蔵され、常に回転軸に軽い負荷がかけられているものがほとんどだ。

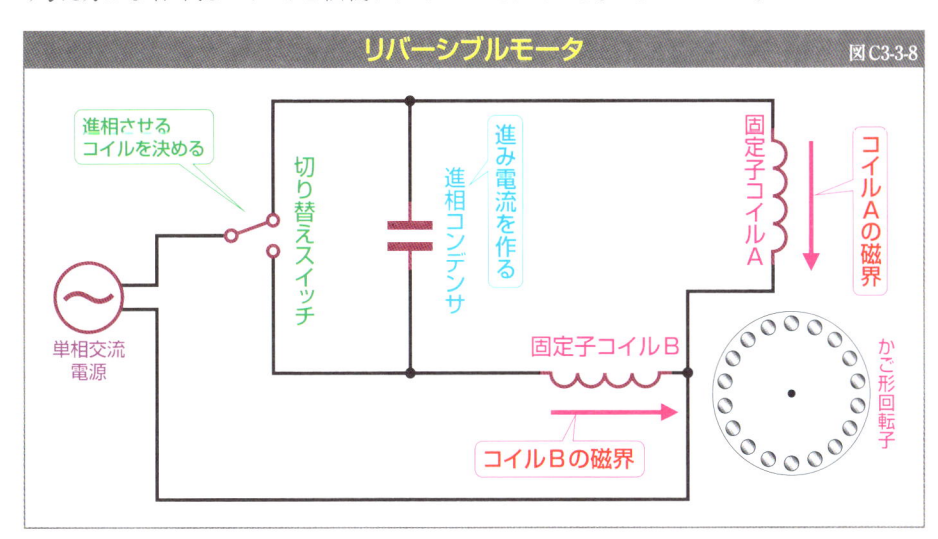

図C3-3-8 リバーシブルモータ

- 単相交流電源
- 進相させるコイルを決める / 切り替えスイッチ
- 進相コンデンサ（進み電流を作る）
- 固定子コイルA / コイルAの磁界
- 固定子コイルB / コイルBの磁界
- かご形回転子

第3章 単相誘導モータ
くま取りコイル形単相誘導モータ

コイルに発生する誘導電流を利用して、二相回転磁界を発生させているのがくま取りコイル形単相誘導モータだ。

■誘導電流を利用して回転磁界を作る

　分相始動形やコンデンサ始動形は、リアクタンスやコンデンサを利用して二相交流を作り出すことで**二相回転磁界**を発生させているが、**くま取りコイル形単相誘導モータ**は、二相交流を作り出していない。**誘導電流**を利用して二相回転磁界を発生させている。

　簡単な構造で低コストが目指されているため、**電源電圧**がかけられる**固定子コイル**は1個で、図（C3-4-1）のような**突極鉄心**によって1組の磁極を作り出しているものが多い。**鉄心**の突極の一部には、**くま取りコイル（シェーディングコイル）** が備えられる。

　くま取りコイルは、太い銅線を1～2巻したもので、**短絡コイル**にされている。くま取り（隈取）という言葉は、歌舞伎の化粧法が有名だが、陰影や濃淡などで周囲に作られた境目という意味がある。くま取りコイルも、その名の通り、鉄心の一部に境目を作るように配置される。くま取りコイルの位置は、どちらの突極も回転子の進行方向側になる。なお、形状が骨格のように見えることから、鉄心が角形のものは**スケルトンモータ**ともいう。

　固定子コイルに電流が流れると、**交番磁界**によって変化する**主磁束**が発生する。こ

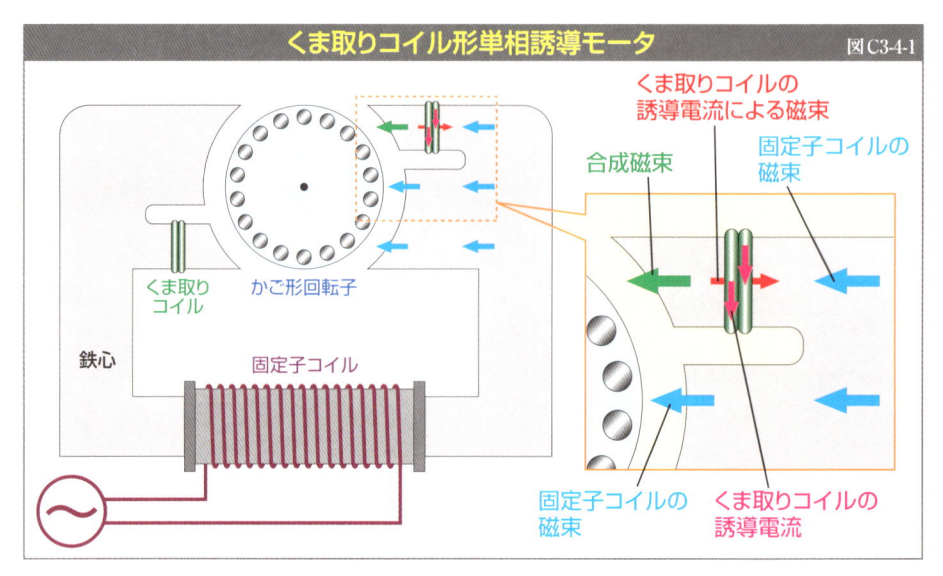

図C3-4-1　くま取りコイル形単相誘導モータ

- くま取りコイル
- かご形回転子
- 鉄心
- 固定子コイル
- くま取りコイルの誘導電流による磁束
- 合成磁束
- 固定子コイルの磁束
- 固定子コイルの磁束
- くま取りコイルの誘導電流

🔹シェーディングコイル＝shading coil

固定子コイル

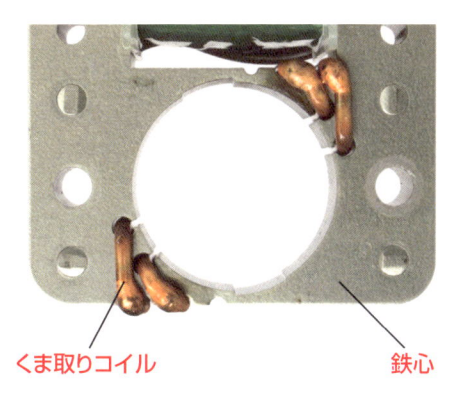

鉄心

回転軸

くま取りコイル

鉄心

↑くま取りコイル形単相誘導モータ。くま取りコイルによって回転磁界を作り出している。〔米子シンコー・くまとりモータ〕

の磁束の変化によってくま取りコイルに誘導電流が流れ、誘導電流の磁束が発生する。結果、くま取りコイルの部分は合成磁束になり、主磁束との**位相差**ができる。これにより、二相回転磁界が形成され、回転子を連続して回転させることができる。4極機を構成することも可能だが、一般的には2極機にされる。

くま取りコイル形単相誘導モータは、構造上、電磁力を発生させず周囲に漏れていく**漏れ磁束**が多いため、効率が低い。二相回転磁界が不完全なため振動が大きく、大きな出力のものは作れない。くま取りコイルの位置によって回転方向が決まるため、回転方向をかえることができない。しかし、構造が簡単で低コストに製造できるうえ、保守もほとんど必要ないため、一部の家電製品などに使われている。

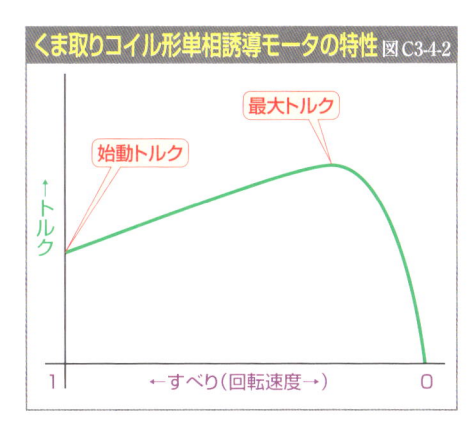

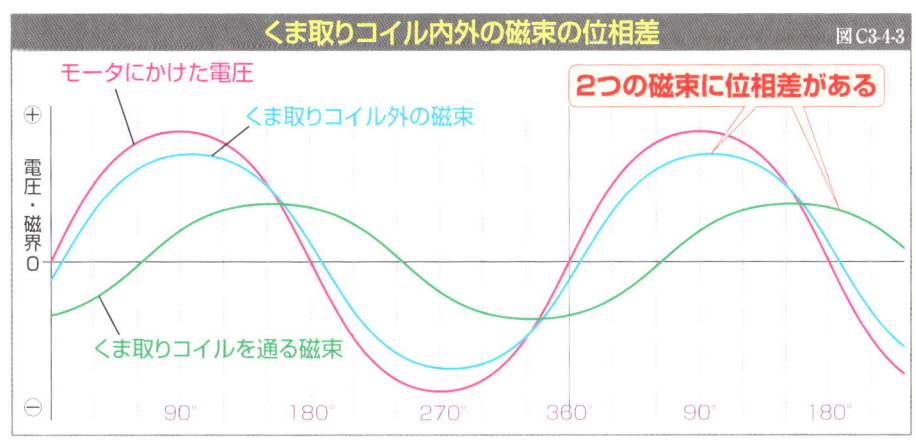

くま取りコイル形単相誘導モータの特性　図C3-4-2

最大トルク
始動トルク
↑トルク
←すべり（回転速度→）
1　　　　　　　　　　　　　　0

くま取りコイル内外の磁束の位相差　図C3-4-3

モータにかけた電圧
くま取りコイル外の磁束
2つの磁束に位相差がある
電圧・磁界 0
くま取りコイルを通る磁束

90°　180°　270°　360°　90°　180°

第4章 同期モータ
回転原理と種類

同期モータの回転原理は、もっとも直感的にわかりやすいものだ。回転磁界が理解できれば、容易に回転原理が理解できる。

同期モータの回転原理

回転軸を備えた**永久磁石**の周囲で、別の永久磁石を回転させると、中央の磁石が回転する。磁気の**吸引力**によって回転することは、誰もが容易に想像できるはずだ。

内側の永久磁石を**回転子**、外側の**磁界**の回転を**回転磁界**にしたものが**同期モータ**だ。回転磁界に追従して回転子が回転する。誘導モータのようなすべりは生じない。

同期モータはこうした原理で回転するため、回転磁界の回転速度と回転子の回転速度が同期（シンクロ）する。そのため、**同期モータ（シンクロナスモータ）**という名称が採用されている。この**定速性**が同期モータの特徴だ。**固定子**を**電機子**といい、回転子の磁界を**界磁**という（直流整流子モータとは、電機子と界磁の関係が逆になる）。

◆自己始動

同期モータは一定速度で回転することができるが、いきなり電圧をかけても始動できないものがほとんどだ。**電源周波数**が非常に低く、モータが無負荷であれば、回転を始めることもあるが、回転子には**慣性モーメント**がある。負荷が接続されていれば、さらに慣性モーメントが大きくなるため、回転磁界に回転子が追従することができない。そこで、**始動のための工夫が必要**になる。

同期モータの種類と現状

回転原理の説明では、**永久磁石の回転子**を使用したが、実際の同期モータの回転子にはさまざまな種類がある。この回転子の種類によって同期モータは分類される。

永久磁石を回転子とするのが**永久磁石形同期モータ**であり、永久磁石を**電磁石**に置き換えたものが**巻線形同期モータ**だ。磁石ではないものを回転子とする同期モータには、**強磁性体**の**鉄心**を回転子とする**リラクタンス形同期モータ**と、ヒステリシス損の大きな**磁性材料**を回転子とする**ヒステリシス形同期モータ**がある。どちらも磁石ではないが、回転磁界の影響で一時的に磁石になったり**磁気回路**を構成したりすることで回転子として機能する。鉄心と永久磁石を組み合わせた**インダクタ形同期モータ**もある。

◆単相同期モータ

単相交流による交番磁界でも、すべりの存在によって誘導モータは動作することができるが、同期モータは動作できない。しかし、単相誘導モータも始動時などには回転磁界を作り出している。同じような方法で単相交流で回転磁界を作り続ければ、**単相同期モータ**が成立する。

リラクタンス形同期モータ= reluctance synchronous motor、ヒステリシス形同期モータ= hysteresis synchronous motor

回転原理　図C4-1-1

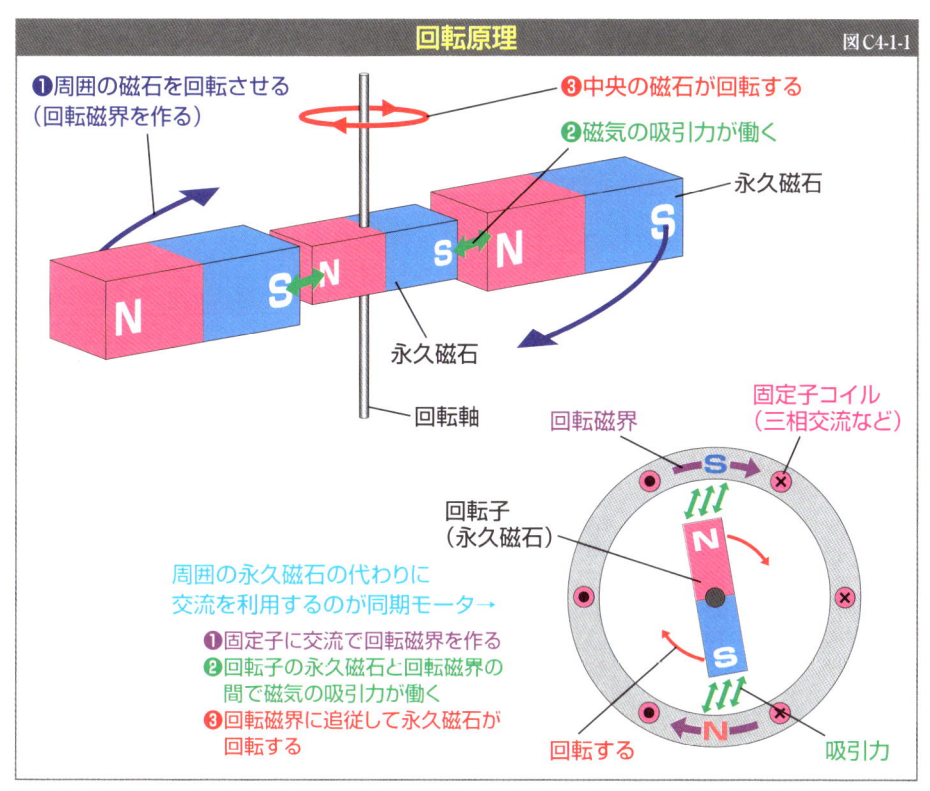

❶周囲の磁石を回転させる（回転磁界を作る）
❸中央の磁石が回転する
❷磁気の吸引力が働く
永久磁石
永久磁石
回転軸

回転磁界
固定子コイル（三相交流など）
回転子（永久磁石）
吸引力
回転する

周囲の永久磁石の代わりに交流を利用するのが同期モータ→
❶固定子に交流で回転磁界を作る
❷回転子の永久磁石と回転磁界の間で磁気の吸引力が働く
❸回転磁界に追従して永久磁石が回転する

第3部・交流で働くモータ

第4章・同期モータ／回転原理と種類

　家電製品のように単相交流を電源とする環境では、モータのコストが重視されることが多い。かご形回転子は非常に安価に製造することができるため、同期モータに比較すると、誘導モータはコストがかからない。同期モータの特徴である定速性が強く求められる用途であれば、同期モータを採用する必要があるが、ある程度の定速性が求められるだけであれば、単相誘導モータでも十分だ。そのため、単相同期モータは単相誘導モータに比べると採用例が少なかった。

◆同期モータの発展
　巻線形の大形の同期モータ以外は採用が減っていたが、**半導体制御**の進化によって同期モータの採用が増えてきている。永久磁石形とリラクタンス形の採用が多く、永

回転子が電磁石の場合　図C4-1-2

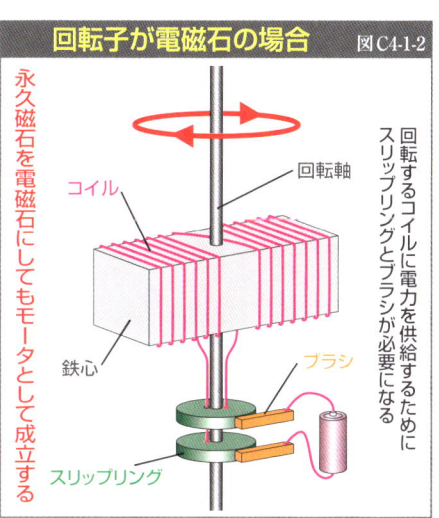

永久磁石を電磁石にしてもモータとして成立する
コイル
回転軸
鉄心
ブラシ
スリップリング
回転するコイルに電力を供給するためにスリップリングとブラシが必要になる

久磁石形については**ブラシレスACモータ**ということも多い。

🔸 インダクタ形同期モータ=inductor synchronous motor

第4章 同期モータ
負荷角とトルク

運転中の同期モータの回転子の磁極は、回転磁界の磁極とはずれた位置にあり、遅れて回転するが、回転速度そのものは同期速度が維持される。

負荷角

　同期モータが無負荷で回転している時、理論上は、**回転磁界**のN極と**回転子**のS極、回転磁界のS極と回転子のN極が正対している。この時の**トルク**は0だ。

　同期モータに負荷がかかると、回転磁界の**磁極**に対して回転子の磁極が遅れて回転する。回転子が遅れるといっても、誘導モータのすべりのように回転子の**回転速度**が同期速度より遅くなるわけではない。負荷が一定であれば、回転子は回転磁界に対して一定の角度だけ遅れて同期速度で回転する。

この遅れる角度を**負荷角**や**位相角**という。

　無負荷で回転している時は、**固定子**と回転子の間の**磁力線**は最短距離を通っているが、負荷がかかると磁力線が引き伸ばされることになるので、ちょうどゴムひもが引っ張られた時のように、伸びた磁力線が縮もうとしてトルクを発揮するといえる。

　負荷が大きくなるほど、負荷角は大きくなる。**電源電圧**や**界磁**の**磁界**などの要素が一定なら、電流は負荷に比例する。理論上は、負荷角が90度の時、**最大トルク**になる。

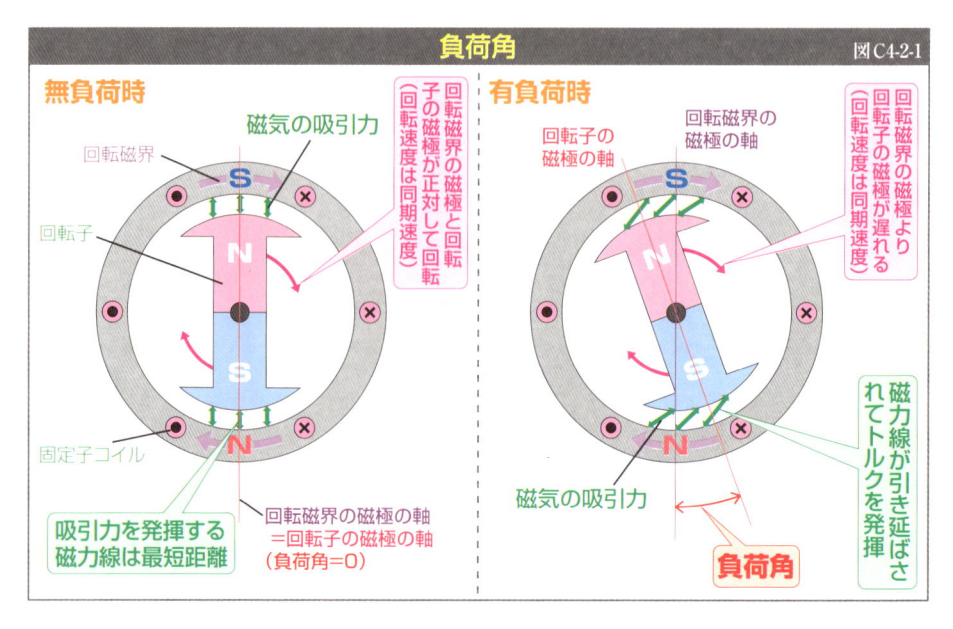

負荷角　　　　　　　　　　　　　　　　　　　図C4-2-1

無負荷時
- 磁気の吸引力
- 回転磁界の磁極と回転子の磁極が正対して回転（回転速度は同期速度）
- 回転磁界
- 回転子
- 固定子コイル
- 吸引力を発揮する磁力線は最短距離
- 回転磁界の磁極の軸＝回転子の磁極の軸（負荷角=0）

有負荷時
- 回転子の磁極の軸
- 回転磁界の磁極の軸
- 回転磁界の磁極より回転子の磁極が遅れる（回転速度は同期速度）
- 磁力線が引き延ばされてトルクを発揮
- 磁気の吸引力
- **負荷角**

脱出トルク

同期モータの回転子が同期速度で回転できなくなり、モータが停止することを**同期外れ**や**脱調**という。同期外れを起こす時のトルクを**脱出トルク**や**脱調トルク**という。理論上は**負荷角**90度の時のトルクが最大だが、実際には、それより小さな負荷角で同期外れになることが多い。

◆乱調

同期モータの負荷が急変すると、新しい**負荷角**に移行しようとするが、回転子の**慣性モーメント**によって、新負荷角を行き過ぎることがある。行き過ぎた点から新負荷角に戻ろうとするが、その際にも行き過ぎることがあり、新負荷角を中心にして振動が起こることがある。こうした周期的な変動を**ハンチング**という。

通常は振動は減衰していくが、負荷トルクが不均一で脈動するような場合、振動が減衰せず持続する。こうした状態を**乱調**といい、乱調が起こると、電流や電圧の振動が起こり、ついには同期外れになる。

図C4-2-2 乱調

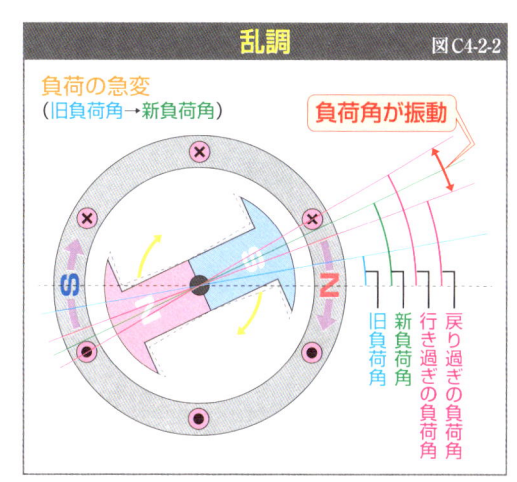

同期引入トルク

同期モータは電圧をかけただけでは**始動**できない。何らかの方法で**回転子**を回転速度0から加速して始動し、**同期速度**に近づける必要がある。回転子が同期速度に近づくと、同期速度に引き入れられる。この時のトルクを、**同期引入トルク**や**同期引込トルク**という。同期速度になると、同期引入トルク以上の**負荷トルク**に耐えられるようになる。

図C4-2-3 同期モータのトルク特性

※同期速度になるまでは同期モータとして機能しているわけではない

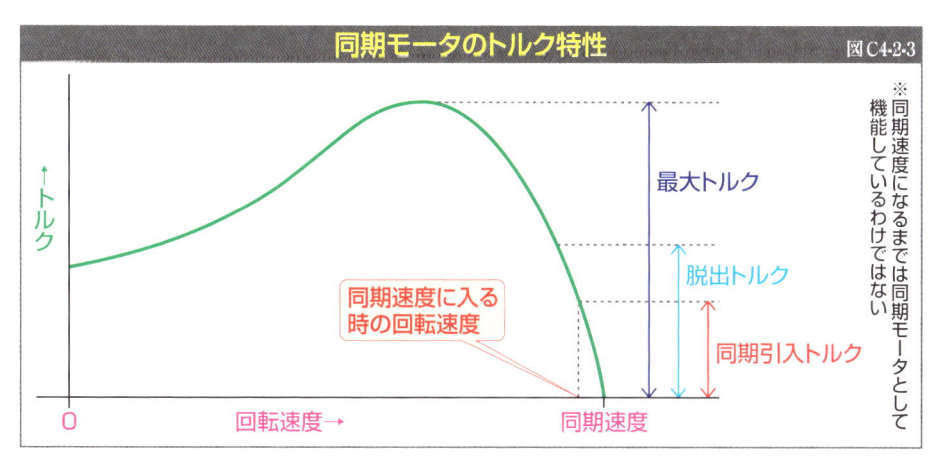

ハンチング＝hunting

第4章 同期モータ
始動と制御

同期モータは電圧をかけただけでは始動できないため、始動のための工夫が必要になる。また、同期速度に対して定速性があるため、回転速度制御の方法は限られる。

始動法

電圧をかけただけでは**始動**できない**同期モータ**の始動法には、**誘導モータ**として始動する方法と、別のモータの力で始動する方法があり、それぞれ**誘導モータ始動法**と**始動モータ法**という。回転速度制御をインバータなどで行う場合は、始動も行える。

◆誘導モータ始動法

誘導モータ始動法は、**自己始動法**ともいい、こうして始動するモータを**誘導同期モータ**という。同期モータの**回転子**に誘導モータ同様の**かご形導体**が備えられた**複合形回転子**が使われる。同期運転中はかご形導体は不要なものだ。**巻線形回転子**に**誘導体**が備えられることがあるが、**回転子コイル**を短絡することで誘導体として利用することもある。

◆始動モータ法

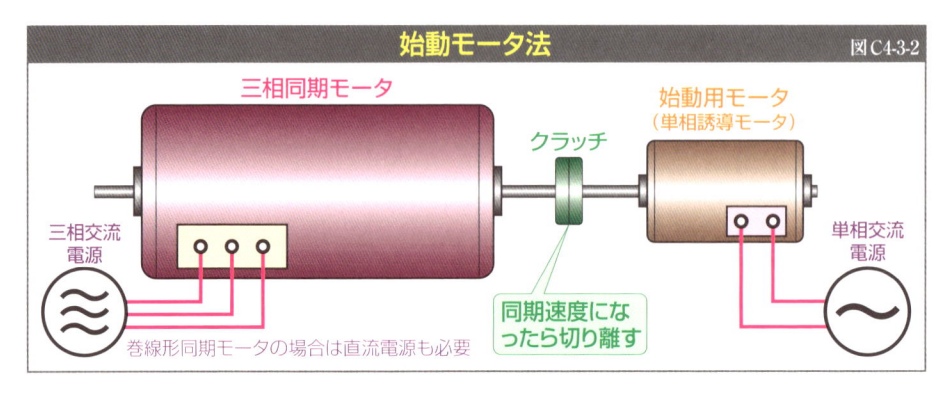

始動モータ法は、おもに大形の同期モータで採用される。誘導モータや直流モータを**始動用モータ**として使用するのが一般的で、断続が可能なクラッチで同期モータに接続される。始動用モータにクラッチが内蔵されるこ

誘導同期モータ 図C4-3-1

- 始動時に誘導モータとして機能 → かご形導体
- 運転時に同期モータとして機能 → 永久磁石または電磁石
- 固定子コイル
- 回転子

始動モータ法 図C4-3-2

- 三相同期モータ
- クラッチ（同期速度になったら切り離す）
- 始動用モータ（単相誘導モータ）
- 三相交流電源
- 単相交流電源
- 巻線形同期モータの場合は直流電源も必要

ともある。始動時にはまず始動用モータを回転させて同期モータを回転させる。同期モータが同期速度になったところで、同期モータの電源を入れる。同期モータが回転を始めたら、始動用モータを切り離す。運転中は不必要な始動用モータが切り離されるため、効率よく運転できるが、始動用モータのスペースが必要になる。

回転速度制御

定速性が特徴の同期モータは、電圧や電流で回転速度を制御することができない。回転速度制御は極数変換法と周波数制御法の2種類に限られる。どちらも、誘導モータと同じ方法で、回転磁界の同期速度を調節することで回転速度を制御する。

極数変換法（P176参照）は、固定子コイルの接続をかえることで極数を変化させる。モータ自体や切り替え機構にコストがかかるうえ、段階的な回転速度制御しかできないため、大形機以外ではほとんど採用されない。

周波数制御法（P177参照）は、半導体を利用したインバータなどの可変周波数電源によって行われる。電源周波数を調整することで回転磁界の同期速度を変化させる。現在では、この方法が一般的だ。

双方向駆動と制動

同期モータの回転方向は、回転磁界の回転する方向で決まる。三相回転磁界の場合は、三相交流の3本の線のうちいずれか2本を入れ替えれば、相回転方向がかわり、回転磁界の回転方向がかわる。三相誘導モータの場合とまったく同じだ（P180参照）。

三相同期モータの電気的制動も誘導モータに準じたものになる（P180参照）。一般的には、発電制動法が使用される。モータの起電力を制動抵抗に導くことで、制動を行うことができる。逆相制動法も可能だが、回転子に悪影響を与えるため、抵抗などで電流を制限する必要がある。インバータによる周波数制御法の場合には、回生制動法も使用できる。インバータを逆方向に使用することで、周波数を制御しながら回生を行う。

同期発電機

同期モータの回転子を外部の力で回転させれば、回転子の磁界が固定子のコイルを切ることになり、固定子コイルに誘導電流が発生する。これが同期発電機の発電原理だ。回転子に永久磁石を使用する永久磁石形同期発電機と、電磁石を使用する巻線形同期発電機があり、それぞれ永久磁石形と巻線形の同期モータと同じ構造だ。巻線形の場合は、回転子コイルで界磁を行うために、別の直流電源が必要だが、大電力を発電することが可能なため、一般的な発電所では巻線形三相同期発電機が使われている。

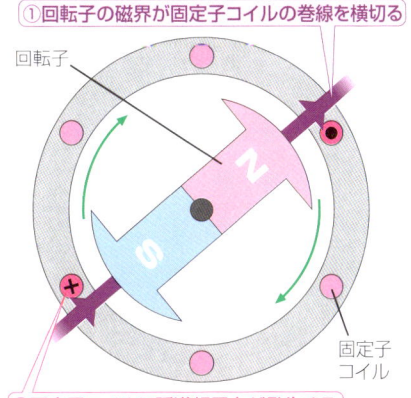

① 回転子の磁界が固定子コイルの巻線を横切る
回転子
固定子コイル
② 固定子コイルに誘導起電力が発生する

第4章 同期モータ

巻線形同期モータ

回転子にコイルを採用する同期モータが巻線形同期モータだ。高出力で定速性が求められる用途で活用されている。

コイルが回転子の同期モータ

巻線形同期モータは電磁石形同期モータともいう。回転子のコイルを、回転子コイル（ロータコイル）や界磁コイル（フィールドコイル）といい、スリップリングとブラシを介して直流が供給される。固定子のコイルを固定子コイルや電機子コイル（アーマチュアコイル）といい、このコイルに交流を供給して回転磁界を作る。

巻線形同期モータは、界磁コイルの電力を大きくすることで界磁の磁界を強くできるため、高出力のモータを作ることができる。しかし、構造が複雑で、ブラシの保守が必要になるため、小形モータで採用されることは少ない。ほとんどが三相交流電源下で使われる大形の巻線形三相同期モータだ。界磁用の直流電源は、三相交流を整流して得る。

詳しくは後で説明するが、巻線形同期モータは位相特性（P200参照）という特性があるため、力率を最適な状態に制御することができる。大形のモータを定速で駆動する用途で考えた場合、かご形回転子を採用する三相誘導モータのほうが製造コストを抑えられるが、巻線形三相同期モータは効率、力率ともに高いため、長時間運転する場合、ランニングコストでは同期モータが有利になることが多い。

固定子と極数

巻線形三相同期モータの固定子の構造は三相誘導モータと同じだ。型巻コイルの分布巻が採用される（P166参照）。

同期速度も、誘導モータの場合とまったく同じだ。電源周波数を固定子コイルの磁極の数で割ったものの2倍になる。固定子は極数に応じて2極や4極の固定子といい、三相回転磁界であることまで明示して三相2極や三相4極の固定子ともいう。モータ全体を表現する場合には、三相2極同期モータや三相4極同期モータという。巻線形三相同期モータでは、8極機ぐらいまでが使われる。

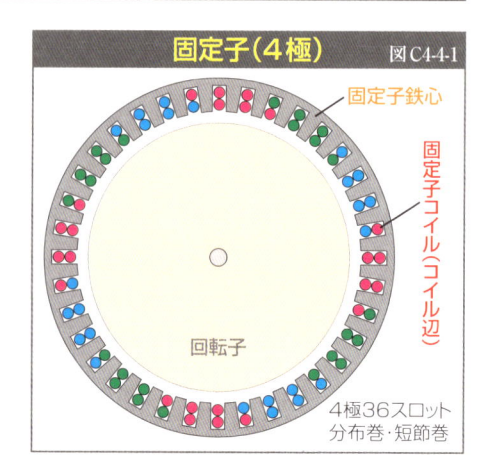

図C4-4-1

固定子（4極）
- 固定子鉄心
- 固定子コイル（コイル辺）
- 回転子

4極36スロット
分布巻・短節巻

●ロータコイル＝rotor coil、フィールドコイル＝field coil、スリップリング＝slip ring、ブラシ＝brush

回転子と始動

大形の**巻線形同期モータ**では、**始動モータ法**で始動が行われることも多いが、**誘導モータ始動法**も使われる。**インバータ**などの**可変周波数電源**で始動と**回転速度制御**を行うことも増えている。

誘導モータ始動法の場合は**回転子コイル**そのものを**誘導体**として利用する場合と、別の誘導体を備えた**複合形回転子**を使用する場合がある。

回転子コイルを誘導体として利用する場合、回転子の構造は誘導モータの巻線形回転子と同じだ。始動時には回転子コイルに電流を流さず、回路を短絡する。これにより回転子コイルに**誘導電流**が流れ、誘導モータとして機能する。**始動トルク**を大きくするために、回転子コイルの回路に**抵抗器**を配して誘導電流を抑えることも多い。

複合形回転子には**突極形回転子**と**円筒形回転子**がある。突極形回転子の場合は**積層鉄心**の**突極**に回転子コイルが**集中巻**される。突極の先端部には始動時に誘導モータとして機能させる誘導体が備えられる。誘導体には、**かご形導体**や**特殊かご形導体**のほか、**巻線形導体**もある。

円筒形回転子の場合は、積層されていない**鉄心**を使用する。この**回転子鉄心**が誘導体になり、始動時に**渦電流**が発生し、誘導モータとして機能する。

複合形回転子の場合も、始動時には回転子コイルに誘導電流が発生する。そのため、抵抗器に導いて誘導電流を抑える。

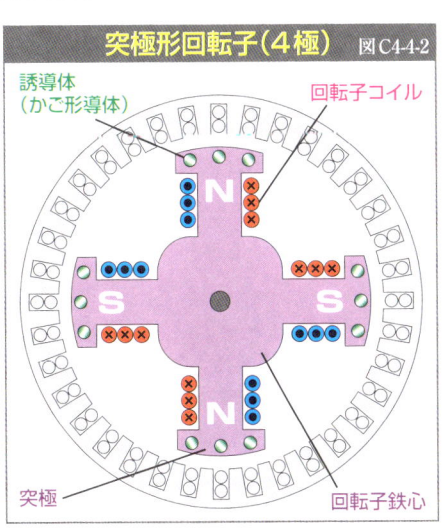

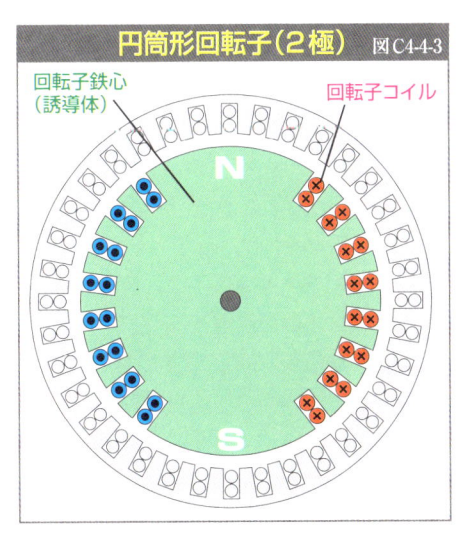

↑三相同期機の巻線形回転子。写真手前の黒っぽい円板状の部分がスリップリング。回転子コイルの前後には冷却ファンが備えられる。〔写真提供：東芝〕
(C)TOSHIBA CORPORATION 2012

突極形回転子（4極） 図C4-4-2
- 誘導体（かご形導体）
- 回転子コイル
- 突極
- 回転子鉄心

円筒形回転子（2極） 図C4-4-3
- 回転子鉄心（誘導体）
- 回転子コイル

🔻ステータコイル＝stator coil、アーマチュアコイル＝armature coil

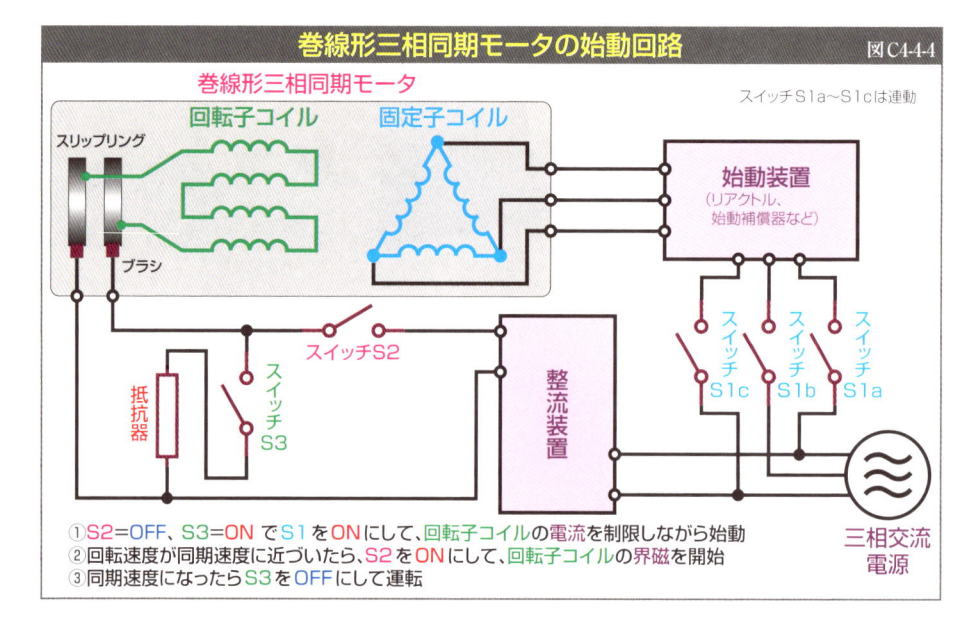

巻線形三相同期モータの始動回路 図C4-4-4

スイッチS1a～S1cは連動

① S2=OFF、S3=ON でS1をONにして、回転子コイルの電流を制限しながら始動
② 回転速度が同期速度に近づいたら、S2をONにして、回転子コイルの界磁を開始
③ 同期速度になったらS3をOFFにして運転

◆ 始動法

　同期モータでも誘導モータ同様に始動の時に大きな始動電流が流れる。小形モータであれば、全電圧始動法でも問題ないが、大形モータでは始動電流を抑える必要がある。始動法は三相誘導モータと同様で、リアクトルによって始動電流を抑えるリアクトル始動法(P172参照)や始動補償器で電圧を下げて始動電流を抑えるコンドルファ始動法(P173参照)などが使われる。インバータなどの可変電圧可変周波数電源であれば、始動電流を抑えての始動も可能だ。

位相特性

　巻線形同期モータでは、回転子コイルを流れる電流を界磁電流または回転子電流、固定子コイルを流れる電流を固定子電流または電機子電流という。横軸を界磁電流、縦軸を固定子電流にして、一定の負荷トルクでグラフを描くと、同期モータのV曲線といわれるV字の曲線を描く。負荷が大きくなるほど、V曲線の位置が高くなる。

　こうした巻線形同期モータの特性を位相特性といい、曲線の形状からV特性ともいう。各曲線の最小電流点を結んだ曲線は、力率1の運転になり、これより右の領域では進み力率運転、左の領域では遅れ力率運転となる。

　負荷トルクが一定であれば、進み力率運転の状態から界磁電流を小さくすれば、固定子電流は電源電圧より遅れ位相の電流になり、力率1に導くことができる。遅れ力率運転の状態からは、界磁電流を大きくすれば、固定子電流は電源電圧より進み位相の電流になり、力率1に導くことができる。

　界磁電流の調整は、回転子コイルの回路に直列に配された可変抵抗器で行うのが一般的だ。負荷トルクが変化しても、最適な回転子電流にすれば、常に力率1で運転することが可能となる。

巻線形同期モータの位相特性 図C4-4-5

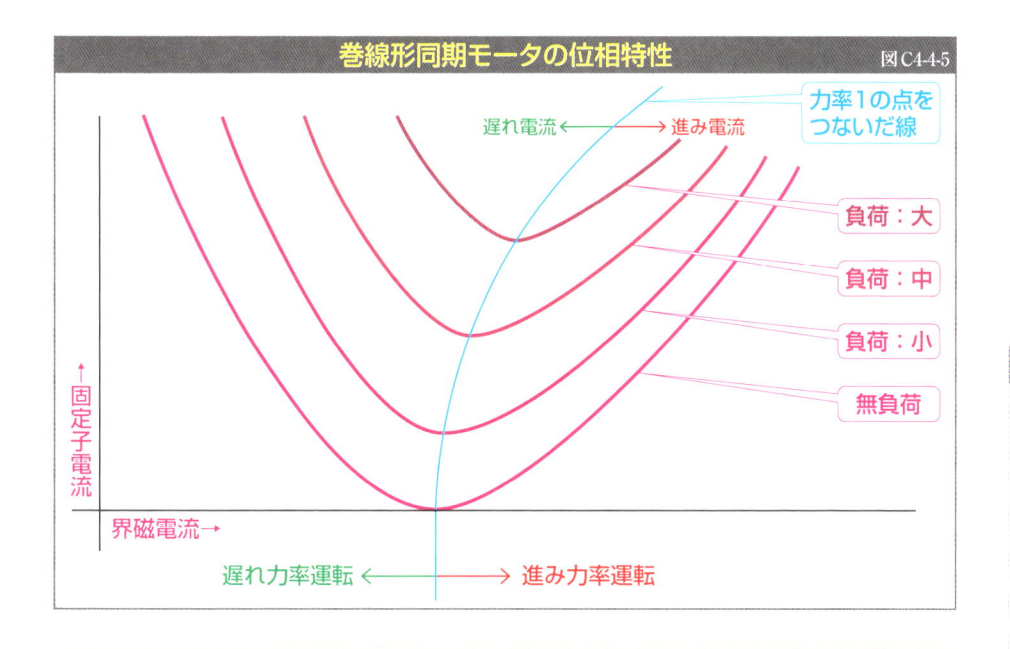

力率1の点をつないだ線
遅れ電流 ← → 進み電流
負荷：大
負荷：中
負荷：小
無負荷
↑固定子電流
界磁電流→
遅れ力率運転 ← → 進み力率運転

同期調相機

　発電所から電力の消費者に至る電力系統は、定電圧で送電することが望ましいが、消費者側の力率などが原因の無効電力による位相のずれで電圧が変動する。そのため電力系統の途中には調相設備が備えられ、位相の調整を行い電圧の安定や力率改善による電力損失の軽減を図っている。

　無負荷で運転される同期モータは、無効電力を吸収したり供給したりすることで、位相を調整する能力があるといえる。この能力を利用して調相を行う装置を同期調相機という。調相設備では進み電流を流すコンデンサや遅れ電流を流すリアクトル（コイル）も使われるが、同期調相機であれば、双方の機能があり、連続的に調整を行うことができる。電圧が高くなった場合には、同期調相機の回転子電流を小さくして、遅れ電流を流して電圧を下げ、電圧が低くなった場合には、回転子電流を大きくして、進み電流を流して電圧を上げる。ただし、現在では静止形無効電力補償装置が主流になっている。リアクトルとコンデンサにサイリスタを併用することで、連続的な調整を実現している。

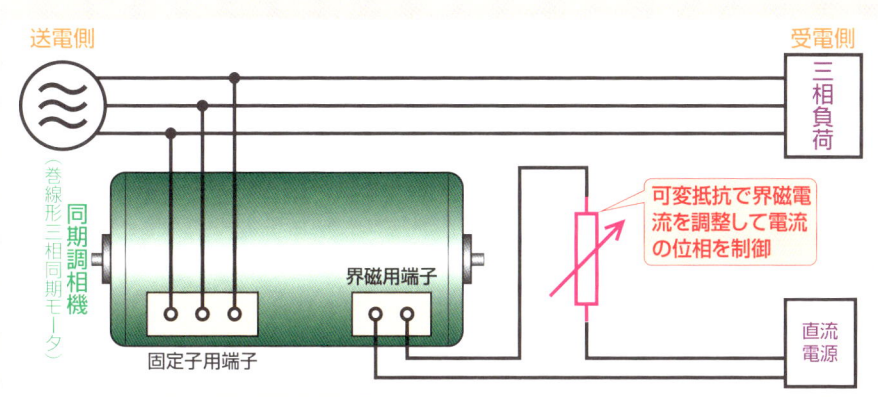

送電側
受電側
三相負荷
同期調相機（巻線形三相同期モータ）
固定子用端子
界磁用端子
可変抵抗で界磁電流を調整して電流の位相を制御
直流電源

第3部・交流で働くモータ
第4章・同期モータ／巻線形同期モータ

第4章 同期モータ
リラクタンス形同期モータ

可変リラクタンス形ステッピングモータの原形になり、スイッチトリラクタンスモータへと発展していったリラクタンス形同期モータだが、完全になくなったわけではない。

■ リラクタンストルク

リラクタンス形同期モータは、回転子に磁石や電磁石を使用せず、強磁性体の鉄心に突極を設けたものを使用する。回転子の突極の数は、固定子の極数と同数にされる。突極鉄心を回転磁界の磁力線が通るので、渦電流による鉄損を軽減するために、鉄心は積層鉄心にされる。この鉄心の構造から突極鉄心形同期モータや積層鉄心形同期モータともいう。回転磁界に対する回転子の反応(リアクション)によって回転するため、リアクション形同期モータともいう。

回転原理は磁気抵抗(リラクタンス)によって説明される。磁気抵抗とは磁力線の通りにくさのことだ。回転子の突極と回転磁界の磁極が正対している時は、回転磁界の磁力線が通りやすく、磁気抵抗が小さい。回転磁界が回転して回転子の突極の位置から回転磁界の磁極がずれると、磁気抵抗が大きくなる。すると、磁気抵抗がもっとも小さい状態を維持するために、回転磁界とともに回転子が回転する。

回転子に負荷トルクがかかると、その抵抗によって負荷角が生まれ、磁力線が引き伸ばされる。すると、あたかもゴムひもの張力のような力を磁力線が発揮する。こうして発生するトルクをリラクタンストルクという。このトルクは回転磁界の磁界の強さに比例するため、固定子コイルの電圧に比例する。

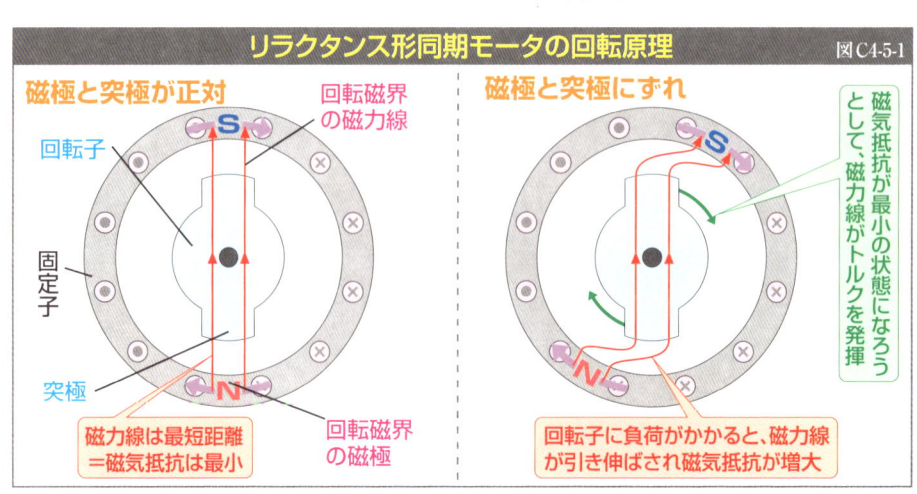

リラクタンス形同期モータの回転原理
図C4-5-1

磁極と突極が正対
- 回転子
- 固定子
- 突極
- 回転磁界の磁力線
- 回転磁界の磁極
- 磁力線は最短距離＝磁気抵抗は最小

磁極と突極にずれ
- 磁気抵抗が最小の状態になろうとして、磁力線がトルクを発揮
- 回転子に負荷がかかると、磁力線が引き伸ばされ磁気抵抗が増大

202　リラクタンス＝reluctance、リアクション＝reaction、スイッチトリラクタンスモータ＝switched reluctance motor、シンクロナスリラクタンスモータ＝synchronous reluctance motor

リラクタンス形同期モータの種類と現状

リラクタンス形同期モータは、構造が簡単で扱いやすく、保守が不要で寿命も長い。しかし、**回転子**で**界磁**を行わないため、永久磁石形や巻線形に比べると、大きなトルクが発揮できない。効率も**力率**もあまりよくないため、あまり使われなくなっていった。

半導体制御の進歩とともに**可変リラクタンス形ステッピングモータ**（P252参照）へと発展していったが、トルクが小さいという弱点は解消されなかった。さらに、**ステッピングモータ**では停止位置の保持が重要だが、そのためには電流を流し続けなければならないので、省エネルギーが図りにくく発熱が大きくなるといった弱点もあるため、あまり使われなくなった。

しかし、希土類磁石の高騰などにより、**リラクタンストルク**を利用するモータが注目を集めるようになった。現在では、低コストで大量生産ができる**スイッチトリラクタンスモータ**（P253参照）として活用されている。

これらリラクタンストルクを利用するモータを総称して、**リラクタンスモータ**という。リラクタンスモータを分類する場合、固定子の極数と回転子の突極の数が同数のものを**同期式リラクタンスモータ**、異なるものを**可変式リラクタンスモータ**という。なお、リラクタンス形同期モータは、英語のシンクロナスリラクタンスモータから**SynRM**と略される。**SRM**と略されないのは、スイッチトリラクタンスモータがSRMと略されるためだ。

リラクタンス形同期モータはあまり使われなくなっているが、負荷が小さく一定速度を必要とする用途で小形のものが使われている。ほとんどが、単相交流電源下で使用するもので、**進相コンデンサ**などによって**二相回転磁界**を作り出している。4極機と6極機が一般的で、固定子コイルは**分布巻**のものが多い。回転子の形状は、単純に突極を設けたもの以外にもさまざまな形状や構造のものが開発されている。始動のために、回転子は**かご形導体**を備えた**複合形回転子**にされるのが一般的だ。

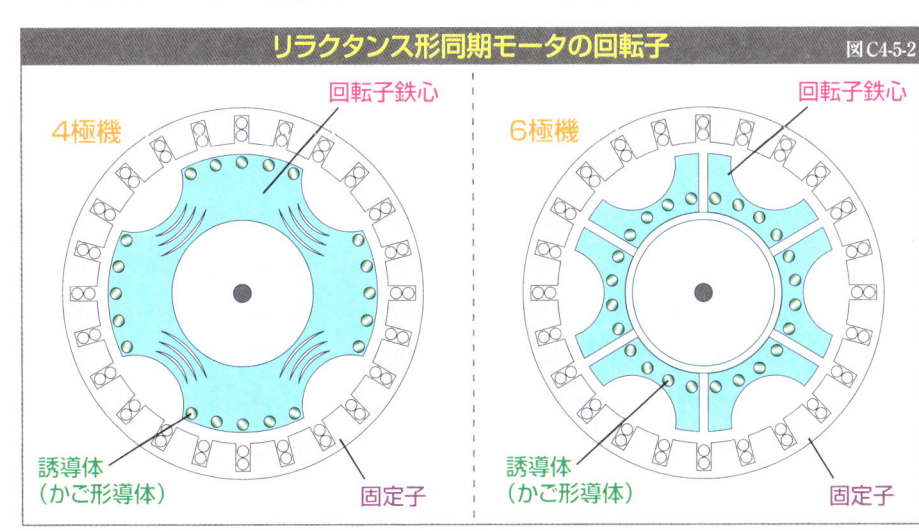

リラクタンス形同期モータの回転子　図C4-5-2

4極機　回転子鉄心／誘導体（かご形導体）／固定子

6極機　回転子鉄心／誘導体（かご形導体）／固定子

▶リラクタンスについてはレラクタンスという表記もある

第4章 同期モータ

永久磁石形同期モータ

永久磁石形同期モータは現在ではブラシレスACモータということが増えている。また、永久磁石形ステッピングモータの原形にもなっている。

永久磁石が回転子の同期モータ

永久磁石形同期モータは、マグネット形同期モータやPM形同期モータともいい、略して**PMモータ**という。**界磁**に電力を必要としないため、小さな電流で大きな**トルク**を得ることができる。同じ交流モータであるかご形誘導モータに比べると、効率、**力率**ともに高く、モータの小形化が可能となる。**永久磁石**を利用するため出力には限界があるが、**希土類磁石**を利用すれば、かなり出力を高めることができる。

そもそも永久磁石形は構造が簡単なので、コストがかからず、大量生産を行いやすい。保守が必要なく、寿命も長いなど、メリットが数多い。弱点は電源につないだだけでは始動できないことや回転速度制御が難しいことだった。しかし、**インバータ**などの**可変周波数電源**を採用すれば、これらの弱点は解消される。

インバータの高機能化や低コスト化が進んだため、従来は誘導モータが採用されていた用途に永久磁石形同期モータが採用される例も増えている。このように**駆動回路**による**半導体制御**を前提にしたモータとして使われる場合は、**ブラシレスACモータ**ということが増えている。

インバータを使用せず、交流電源で直接駆動するような用途は非常に少なくなっているが、小形のものがわずかに残っている。ほとんどは**単相交流**で駆動するもので、2極機と4極機がある。**誘導モータ始動法**で自己始動できるように、**かご形導体**を備えた**複合形回転子**が採用される。始動トルクを大きくするために、誘導モータの**特殊かご形回転子**同様の**誘導体**が採用されることもある。

電源は単相交流だが、**コンデンサ**の**進み電流**を利用して二相交流にして、二相回転磁界を作り出している。**固定子コイル**は、**分布巻**が採用されることもあるが、**突極**を備えた**固定子鉄心**にコイルを巻いた**集中巻**が採用されることが多い。

永久磁石形同期モータ（4極・複合形回転子） 図C4-6-1

- 誘導体（かご形導体）
- 永久磁石
- 固定子
- 回転子鉄心

PM＝permanent magnet、ブラシレスACモータ＝brushless AC motor

永久磁石形単相同期モータの駆動回路（2極・複合形回転子）　図C4-6-2

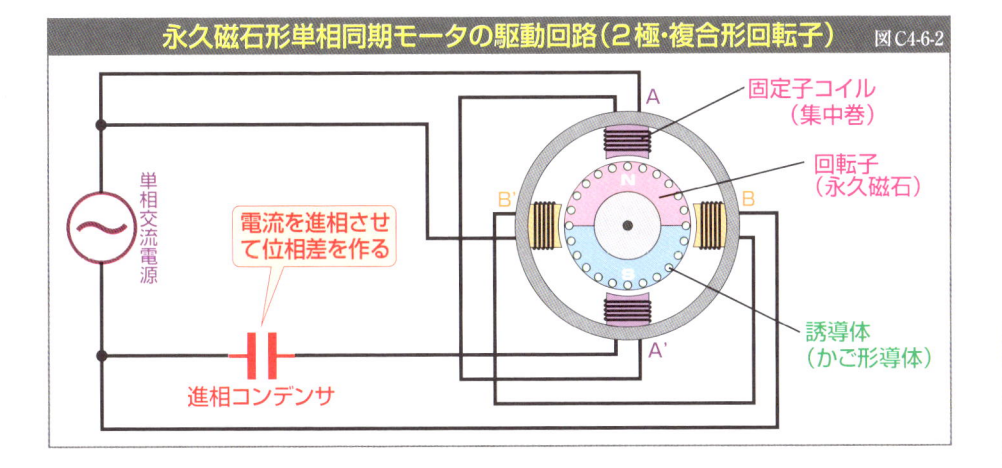

- 単相交流電源
- 電流を進相させて位相差を作る
- 進相コンデンサ
- 固定子コイル（集中巻）
- 回転子（永久磁石）
- 誘導体（かご形導体）

位相特性

　巻線形同期モータの**位相特性**では、横軸に回転子電流、縦軸に固定子電流を取るが、永久磁石形では、横軸に**電源電圧**、縦軸に**固定子電流**を取る。この場合も、負荷が大きくなるほど、高い位置にV曲線が描かれる。これを永久磁石形同期モータの**位相特性**や**V特性**という。各曲線の最小電流点を結んだ曲線は、**力率1**の運転になり、これより右の領域では**進み力率運転**、左の領域では**遅れ力率運転**となる。

　負荷トルクが一定であれば、進み力率運転の状態から電源電圧を下げれば力率1に導くことができ、遅れ力率運転の状態からは電圧を上げて力率1に導くことができる。負荷トルクが変化しても、最適な電源電圧にすれば、常に力率1で運転することが可能となる。

永久磁石形同期モータの位相特性　図C4-6-3

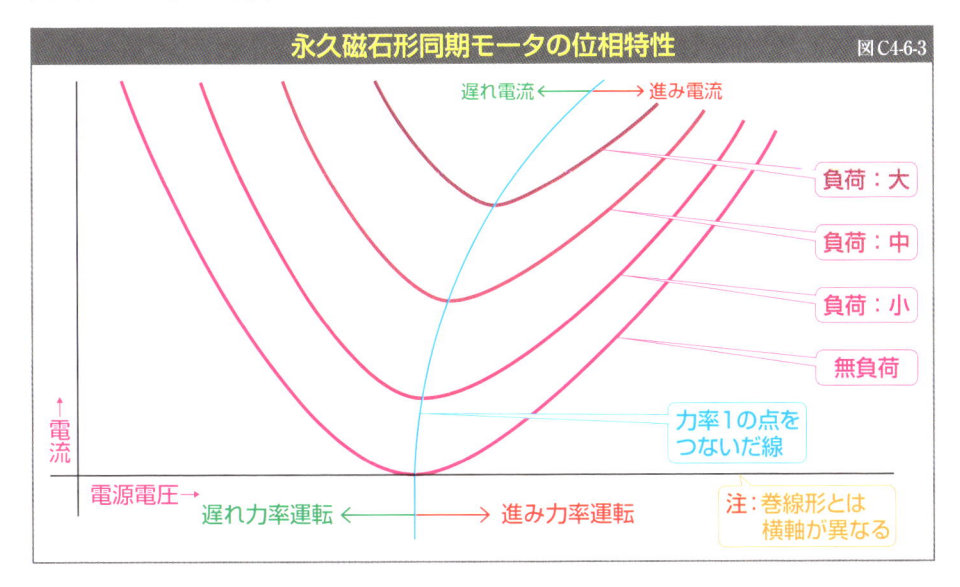

- 遅れ電流 ← → 進み電流
- 負荷：大
- 負荷：中
- 負荷：小
- 無負荷
- 力率1の点をつないだ線
- ↑電流
- 電源電圧→
- 遅れ力率運転 ← → 進み力率運転
- 注：巻線形とは横軸が異なる

ブラシレスACモータ

サイン波駆動（P140参照）される**ブラシレスモータ**が、**ブラシレスACモータ**（**BLACモータ**）だ。**永久磁石形同期モータ**であるが、**インバータ**による駆動が前提であるため、**回転子**に始動のための誘導体を備える必要がない。回転子の**極数**は20極程度まで使われ、**固定子**の**相数**は3相が多く、**集中巻**のものも**分布巻**のものもある。

サイン波駆動により、ブラシレスACモータはブラシレスDCモータより**トルク変動**を抑えることができ、スムーズな回転になる。また、回転子を工夫することで**リラクタンストルク**（P202参照）の活用が可能になり、発揮できる**トルク**を大きくもできる。

ブラシレスモータでは回転子の回転位置を検出しなければ、正しく駆動することができない。特にサイン波駆動の場合は、回転位置に応じて電圧をきめ細かくかえていく必要があるため、回転位置情報の検出精度の高さが求められる。ブラシレスDCモータでは回転位置を検出する**センサ**にホール素子（P241参照）が使われるのが一般的だが、ホール素子の検出精度はさほど高くないため、ブラシレスACモータでは**ロータリエンコーダ**（P238参照）や**レゾルバ**（P237参照）が**回転位置センサ**として採用される。ホール素子の場合、**磁極**を直接検出する必要があるためモータにセンサが内蔵されるが、ロータリエンコーダなどの場合は、モータ外に装着される。

ただし、ホール素子に比べてロータリエンコーダなどはコストが高い。そのため、回転速度などにさほどの精度が求められない用途では、ブラシレスACモータにホール素子が採用されることもある。こうした場合は、ホール素子からの磁極の位置情報をもとに、制御回路で回転位置を推定する。

構造的なバリエーションはブラシレスDCモータ（P136参照）同様で、**ラジアルギャップ形ブラシレスモータ**と**アキシャルギャップ形ブラシレスモータ**があり、ラジアルギャップ形には、**インナーロータ形ブラシレスモータ**と**アウターロータ形ブラシレスモータ**がある。さらにインナーロータ形には、表

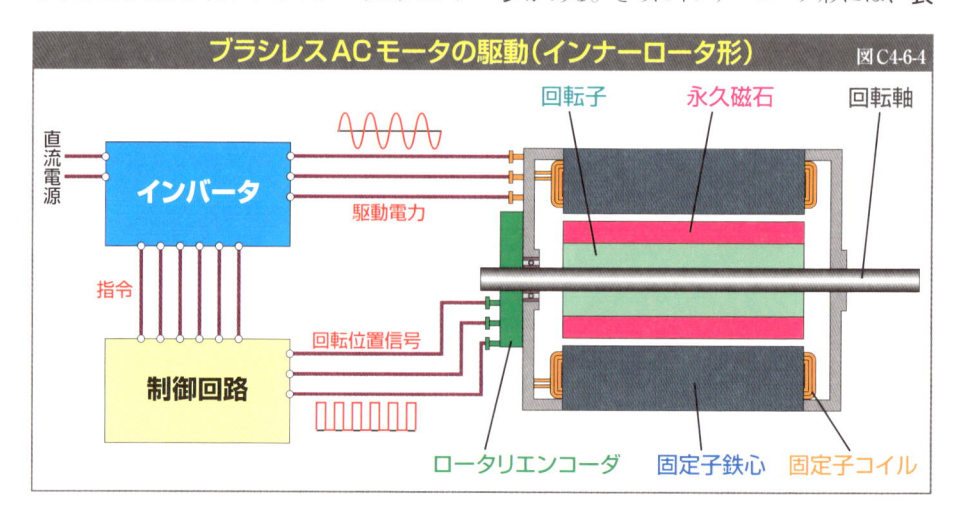

ブラシレスACモータの駆動（インナーロータ形） 図C4-6-4

インナーロータ＝inner rotor、アウターロータ＝outer rotor、ラジアルギャップ＝radial gap

面磁石形回転子を採用するものと埋込磁石形回転子を採用するものがある。それぞれの特徴もブラシレスDCモータと同じだが、埋込磁石形回転子にはブラシレスACモータにのみ採用される構造のものがある。

◆リラクタンストルクの利用

埋込磁石形回転子は**内部磁石形回転子**や**内部配置形回転子**、**IPM形回転子**ともいい、高回転時の磁石の剥がれや飛散の危険性がなくなるが、固定子と回転子の距離が大きくなるため、磁力が弱く**トルク**が小さくなりやすい。しかし、現在では**積層鉄心**の形状を工夫することで、**永久磁石**によるトルクだけでなく、**リラクタンストルク**も利用できるようにして、得られるトルクを大きくした回転子が増えている。

リラクタンストルクに対して磁石によるトルクは**マグネットトルク**という。リラクタンストルクがマグネットトルクと逆方向になる回転位置もあり、リラクタンストルクがマグネットトルクを打ち消すこともあるが、双方のトルクの複合トルクは常に回転方向に作用する。**トルク変動**は大きくなってしまうが、同程度の表面磁石形回転子よりトルクが大きくなる。

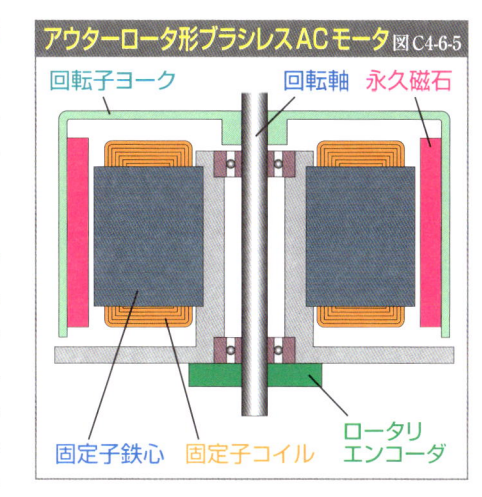

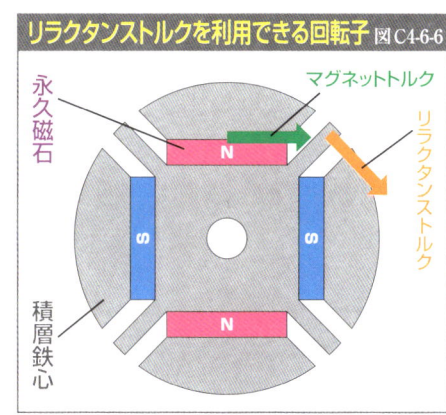

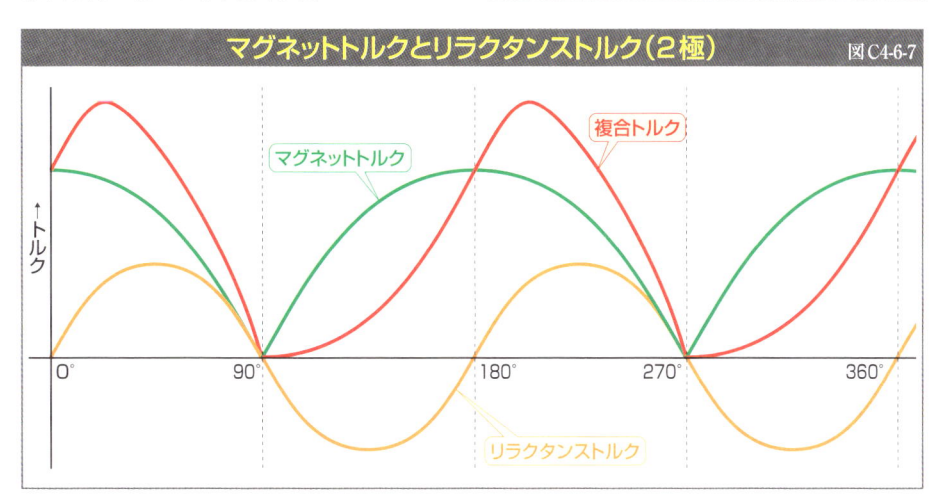

アウターロータ形ブラシレスACモータ 図C4-6-5

回転子ヨーク／回転軸／永久磁石／固定子鉄心／固定子コイル／ロータリエンコーダ

リラクタンストルクを利用できる回転子 図C4-6-6

永久磁石／マグネットトルク／リラクタンストルク／積層鉄心

マグネットトルクとリラクタンストルク（2極） 図C4-6-7

複合トルク／マグネットトルク／リラクタンストルク／トルク／0°／90°／180°／270°／360°

☛ アキシャルギャップ＝axual gap、マグネットトルク＝magnet torque

第4章 同期モータ
その他の同期モータ

同期モータには、ほかにもヒステリシス形同期モータやインダクタ形同期モータがある。ほとんど使われることがないものだが、構造と回転原理を簡単に説明しておく。

ヒステリシス形同期モータ

　ヒステリシス形同期モータはコバルト鋼など**ヒステリシス損**の大きな**磁性材料**を**回転子**に使用する。略して**ヒステリシスモータ**ともいう。磁性材料は中空の円筒で、内部は非磁性体が使われる。この形状から、磁性材料の部分は**ヒステリシスリング**という。

　ヒステリシス損が大きいとは、**保磁力**が強く**残留磁気**が大きいことを意味する。回転子は**固定子**の**磁界**によって**磁化**されるが、回転磁界による磁化する能力の変化に対して、回転子の**磁束密度**の変化が遅れる。そのため、回転子の磁界は、固定子の磁界より、ある**負荷角**だけ遅れた位置になり、同期モータとして機能する。負荷角は**負荷トルク**の大きさで変化する。ヒステリシスリングは導体でもあるため、回転磁界によって**渦電流**が発生する。**始動**時には誘導モータとして機能するため、**自己始動**が可能だ。

　ヒステリシス形同期モータは、回転子に**突極**がないため、**トルク変動**がなく、滑らかに回転する。渦電流による**トルク**もあるため、回転速度にかかわらずほぼ一定のトルクを発生する。構造的にも丈夫だ。おもに単相電源用で2極機や4極機が作られていたが、効率が低く、出力が小さく、小形化が難しいうえ、比較的コスト高になるため、最近はあまり使われない。

ヒステリシス形同期モータ　図C4-7-1

- ヒステリシスリング
- 非磁性体
- 固定子

インダクタ形同期モータ

　インダクタ形同期モータは回転子に**突極**があるという点ではリラクタンス形同期モータに似ているが、インダクタ形の回転子は突極の数が多く、歯車状だ。**歯車状鉄心**だけで回転子が構成される場合と、**永久磁石**に2個の歯車状の**鉄心**が組み合わされる場合がある。それぞれの回転原理は、リラクタンス形と永久磁石形が基本になる。

　図の例は永久磁石と2個の歯車状鉄心を組み合わせたもので、歯車の歯は10個ある。

ヒステリシス形同期モータ＝hysteresis synchronous motor

インダクタ形同期モータ

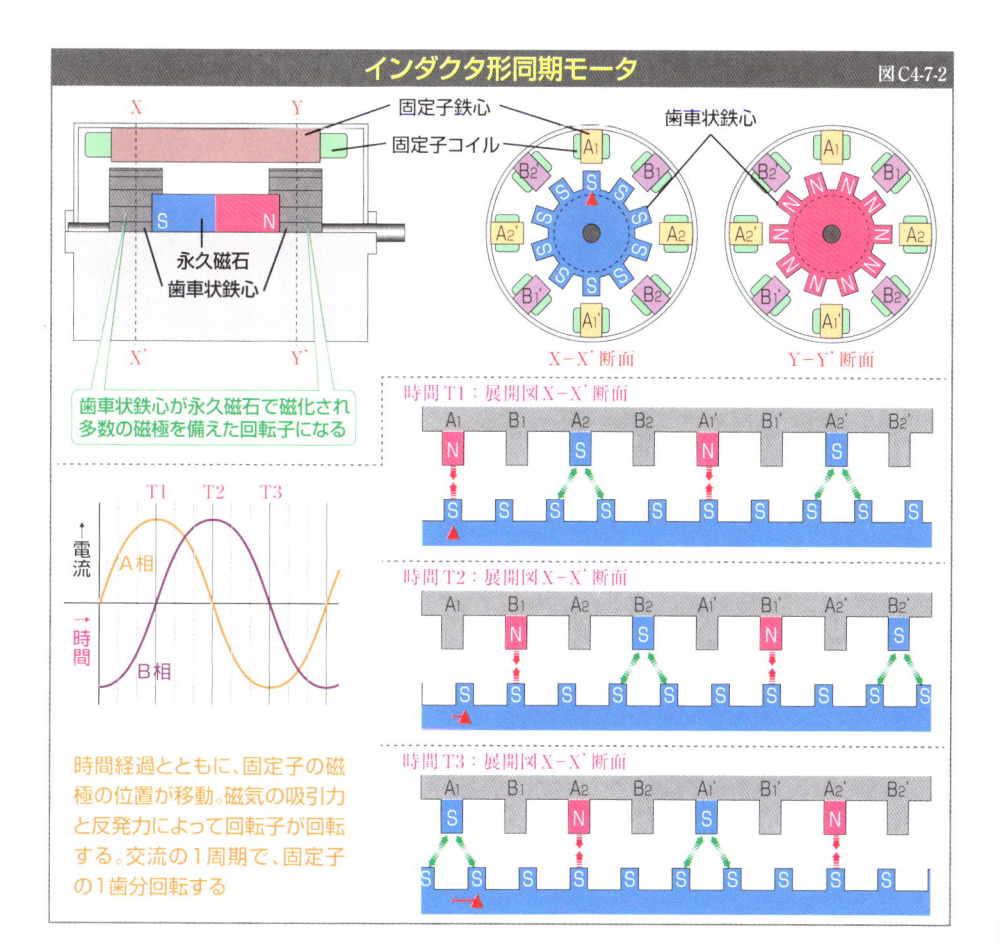

図C4-7-2

歯車状鉄心が永久磁石で磁化され多数の磁極を備えた回転子になる

時間経過とともに、固定子の磁極の位置が移動。磁気の吸引力と反発力によって回転子が回転する。交流の1周期で、固定子の1歯分回転する

それぞれ永久磁石のN極とS極に備えられ、半歯分だけ回転位置がずらしてある。固定子は集中巻で、8個の突極を備え、90度**位相**がずれた**二相交流**が流される。

X－X'断面のS極に磁化された歯車だけを展開図にすると、固定子の**磁極**が変化するにつれて、**吸引力**と**反発力**の発生する位置がずれていき、回転子を回転させるのがわかる。展開図はないが、Y－Y'断面のN極の歯車では吸引力と反発力が逆になるだけで同じことが起こる。これにより交流の**1周期**で、回転子の歯車1歯分だけ回転する。

このようにインダクタ形同期モータは、**電源周波数**に対して非常に低速の回転が可能になる。電源周波数60Hzで、回転子の歯数を60とすれば、毎秒1回転になる。

1秒1回転させる時計やタイマのように非常に低速の回転は、一般的な同期モータでは難しく、減速器が必要だ。しかし、インダクタ形であれば、通常の単相交流で低速回転が可能となる。現在では、半導体を採用したデジタル式のタイマが主流になっているため、ほとんど使われなくなっている。しかし、インダクタ形は**半導体制御**の進歩とともに**ハイブリッド形ステッピングモータ**(P254参照)へと発展していった。

▶ インダクタ形同期モータ＝inductor synchronous motor

モータの軸受

モータに使われている**軸受**(ベアリング)は、**転がり軸受**、**滑り軸受**、**特殊軸受**に大別される。特殊軸受には**気体軸受**や**磁気軸受**などがある。

転がり軸受には、2個の円筒の間に球を配置する**玉軸受**(ボールベアリング)と、円柱もしくは円錐を配置する**ころ軸受**(ローラーベアリング)がある。比較的低コストだが、騒音を発生しやすい。

滑り軸受は、回転面と固定面の間を油で潤滑することによって摩擦を軽減する**油軸受**が一般的だ。構造はシンプルで転がり軸受よりコンパクトだが、熱に弱く、給油が欠かせない。給油の手間を省くために多孔質素材に油を含ませた**含油軸受**もあり、**無給油軸受**(オイルレスベアリング)ともいう。

気体軸受は回転面と固定面の間を空気で潤滑するもので、**空気軸受**ともいい、静圧形と動圧形がある。**静圧形気体軸受**(静圧形空気軸受)は圧縮した高圧の空気を軸受内に送り込むことで潤滑を行う。別途、圧縮空気を作る圧縮機が必要になる。**動圧形気体軸受**(動圧形空気軸受)は、回転部分に溝などを設けることで空気の流れを作り出して潤滑を行う。圧縮機は不要だが、ある程度の速度にならないと潤滑が行えない。

磁気軸受は磁気の吸引力と反発力で回転軸を支えるもので、受動形と能動形がある。非接触で回転軸を支えられるため、摩擦が発生しない。真空環境や超低温環境でも使用可能だ。**受動形磁気軸受**は永久磁石で構成されるが、磁力の不均衡が生じやすく回転軸の位置を一定に保つことが難しいため、あまり使われない。**能動形磁気軸受**は、電磁石を使用するか、電磁石と永久磁石を併用する。磁力の不均衡による回転軸位置の変動をセンサで検出し、電磁石の磁力を制御することで一定位置を保つ。能動形磁気軸受は非常に性能が高いが、高コストで、装置も大きくなりやすい。

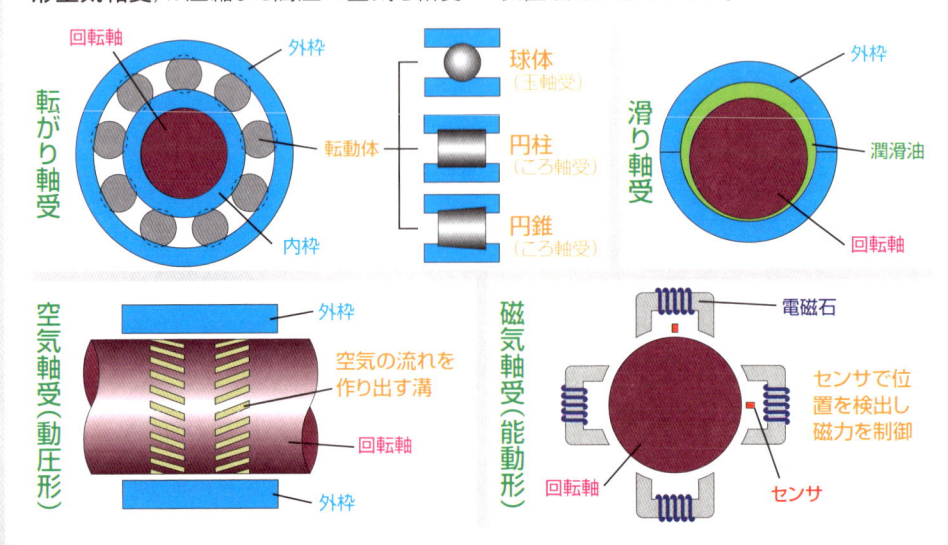

第4部

半導体制御とサーボモータ

第1章■直流モータの半導体制御
- ◆直流チョッパ制御・・・・・・212
- ◆PWM制御とPAM制御・・・・・216
- ◆交流入力直流出力電源・・・・・218

第2章■交流モータの半導体制御
- ◆インバータ・・・・・・・・・220
- ◆矩形波出力と疑似サイン波出力・222
- ◆ベクトル制御・・・・・・・・226
- ◆サイリスタ位相角制御・・・・・228
- ◆マトリックスコンバータ・・・・230

第3章■制御とサーボモータ
- ◆サーボモータ・・・・・・・・232
- ◆制御システム・・・・・・・・234
- ◆センサ・・・・・・・・・・・236
- ◆制御の実際・・・・・・・・・242

第1章 直流モータの半導体制御
直流チョッパ制御

直流整流子モータの半導体による回転速度制御の基本が直流チョッパ制御だ。スイッチング素子を利用して電圧の制御を行う。

スイッチングによる電圧制御

直流整流子モータは、電源電圧を調整することで電機子電流を変化させれば、回転速度を制御できる。巻線形直流整流子モータであれば、界磁電流の調整でも回転速度制御が可能だ。抵抗制御法や界磁制御法では電流の調整に抵抗器を使用するが、抵抗で消費される電力は損失になる。こうした損失を最小限に抑えつつ、電圧を調整できるのが直流チョッパ制御だ。電機子電流を調整する場合を電機子チョッパ制御、界磁電流を調整する場合を界磁チョッパ制御という。

チョッパ制御はスイッチのON/OFF（スイッチング）によって電圧の平均値を下げることで電圧を制御する。英語のチョッパ（chopper）には切り刻むものという意味があり、制御の際にはON/OFFによって電流を切り刻むことになるため、この名で呼ばれる。スイッチングによって制御されるため、スイッチング制御ともいう。

例えば、一定の時間の間にスイッチのON/OFFを10回繰り返すとする。この時、

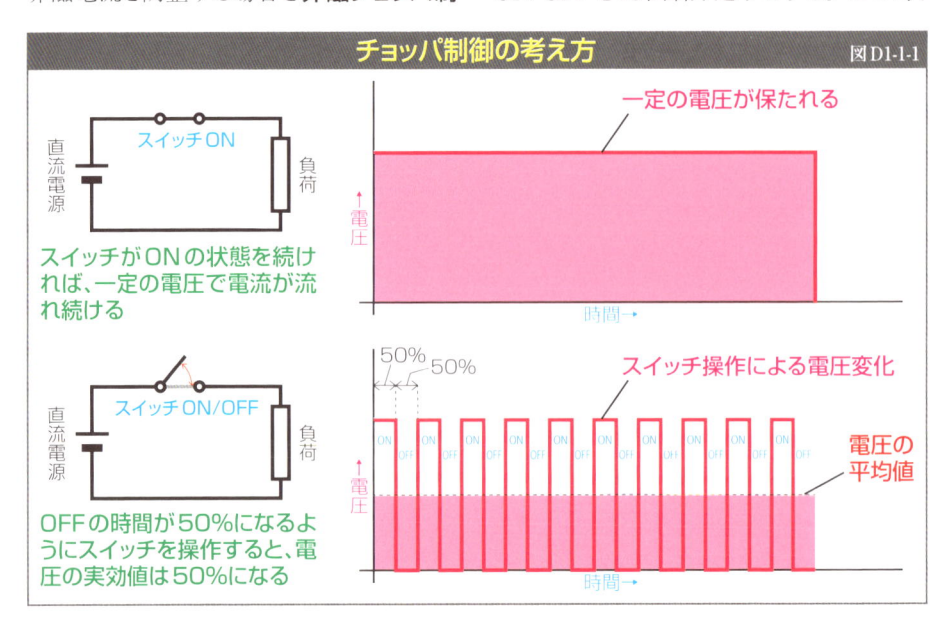

チョッパ制御の考え方
図 D1-1-1

スイッチ ON
直流電源 — 負荷
スイッチがONの状態を続ければ、一定の電圧で電流が流れ続ける

一定の電圧が保たれる
電圧 / 時間→

スイッチ ON/OFF
直流電源 — 負荷
OFFの時間が50%になるようにスイッチを操作すると、電圧の実効値は50%になる

50% 50%
スイッチ操作による電圧変化
電圧の平均値
電圧 / 時間→

ONの時間を50%、OFFの時間を50%にすれば、スイッチをずっとONにした時に比べて50%の電力が供給されることになる。切り刻まれて途切れ途切れの電流になるため、時間の区切りの設定が長ければ、モータの回転がギクシャクしたものになってしまう。しかし、区切りが十分に短ければ、時間全体に平均化されて電力が供給されたようになり、電圧の平均値が下がる。この場合であれば、電圧の平均値が50%になる。ONの時間とOFFの時間の割合を変化させれば、さまざまな電圧にすることが可能だ。

素早いスイッチングは人間の操作では不可能なのはもちろん、機械的なスイッチには限界がある。そのため、チョッパ制御では**スイッチング作用**のある**電力制御用半導体素子**が使われる。大形機では**スイッチング素子**に**サイリスタ**、小形機では**トランジスタ**が使われることが多く、それぞれ**サイリスタチョッパ**や**トランジスタチョッパ**という。

こうした**直流入力直流出力**の電源装置は**DC/DCコンバータ**という。実際のDC/DCコンバータにはさまざまな構造のものがあるが、そのうちチョッパ制御によって電圧を調整する電源装置を**チョッパ電源**や**スイッチング電源**という。

基本駆動回路

スイッチング素子1個でも、**チョッパ制御**でモータの回転速度を調整できるが、**双方向駆動**も含めて**半導体制御**するためには、別途スイッチング素子が必要になる。そのため、一般的にはスイッチング素子4個の**Hブリッジ**を利用する。4個のスイッチング素子のゲートやベースへの電流をON/OFFすれば、各素子を操作できる。これにより**回転速度制御**に加えて双方向駆動や**発電制動法**が可能になる。Hブリッジの**スイッチング回路**に加えて制御回路なども一体化されたHブリッジモータドライバICもある。

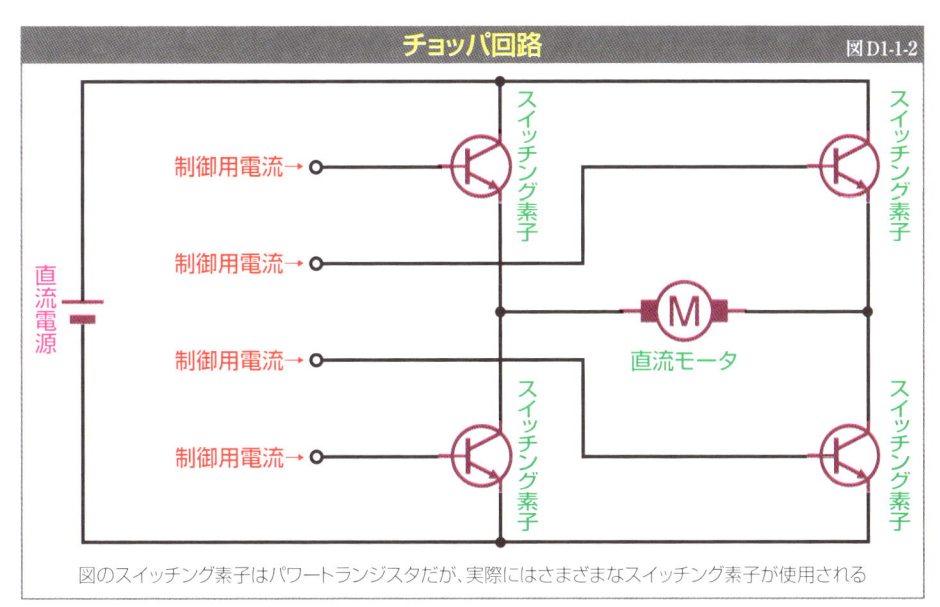

チョッパ回路 図D1-1-2

図のスイッチング素子はパワートランジスタだが、実際にはさまざまなスイッチング素子が使用される

チョッパ制御とインダクタンス

モータのように**インダクタンス**のあるものに電流を流すと、コイルの**自己誘導作用**によって電流の立ち上がりが遅れる。電流を停止した際には、同じく自己誘導作用によって、それまでと同方向に電流が流れ続ける。こうしたインダクタンスによる影響がモータを使用するうえでのデメリットになることもあるが、**チョッパ制御**では有効活用されている。

チョッパ回路がONになった時に、いきなり大電流が流れると**スイッチング素子**がダメージを受けることがあるが、モータにはインダクタンスがあるため電流の立ち上がりがゆっくりになり、素子が保護される。この時、モータのコイルが電力を蓄えているといえる。

チョッパ回路がOFFになった時は、コイルの自己誘導作用によって、モータがそれまでと同じ方向に電流を流し続ける。これはコイルが蓄えた電力が徐々に放出される状態といえる。この電力を無駄にせず有効活用するために、モータと並列に**ダイオード**を配置する。すると、インダクタンスによって放出された電流が還流してモータを作動させることができる。このように使われるダイオードを**フリーホイールダイオード**や**還流ダイオード**、**帰還ダイオード**という。

インダクタンスのない負荷をチョッパ回路で制御する場合、スイッチングされた電力は切り刻まれた断続的なもので、電流の流れない瞬間がある。脈動する電圧の最大値と最小値の比率をリップル比というが、この場合のリップル比は1（100％）になる。しかし、モータのようにインダクタンスのある負荷でフリーホイールダイオードが理想的に機能すると、電流が途切れることがなくなり、リップル比が小さくなる。モータの回転への影響も小さくなる。

モータ自体のインダクタンスでは、十分な効

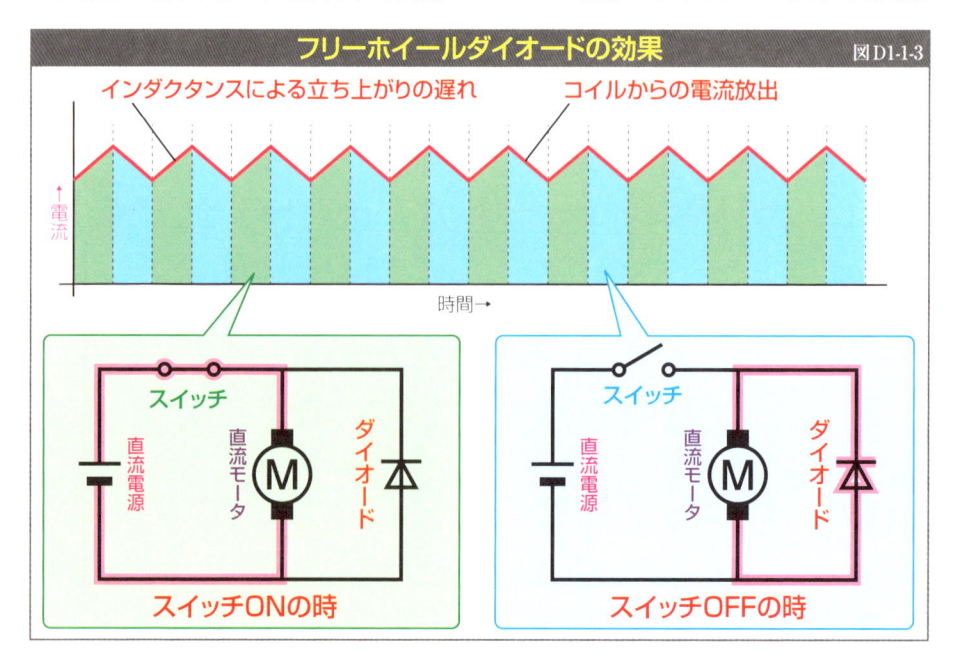

フリーホイールダイオードの効果　図D1-1-3

- インダクタンスによる立ち上がりの遅れ
- コイルからの電流放出
- スイッチONの時
- スイッチOFFの時

♦フリーホイールダイオード＝freewheel diode

果が得られない場合は、**平滑リアクトル**といういコイルが、モータに直列に配されることもある。回路全体のインダクタンスが大きくなるため、蓄えられる電力が大きくなり、電流がより滑らかになる。

DC/DCコンバータのような電源装置の場合は、**平滑回路**が内蔵され、**スイッチング回路**で断続化された電流を平滑にしたうえで出力されることも多い。平滑回路は、交流から直流への**整流**の際に併用される平滑回路と同様のもので、平滑リアクトルや**平滑コンデンサ**で構成される。

平滑リアクトルの併用 図D1-1-4

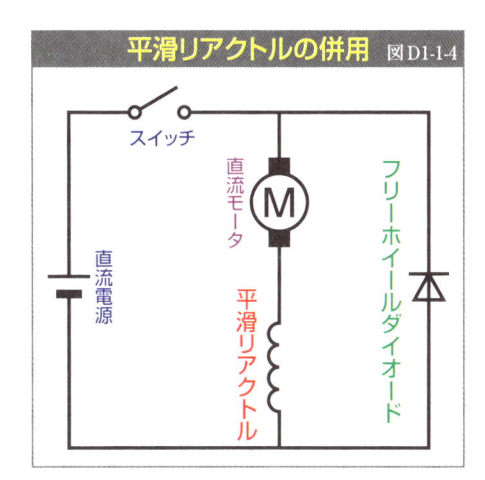

降圧チョッパと昇圧チョッパ

ここまでで説明した**チョッパ制御**はスイッチングによって電圧を下げるもので、**降圧チョッパ**という。チョッパ回路にはほかにも、電圧を上げることができる**昇圧チョッパ**や、昇圧と降圧の双方が行える**昇降圧チョッパ**もある。

昇圧チョッパ回路の場合、**スイッチング素子**や**リアクトル**、**ダイオード**の配置が降圧チョッパとは異なる。詳しい説明は難しくなるので省くが、簡単にいうと、スイッチング素子がONの時にリアクトルに電力が蓄えられ、OFFの時には入力電圧に、リアクトルが放出する電力が加わるので、負荷に加わる電圧が入力電圧より高くなる。

直流モータの**回生制動法**では、モータの発電電圧が**電源電圧**より高くないと回生できないが、モータの回転速度が低い状態では発電電圧が低くなってしまう。こうした状態でも、昇圧チョッパを利用すれば、回生制動を行うことが可能になる。直流モータを採用する電車では、運転時に使用している降圧チョッパ回路を組みかえることで昇圧チョッパとして回生制動を行っている。

昇圧チョッパ回路 図D1-1-5

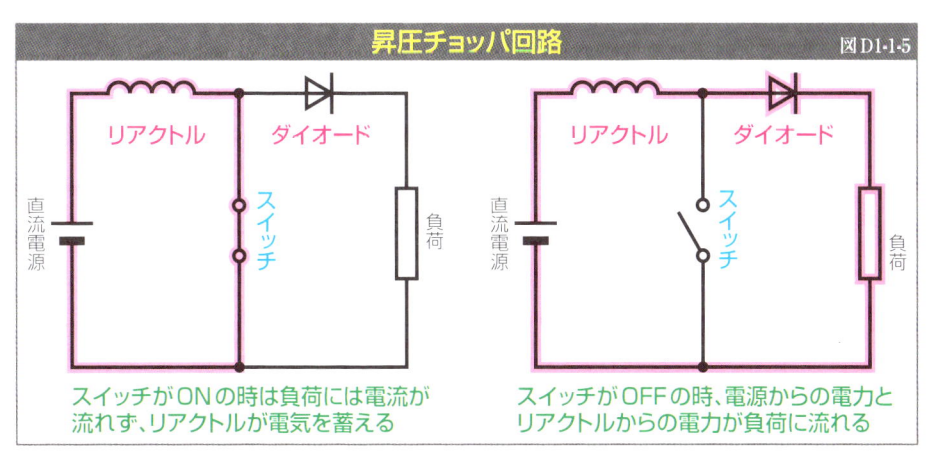

スイッチがONの時は負荷には電流が流れず、リアクトルが電気を蓄える

スイッチがOFFの時、電源からの電力とリアクトルからの電力が負荷に流れる

▶ フリーホイールダイオードはフライホールダイオード（flywheel diode）と誤用されることが多い

第1章 直流モータの半導体制御
PWM制御とPAM制御

直流チョッパ制御の方式にはさまざまなものがあるが、直流モータでおもに使われているのはPWM方式とPAM方式だ。

PWM制御

　直流モータのチョッパ制御でもっとも多く採用されている制御方式がPWM制御方式だ。チョッパ制御のスイッチのONとOFFの1組をスイッチング周期という。PWM方式では、スイッチング周期を一定にして、ONの時間の割合を調整することで電圧を制御する。パルスの幅が調整されるため、パルス幅変調方式（PWM方式）という。スイッチング周期に対するONの時間の割合をデューティ比といい、デューティ比が小さいほど、パルスの幅が狭くなり、出力される電圧の平均値が低くなる。

　1秒間のスイッチング周期の回数をスイッチング周波数といい、工業用の直流サーボモータ（P232参照）の制御では20kHz程度が採用されることが多い。つまり、1秒間に2万回のON/OFFが行われ、スイッチング周期は50マイクロ秒になる。

　シンプルなシステムのスイッチング回路で電圧を制御できるPWM方式だが、弱点がある。出力電圧を低くすると、ONの間隔が広くなり（OFFの時間が長くなり）、平滑化が難しくなる。これにより電流が安定しなくなるため、モータの回転が不安定になる。そのため、回転速度が低速域では制御が行えないこともある。

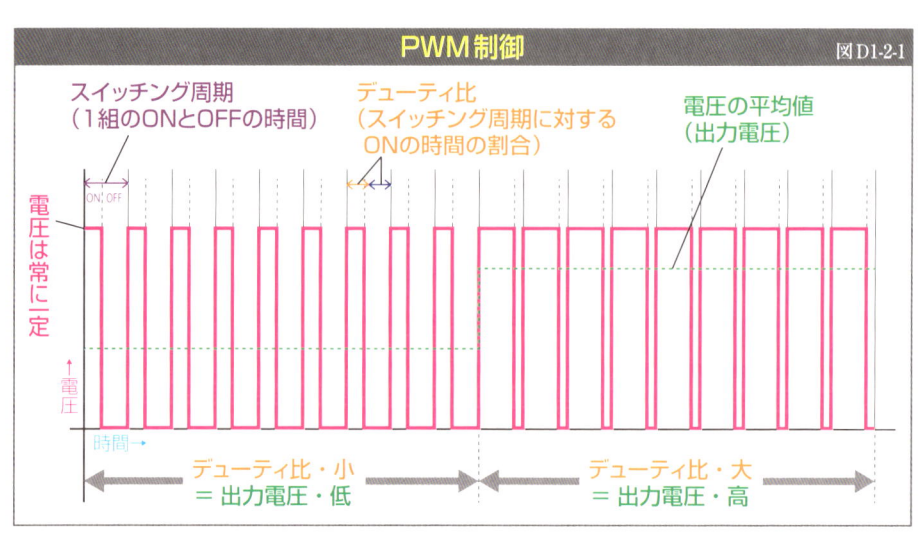

PWM制御 図D1-2-1

スイッチング周期（1組のONとOFFの時間）
デューティ比（スイッチング周期に対するONの時間の割合）
電圧の平均値（出力電圧）
電圧は常に一定
電圧
時間→
デューティ比・小 ＝ 出力電圧・低
デューティ比・大 ＝ 出力電圧・高

▼ PWM = pulse width modulation

図D1-2-2　PAM制御

（図中ラベル）スイッチング周期は一定／デューティ比は一定／電圧の平均値（出力電圧）／パルスごとに電圧が変化／電圧／時間

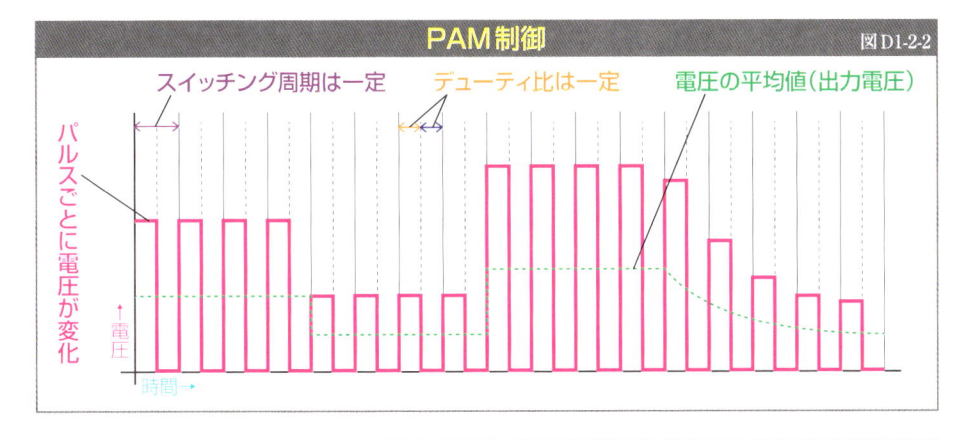

PAM制御

　PAM制御方式では、**スイッチング周波数とデューティ比**を一定にし、スイッチングする電圧をかえることで、出力電圧を制御する。出力電圧でパルスの振幅が変化するため、**パルス振幅変調方式（PAM方式）**という。

　PWM方式には、出力電圧を低くすると電流が安定せずモータの回転が不安定になるという弱点があるが、PAM方式であれば、低い電圧の低速域でも回転速度の制御をきめ細かく行うことが可能となる。ただし、電圧を連続変化させるための回路が必要になるので、回路が複雑になり、**コンバータ**にコストがかかる。

　出力電圧が低い範囲はPAM方式で制御し、高い範囲はPWM方式で制御するという方法もあるが、この場合も、コストがかかる。そこで、PWM方式にPAM的な発想を加えた制御法が採用されることがある。

　この制御法では、何段階かの電圧が得られるコンバータと、PWM方式で制御を行うコンバータを組み合わせている。出力電圧に応じてスイッチングを行う電圧をかえることができるため、出力電圧が低い範囲でも、きめ細かく制御できる。電圧を連続変化させられるコンバータに比べると、段階的な電圧が得られるコンバータのほうがコストが抑えられる。

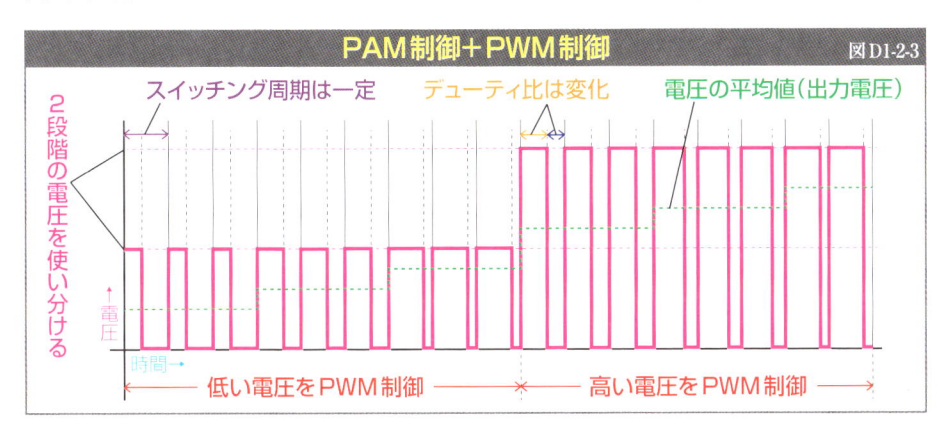

図D1-2-3　PAM制御＋PWM制御

（図中ラベル）スイッチング周期は一定／デューティ比は変化／電圧の平均値（出力電圧）／2段階の電圧を使い分ける／電圧／時間／低い電圧をPWM制御／高い電圧をPWM制御

☞ PAM＝pulse amplitude modulation

第1章 直流モータの半導体制御
交流入力直流出力電源

大電力の供給はおもに交流で行われている。この交流で直流モータを駆動するためには整流が必要だ。整流と同時に変圧を行えば効率よくモータを駆動することができる。

AC/DCコンバータ

大電力の供給はおもに**交流**で行われている。この電力で**直流モータ**を駆動するためには、交流を直流に**整流**する必要があるが、そのまま整流したのではモータの駆動に適した電圧になるとは限らない。こうした場合には**変圧**が必要になる。出力電圧が一定の**AC/DCコンバータ**が利用されることもあるが、コンバータが**可変電圧電源**であれば、その出力で直接直流モータの**回転速度制御**を行うことも可能だ。

多数の**タップ**を備えた**変圧器**を**整流回路**の前に配すれば、タップの切り替えによって出力電圧をかえることができる。こうした制御を**タップ制御**といい、電車の速度制御に使われていた。ただし、タップ制御の場合、出力電圧は段階的な切り替えになる。

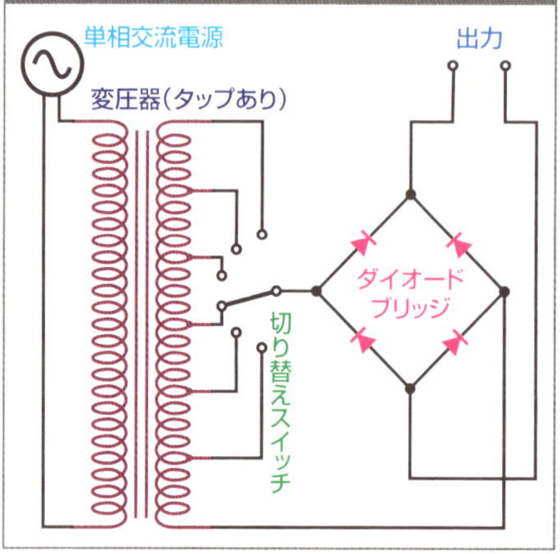

スイッチング作用のある**整流素子**を使用すれば、整流と同時に無段階の変圧が行える**交流入力直流出力電源**ができる。**半導体素子**には**サイリスタ**が使われることが多い。一般的な単相交流の整流では**ダイオードブリッジ**が使われるが、このダイオードをサイリスタに置き換えた**ブリッジ**が**サイリスタブリッジ**だ。サイリスタはゲート電流が流れないとスイッチがONにならないため、ゲートに電流を流すタイミングで、出力電圧を調整することができる。交流の**周期**(360度)に対してスイッチをONにするタイミングを**位相角**や**点弧角**といい、位相角をかえることで電力を制御できるため、この制御を**サイリスタ位相角制御**という。サイリスタは順方向電流が0付近になると自動的にOFFになるので、**点弧**のタイミングにだけゲートに電流を流せばよいため、制御する回路が簡単なもので済む。

三相交流の場合は、サイリスタ6個でブリッジを構成すれば、整流と同時に変圧を行うことができる。

ただし、サイリスタ位相角制御では、点弧された瞬間から電流が流れ始めるため、出力は部分的に途切れた**脈流**になる。そのため**平滑回路**で平滑化する必要がある。

図D1-3-1 タップ制御

単相交流電源／変圧器(タップあり)／出力／ダイオードブリッジ／切り替えスイッチ

図D1-3-2　サイリスタ位相角制御

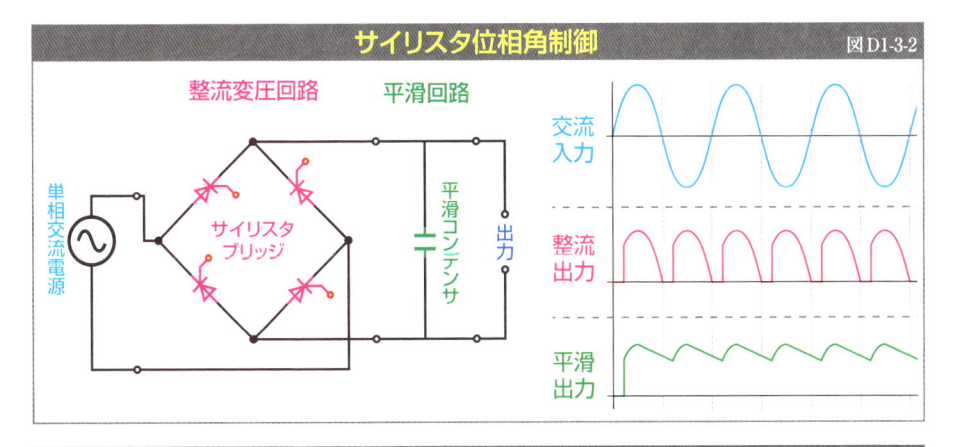

静止レオナード方式

　ワードレオナード方式の回転速度制御を半導体制御で行うのが静止レオナード方式だ。可変電圧電源のAC/DCコンバータで、直流他励モータの電機子にかける電圧を制御する。整流にサイリスタを使用するのが一般的で、サイリスタレオナード方式ともいう。整流にトランジスタを使用する場合はトランジスタレオナード方式という。

　ワードレオナード方式では発電電圧の変化がスピーディではないが、静止レオナード方式では電圧の切り替えが早いため、制御のレスポンスがよく精度も高くなる。発電機や駆動用モータが必要ないため、損失が小さくなり効率が高まるうえ、設置スペースが小さくなり、騒音も少ない。コンバータにインバータの機能を加えれば、回生制動法が可能となる。なお、界磁電流はワードレオナード方式同様に、別途整流した直流を使用する。界磁制御法を併用して、回転速度の微調整が行われることも多い。

図D1-3-3　静止レオナード方式

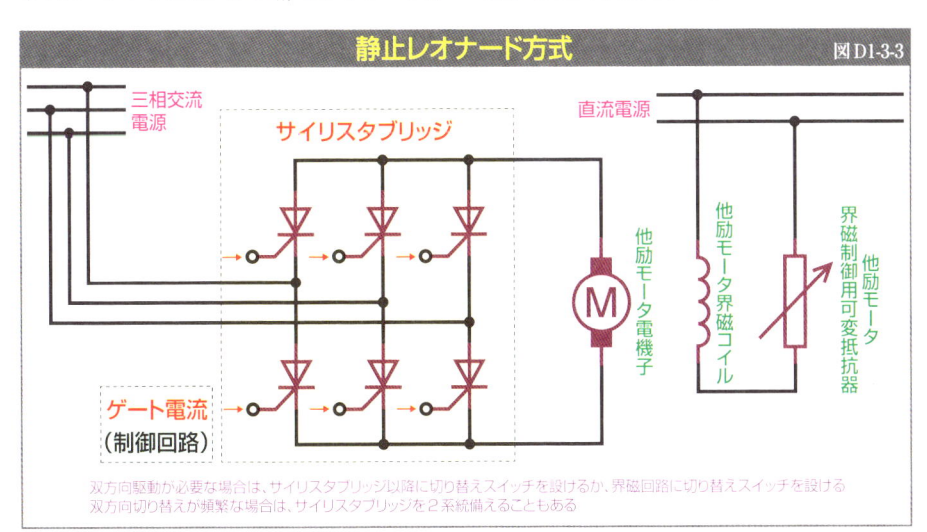

双方向駆動が必要な場合は、サイリスタブリッジ以降に切り替えスイッチを設けるか、界磁回路に切り替えスイッチを設ける
双方向切り替えが頻繁な場合は、サイリスタブリッジを2系統備えることもある

第2章 交流モータの半導体制御
インバータ

現在の交流モータは、半導体素子を利用したインバータによって駆動し、始動や回転速度制御を行うのが一般的だ。これにより操作性や制御性が格段に向上している。

■スイッチングで交流を作り出す

　交流モータの回転速度制御を電源周波数の調整で行えば、制御の範囲が広く、損失も発生しない。**周波数**の調整範囲が広ければ、**始動**を行うことも可能だ。そのため、現在では**半導体制御**によって**周波数制御法**を利用するのが一般的だ。また、**誘導モータ**の場合、電源電圧も同時に調整する**V/f制御**にすれば、**トルク**を一定に保つことができる。**同期モータ**でも電圧の調整を同時に行えば、**位相特性**を制御して**力率**1の状態を保つことができる。そのため周波数制御と同時に電圧制御を行うことがほとんどだ。こうした電源周波数と電圧の制御には、**スイッチング電源**の一種である**インバータ**が使われるのが一般的だ。**可変電圧可変周波数電源**であることを明示するために、その英語の頭文字から**VVVFインバータ**ともいう。

　インバータは**スイッチング作用**のある**電力制御用半導体素子**によって構成される。以前は**スイッチング素子**にサイリスタが使われることもあったが、現在ではほとんどが**トランジスタ**を使用する。

　単相交流を作るインバータは、スイッチング素子4個の**ブリッジ**回路で構成される。基本的な構成は、直流モータの制御に使うH**ブリッジ**(P122参照)の回路と同じだ。直流

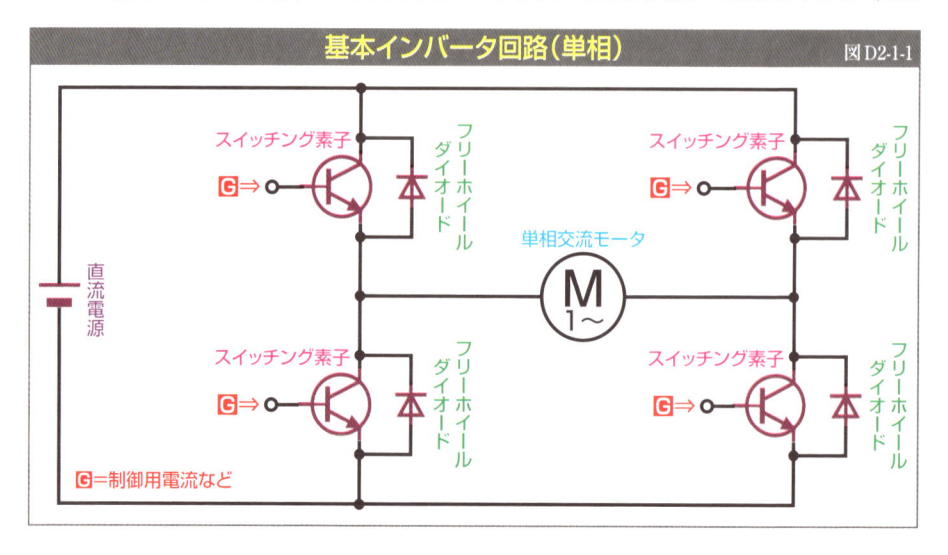

基本インバータ回路(単相)　図D2-1-1

VVVF = variable voltage variable frequency

コンバータ

インバータは直流入力交流出力電源であり、日本語では逆変換装置や逆変換回路という。逆変換の対義語は順変換であり、順変換を行う順変換装置や順変換回路を英語でコンバータという。インバータの逆なので、当然のごとくコンバータは交流入力直流出力電源を指すが、直流入力直流出力電源や交流入力交流出力電源もコンバータという。このようにコンバータは種類が多いため、AC/DCコンバータやDC/DCコンバータ、AC/ACコンバータのように入力と出力を明示することが多い。

モータでは、電流の方向をかえることで**双方向駆動**を行うが、インバータでは電流の方向をかえることで交流を作り出す。三相交流を作るインバータの場合は、6個のスイッチング素子でブリッジ回路が構成される。

◆フリーホイールダイオード

モータの制御に**スイッチング回路**を使用する場合、スイッチがOFFになった瞬間に**コイル**の**インダクタンス**によって**逆起電力**が発生する。逆起電力は瞬間的なものだが、スイッチング素子を傷めることがあるため、素子と逆並列に**ダイオード**を備えることが多い。これにより、逆起電力はスイッチング素子にかからなくなり、電源側に還流される。こうした目的で使用されるダイオードを、**フリーホイールダイオード**や**還流ダイオード**、**帰還ダイオード**という(P214参照)。

◆インバータとコンバータ

インバータへの入力は直流が必要だ。小形の交流モータであれば、電池などの直流電源でも使用できるが、一般的には交流電源下で使われる。そのため、**整流回路**や**平滑回路**で交流を直流に**整流**したうえで、インバータで任意の周波数、電圧の交流に変換している。整流回路や平滑回路の部分は、**交流入力直流出力電源**であり、**AC/DCコンバータ**という。いっぽう、インバータは本来は**直流入力交流出力電源**のことだが、**コンバータ**部も含めて装置全体をインバータということもある。

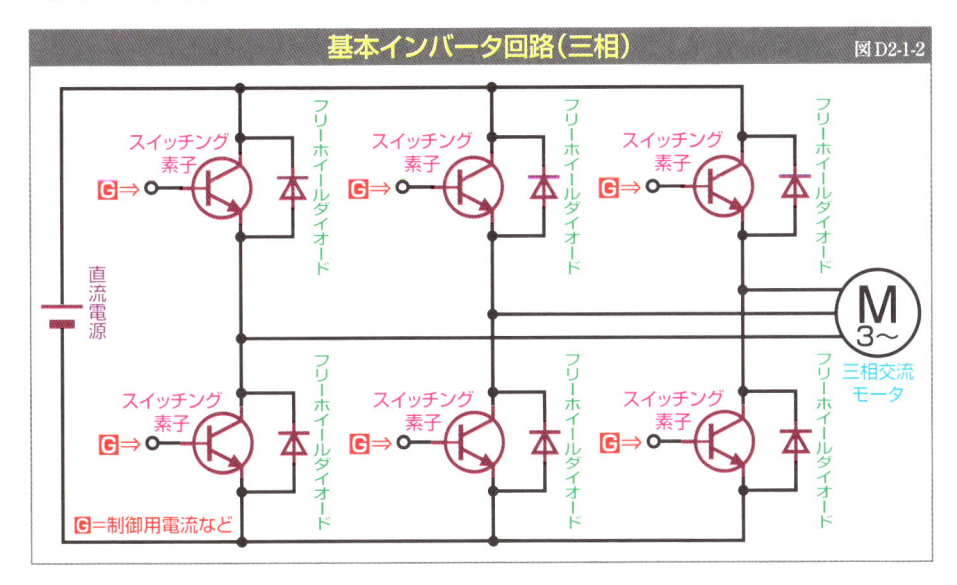

基本インバータ回路(三相) 図D2-1-2

☛ フリーホイールダイオードはフライホールダイオード(flywheel diode)と誤用されることが多い

第2章 交流モータの半導体制御
矩形波出力と疑似サイン波出力

インバータでは一般的にPWM制御で疑似サイン波を出力させるが、簡易的な方法として矩形波出力という方法もある。

矩形波出力

インバータで交流を作るもっとも簡単な方法が**矩形波出力**（方形波出力、パルス波出力）だ。交流の1波形の山と谷を、それぞれパルス1個で構成する。単相交流ならば、**ブリッジ回路**で向かい合う2個の**スイッチング素子**を組にして、交互にON/OFFを繰り返す。出力されるのは交互に極性が反転する**矩形波**だが、広義の交流といえる。スイッチングのタイミングで周波数が決まる。

この方法の場合、周波数を調整することは可能だが、電圧は調整できない。しかし、すべてのスイッチがOFFになる時間を作り、電流が流れる時間を短くすれば、直流チョッパ制御と同じように電圧をかえることが可能になる。ON/OFFの切り替えで行う制御を**2値制御**、すべてのスイッチがOFFになる状態を加えた制御を**3値制御**という。三相交流の場合も同様の方法で、任意の周波数、任意の電圧を作り出すことができる。

矩形波出力であっても、モータのインダクタンスによってなだらかに電流が立ち上がるが、それでも交流本来の波形である**サイン波**とは異なるため、モータの回転が滑らかでなくなることもある。特に、電圧を低く制御すると、OFFの時間が長くなるため、電流が安定しなくなり、モータの回転が不安定になる。

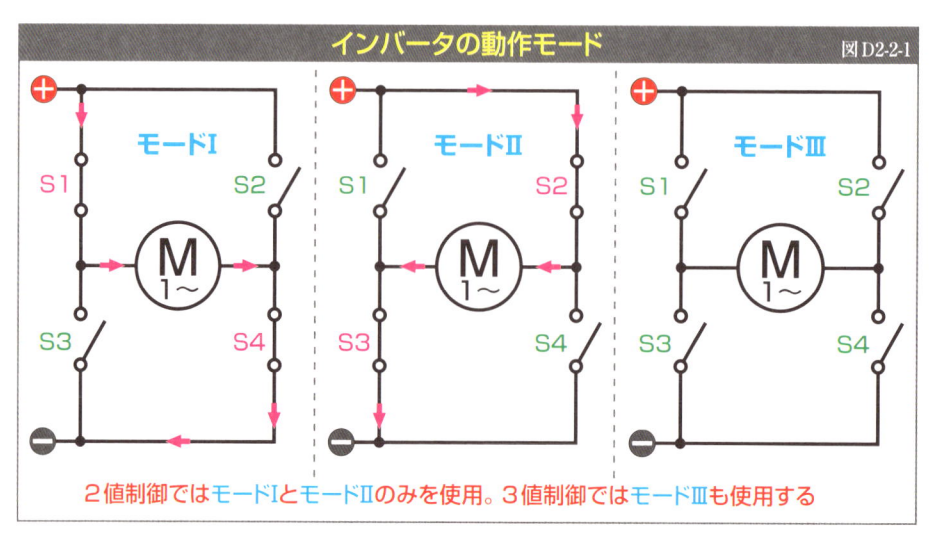

インバータの動作モード　図D2-2-1

2値制御ではモードⅠとモードⅡのみを使用。3値制御ではモードⅢも使用する

図D2-2-2 2値制御

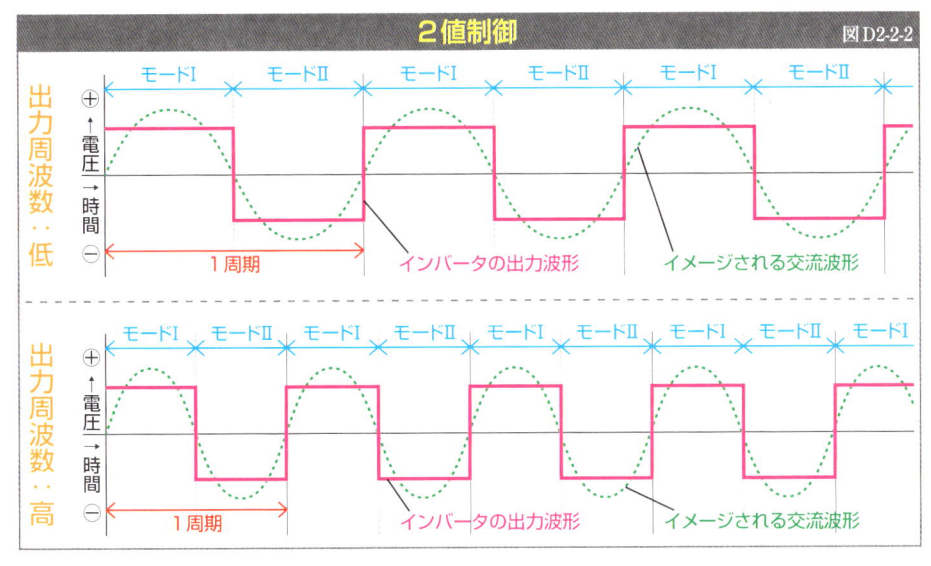

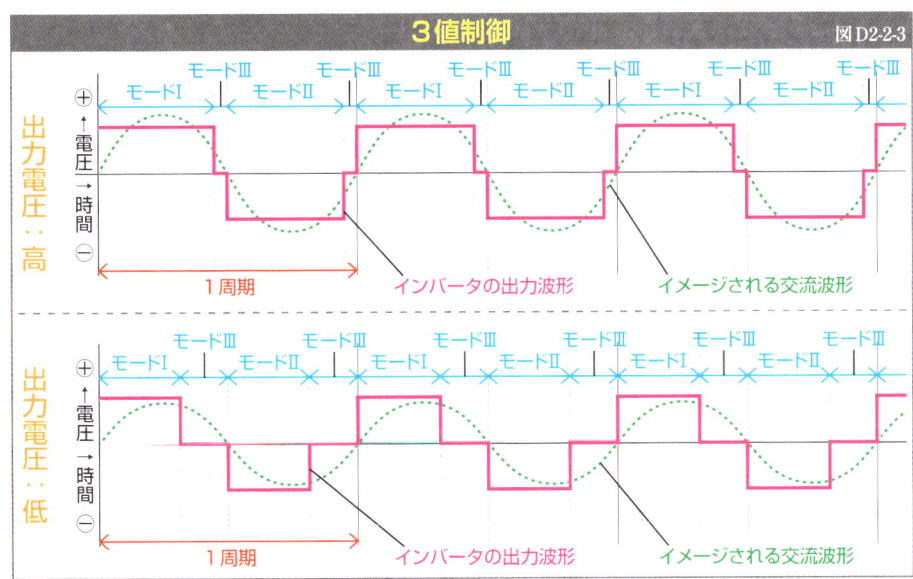

出力周波数：低 / 出力周波数：高

モードI、モードII、1周期、インバータの出力波形、イメージされる交流波形

図D2-2-3 3値制御

出力電圧：高 / 出力電圧：低

モードI、モードII、モードIII、1周期、インバータの出力波形、イメージされる交流波形

無停電電源装置

　突然の停電に備えてコンピュータなどの電子機器では、無停電電源装置（UPS）を利用することがある。無停電電源装置はバッテリが内蔵され、正常時には交流電源を整流して電力が蓄えられる。停電が起こると、バッテリの直流をインバータで交流に変換して出力する。こうした無停電電源装置のインバータにも矩形波出力のものと疑似サイン波出力のものがある。矩形波出力の無停電電源装置の場合、電子機器によっては正常に動作しないこともあるので、注意が必要だ。

擬似サイン波出力

きめ細かく電流を切り刻むことで電圧を連続的に変化させれば、**インバータ**の出力を交流本来の波形である**サイン波（正弦波）**に近づけることができる。こうしたインバータの出力を**疑似サイン波出力（疑似正弦波出力）**という。一般的には**PWM制御方式**（P216参照）で、**デューティ比**を連続的に変化させることで、擬似的にサイン波を作り出す。**スイッチング周波数**を高くするほど、滑らかなサイン波に近づけることができる。あくまでも疑似的なものだが、サイン波（正弦波）出力のインバータということも多い。

擬似サイン波出力でも、出力電圧を低くするとOFFの時間が長くなって、電流が安定しなくなる。そのため、低速域では**回転速度制御**が難しくなる。そこで、パルスの周期を一定にして電圧を変化させる**PAM制御方式**が採用されることもある。**PAM方式**であれば、低電圧の制御が可能になるが、電圧を連続的に変化させる回路が必要になるため、コストがかかる。この場合もチョッパ制御と同じように、PAM的な発想を加えてコストを抑えることもある。

インバータはそもそもAC/DCコンバータと組み合わされていることが多い。この**コンバータ**の**整流回路**を整流作用のある**スイッチング素子**にすれば、整流と同時に**可変電圧電源**とすることができ、任意の電圧の直流をインバータに送ることができる。コンバータとインバータをまとめて制御すれば、低電圧でも安定した交流を出力することが可能になる。こうした場合、切り刻まれたままの**矩形波**の直流をインバータに送ったのでは、目的の電圧や周波数の交流が出力できなくなる。そのため、コンバータの**平滑回路**で十分に平滑化する必要がある。

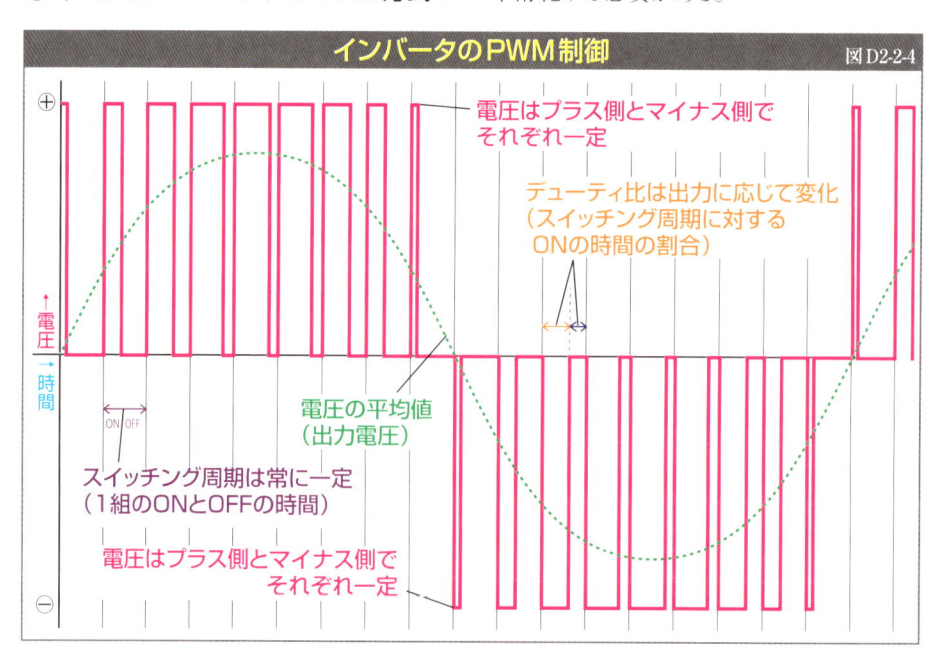

インバータのPWM制御　　図D2-2-4

- 電圧はプラス側とマイナス側でそれぞれ一定
- デューティ比は出力に応じて変化（スイッチング周期に対するONの時間の割合）
- 電圧の平均値（出力電圧）
- スイッチング周期は常に一定（1組のONとOFFの時間）
- 電圧はプラス側とマイナス側でそれぞれ一定

周波数可変と電圧可変

図D2-2-5

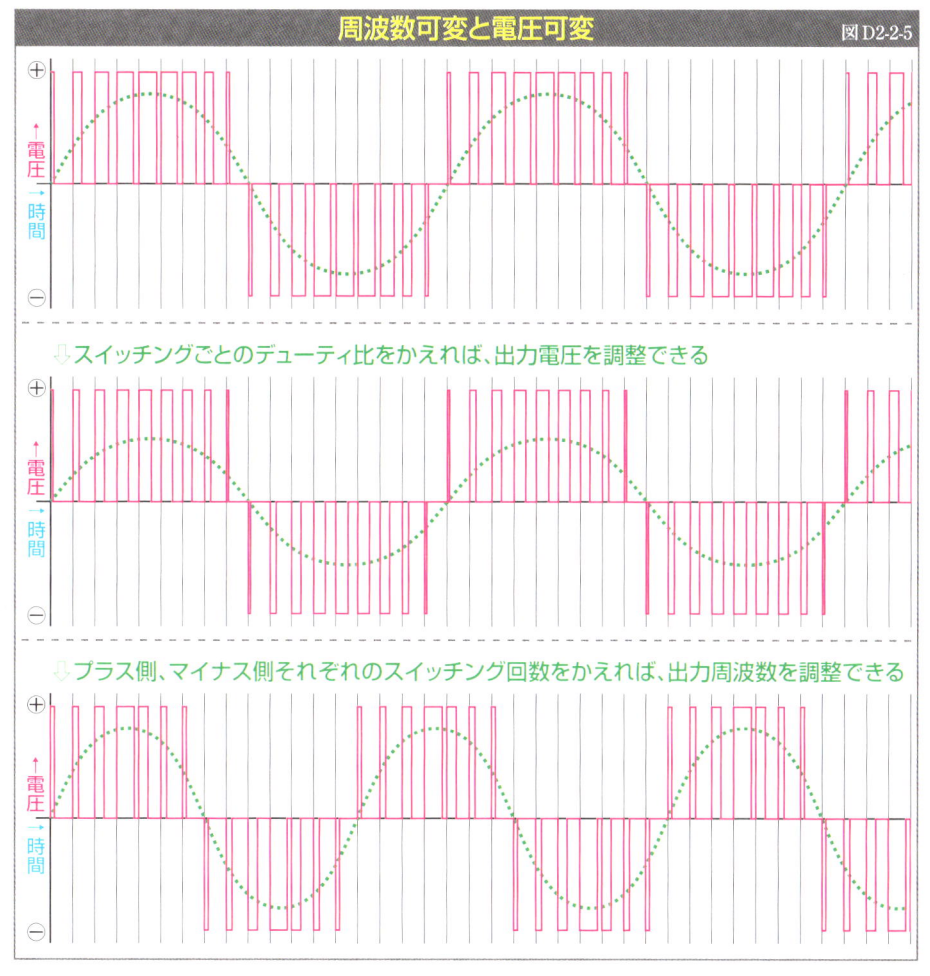

↓スイッチングごとのデューティ比をかえれば、出力電圧を調整できる

↓プラス側、マイナス側それぞれのスイッチング回数をかえれば、出力周波数を調整できる

可変電圧コンバータ内蔵インバータ

図D2-2-6

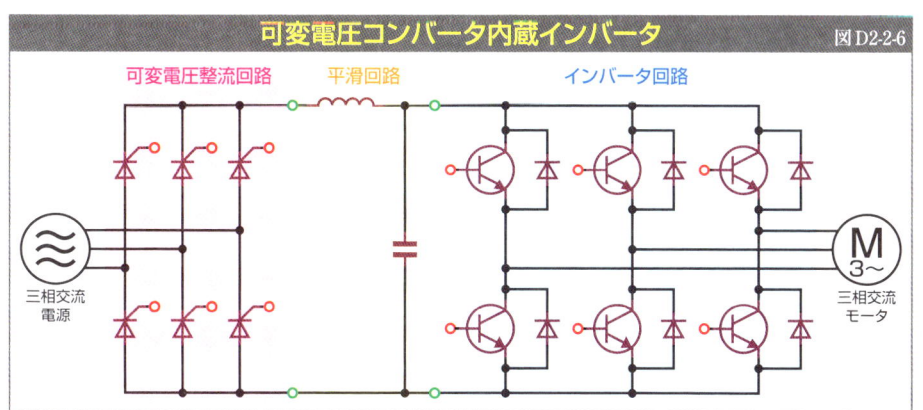

可変電圧整流回路　平滑回路　インバータ回路

三相交流電源　　M 3〜 三相交流モータ

第4部・半導体制御とサーボモータ
第2章・交流モータの半導体制御／矩形波出力と疑似サイン波出力

第2章 交流モータの半導体制御
ベクトル制御

インバータによって回転速度制御が容易になり多用されるようになった交流モータは、ベクトル制御によって制御の精度が向上し効率が高められた。

■電流を成分に分けて考える制御

　ベクトル制御とは交流モータの制御理論で、モータ自体はインバータで駆動される。実際に制御するのはトルクであるため、トルクベクトル制御ともいう。誘導モータから始まった制御理論だが、同期モータにも応用できる。フィードバック制御を行うもので、各種センサが必要になる（制御の考え方やセンサについては第3章を参照）。

　直流整流子モータが制御しやすいのは、電機子電流とトルクの関係がはっきりしているためだ。誘導モータの場合、モータを流れる電流（モータ電流）には、回転磁界を発生させる電流（励磁電流）と、回転子に誘導電流を発生させてトルクを生み出す電流（トルク電流）が含まれる。トルク電流の大きさがわかれば、制御しやすくなるが、両電流成分の比率は、回転子の回転位置と回転磁界の回転位置によって変化する。

　そこで、各種情報からベクトル演算を行い、モータ電流を励磁電流とトルク電流に分離して検出。それぞれの電流の大きさに応じた調整をインバータで行うのがベクトル制御だ。ベクトル制御を行うと、誘導モータでも直流整流子モータ並みの制御が行え、効率を高めることができる。

　例えば、負荷トルクの変動でモータ電流が変化すると、トルク電流だけでなく励磁電流にも影響が出る。励磁電流の大きさをベクトル演算によって算出し、インバータの出力電圧を調整して、励磁電流を一定に保ち回転磁界の磁束を一定に保てば、直流整流子モータのように直接的にトルクの制御を行えるようになる。

　実際の制御システムはさまざまなものがあり、新しいシステムの開発も続いている。制御システムを大別すると、現状では**直接形ベクトル制御**と**間接形ベクトル制御**になる。

◆直接形ベクトル制御

　直接形ベクトル制御では、モータ内にホール素子などの磁気センサを備えて回転磁界の磁束を直接検出する。さらに、モータの各相の電流を電流センサで検出する。これら

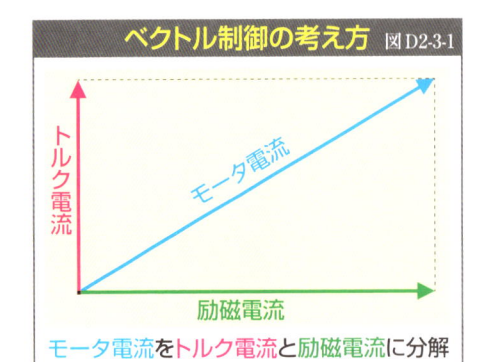

ベクトル制御の考え方　図D2-3-1

モータ電流をトルク電流と励磁電流に分解
分解のために必要な情報
回転磁界の回転位置と回転子の回転位置

ベクトル制御＝vector control

ベクトル制御システム　図D2-3-2

- **インバータ**：比較器の指示に応じて、周波数と電圧を制御する
- **電流センサ**
- **モータを駆動する電流**
- **回転位置センサ**
- **三相誘導モータ**
- 外部に回転位置センサが備えられるのではなく、モータに磁気センサが内蔵されることもある
- **比較器**：電流情報と回転位置情報から、電流をトルク電流成分と励磁電流成分に分離したうえで、命令と比較し、インバータに指示を送る
- 励磁電流指示／トルク電流指示／電流情報／回転位置情報／命令

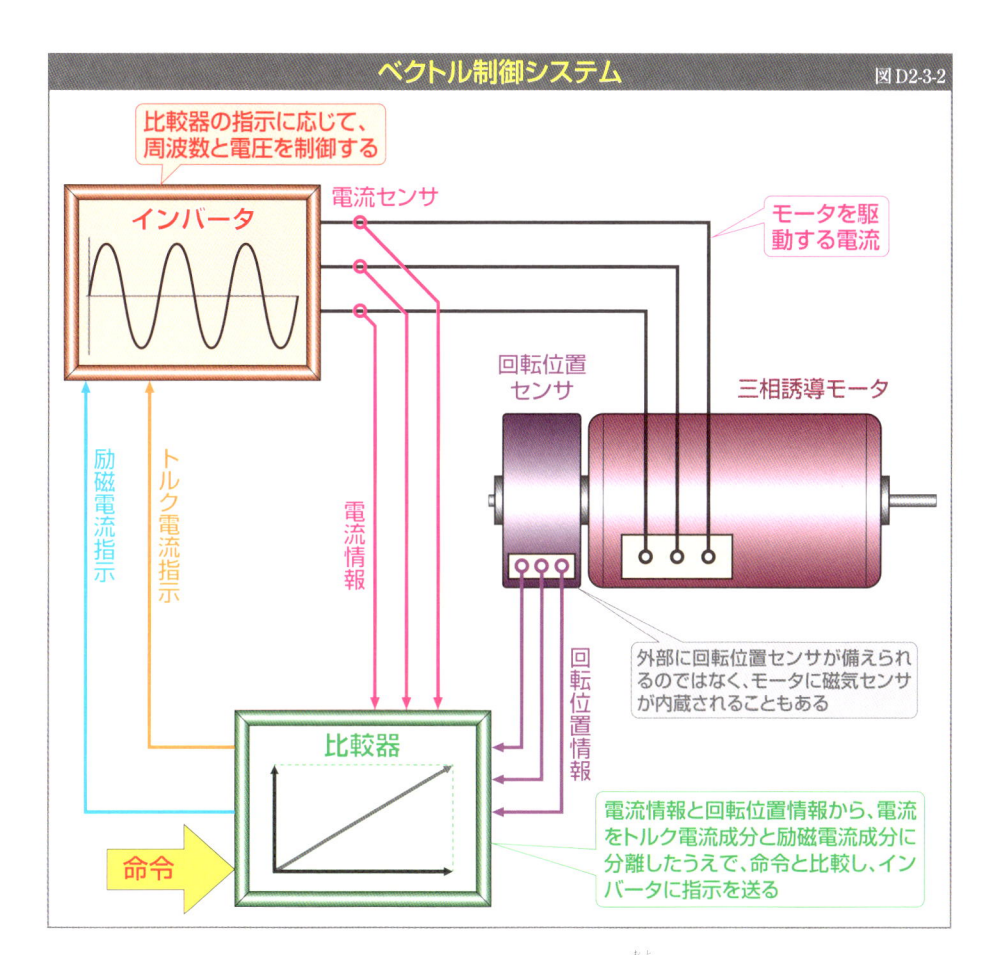

の計測結果から比較器でベクトル演算し、インバータ出力の電圧や周波数、位相などを調整して、目的とするトルクや回転速度に制御する。

直接形ベクトル制御は、回転磁界の磁束を検出するセンサを使用するため、**センサ付ベクトル制御**ともいう。

◆**間接形ベクトル制御**

間接形ベクトル制御では、回転子周辺に磁気センサを備える代わりに、**回転位置センサ**を備えその計測結果と、モータの各相の電流から得られる**すべり**の状態からベクトル演算して制御を行う。直接形制御に比べると精度が劣るが、温度制限があるホール素子を使用しないため、厳しい環境でも採用できる。

磁束を検出するセンサが使われていないので、間接形ベクトル制御を**センサレスベクトル制御**ということもある。しかし、現在では回転速度や回転位置を検出するセンサをまったく使用せず、各相の電流の大きさと位相からトルクと回転速度を推定して行うベクトル制御もあり、この方式をセンサレスベクトル制御ということもある。違いを明確にするために、間接形ベクトル制御を**回転部センサレスベクトル制御**ということもある。

第2章 交流モータの半導体制御
サイリスタ位相角制御

交流電源下でインバータを使用する場合、まずはコンバータで直流を作り出さなければならないが、電圧だけなら交流から半導体素子で直接変換することができる。

■サイリスタによる交流電圧制御

電圧の調整は抵抗器で行うことができるが、電力の損失が発生する。変圧器でも可能だが、段階的な調整になる。損失を抑えつつ、交流の電圧を無段階で調整できるのが**サイリスタ位相角制御**だ。おもに**単相誘導モータ**の電圧制御に使われていた。

単相交流のサイリスタ位相角制御では、2個の**サイリスタ**を逆並列接続して使用する。2個のサイリスタが組み合わされた**双方向サイリスタ（トライアック）**でも可能だ。

サイリスタはゲート電流を流すとスイッチがONになる。交流の1周期の山と谷それぞれに対して、ONにするタイミングを変化させる

と、電気が流れる時間が短くなり、電力が平均化される。交流の周期（360度）に対してスイッチをONにするタイミングを**位相角**や**点弧角**といい、位相角をかえることで電力を制御できるため、この制御をサイリスタ位相角制御という。サイリスタは順方向電流が0付近になると自動的にOFFになるので、**点弧**のタイミングにだけゲートに電流を流せばよいため、ゲートを制御する回路が簡単なもので済む。

サイリスタ位相角制御では、点弧された瞬間から電流が流れ始めるため、交流波形の山と谷が垂直に切り取られた形の波形にな

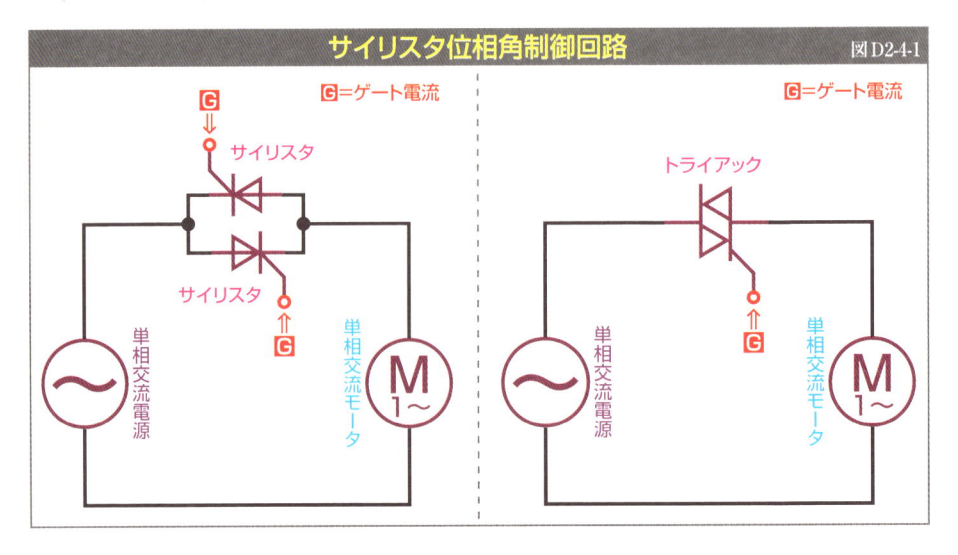

サイリスタ位相角制御回路　　図D2-4-1

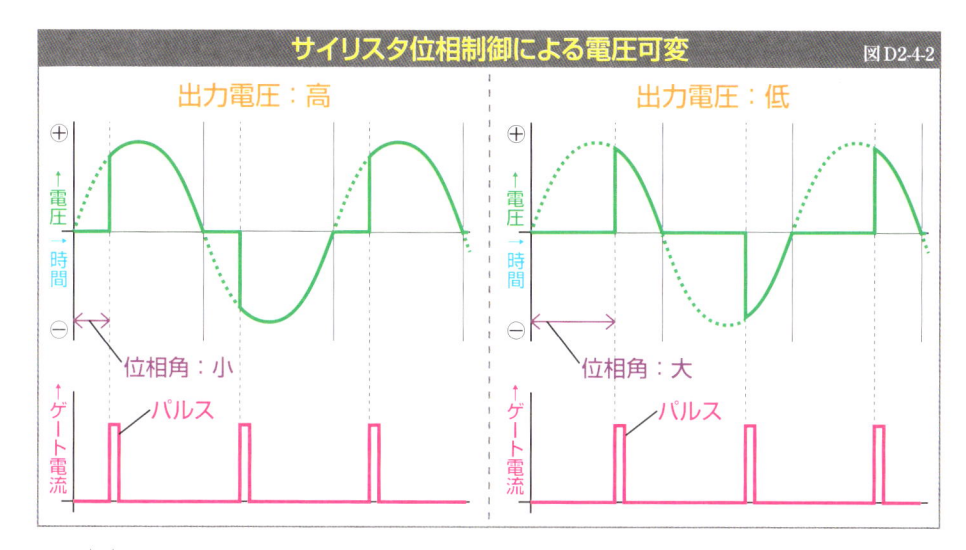

サイリスタ位相制御による電圧可変　図D2-4-2

出力電圧：高 / 位相角：小 / パルス / 電圧→時間 / ゲート電流

出力電圧：低 / 位相角：大 / パルス / 電圧→時間 / ゲート電流

る。負荷が電気抵抗だけの場合なら、こうした理論上の波形になるが、モータには**インダクタンス**があるため、波形が歪み、時間的なズレも生じる。サイリスタが点弧されても、インダクタンスによって立ち上がりが抑えられ、なだらかに電圧が上昇する。交流電源の極性が逆転すると、サイリスタが消弧されて電流が止まるはずだが、インダクタンスによって電流がしばらくは流れ続けることになる。実際に電流が止まるタイミングは、交流の周期に対して**消弧角**という。このようにして、実際にモータに流れる電流の波形は、理論上の波形とは異なり、多少は交流本来の波形に近づく。とはいえ、完全な**サインカーブ（正弦曲線）**になるわけではないので、モータに振動が発生しやすくなる。

また、電圧を低くすると位相角が大きくなり、電流の途切れる時間が長くなり、モータの回転が滑らかでなくなる。これら弱点があるうえ、周波数の制御も行えないため、**インバータ**による制御が一般的になった現在ではあまり使われなくなっている。

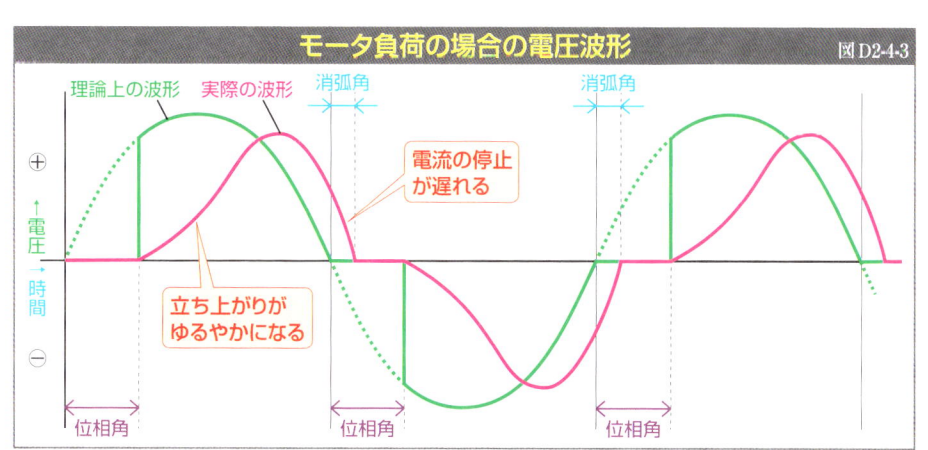

モータ負荷の場合の電圧波形　図D2-4-3

理論上の波形 / 実際の波形 / 消弧角 / 電流の停止が遅れる / 立ち上がりがゆるやかになる / 位相角 / 電圧→時間

第4部・半導体制御とサーボモータ　第2章・交流モータの半導体制御／サイリスタ位相制御

229

第2章 交流モータの半導体制御
マトリックスコンバータ

交流を直接交流に変換する可変電圧可変周波数電源として注目を集めているのがマトリックスコンバータだ。インバータに比べてさまざまなメリットが存在する。

■交流を直接交流に変換する可変電圧可変周波数制御

　交流入力交流出力の**可変電圧可変周波数電源**として使われ始めたのが**マトリックスコンバータ**だ。**AC/ACコンバータ**の一種で、交流を直接交流に変換する。インバータに比べて効率が高く、小形、長寿命でコストも抑えられるため、注目が集まっている。マトリックスコンバータの動作原理は難しいため、ここでは概要だけを説明しておく。なお、マトリックスコンバータの動作原理は、以前から使われている**サイクロコンバータ**に近いものがある。そのためマトリックスコンバータを**PWMサイクロコンバータ**ということもある。

　マトリックスコンバータは古くから考えられていたものだが、**電力制御用半導体素子**の進化によって実用化された。さまざまな回路構成があるが、三相入力三相出力のもっともよく知られた回路は**スイッチング素子9個を格子状に配置する**ものだ。素子が格子状になることからマトリックスコンバータと命名された。スイッチング素子には交流電圧が直接かかるため逆耐圧のある**逆阻止IGBT（RB-IGBT）**が使われる。**IGBT**と**ダイオード**を組み合わせたものが使用されることもある。

　インバータは直流電圧を切り刻んで目的の電圧や周波数の交流を得ている。マトリックスコンバータの場合も**PWM制御方式**などで入力を切り刻むが、切り刻む対象が交流電圧になる。交流と直流では大きな違いがあるように思えるが、三相交流電圧も、ある瞬間において線間電圧がもっとも大きい2つの

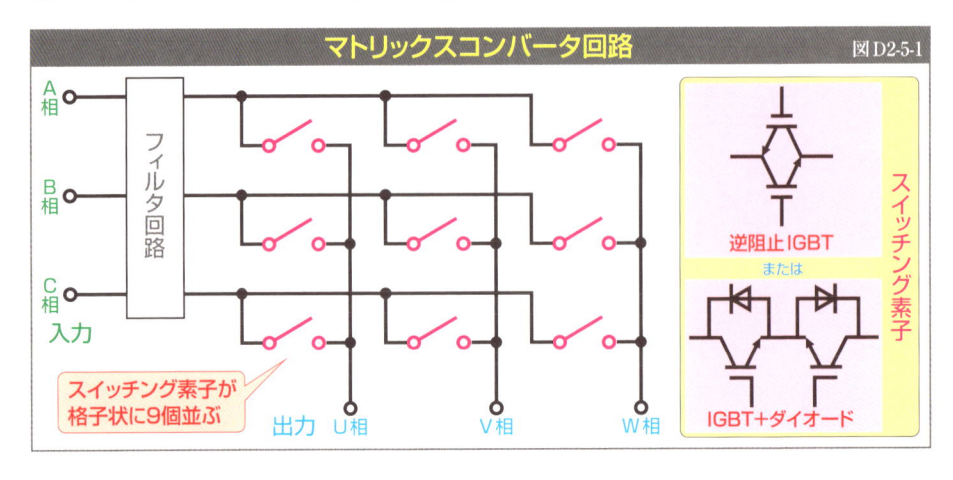

マトリックスコンバータ回路　図D2-5-1

逆阻止IGBT
または
IGBT+ダイオード

スイッチング素子

A相 B相 C相 入力
フィルタ回路
スイッチング素子が格子状に9個並ぶ
出力 U相 V相 W相

230　　マトリックスコンバータ=matrix converter、サイクロコンバータ=cycloconverter

サイクロコンバータ

サイクロコンバータも交流を直接交流に変換する可変電圧可変周波数電源だ。スイッチング素子にサイリスタを利用し、交流入力電圧の波形を切り取り、必要に応じて極性を逆転させることで、入力周波数より低い周波数の交流を出力する。

現在使われている連続式サイクロコンバータの場合、正群と負群の2組の整流回路を使用する。例えば図のような回路で、正群A〜Fを順次点弧し、続いて負群a〜fを順次点弧していく。この時、サイリスタの位相角をかえていくことで、出力の電圧波形をサイン波に近づける。

サイクロコンバータは効率が高く、連続式であれば出力波形がきれいだが、逆電圧がかからないとスイッチがOFFにならないサイリスタを使っているため、入力周波数の1/2〜1/3程度が出力周波数の限界になる。そのため、あまり使われることがなく、大形交流モータの可変速駆動用電源程度にしか使われていない。

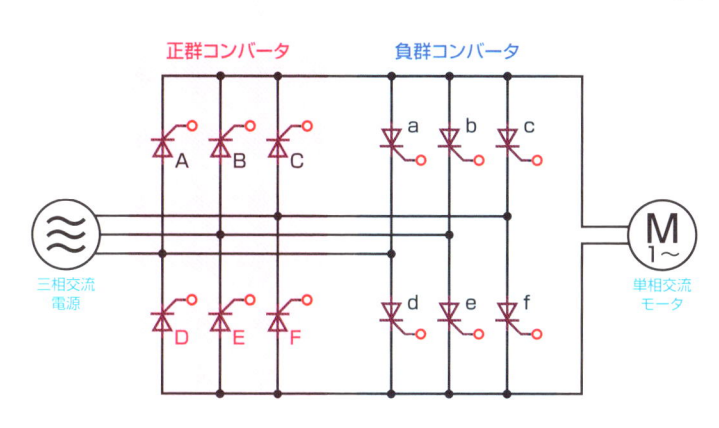

相に着目すれば、電圧の変化はあるものの、直流電圧として扱うことができる。9組のスイッチング素子から、線間電圧がもっとも高い2相を選んで、切り刻むことで目的の電圧や周波数の交流を得ている。

◆特長

半導体素子を利用した電力制御は、損失を大きく抑えることが可能だが、まったく損失がないわけではない。コンバータ内蔵のインバータは2段階の変換を行うのに対して、マトリックスコンバータは変換が1回で済むため、それだけ効率が高くなる。

マトリックスコンバータの素子は合計で18個(逆阻止IGBTは2個の素子の組み合わせ)だ。コンバータ内蔵インバータの場合、スイッチング素子は12個だが、並列のダイオードまで含めると素子の数は24になるため、マトリックスコンバータのほうが素子の数が少な

くて済み、小形化や低コスト化が可能になる。

インバータの場合、交流から直流への変換後に平滑化のために大容量のコンデンサが必要になる。このコンデンサには寿命があるため、交換が必要になる。マトリックスコンバータの場合も、入力フィルタとしてコンデンサやリアクトルを使うが、小容量のもので済む。そのため、マトリックスコンバータは小形化が可能で寿命が長く、保守の手間も少ない。

そのままの回路で**回生制動法**が使えることもマトリックスコンバータのメリットだ。インバータに対して数々のメリットがあるマトリックスコンバータだが、デメリットもある。その代表的なものが出力電圧の制限だ。入力電圧のうち2相のみを使用しているので、出力電圧の最高値は入力電圧の約87%になる。また、大容量のコンデンサを使用しないため、瞬間的な停電などに対しての備えがないことになる。

逆阻止IGBT = reverse blocking insulated gate bipolar transistor

第3章 制御とサーボモータ
制御システム

実際にモータを使う際には制御が必要になる。人間が状況を見ながらモータを操作することも制御だが、モータではさまざまな制御の自動化が行われている。

オープンループ制御とクローズドループ制御

　制御とは目的の状態にするために対象物に操作や調整を行うことを意味する。モータであれば、目標の**回転速度**や**トルク**、**回転位置**にするために、**電源電圧**や**電源周波数**などを調整することが制御だ。制御には人間が操作を行う**手動制御**と、**制御システム**によって自動的に行われる**自動制御**がある。

　自動制御の制御システムは一般的に**オープンループ制御**（**開ループ制御**）と**クローズドループ制御**（**閉ループ制御**）に大別される。制御システムは**ブロック線図**（**ブロック図**ともいう）で視覚化することがある。システムの構成要素や機能をブロックで表し、それらを線でつないで相互の関係を示すが、その線のつながりに環状（ループ）になる部分があるのがクローズドループ制御で、環状になる部分がないのがオープンループ制御だ。

　オープンループ制御は、事前に設定された手順や時間のみで制御の各工程を進め

る。運転状況や結果が、操作に影響を与えることがない。対して、クローズドループ制御では、運転状況や結果に応じて工程の進め方や操作内容が変化する。

　モータの制御の場合でいえば、実際の回転速度を計測しながら速度を調整するクローズドループ制御は、一定の速度を保つことが容易だ。いっぽう、オープンループ制御は、負荷トルクが大きくなると、モータが対応しきれず速度が低下したり停止したりする。このように、オープンループ制御は外乱に弱く、タイムリーな制御が行えない。外乱とはトルク変動のように制御を乱す要因のことをいう。

　ただし、必ずしもオープンループ制御がクローズドループ制御より劣った制御だとはいえない。**ステッピングモータ**（P246参照）のように駆動回路からのパルス数に対応した角度だけ正確に回転するモータならば、オープンループ制御でも正確な**位置決め**ができる。

フィードバック制御とシーケンス制御

　クローズドループ制御には**フィードバック制御**と**シーケンス制御**がある。フィードバック制御は、常に目標値になるように計測と調整を繰り返す。そのため対象物の状態を計測する**センサ**が必要だ。その計測結果や結果を送り返すことを**フィードバック**という。

　シーケンス制御は、結果を判断して一連の手順に従って工程を進めていく。手順に従うのはオープンループ制御と同じだが、必ず結果を判断してから次の工程に進む。そのため、対象物の状態を計測して結果を判断する必要があるが、フィードバックはYES/

オープンループ制御＝open-loop control、クローズドループ制御＝closed-loop control

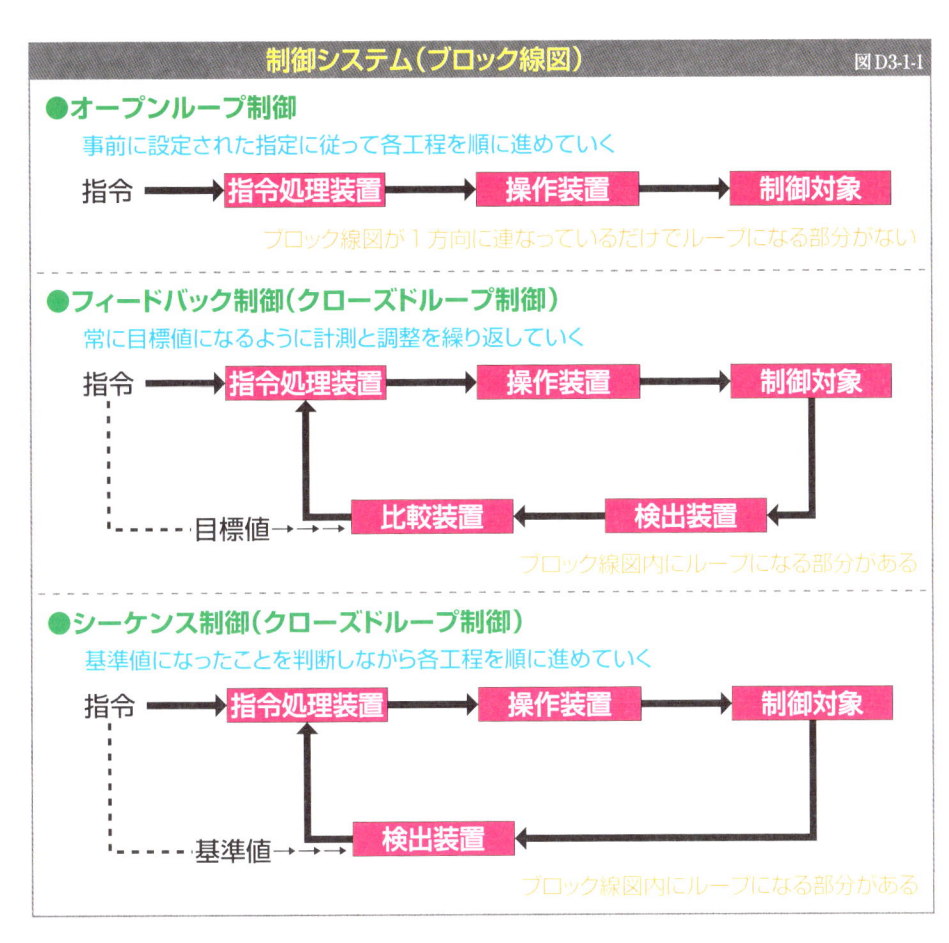

制御システム（ブロック線図） 図D3-1-1

●オープンループ制御
事前に設定された指定に従って各工程を順に進めていく

指令 → 指令処理装置 → 操作装置 → 制御対象

ブロック線図が1方向に連なっているだけでループになる部分がない

●フィードバック制御（クローズドループ制御）
常に目標値になるように計測と調整を繰り返していく

指令 → 指令処理装置 → 操作装置 → 制御対象 → 検出装置 → 比較装置 →（指令処理装置へ）
目標値 →→→ 比較装置

ブロック線図内にループになる部分がある

●シーケンス制御（クローズドループ制御）
基準値になったことを判断しながら各工程を順に進めていく

指令 → 指令処理装置 → 操作装置 → 制御対象 → 検出装置 →（指令処理装置へ）
基準値 →→→

ブロック線図内にループになる部分がある

NOが基本だ。つまりシーケンス制御はON/OFF信号がフィードバックされれば成立するが、フィードバック制御では連続的に信号をフィードバックし、条件と比較する必要がある。

一般的にモータ自体の制御ではフィードバック制御が採用される。しかし、モータを搭載する装置全体の制御ではシーケンス制御が採用されるものもある。

サーボ制御

モータの**制御システム**では、**サーボ制御**や**サーボシステム**といった言葉がよく使われる。サーボ制御とは、対象の位置、方位、姿勢などを制御量とし、目標値に追従するように作動する**自動制御**のことで、基本は**フィードバック制御**だ。サーボの語源は「奴隷や召し使いなど命令に忠実に従う者」を意味するラテン語のservusといわれ、命令に忠実に従う制御であることを意味している。

ただし、サーボ制御に明確な定義はない。フィードバック制御は目標に追従する制御だが、そのすべてがサーボ制御というわけではない。精度が高く、制御の応答性が高い場合にのみサーボ制御ということが多い。

☞ フィードバック制御＝feedback control、シーケンス制御＝sequential control、サーボ制御＝servo control

第3章 制御とサーボモータ
サーボモータ

サーボ制御に用いられるモータがサーボモータだが、サーボ制御に明確な定義がないように、サーボモータにも明確な定義は存在しない。

■きめ細かい制御に特化したモータ

サーボモータとは、**サーボ制御**に適したモータのことで、**制御用モータ**ともいう。さまざまな回転原理のものがあり、用途によって求められる特性も異なったものになる。

もっとも多用されているのが**回転速度**や**トルク**を制御する用途だ。こうしたサーボモータに求められる重要な要素は、速度やトルクの急変に追従できるような応答性のよさだ。つまり、**機械時定数**や**電気時定数**が小さいことが求められる。また、短時間で目的の回転速度に達するため、**始動トルク**は大きいほうがよいとされる。

トルク変動や回転ムラが少ないこともサーボモータとして求められる要素の1つだ。いくら**フィードバック制御**しても、モータの回転自体が安定していないと、制御の精度が高められない。また、**定速制御**で外乱による変動幅が小さければさほど問題ないが、変動幅が大きい場合や**追従制御**を行う場合は、回転速度の範囲が幅広いモータのほうがよい。

回転位置制御を目的とした用途であれば、**位置決め**精度が高いことが求められる。用途によるが、停止中に外力が加わっても位置を保持できることが求められる場合もある。

直流整流子モータの場合、理論上の特性は電圧と回転速度、電流とトルクはそれぞれ比

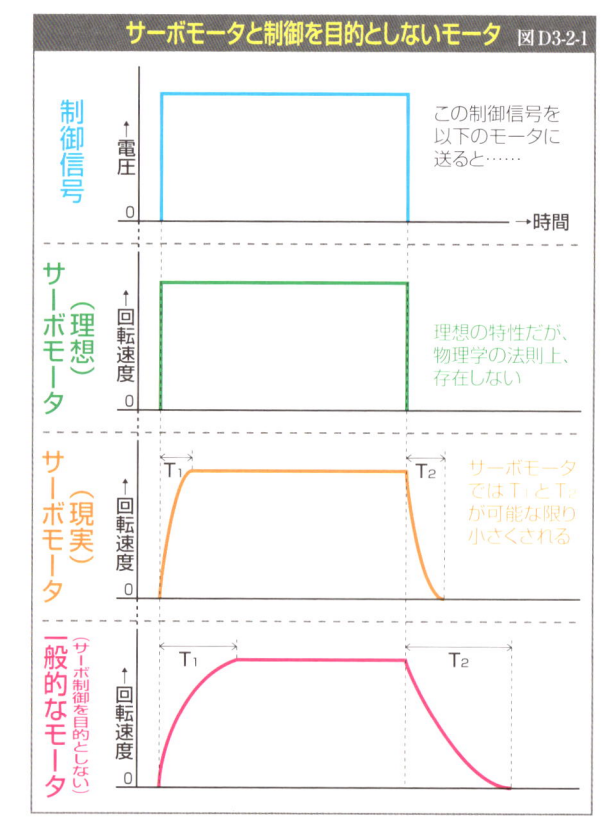

図D3-2-1 サーボモータと制御を目的としないモータ

- 制御信号：この制御信号を以下のモータに送ると……
- （理想）サーボモータ：理想の特性だが、物理学の法則上、存在しない
- （現実）サーボモータ：サーボモータではT₁とT₂が可能な限り小さくされる
- 一般的なモータ：サーボ制御を目的としない

例関係にあるが、実際のモータを計測してグラフ化してみると、直線を描かないこともある。サーボモータの場合、フィードバックの情報に応じて調整するので、グラフが直線を描いていなくても問題ないとはいえるが、直線を描いていたほうが制御しやすい。

ただし、サーボ制御の特性は、サーボモータ単体で決まるわけではない。制御にはさまざまな方法があり、その選択はもちろん、制御回路なども含めて特性が決まる。**センサ**の能力や精度も特性に影響を及ぼす。

サーボモータは通常、**DCサーボモータ**（直流サーボモータ）と**ACサーボモータ**（交流サーボモータ）に大別される。**フィードバック制御**用にセンサを内蔵したものやセンサを一体化したサーボモータも数多い。

◆DCサーボモータ

スロットレスモータやコアレスモータを含め**直流整流子モータ**は、**始動トルク**が大きく制御に適した特性を備えているため、古くからサーボモータとして活用されている。特にコアレスモータは**慣性モーメント**と**インダクタンス**が小さいため、サーボモータとして好まれる。しかし、**整流子**によるデメリットがあるため、これらのデメリットが解消される**ブラシレスモータ**の採用も増えている。ただし、コスト面で不利であるため、負荷が軽く長寿命や高回転が求められない用途では直流整流子モータの活用も多い。

なお、ブラシレスモータはDCサーボモータに含めず、回転原理の面からACサーボモータに分類するという考え方もある。

◆ACサーボモータ

半導体制御技術の高度化や**半導体素子**の低コスト化によって、**交流モータ**もサーボモータとして活用されるようになった。

最初に使われるようになったのは**同期モー**

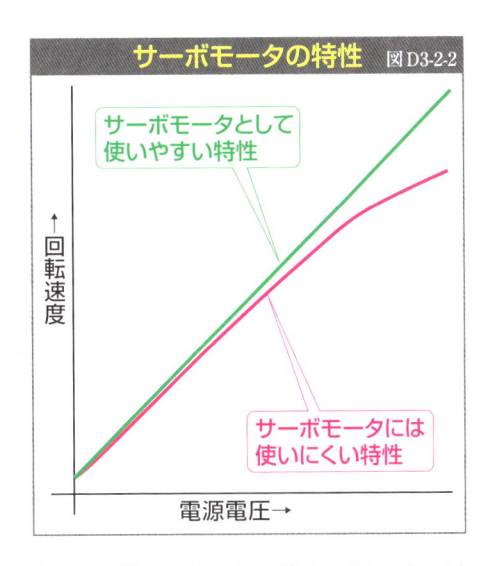

サーボモータの特性 図D3-2-2

サーボモータとして使いやすい特性

↑回転速度

サーボモータには使いにくい特性

電源電圧→

タで、**同期形ACサーボモータ**という。同期モータは高速回転が可能で**定速性**があるため、**可変電圧可変周波数電源**を使用すれば、サーボモータに適したものになる。

誘導モータはかご形回転子を採用すれば、慣性モーメントが小さいため、サーボモータに適したものとなる。可変電圧可変周波数電源に加えて、**ベクトル制御**が行われるようになったことで、DCサーボモータ並みの制御能力が発揮できるようになり、高効率化や省エネルギーも可能だ。こうして使われるモータを**誘導形ACサーボモータ**という。

◆ステッピングモータ

位置決め精度が高い**ステッピングモータ**（P246参照）はきめ細かい位置決め制御に使われることが多い。ステッピングモータは、直流電源下で使われるのでDCサーボモータに分類するという考え方や、回転原理の面からACサーボモータに分類するという考え方、どちらにも分類せず独立した位置づけにするという考え方もある。また、フィードバック制御が必要ないため、そもそもサーボモータには含めないという考え方もある。

第3章 制御とサーボモータ
センサ

モータのフィードバック制御を行うためには、モータの状態を計測する必要がある。こうした計測に使われるものを総称してセンサという。

センサの種類

モータの**フィードバック制御**では、**回転速度センサ**、**回転位置センサ**（**回転角度センサ**）、**電流センサ**などの**センサ**が使われる。回転位置センサでは、連続した計測結果から**回転速度**の算出も可能だ。

センサの出力には**アナログ出力**と**デジタル出力**がある。アナログ出力の場合は電圧や電流、周波数などによって計測結果が出力され、デジタル出力の場合は**パルス波**で出力される。計測結果そのものはアナログだが、パルス波に変換して出力するセンサもある。また、センサそのものに**起電力**があり計測結果を出力できるものもあるが、動作させるための電力供給が必要なセンサもある。

センサというと、**半導体素子**を活用したものや、複雑な構造のものをイメージする人が多いが、実際には**抵抗器**だけでもセンサとして機能させられることがある。また、停止位置の検出のような用途ならスイッチでもセンサとして機能する。こうしたスイッチには機械的なスイッチのほか、光学式や磁気式のスイッチも使われている。

◆シャント抵抗器

直流整流子モータのように電流とトルクが比例するモータでは、モータに直列に抵抗器を配し、そこにかかっている電圧を測定すれば、回路の電流を計測でき、モータのトルクがわかる。こうした電流センサとして機能させる抵抗器を**シャント抵抗器**といい、1Ω以下の低い抵抗値のものが使われる。

◆ポテンショメータ

ポテンショメータという呼称は位置センサ

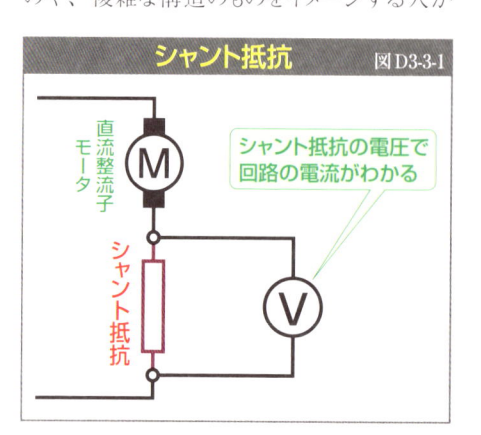

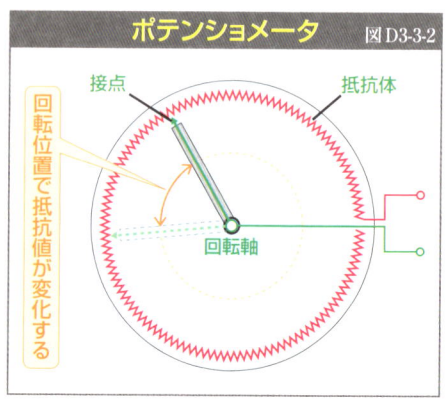

図D3-3-1 シャント抵抗

直流整流子モータ / シャント抵抗 / シャント抵抗の電圧で回路の電流がわかる

図D3-3-2 ポテンショメータ

接点 / 抵抗体 / 回転位置で抵抗値が変化する / 回転軸

- センサ＝sensor、シャント抵抗器＝shunt resistor、ポテンショメータ＝potentiometer、タコジェネレータ＝tacho-generator、レゾルバ＝resolver

の総称としても使われるが、モータ関連では**可変抵抗器**による回転位置センサを指すことが多い。ロータリ式の可変抵抗器は、軸の回転位置によって抵抗値が変化するため、一定の電圧をかけておけば、電流の大小で絶対的な回転位置がわかる。

タコジェネレータ

タコジェネレータは**回転数発電機**や**速度発電機**ともいい、基本的な構造は発電機だ。**直流式タコジェネレータ**と**交流式タコジェネレータ**があり、交流式は**周波数発電機**ともいう。直流式であれば回転速度に比例した電圧の直流を、交流式であれば回転速度に比例した周波数の交流を出力する**アナログ出力**の回転速度センサだ。

おもに使われる直流式の場合、計測精度はさほど高くないが、電流の方向で回転方向も検出できる。基本構造は**直流整流子発電機**と同じなので、出力電圧の変動を防ぐためにスロット数を多くしたものが多い。測定対象のモータに対する負担を小さくするために、慣性モーメントの小さい**コアレス形タコジェネレータ**もある。整流子とブラシの保守を不要とした**ブラシレス形タコジェネレータ**も登場している。

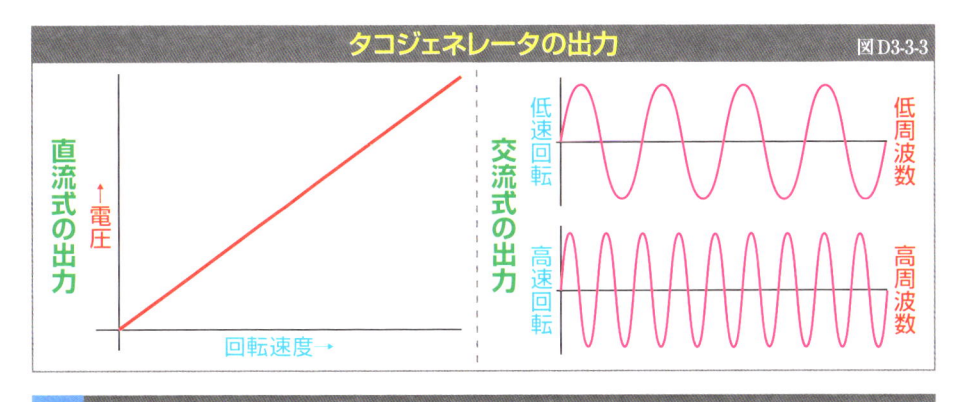

図D3-3-3 タコジェネレータの出力

直流式の出力: 電圧 / 回転速度

交流式の出力: 低速回転→低周波数、高速回転→高周波数

レゾルバ

レゾルバは回転位置も検出できる**回転速度センサ**で、**変圧器**の原理を応用している。部品点数が少なく、構造が簡単で丈夫なうえ、半導体を使わないので厳しい環境でも使用でき、電気ノイズの影響も受けにくい。

レゾルバの構造は発電機に似ている。固定子と回転子にそれぞれ**位相**が90度ずれた2個のコイルを備えるのが基本の構造だが、いずれかの側では1個のコイルしか使用しないことが多い。さまざまな計測方法があるが、例えば固定子側のコイルを交流で励磁すると、回転子側のコイルには**誘導起電力**が発生する。出力される**誘導電流**は、回転速度で電圧が増減する交流なので、その増減の周期で回転速度がわかる。回転子側の2相の電圧の組み合わせで回転位置を算出できる（図は次ページD3-3-4）。

こうした2相の電圧変化を**アナログ出力**として利用する場合は、処理回路が複雑になるが、現在では**RDコンバータ（レゾルバデジタル変換器）**といわれる専用ICで処理し、**デジタル出力**として利用することが多い。

▶ポテンショメータはポテンションメータと誤記誤読されることがある

レゾルバ 図D3-3-4

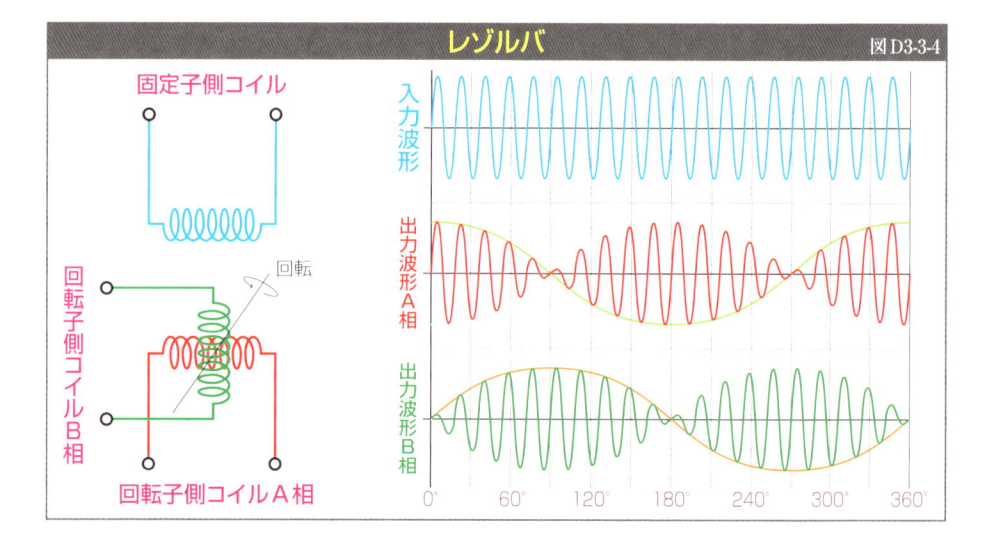

固定子側コイル

回転子側コイルB相

回転子側コイルA相

入力波形

出力波形A相

出力波形B相

0°　60°　120°　180°　240°　300°　360°

ロータリエンコーダ

ロータリエンコーダは、回転角度と回転方向を計測する**回転位置センサ**で、**回転速度**も算出できる。絶対的な位置を検出できるものを**アブソリュート形ロータリエンコーダ**といい、基本的には計測開始位置からの回転角度しか検出できないものを**インクリメンタル形ロータリエンコーダ**という。**磁気式ロータリエンコーダ**もあるが、**光学式ロータリエンコーダ**が主流だ。光学式にはさらに透過式と反射式がある。

透過式ロータリエンコーダの場合、円板に多数の**スリット**（溝状の穴）を備えた**スリット円板**と、**透過形フォトインタラプタ**で構成される。透過形フォトインタラプタは**発光ダイオード**と**フォトトランジスタ**または**フォトIC**を組み合わせたもので、間にスリット円板が配される。スリット円板が回転すると、スリットの位置では光がフォトトランジスタに当たり、所定の電圧が出力される。スリットのない位置では光がフォトトランジスタに当たらないため出力が0になる。これにより、回転速度に比例したパルス数の**パルス波**が出力される。

反射式ロータリエンコーダの場合は、黒い部分と白い部分が設けられた円板と、**反射形フォトインタラプタ**で構成される。反射形フォトインタラプタは**フォトリフレクタ**ともいう。発光ダイオードから発せられた光が円板の白い部分に当たると強く光が反射し、その光を受けたフォトトランジスタから所定の電圧が出力される。光が黒い部分に当たった場合は反射が弱いため、フォトトランジスタからの出力がない。反射式の場合もフォトトランジスタからはパルスが出力されることになる。

◆**インクリメンタル形ロータリエンコーダ**

フォトトランジスタが1個のフォトインタラプタでも、回転速度の検出が可能だが、こうした1相の出力では回転方向が判断できず、回転位置が特定できない。そのため、インクリメンタル形ロータリエンコーダでは、フォトトランジスタ2個で出力が2相のものが使われる。

例えば透過式の場合、スリット円板とフォトトランジスタの間に固定スリットが備えられる。

ロータリエンコーダ＝rotary encoder、アブソリュート＝absolute、インクリメンタル＝incremental、フォトインタラプラ＝photointerrupter、発光ダイオード＝light emitting diode（LED）、フォトトランジスタ＝phototransistor

フォトインタラプタ　図D3-3-5

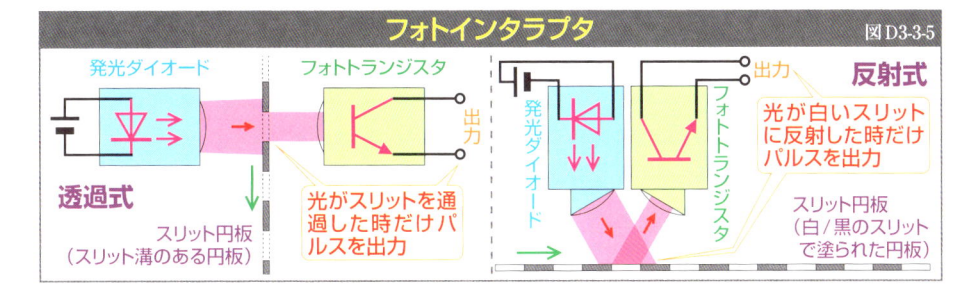

透過式
- 発光ダイオード
- フォトトランジスタ
- 出力
- スリット円板（スリット溝のある円板）
- 光がスリットを通過した時だけパルスを出力

反射式
- 出力
- 発光ダイオード
- フォトトランジスタ
- 光が白いスリットに反射した時だけパルスを出力
- スリット円板（白/黒のスリットで塗られた円板）

2相のフォトトランジスタの間隔および固定スリットのスリットの間隔は、スリット円板のスリットのピッチより1/4ピッチ分だけ狭い。計測を行うと、2相のそれぞれのパルス出力は**位相**が90度ずれる。どちらの相の位相が遅れるかで回転方向を判断できる。

2相を利用すれば、回転位置が特定できるが、あくまでも計測開始位置からの回転角度しかわからない。これが一般的なインクリメンタル形だが、現在では絶対的な位置が検出できるものが増えている。

絶対的な位置が検出できるタイプでは、Z相という相を加え合計3相を使う（回転位置を検出する2相はA相、B相ということが多い）。スリット円板には、A相とB相が使用するスリットとは回転半径の異なる位置にZ相用のスリットが1個設けられ、固定スリットにも対応する位置にスリットが設けられる。これにより、Z相のフォトトランジスタから1回転に1回のパルスが出力される。このパルスが発せられた位置を基準点とすることで、絶対的な位置を検出できる。

絶対的な位置が検出できるといっても、測定開始と同時に特定できるとは限らない。Z相にパルスが現れるまでは、絶対的な位置を特定できない。そのため、現在ではモータが使われていない時でも電池などの電源でエンコーダの情報をバックアップし、使用開始と同時に絶対的な位置が特定できるようにしていることが多い。

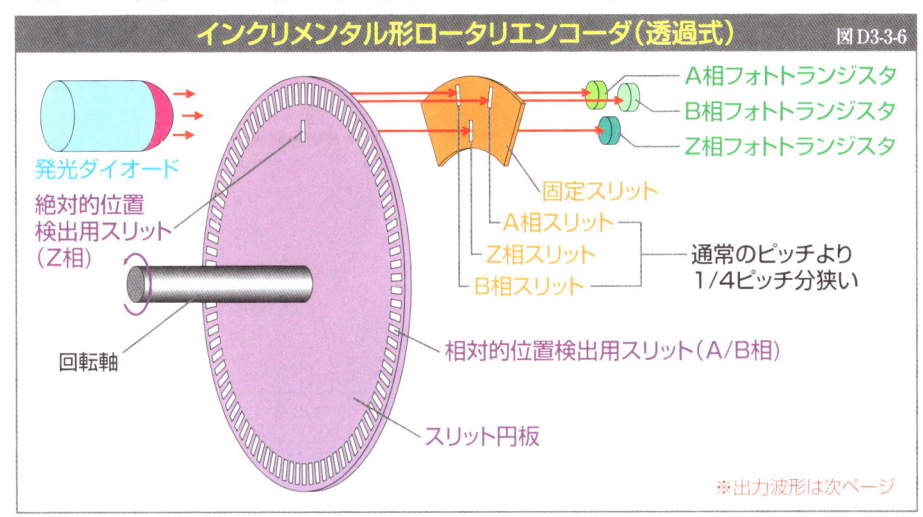

インクリメンタル形ロータリエンコーダ（透過式）　図D3-3-6

- 発光ダイオード
- 絶対的位置検出用スリット（Z相）
- 回転軸
- A相フォトトランジスタ
- B相フォトトランジスタ
- Z相フォトトランジスタ
- 固定スリット
- A相スリット
- Z相スリット
- B相スリット
- 通常のピッチより1/4ピッチ分狭い
- 相対的位置検出用スリット（A/B相）
- スリット円板

※出力波形は次ページ

→ フォトリフレクタ=photoreflector

図D3-3-7 インクリメンタル形ロータリエンコーダの出力波形と判定

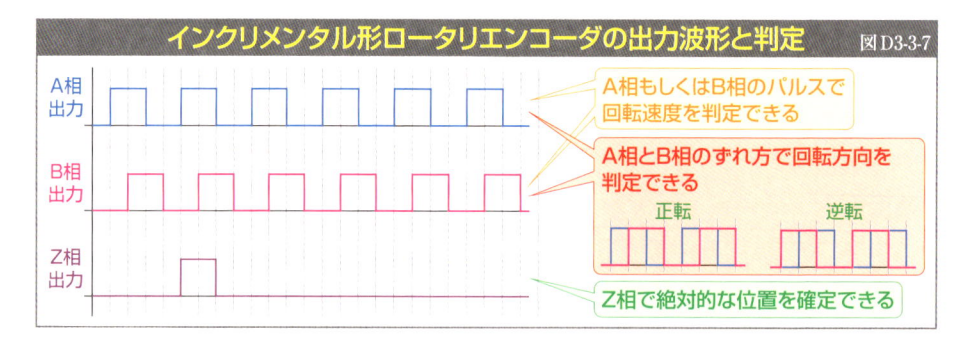

- A相出力
- B相出力
- Z相出力

A相もしくはB相のパルスで回転速度を判定できる

A相とB相のずれ方で回転方向を判定できる（正転／逆転）

Z相で絶対的な位置を確定できる

◆アブソリュート形ロータリエンコーダ

　原点復帰や再設定を嫌う用途で採用される**アブソリュート形ロータリエンコーダ**は、2進数の考え方で絶対位置を検出する。**スリット円板**の半径の異なる位置に**スリット**を設け、それぞれの半径の位置に**フォトインタラプタ**が備えられる。3相の場合、各相のパルスの組み合わせは2の3乗となるため、1回転を8分割して検出できる。

　もっとも**スリットパターン**がわかりやすいのが**純2進コード**だ。外周から順に2進数の1桁目、2桁目、3桁目を意味することになる。ただ、純2進コードの場合、複数の相の出力が同時に変化することがあり、回路で不都合が起こることもある。そのため、複数の相の出力が同時に変化しないようにした**グレーコード**が使われることもある。グレーコードは**交番2進コード**ともいう。

　アブソリュート形は絶対的な位置を検出できるが、1回転を細分化するほど、相の数が増えて構造が複雑になり円板が大きくなる。**パルス波**を出力する配線も数多くなる。そのため、現在では絶対位置をバックアップするインクリメンタル形が主流になっている。

図D3-3-8 アブソリュート形ロータリエンコーダのスリットパターン

純2進コード／グレイコード

- 2^0列
- 2^1列
- 2^2列

出力 2^2／出力 2^1／出力 2^0／1回転

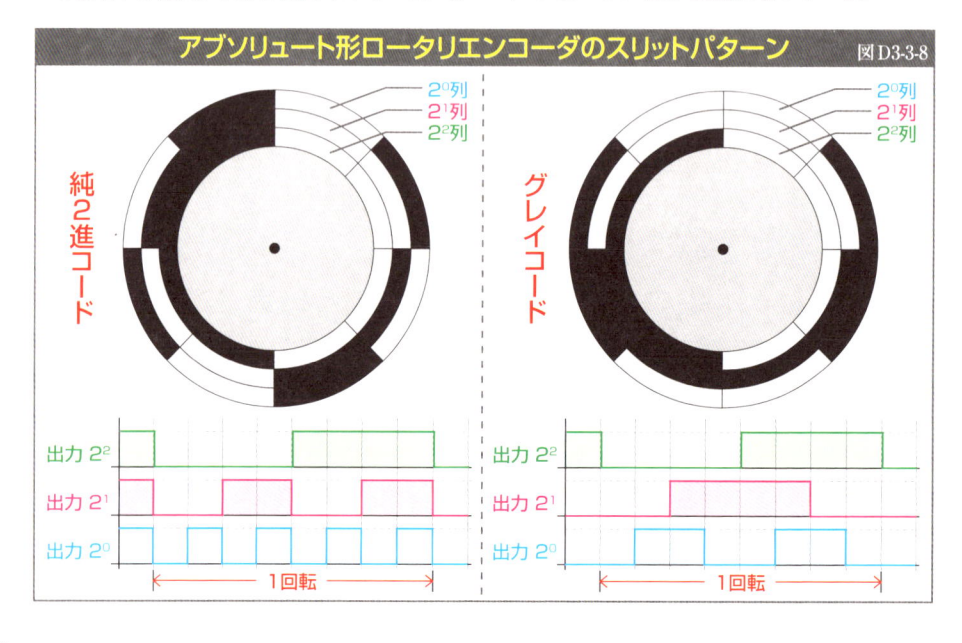

ホール素子

ホール素子は**磁気センサ**の一種だ。**永久磁石**を使った回転子であれば、**磁極**と**磁界**の強さによって回転位置を検出できる。**ブラシレスモータ**(P132)で多用され、**磁気式ロータリエンコーダ**でも使用される。**鉄心**を併用することで**電流センサ**としても活用できる。

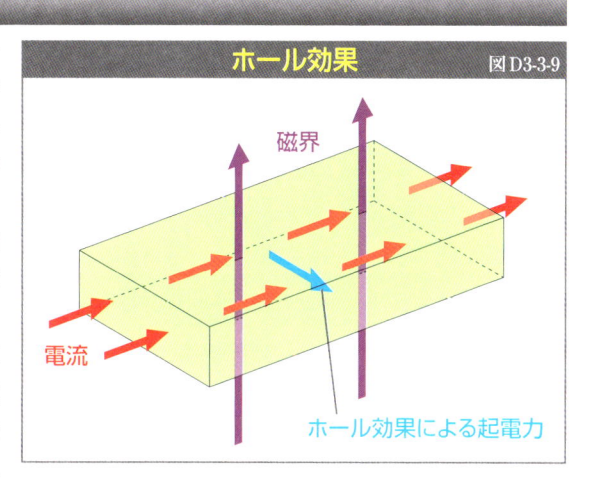

固体に電流を流し、その電流に対して垂直に磁界を加えると、電流方向と磁界方向それぞれに垂直な方向に**起電力**が発生する。この現象を**ホール効果**といい、その効果を利用した**半導体素子**がホール素子だ。磁界の方向によって起電力の方向がかわるためN極とS極の磁極を判定できる。起電力の大きさで磁界の強弱も検出できる。磁極の判定だけの場合は**スイッチング素子**を利用した回路で**パルス波**を出力させる。

ホール素子で計測を行う場合、あらかじめ電流を流しておく必要がある。この**バイアス電流**が安定していないと正確に計測できない。モータの制御に使用する場合は、モータの電源とは独立させた定電圧電源が必要になる。また、ホール素子が出力する電圧は非常に微弱なので、増幅回路が必要になる。増幅回路や定電圧電源、タイプによっては**スイッチング回路**をホール素子と一体化した**ホールIC**もある。ホールICはホール素子よりコスト高だが、駆動回路など以降の回路を簡素化できる。

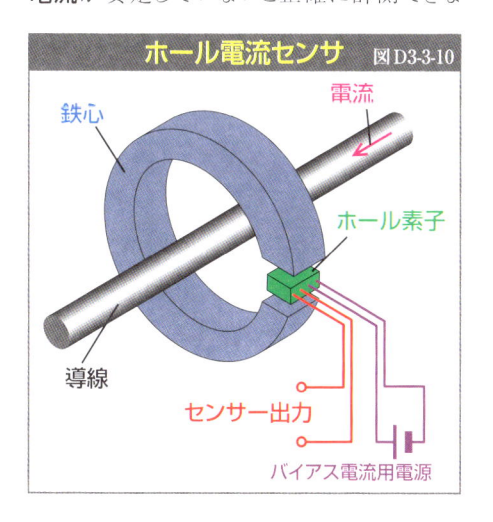

◆ホール電流センサ

ホール電流センサは、ドーナツ状の鉄心が部分的に切断されたものなどと、ホール素子で構成される。この鉄心に導線を貫通させるか、コイル状に導線を巻いて電流を流すと、鉄心に磁界が生じる。磁界の強さは電流の大きさに比例するため、鉄心の切れた部分にバイアス電流を流したホール素子を配しておけば、電流の大きさをホール素子で計測することができる。

導線をコイルにする場合、磁界の強さはその**巻数**に比例するため、巻数をかえることで微弱な電流から大電流まで、幅広い電流を計測することが可能になる。

ホール素子 = hall effect sensor

第3章 制御とサーボモータ
制御の実際

モータのフィードバック制御には、センサの選び方や制御の考え方など、さまざまな方法がある。ここでは、制御の実例を紹介する。

モータの制御

モータに対する要求には、**回転速度**、**トルク**、始動と停止を含む**回転位置**、動作時間がある。一般的なモータの制御は、**回転速度制御**、**トルク制御**、**回転位置制御**の3種類に大別される。この3種類の制御を組み合わせることで、目的に応じたさまざまな運転を実現している。

モータ制御のなかで、もっともよく行われているのが回転速度制御だ。回転速度制御には制御対象の状態に応じて目標値が変化する**追従制御**もあるが、一定速度を維持する**定速制御**が求められることが多い。定速度制御には、回転速度の検出方法や制御内容によってさまざまな方法がある。以下に説明する各種の制御の実例は、**直流整流子モータ**の制御に使われる方法だ。

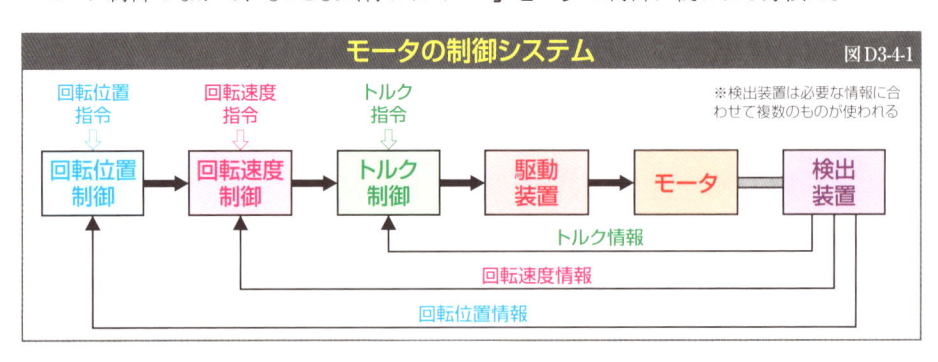

モータの制御システム　　図D3-4-1

```
回転位置     回転速度      トルク
指令         指令          指令
 ↓           ↓            ↓
回転位置 → 回転速度 → トルク → 駆動 → モータ → 検出
制御       制御       制御     装置            装置
            ↑          ↑
            │          └── トルク情報
            └───────────── 回転速度情報
    ←──────────────────── 回転位置情報
```

※検出装置は必要な情報に合わせて複数のものが使われる

電圧比例制御

電圧比例制御は、**電圧サーボ制御**や単に**電圧制御**ともいう。電圧の英語の頭文字から**Vサーボ制御**ともいう。

電圧比例制御では、センサに**タコジェネレータ**が使われる。**直流式タコジェネレータ**を使用する場合、制御対象の回転速度の情報が、タコジェネレータの発電電圧として**フィードバック**される。この電圧の**アナログ信号**が**比較回路**で目標値の電圧と比較され、その結果が**パルス波**で駆動回路に伝えられる。パルスに応じてモータがON/OFFすることで回転速度が制御される。

回路はシンプルに構成できるが、アナログ信号である電圧はさまざまな環境要素に影響を受けるため、安定度は高くない。さほど精度が要求されない用途で用いられる。

電圧比例制御 図D3-4-2

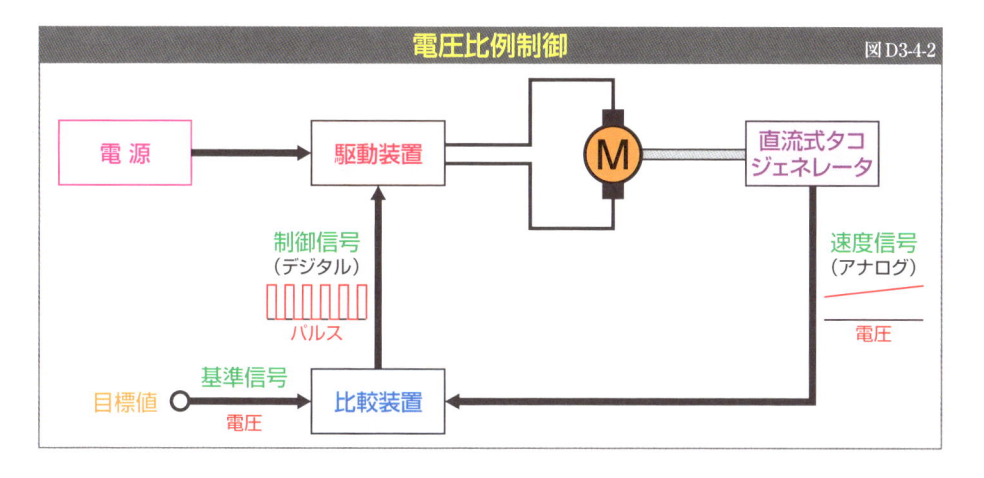

F/V制御

　F/V制御では、制御対象の**回転速度**を**ロータリエンコーダ**などで検出し**パルス波**の信号が**フィードバック**される。この**デジタル信号**は変換回路で電圧に変換されてから**アナログ信号**として**比較回路**に送られ、目標値との比較結果がパルスで駆動回路に伝えられる。以降は電圧比例制御と同じだ。

　フィードバックされるパルス信号が周波数（frequency）であり、最終的な調整が電圧（voltage）で行われるため、F/V制御という。表記にはF-V制御やFV制御もある。また、**センサ**が周波数信号を発するため、周波数発生器の英語の頭文字から**FG制御**ともいう。

　アナログ信号を利用する電圧比例制御に比べると、デジタル信号を利用するF/V制御は安定度が高くなる。ある程度の精度が要求される用途で用いられる。

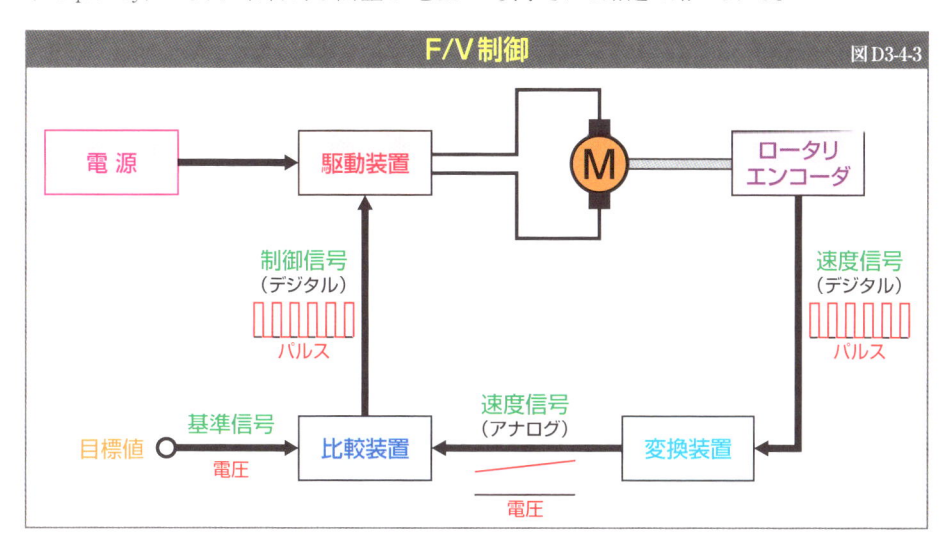

F/V制御 図D3-4-3

☞ 周波数発生器＝frequency generator

243

PLL制御

PLL制御は、位相(phase)に同期された(固定された=locked)**クローズドループ**制御(loop)を意味するもので、日本語では**位相同期化制御**や**位相同期制御**という。F/V制御と同じく**ロータリエンコーダ**などから**パルス波**の信号が**フィードバック**されるが、基準信号の精度と比較の方法が異なる。基準信号には高い精度で安定した信号が発振できる**水晶発振器**が使用される。

F/V制御の場合、フィードバックされた比較信号と基準信号のパルスの数を比較して周波数を同期しているといえるが、PLL制御では、1パルスごとに位相を比較し、位相を同期させている。**比較回路**はその**位相差**に応じた制御信号を直流電圧として出力する。駆動回路は、この電圧に応じて、モータの**回転速度**を高低させることで制御を行う。

PLL制御では、回転速度が水晶発振器の周波数に同期しているので、非常に精密で安定度の高い定速度制御が行える。複数のモータを同期運転するような場合にもPLL制御は最適だ。1台のモータから検出した回転信号のパルスを、他のモータの基準信号とすることで、回転を同期させられる。

しかし、PLL制御の比較回路は複雑で、コストもかかる。そのため非常に高い精度が要求される用途で用いられる。一般的には市販のPLL用ICを比較器として利用する。

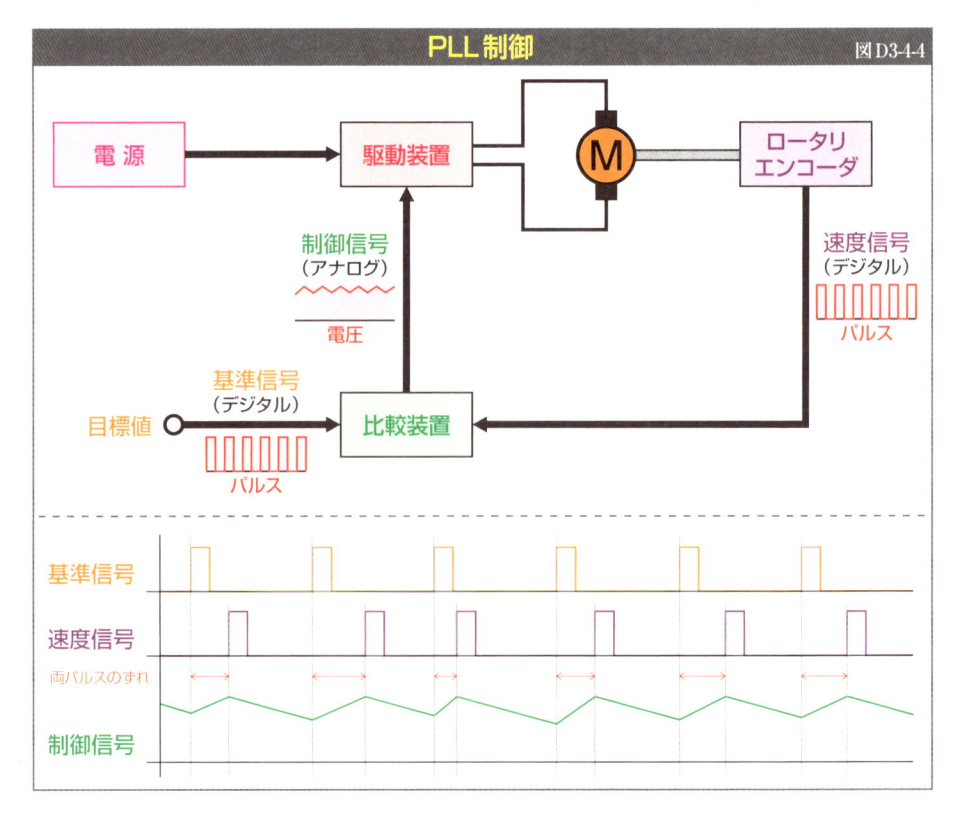

PLL制御 図D3-4-4

第5部

駆動回路で動かされるモータ

■ ステッピングモータ
◆回転原理と種類 ・・・・・・・・246
◆特性と特徴 ・・・・・・・・・・248
◆永久磁石形ステッピングモータ ・・250
◆可変リラクタンス形ステッピングモータ・252
◆ハイブリッド形ステッピングモータ・254
◆励磁方法 ・・・・・・・・・・・256

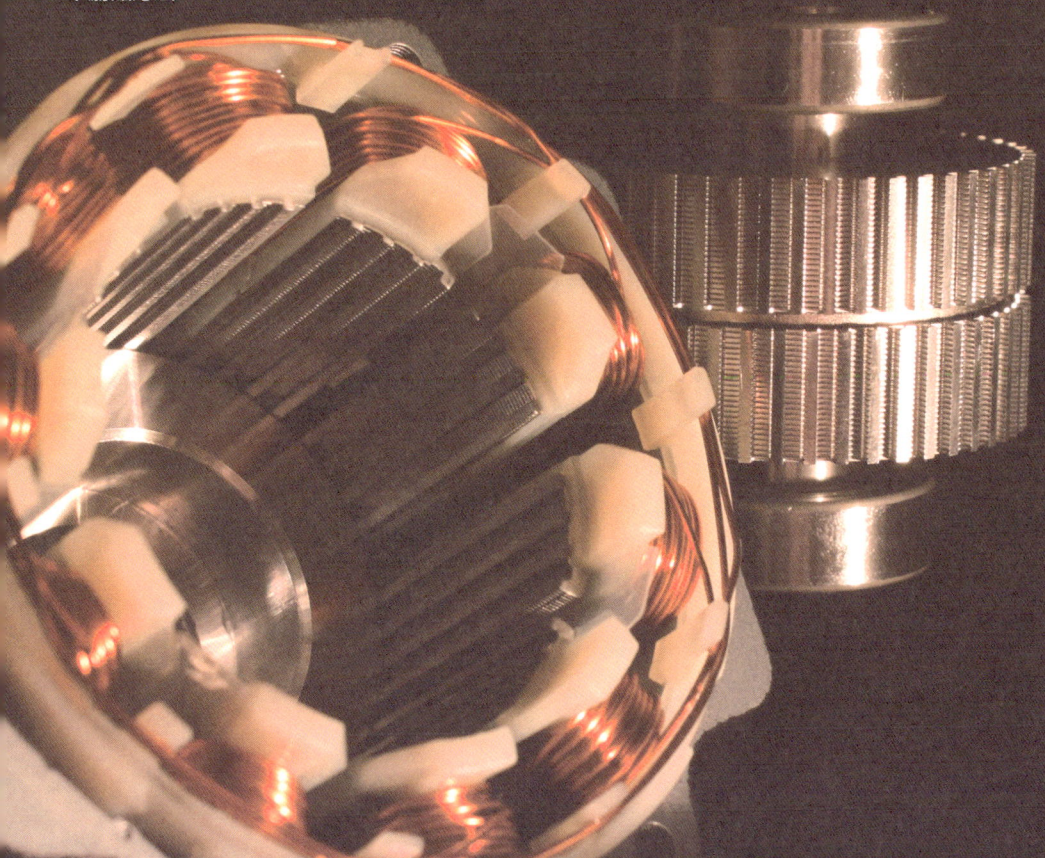

ステッピングモータ
回転原理と種類

ステッピングモータは位置決め精度が高くサーボモータとして使われることが多い。同期モータから派生したモータだが、交流ではなく駆動回路からのパルスで駆動される。

ステッピングモータの動作方法と種類

　ステッピングモータは同期モータから派生したモータで、必ず駆動回路が必要になる。駆動回路から固定子コイルにパルスが送られると、回転子がある角度だけ回転して停止し、その位置を保持する。こうした1ステップごとの動作を連続して行って回転することが、ステッピングモータという名の由来だ。ステップモータやステッパモータともいい、日本語では歩進モータや階動モータともいう。また、パルス波（矩形波、方形波）で駆動されるため、パルスモータともいう。

　回転子の構造によって永久磁石形ステッピングモータ、可変リラクタンス形ステッピングモータ、ハイブリッド形ステッピングモータに分類される。ハイブリッド形は、2形式の回転原理を応用したものだ。

ステッピングモータの基本回転原理

　ステッピングモータでは、1ステップで回転する角度を小さくするために、さまざまな工夫が凝らされているが、基本的な回転原理は同期モータに準じたものだ。交流で回転磁界を作る代わりに、駆動回路からのパルス波で固定子のコイルを励磁していく。この時、独立して動作する固定子コイルの数を相数といい、2相、3相、4相、5相などがある。各相のコイルは複数個のこともある。コイルの巻き方にはモノファイラ巻とバイファイラ巻があり、駆動方法にはユニポーラ駆動とバイポーラ駆動がある（P139参照）。

◆永久磁石形ステッピングモータ
　永久磁石形ステッピングモータは永久

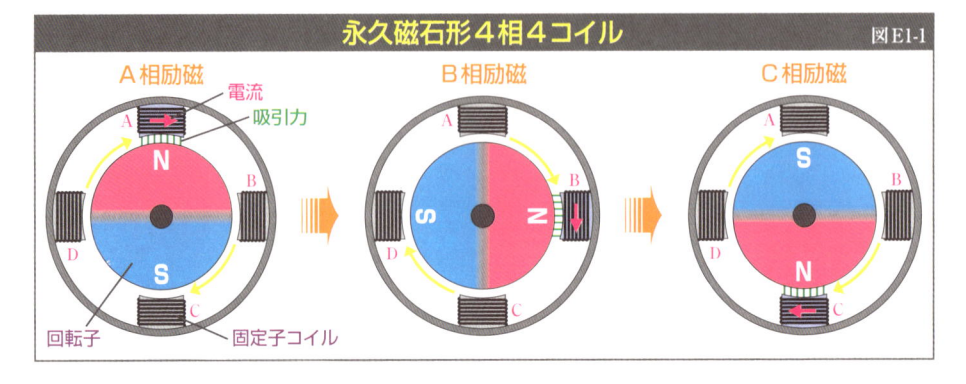

永久磁石形4相4コイル　図E1-1

A相励磁　電流　吸引力
B相励磁
C相励磁

回転子　固定子コイル

■ステッピングモータ＝stepping motor、ステップモータ＝step motor、ステッパモータ＝stepper motor

図E1-2　永久磁石形2相4コイル

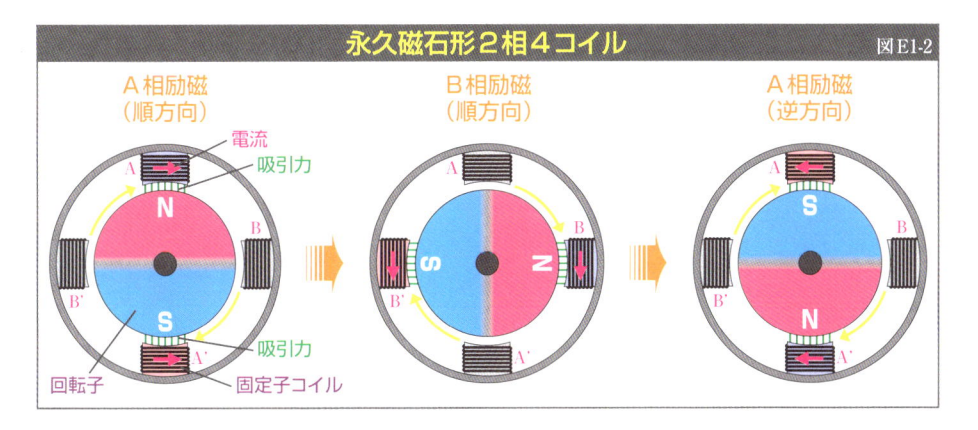

A相励磁（順方向） → B相励磁（順方向） → A相励磁（逆方向）

電流／吸引力／回転子／固定子コイル

磁石形同期モータから派生したもので、回転子に永久磁石を使用する。例えば、回転子が2極の永久磁石で、固定子に90度間隔で4個の固定子コイルがある場合、4個のコイルを順番にユニポーラ駆動すると、磁気の吸引力で回転子が回転する。こうした固定子を4相4コイルまたは4相4極という。

同じ4個の固定子コイルでも、180度の関係にあるコイルを組にして、バイポーラ駆動しても回転子を回転させることができる。この場合は2相4コイルまたは2相4極という。

◆可変リラクタンス形ステッピングモータ

可変リラクタンス形ステッピングモータはリラクタンス形同期モータから派生したもので、磁気抵抗（リラクタンス）を利用するリラクタンスモータの一種だ。固定子は永久磁石形ステッピングモータと同じで、回転子には積層鉄心に突極を設けたものを使用する。例えば、回転子が4極の突極鉄心で、固定子が3相6コイルのバイポーラ駆動の場合、A相のコイルに電流が流れていると、一方のコイルからもう一方のコイルへの磁力線が最短距離を貫ける、つまり磁気抵抗が小さい状態が保たれている。

A相のコイルの電流を停止し、B相のコイルに電流を流すと、磁気抵抗が小さい状態になろうとして、回転子が回転する。この時、A相を励磁していた時とは、磁力線が通過する回転子の突極が異なる。さらに、C相のコイルに電流を流すと、磁力線が通過する回転子の突極がかわり、回転子が回転する。こうして回転を連続させることができる。

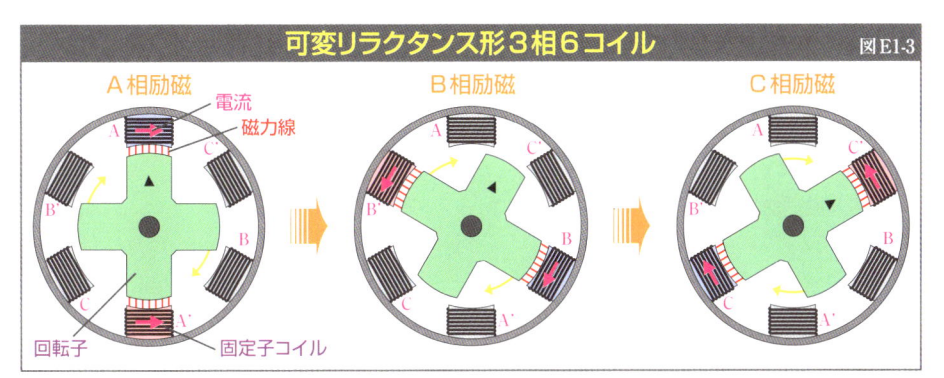

図E1-3　可変リラクタンス形3相6コイル

A相励磁 → B相励磁 → C相励磁

電流／磁力線／回転子／固定子コイル

第5部・駆動回路で動かされるモータ／ステッピングモータ／回転原理と種類

パルスモータ = pulse motor

ステッピングモータ 特性と特徴

ステッピングモータはオープンループ制御が可能なことが大きな特徴だ。また、位置決めが重視されるため、停止状態の特性など他のモータとは異なった特性が求められる。

ステッピングモータの特性

ステッピングモータが1回のパルスで回転する角度を**ステップ角**という。ステップ角の小さいモータほど、きめ細かい**位置決め**が可能となる。360度をステップ角で割れば、1回転に要するステップ数がわかる。1回転のステップ数の大小を**分解能**という。

ステップ角が最小の動作の単位といえるが、あくまでも基本の単位であり、**固定子コイル**の駆動方法によっては、さらに細かく刻んで回転させることが可能な場合もある。

駆動回路が1秒間に発するパルスの回数を、**パルスレート**や**パルス周波数**という。単位に[Hz]が使われることもあるが、一般的には[pps]が使われる。パルスレートは1秒間に動作するステップ数になるため、ステップ角とパルスレートからモータの**回転速度**が算出できる。ステップ角とパルスレートをかけ、360[度]で割れば回転速度[s^{-1}]になる。パルスレートを高くするほど、回転速度が高くなる。

◆始動特性と連続特性（動特性）

駆動回路からパルスを送っても、パルスレートが高すぎたり、**負荷トルク**が大きすぎると**始動**できない。始動できる**トルク**の大きさを**引込トルク**といい、パルスレートで変化する。また、始動できるパルスレートには上限があり、そのパルスレートを**最大自起動周波数**という。

一定のパルスレートで運転している時でも、負荷トルクが大きくなれば回転できなくなる。こうした状態を**脱調**といい、この時の負荷トルクの大きさを**脱出トルク**や**脱調トルク**という。

パルスレートが高くなるほど、脱出トルクが小さくなる。また、運転できるパルスレートの上限を**最大連続応答周波数**という。

パルスレートが高くなるとトルクが小さくなるのは、固定子コイルの**インダクタンス**の影響による。駆動回路からパルスが送られても、コイルにはインダクタンスがあるため、立ち上がりが遅れる。パルスがなくなっても、しばらくは電流が流れ続ける。パルスレートが低ければ、パルスの最大電流に達

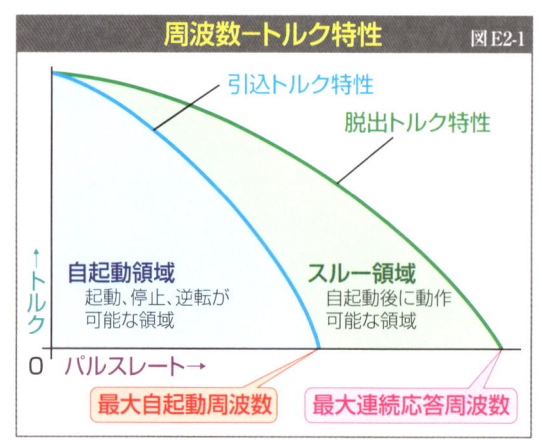

周波数−トルク特性　図E2-1

- 引込トルク特性
- 脱出トルク特性
- 自起動領域：起動、停止、逆転が可能な領域
- スルー領域：自起動後に動作可能な領域
- 最大自起動周波数
- 最大連続応答周波数

↑トルク　0　パルスレート→

※パルスレート＝pulse rate、pps＝pulse per second、ホールディングトルク＝holding torque

し、パルスが終了してから電流の減少が始まるが、パルスレートが高いと、最大電流に達する以前にパルスが終了し、電流の減少が始まる。すると、電流の平均値が小さくなり、トルクが小さくなる。実際の運転では、回転速度に応じてパルスの電圧を変化させ、トルクの減少を抑えることが多い。

◆過渡応答特性

ステッピングモータは、1ステップごとの動作を繰り返して回転するため、振動が発生しやすい。カクカクとした動きになったり複雑な動きをすることもある。こうした動きの状態は、回転子の**慣性モーメント**や発生させるトルクの大きさによって変化する。

駆動回路からパルスが発せられると、回転子がステップ角だけ回転する。そのタイミングで次のパルスが発せられれば、回転子は滑らかに回転する。しかし、次のパルス以前にステップ角の回転が完了すると、慣性モーメントやトルクの大きさによっては目的の位置を行き過ぎる。すると、逆方向のトルクが発生し、回転子が引き戻される。戻る際にも、目的の位置を行き過ぎると振動になるが、通常は振幅が次第に小さくなり、やがて停止する。

行き過ぎた回転子が引き戻されている時に、次のパルスが発せられると、回転できな

回転位置の変化(低パルスレート時) 図E2-2

くなることがある。こうした状態を**乱調**という。

◆静特性

ステッピングモータは位置決めを重視したモータであるため、他のモータと異なり、どの程度の負荷トルクまで静止状態を保てるかが重要な要素となる。静止時に発生することができる最大のトルクを**ホールディングトルク**や**保持トルク**、**最大静止トルク**という。

永久磁石形とハイブリッド形では**永久磁石**を使用しているため、通電していなくてもある程度のトルクがある。このトルクを**ディテントトルク**や**残留トルク**という。

ステッピングモータの特徴

ステッピングモータは駆動回路からのパルス数と回転角度が正確に比例するため、**オープンループ制御**が可能となる。他のモータのフィードバック制御の場合、センサの種類によっては位置決め誤差が累積するが、ステッピングモータでは誤差が累積しない。

非常に微細なステップ角を設定することも可能で、間欠運転も問題なく行える。1日に1ステップといった運転も可能だ。

オープンループ制御が可能だが、駆動回路から指令された回転位置と現在位置にずれが生じても、感知することができない。また、トルクが小さく、負荷の大きさの急変には対応できない。振動を発生しやすく、効率が高くないこともデメリットだ。そのため、トルクに余裕のあるモータを一定のトルクで運転できるような状況が望ましい。連続回転で単にトルクを求めるような用途には適さない。

● ディテントトルク=detent torque

ステッピングモータ
永久磁石形ステッピングモータ

回転原理の説明で使用したようなスタンダード形永久磁石形ステッピングモータの採用は減ってきているが、クローポール形がさまざまな用途で使われている。

回転子が永久磁石のステッピングモータ

永久磁石形ステッピングモータは、**PM形ステッピングモータ**ともいう。**永久磁石**を使用しているため、他の形式のステッピングモータに比べて大きな**トルク**を発生でき、効率が高い。電流を流していない状態でも位置を保持できる**ディテントトルク**があることで、省エネルギーが可能だ。

しかし、回転原理の説明に使用した構造の場合、**固定子コイル**の数で**ステップ角**が決まってしまい、あまり**分解能**を高められないので採用が減っているが、永久磁石形の一種である**クローポール形ステッピングモータ**の採用は多い。現在では単に永久磁石形ステッピングモータといった場合、クローポール形を指すことも多い。クローポール形に対して回転原理の説明で使用した構造のものは**スタンダード形ステッピングモータ**や**積層コア形ステッピングモータ**ということがある。なお、クローポール形はハイブリッド形の一種として扱うという考え方もある。

クローポール形ステッピングモータ

クローポール形ステッピングモータは、永久磁石形ステッピングモータの一種だが、2相の**固定子コイル**で多極化が可能になり、**分解能**を高めることができる。

1相のコイルは、図のように回転子を取り巻くようにリング状に**バイファイラ巻**されたもの

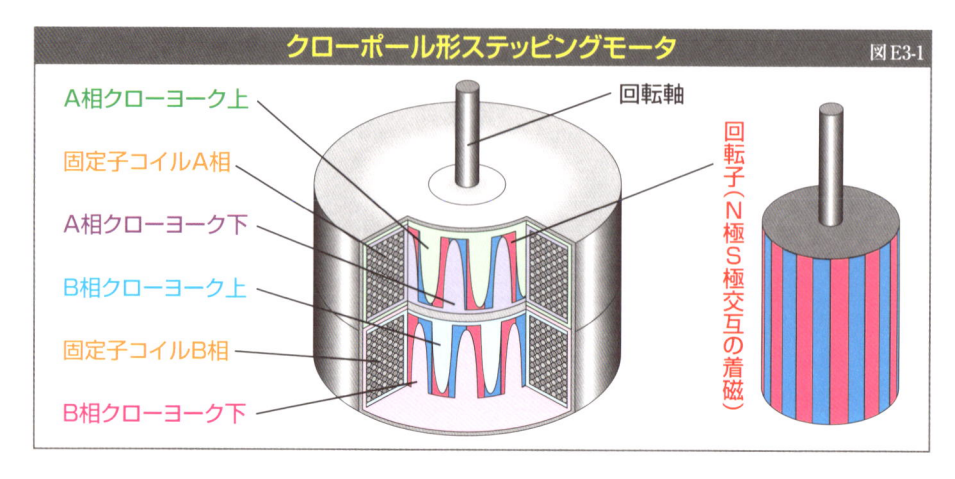

図E3-1 クローポール形ステッピングモータ

- A相クローヨーク上
- 固定子コイルA相
- A相クローヨーク下
- B相クローヨーク上
- 固定子コイルB相
- B相クローヨーク下
- 回転軸
- 回転子（N極S極交互の着磁）

PM = permanent magnet、クローポール= claw pole

で、**回転子**に面する位置に多数の歯を備えた**ヨーク**で上下からはさまれている。こうした歯の間隔を**ピッチ**といい、上下のヨークの歯は1/2ピッチずらして、相互にかみ合うようにされている。こうしたコイルが回転軸方向に2層に重ねられ、2相の固定子を構成する。2相の固定子は、1/4ピッチずらしてある。固定子コイルの**突極**として機能するヨークの歯の形状が鳥などの尖った爪（claw）に似ているため、**クローポール形突極**や**爪形突極**と名づけられているが、現在では四角い歯などさまざまな形状のものがある。回転子は円柱状で、円周上にNSNS…と交互に多極着磁されたものが使われる。回転子の**磁極**の数はクローポールの歯数の総数と同数にされる。

例えば、1回転48ステップの場合、1相の上下のヨークにはそれぞれ12個の歯が備えられ、1相で24の突極となる。回転子も24極のものが使われる。A相のコイルに電流を流すと、上下のヨークは異極になり、回転子側から見ると、N極の歯とS極の歯が交互に並ぶ。回転子は歯の磁極と回転子の磁極が正対する位置で止まる。

A相の電流を止め、B相のコイルに電流を流すと、B相のヨークに磁極が並ぶ。その位置はA相の磁極とは1/4ピッチずれているため、磁気の**吸引力**と**反発力**によって回転子が1/4ピッチ回転する。続いてA相に先ほどとは逆方向の電流を流せば、さらに1/4ピッチ回転する。以下、各相交互に逆方向の通電を繰り返していけば、回転子を連続して回転させることができる。

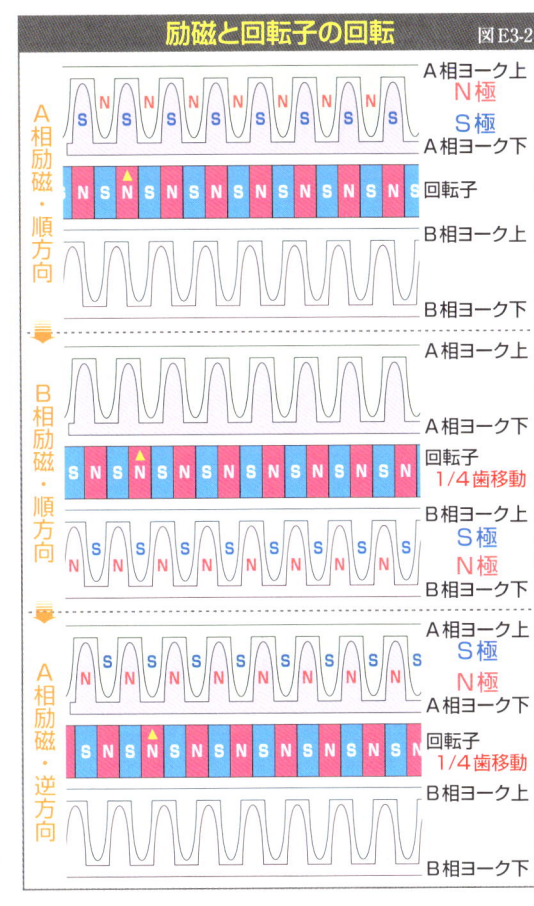

励磁と回転子の回転　図E3-2

クローポール形は、こうした構造によってスタンダード形よりステップ角を小さくできる。それでも、他の形式のステッピングモータに比べるとステップ角は大きい。また、強力な**磁気回路**を構成することができないため、スタンダード形よりトルクが小さい。しかし、コイルの製造が簡単で、クローポールヨークも板金加工で大量生産できるため、コストを抑えることが可能だ。そのため、数多く使われている。なかには、ステップ角1.8度（1回転200ステップ）といったものもあるが、一般的にはステップ角7.5度（1回転48ステップ）程度のものがよく使われている。

ステッピングモータ
可変リラクタンス形ステッピングモータ

可変リラクタンス形は分解能を高めることが可能なモータだが、現在では主流から外れている。しかし、スイッチトリラクタンスモータとしての採用が増えてきている。

回転子が突極鉄心のステッピングモータ

可変リラクタンス形ステッピングモータは、**VR形ステッピングモータ**や**可変磁気抵抗形ステッピングモータ**ともいう。回転原理の説明に使用したような構造の可変リラクタンス形の場合、**ステップ角**の大きさが**固定子コイル**の数の影響を受けるため、あまり分解能を高めることができない。しかし、固定子コイルの**突極**の先端に歯車のような歯を設け、回転子の突極も歯車のような形状にすることで、ステップ角を小さくでき、分解能を高められる。こうした構造のものを**歯車状鉄心形ステッピングモータ**ともいう。

歯車状鉄心形ステッピングモータ

一般的な可変リラクタンス形の場合、例えば、**固定子**が3相6コイル、**回転子**の**突極**が4極であれば、基本の**ステップ角**は30度だ。同じ固定子でも20歯の**歯車状鉄心**を使用し、固定子コイルの突極の先端に同じピッチで歯を刻んだ**歯車状鉄心形ステッピングモータ**ならば、ステップ角が6度になる。

A相、B相、C相それぞれの突極の先端に刻まれている歯は、1/3ピッチずつずらされている。図のようにA相のコイルに電流が流れている時、**磁気抵抗**（**リラクタンス**）がもっとも小さく**磁力線**が通りやすいように、回転子の歯とA相突極の歯が正対して揃っている。この時、B相とC相の突極の歯は回転子の歯と揃っていない。A相の電流を止め、B相を励磁すると、回転子の歯とB相突極の歯が正対して揃うように回転子が回転する。続いてC相という順に電流を流していくと、回転子の歯の1/3ピッチず

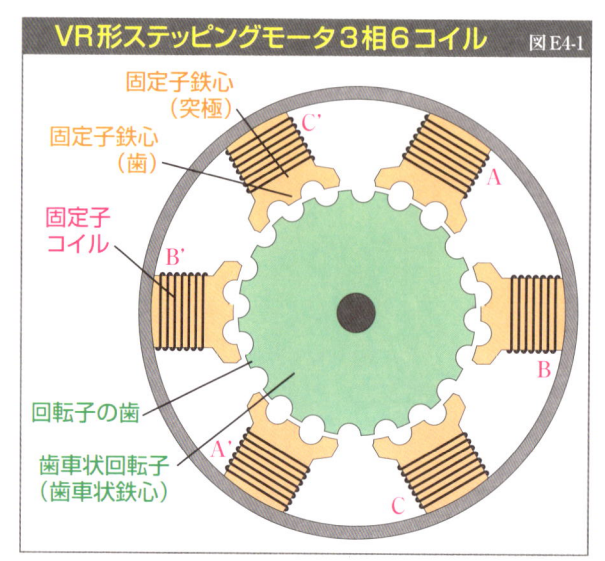

図E4-1 VR形ステッピングモータ3相6コイル
- 固定子鉄心（突極）
- 固定子鉄心（歯）
- 固定子コイル
- 回転子の歯
- 歯車状回転子（歯車状鉄心）

VR = variable reluctance

各相の励磁と回転子の動作　図E4-2

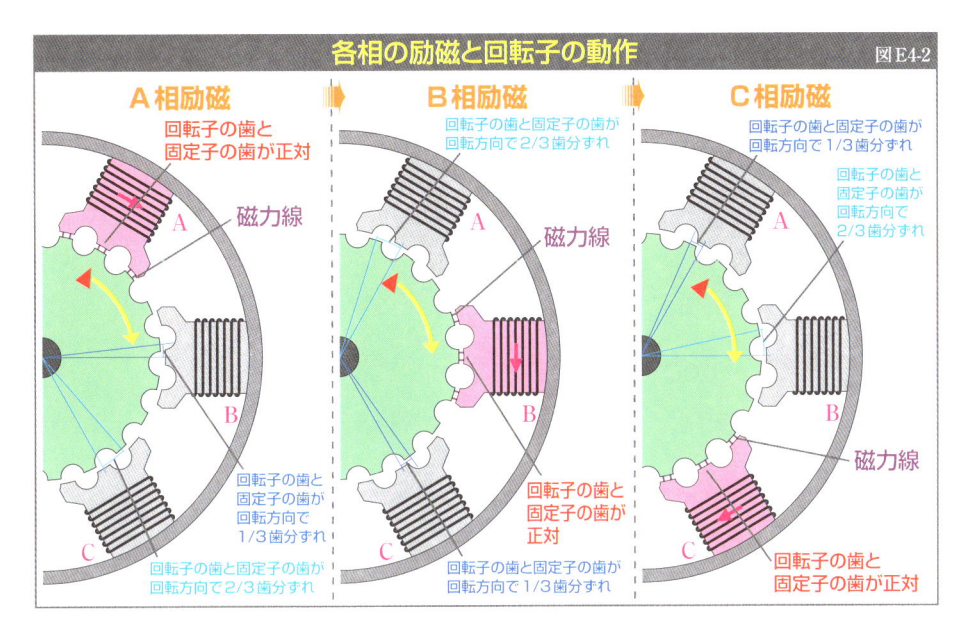

A相励磁
- 回転子の歯と固定子の歯が正対
- 磁力線
- 回転子の歯と固定子の歯が回転方向で1/3歯分ずれ
- 回転子の歯と固定子の歯が回転方向で2/3歯分ずれ

B相励磁
- 回転子の歯と固定子の歯が回転方向で2/3歯分ずれ
- 磁力線
- 回転子の歯と固定子の歯が正対
- 回転子の歯と固定子の歯が回転方向で1/3歯分ずれ

C相励磁
- 回転子の歯と固定子の歯が回転方向で1/3歯分ずれ
- 回転子の歯と固定子の歯が回転方向で2/3歯分ずれ
- 磁力線
- 回転子の歯と固定子の歯が正対

つ回転していくことになる。

可変リラクタンス形はこうした方法で分解能が高められるが、強力な**磁気回路**を形成できないため**永久磁石**を使用する形式に比べて**トルク**が小さい。ホールディングトルクを発生させるには、電流を流し続けなければならないため、省エネルギーが図りにくく発熱が大きくなることもデメリットだ。そのため、過去には多用されていたが、現在では他の形式に主流が移っている。

スイッチトリラクタンスモータ

スイッチトリラクタンスモータ（SRモータ、SRM）は、**可変リラクタンス形ステッピングモータ**と同じものだ。違いは、その使用目的にある。ステッピングモータは**位置決め**が重視されるが、スイッチトリラクタンスモータは連続回転での**トルク**が求められる。

スイッチトリラクタンスモータは振動や騒音が大きい、トルクが小さい、効率が低いといったデメリットがあるためほとんど使われていなかった。しかし、保守に手間がかからず、永久磁石を使用しないため磁石の割れや磁力の低下といった心配がなく、低速から高速まで安定して運転できるうえ、低コストで大量生産できるといったメリットがある。希土類磁石の高騰により、注目を集めつつある。今後は活用の範囲が広がっていきそうだ。

スイッチトリラクタンスモータ8コイル6極4相　図E4-3

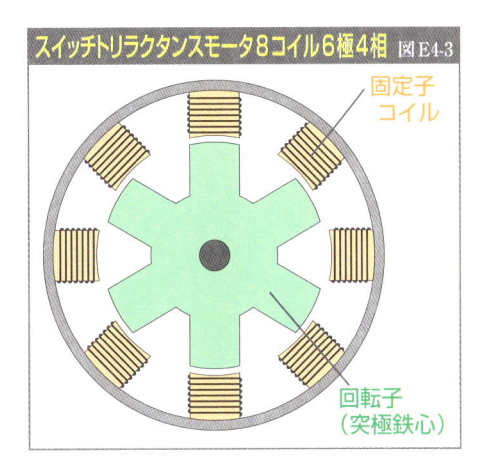

- 固定子コイル
- 回転子（突極鉄心）

👉 スイッチトリラクタンスモータ＝switched reluctance motor、スイッチドリラクタンスモータという表記もあるが誤用

ステッピングモータ
ハイブリッド形ステッピングモータ

永久磁石形の回転原理を基本にし、可変リラクタンス形と同じように回転子に歯を設けることで分解能を高めたステッピングモータがハイブリッド形だ。

■PM形とVR形が複合されたステッピングモータ

ハイブリッド形ステッピングモータは、永久磁石形のトルク発生原理と可変リラクタンス形の構造を備えたものなので、ハイブリッド(混成物)という。**HB形ステッピングモータ**や**複合形ステッピングモータ**ともいう。回転原理や構造は**インダクタ形同期モータ**(P208参照)と同じで、**駆動回路**からの**パルス波**で駆動されるものがハイブリッド形ステッピングモータ、交流電源で駆動されるものがインダクタ形同期モータといえる。

回転子は円柱状の**永久磁石**と、**歯車状鉄心**2個で構成される。永久磁石は回転軸方向にN極とS極が着磁され、それぞれの**磁極**側の外周に歯車状鉄心がはめられる。鉄心はそれぞれN極とS極になり、歯の1/2ピッチ分ずらされている。**固定子**の構造は可変リラクタンス形と同様で、**固定子コイル**の**突極**の先端に、歯車状の歯が備えられている。歯のピッチは回転子に揃えられる。

例えば、回転子の歯数が50、固定子が2相8コイルの場合、基本の**ステップ角**は1.8度になる。A相がN極に励磁されたコイルの部分では、固定子突極の歯と、回転子のS極の歯が正対して揃い、S極に励磁されたコイルの部分では、固定子突極の歯と、回転子のN極の歯が正対して揃う。

A相の電流を停止してB相を励磁すると、B相の固定子の突極の歯と回転子の突極の歯が正対して揃うように、歯の1/4ピッチ分だけ回転子が回転する。続いてA相に先ほどとは逆方向の電流を流せば、さらに1/4ピッチ回転する。以下、各相交互に逆方向の通電を繰り返していけば、回転子を連続して回転させることができる。

このようにハイブリッド形ステッ

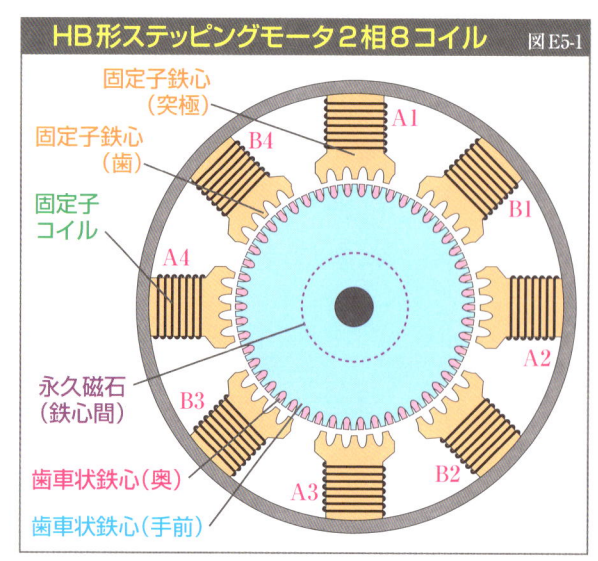

図E5-1 HB形ステッピングモータ2相8コイル

- 固定子鉄心(突極)
- 固定子鉄心(歯)
- 固定子コイル
- 永久磁石(鉄心間)
- 歯車状鉄心(奥)
- 歯車状鉄心(手前)

HB=hybrid

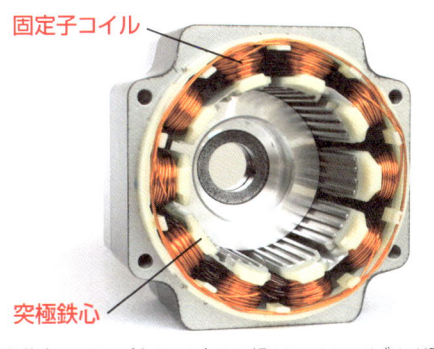

固定子コイル — **歯車状鉄心**

突極鉄心 — **軸受**

↑ 基本のステップ角0.72度の5相10コイルハイブリッド形ステッピングモータ。回転子の歯車状鉄心は50歯で、固定子コイルの突極にも同じように歯が刻まれている。〔オリエンタルモーター・5相ステッピングモータ〕

ピングモータは、永久磁石と歯車状鉄心を併用することで、永久磁石形のような大きな**トルク**や高い効率を実現しつつ、**分解能**を高めることが可能だ。永久磁石を使用しているため**ディテントトルク**が発生するので、コイルに通電せずに回転位置を保持することも可能だ。一般的にはステップ角0.9度、1.8度、3.6度のものがよく使われている。

各相の励磁と回転子の動作　　図E5-2

	A1 & A3	B1 & B3	A2 & A4	B2 & B4
A相順方向励磁	N		S	
	回転子S極の歯と固定子の歯が正対	回転子と固定子の歯が1/4ピッチずれ	回転子N極の歯と固定子の歯が正対	回転子と固定子の歯が1/4ピッチずれ
B相順方向励磁		N		S
	回転子と固定子の歯が1/4ピッチずれ	回転子S極の歯と固定子の歯が正対	回転子と固定子の歯が1/4ピッチずれ	回転子N極の歯と固定子の歯が正対
A相逆方向励磁	S		N	
	回転子N極の歯と固定子の歯が正対	回転子と固定子の歯が1/4ピッチずれ	回転子S極の歯と固定子の歯が正対	回転子と固定子の歯が1/4ピッチずれ

ステッピングモータ
励磁方法

ステッピングモータはコイルを励磁する方法を工夫することで、本来のステップ角より小さなステップ角で動作させることができ、分解能を高めることができる。

1相励磁と2相励磁

ステッピングモータには、相ごとの励磁ではなく、複数の相を同時に励磁する駆動方法もある。2相と3相のステッピングモータの励磁方法には1相励磁と2相励磁がある。それぞれ1相駆動と2相駆動ともいう。

2相4コイルを例にしてみると、1相励磁の場合のステップ角は90度で、静止位置では固定子コイルの突極と、回転子の磁極が正対する。2相励磁の場合は、A相順方向+B相順方向→A相逆方向+B相順方向→A相逆方向+B相逆方向→A相順方向+B相逆方向の順に電流を流す。A相とB相の合成磁界になるため、固定子コイルの突極と回転子の磁極は正対せず、隣り合った2個の固定子コイルの中間位置で安定する。この場合もステップ角は90度だが、静止位置が1相励磁の場合とは45度、つまり

ステップ角の1/2（1/2ステップ）だけずれる。

1相励磁に比べて2相励磁は**トルク**が大きくなる。固定子コイルを流れる電流が大きさが同じであれば$\sqrt{2}$倍になる。これにより、振動の抑制作用が強くなるため高回転にも対応しやすくなる。そのため、一般的には2相励磁が採用されることが多い。ただし、1相励磁に比較すると、2相励磁は消費電力が大きくなり、コイルを電流が流れる時間が長くなるため、発熱も大きくなる。

また、永久磁石を使うステッピングモータでも、2相励磁の静止位置では、**ディテントトルク**が発生しない。電流を停止すると、どちらかの固定子の突極に回転子の磁極が正対する位置まで移動してしまう。回転位置を保持するために、電流を流して励磁し続ける必要がある。

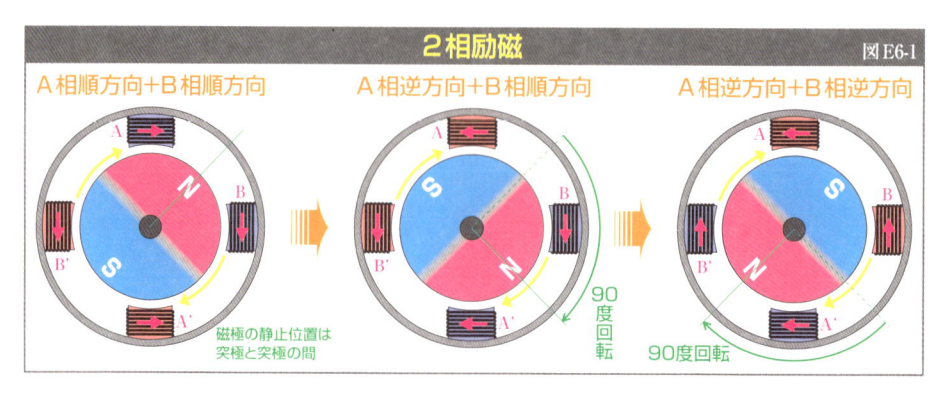

図E6-1 2相励磁

ハーフステップ駆動＝half step drive、フルステップ駆動＝full step drive

1-2相励磁

1相励磁と2相励磁を交互に行う励磁方法もあり、**1-2相励磁**や**1-2相駆動**という。1相励磁と2相励磁では静止位置が1/2ステップずれるため、本来の**ステップ角**の半分ずつ回転させることができる。トルクは脈動することになるが、ステップ角を小さくできることが大きなメリットだ。こうした駆動方法を**ハーフステップ駆動**という。これに対して、1相励磁や2相励磁のように本来のステップ角ずつ回転させることを**フルステップ駆動**という。

図E6-2 1-2相励磁

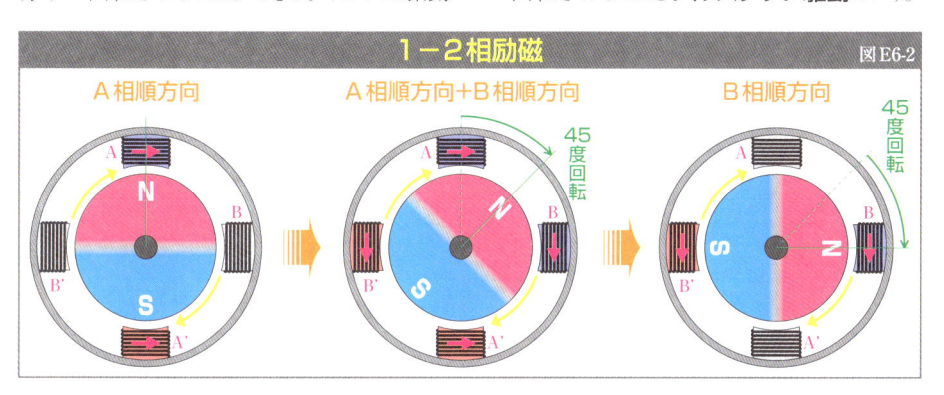

A相順方向 → A相順方向+B相順方向（45度回転） → B相順方向（45度回転）

マイクロステップ駆動

ハーフステップ駆動以上に**ステップ角**を小さくする方法もある。通常の2相励磁では、2相に同じ電流のパルスを送るが、**相**ごとに電流の大きさをかえれば、合成磁界の**磁極**の位置をかえることができ、さまざまな位置に固定子を静止させることができる。

例えば、100%、75%、50%、25%の4段階で電流が調整できる駆動回路を使い、隣り合う2相の合計が常に100%になるように駆動すれば、ステップ角を4分割できる。こうした駆動方法を**マイクロステップ駆動**や**バーニア駆動**という。現在では専用モータと駆動回路の組み合わせで、20万分割のマイクロステップ駆動が可能なシステムもある。

図E6-3 マイクロステップ駆動

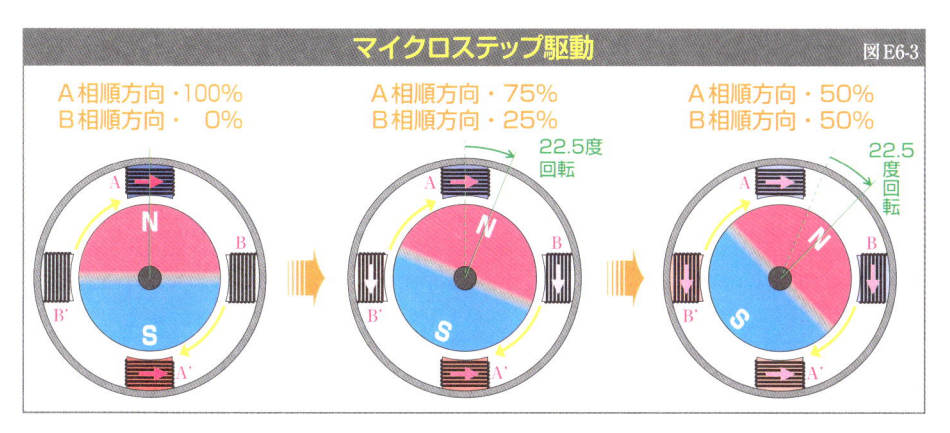

A相順方向・100% / B相順方向・0% → A相順方向・75% / B相順方向・25%（22.5度回転） → A相順方向・50% / B相順方向・50%（22.5度回転）

🔹 マイクロステップ駆動＝micro step drive、バーニア駆動＝vernier drive

モータのブレーキ

モータの機械的制動を行うブレーキ（制動装置）は、摩擦によって運動エネルギーを熱エネルギーに変換する摩擦ブレーキと、電磁気の作用で回転軸の回転を抑える電磁ブレーキに大別される。こうしたブレーキを一体化したモータや内蔵したモータをブレーキ付モータや単にブレーキモータという。なお、電磁ブレーキは電磁気の作用を利用するため、電気的制動に分類されることもある。

摩擦ブレーキは、回転軸とともに回転する円板や円筒に摩擦材を押しつけて摩擦を発生させる。摩擦材を押しつける力と、開放状態を維持する力が必要で、一方には電磁石の吸引力、もう一方にはバネが利用されることが多い。動作方式には励磁作動形と無励磁作動形がある。励磁作動形ブレーキはブレーキに通電することで制動を開始するのに対して、無励磁作動形ブレーキは非通電になると制動を開始する。

電磁ブレーキにはパウダーブレーキ、ヒステリシスブレーキ、渦電流ブレーキなどがある。機械的な接触がないため、非接触ブレーキや空隙式ブレーキともいう。各種構造のものがあるが、モータに類似していて回転子と固定子で構成されるものが多い。

パウダーブレーキは、磁気抵抗や磁力によって連鎖させた鉄粉の摩擦によって制動を行う。例えば、鉄製の回転子とコイルを備えた固定子の間に鉄粉が封入し、固定子を励磁すると、回転子との間に磁気回路ができ、その磁力線に沿って鉄粉が鎖状に連結される。回転子が回転していると、磁力線が引き伸ばされ回転方向とは逆方向のトルクが発揮される。また、鉄粉間で摩擦が起こり、熱エネルギーに変換される。

ヒステリシスブレーキは、、モータでは損失の一種であるヒステリシス損を、ブレーキ装置内で発生させるものだ。例えば、ヒステリシス損の大きな磁性材料のカップ形回転子の内側と外側に固定子を配し、固定子のコイルを励磁すると、回転子が磁化されるが、磁束密度の変化の遅れによって磁化された位置と固定子の磁極が回転で離れるため、回転方向とは逆方向のトルクが発生する。

渦電流ブレーキは、モータでは損失の一種である渦電流損を、ブレーキ装置内で発生させるものだ。例えば、上記のヒステリシスブレーキ同様の構造で、回転子を誘導体にすれば、コイルの励磁によって回転子に渦電流が発生し、制動トルクが発揮される。

第6部

直線運動を生み出すモータ

■リニアモータ
◆種類と特徴 ・・・・・・・・・260
◆リニア交流モータ ・・・・・・・262
◆リニア直流モータ ・・・・・・・266
◆リニアパルスモータ・・・・・・・270

リニアモータ
種類と特徴

リニアモータは回転形モータを切り開いて展開したものが基本だ。元になった回転形モータの特徴を引き継ぎ、さらにはリニアならではのメリットやデメリットがある。

リニアモータの種類

　回転形モータが回転運動を生み出すのに対して、**リニアモータ**は直線運動（往復運動）を生み出す。その構造は回転形モータを直線状に展開したものが基本だ。回転形モータは固定子と回転子の相互作用でトルクを生み出すが、リニアモータでは**固定子**と**可動子**の相互作用で力を生み出す。可動子は、**移動子**や**摺動子**、**スライダ**、**フォーサ**ともいう。

　リニアモータの直線運動とは一定方向への力を意味するもので、可動子が直線上を移動するとは限らない。ガイドなどを使用すれば円弧に沿って曲げることが可能だ。円環状につなげば回転運動させることもできる。

　リニアモータの分類にはさまざまな方法があるが、電源によって大別するのが一般的だ。

交流電源で駆動するものを**リニア交流モータ**（**リニアACモータ**）、直流電源で駆動するものを**リニア直流モータ**（**リニアDCモータ**、**LDM**）、駆動回路からの**パルス波**（**矩形波**、**方形波**）で駆動するものを**リニアパルスモータ**（**LPM**）という。

　リニア交流モータには回転形と同じように、**リニア誘導モータ**（**リニアインダクションモータ**、**LIM**）と**リニア同期モータ**（**リニアシンクロナスモータ**、**LSM**）がある。リニア直流モータには**コイル可動形リニア直流モータ、磁石可動形リニア直流モータ、電機子可動形リニア直流モータ**などがある。リニアパルスモータは回転形のステッピングモータから派生したもので、**リニアステッピングモータ**ともいう。回転形のブラシレス

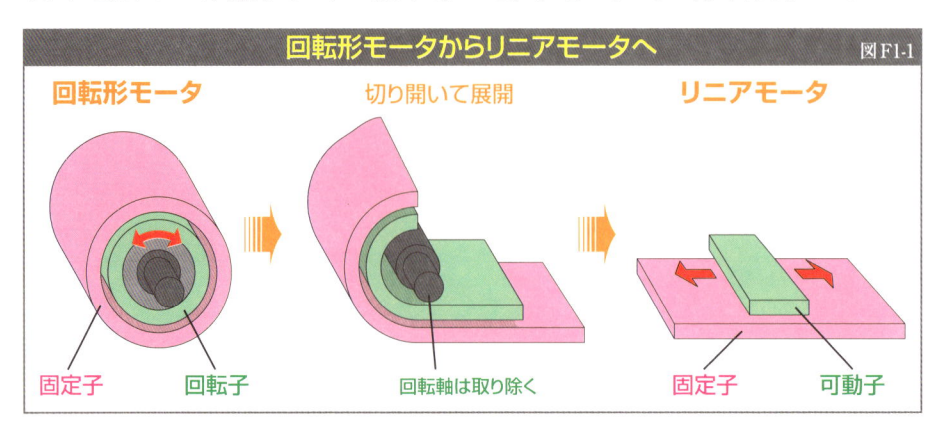

図F1-1　回転形モータからリニアモータへ

回転形モータ　→　切り開いて展開　→　リニアモータ

固定子　回転子　　回転軸は取り除く　　固定子　可動子

▶リニアモータ＝linear motor、スライダ＝slider、フォーサ＝forcer、LDM＝linear direct motor、LPM＝linear pulse motor

モータから派生したものは、パルスで駆動するのが基本なのでパルスモータの一種といえるが、リニアモータの分類では、**ブラシレスリニア直流モータ**として扱われることが多い。ほかに、複数の駆動原理を採用する**リニアハイブリッドモータ(LHM)**がある。

なお、回転形モータを展開したものではなく、独自の構造によって直線運動を生み出すものは**リニアアクチュエータ**や**リニア応用特殊機器**として扱うことが多い。これには、**リニア振動アクチュエータ、リニア電磁ソレノイド、リニア電磁ポンプ**などがある。

リニアモータの特徴

リニアモータは、元になった回転形モータからメリットやデメリットも引き継いでいることがほとんどだ。さらに、リニアモータならではのメリットやデメリットもある。

◆メリット

回転形モータでも歯車などの機械装置を併用すれば直線運動に変換できるが、リニアモータは直線運動を直接生み出せるため**ダイレクトドライブ**が行える。歯車などによるガタや遊びの心配がなく、摩擦などによる力の伝達に依存しないため加減速が影響を受けない。遠心力による制限を受けないため高速運動が可能となる。軸受の潤滑などを必要としないためクリーンな状態が保ちやすい。回転形モータで直線運動を行わせる場合、モータ本体の格納場所が必要になるが、リニアモータは設計の自由度が高く、個々の部分で見れば省スペースが可能となる。

◆デメリット

リニアモータは可動子の移動範囲全体に**固定子**などの構造が必要になるため、回転形モータよりコスト高になりやすい。構造が開放的で**ヨーク**を設けることが難しいため、**漏れ磁束**(力の発生に使われない磁束)が多く効率が悪い。交流の場合は**力率**も低下する。

可動子と固定子の間に磁気の**吸引力**や**反発力**が働く構造のリニアモータの場合、両者の**エアギャップ**を一定に保つのが難しく、支持するための機構が必要になる。こうした機構によって摩擦が発生する。移動子が重力の影響を受けることも多い。

回転形モータは無限に回転を続けられるが、リニアモータは可動子の移動範囲が有限だ。そのため**クローズドループ制御**が必要になる。リニアパルスモータ以外では**フィードバック制御**が採用されることがほとんどだ。

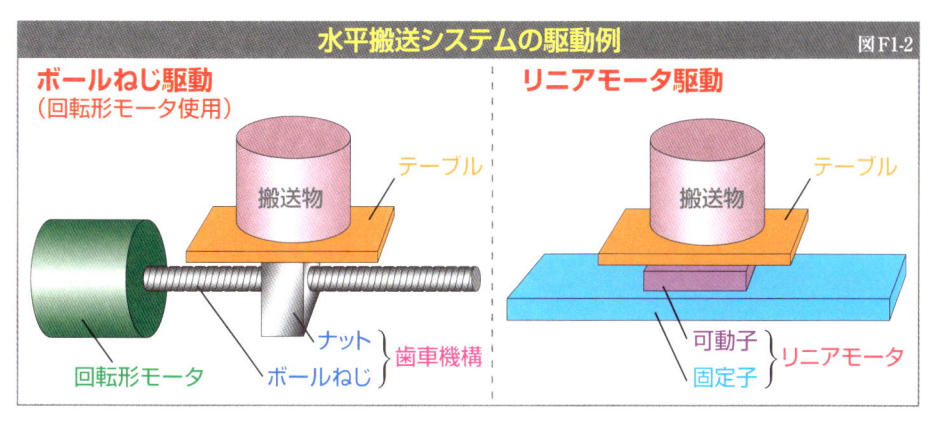

図F1-2 水平搬送システムの駆動例

ボールねじ駆動（回転形モータ使用）: テーブル、搬送物、ナット、ボールねじ、回転形モータ、歯車機構

リニアモータ駆動: テーブル、搬送物、可動子、固定子、リニアモータ

LIM＝linear induction motor、LSM＝linear synchronous motor、LHM＝linear hybrid motor

リニアモータ
リニア交流モータ

リニア交流モータは移動磁界を利用するモータだ。回転形の交流モータと同じように、リニア誘導モータとリニア同期モータがある。

移動磁界

　回転形の交流モータである誘導モータや同期モータでは回転磁界を利用するが、**リニア交流モータ**では**移動磁界**を利用する。移動磁界は**進行磁界**ともいう。一般的には**三相交流**による**三相移動磁界**が用いられるが、**単相交流**による**二相移動磁界**を用いることもある。**コンデンサモータ**（P186参照）と同じように、**コンデンサ**による**進み電流**を利用して単相交流を**二相交流**にし、二相移動磁界を作り出すことが多い。

　さまざまな構造が考えられるが、例えば図のように平面状の**鉄心**に等間隔で**スロット**（溝）を設け、3本の導線を3スロットごとに交互に逆方向から通したものを**スター結線**し、ここに三相交流を流せば三相移動磁界ができる。鉄心上にはN極とS極が3スロットごとに現れ、その位置が**電源周波数**の1周期で3スロット分移動していく。こうした構造が**固定子**として利用される。

　移動磁界の場合も、**磁界**の移動速度を**同期速度**という。同期速度は電源周波数とスロットの間隔によって決まる。

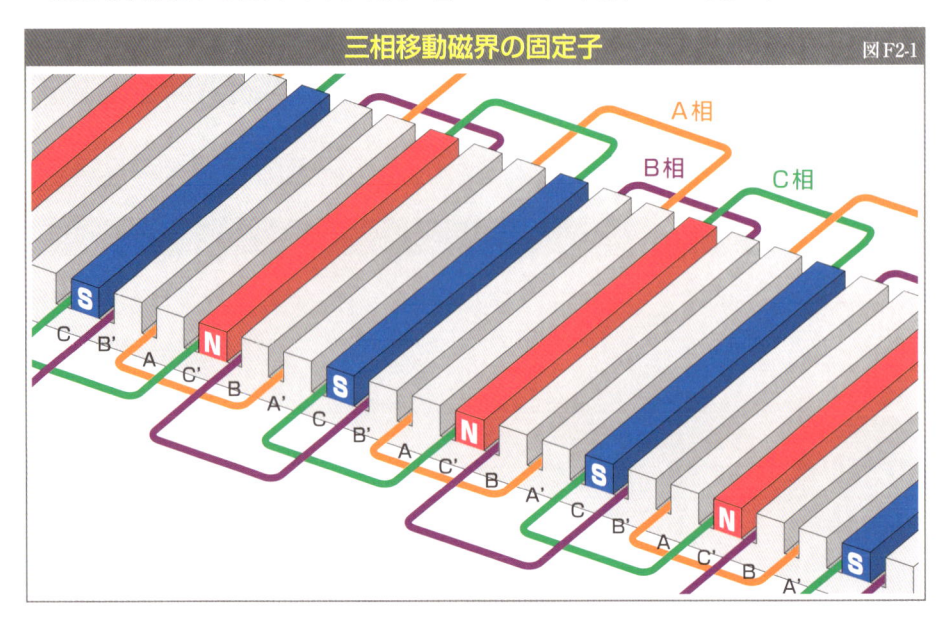

三相移動磁界の固定子　　　　　　　図F2-1

図F2-2　三相移動磁界

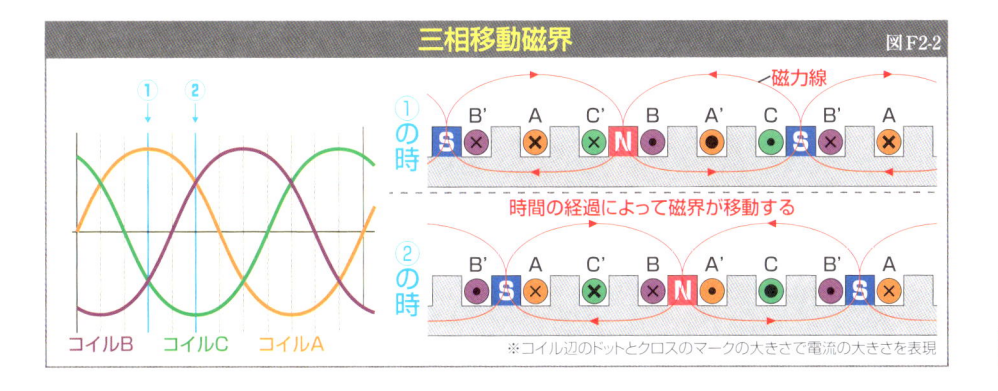

コイルB　コイルC　コイルA

①の時
②の時

時間の経過によって磁界が移動する

※コイル辺のドットとクロスのマークの大きさで電流の大きさを表現

リニア誘導モータ

　リニア誘導モータでは、アルミニウムや銅などの**非磁性体**の**導体**を**可動子**に使用する。**固定子**の**移動磁界**のうえに可動子を置くと、磁力線が可動子を横切ることで可動子に**誘導電流**が流れる。この誘導電流によって発生した**電磁力**が、可動子の**推力**になる。もちろん、可動子の速度と同期速度に差がないと、**磁束**が可動子を横切らないため、推力が発生しない。この速度差が**すべり**だ。

　こうした**誘導体**の可動子と、**鉄心**に**固定子コイル**を配した平面状の固定子で構成されるのが基本的な構造だ。固定子が可動子の片側だけにあるものを、**片側式平面形リニア誘導モータ**という。固定子を可動子の両側に配置するものは**両側式平面形リニア誘導モータ**（図は次ページF2-4）といい、片側式より推力を大きくできる。

　リニア誘導モータは、固定子と可動子との間に磁気の**吸引力**や**反発力**が働かないため、比較的単純な機構で可動子を支持することができ、コストがかからない。大きな推力を得ることができ、構造も単純であるため、重量物の長距離搬送に適している。

　固定子と可動子の関係を入れ替え、**可動子コイル**で移動磁界を発生させても、リニアモータとして成立する。この場合の固定子は単なる金属板で済むのでコストを抑えられる。この金属板を**リアクションプレート**といい、モータ全体を**リアクションプレート式リニア誘導モータ**という（図は次ページF2-5）。

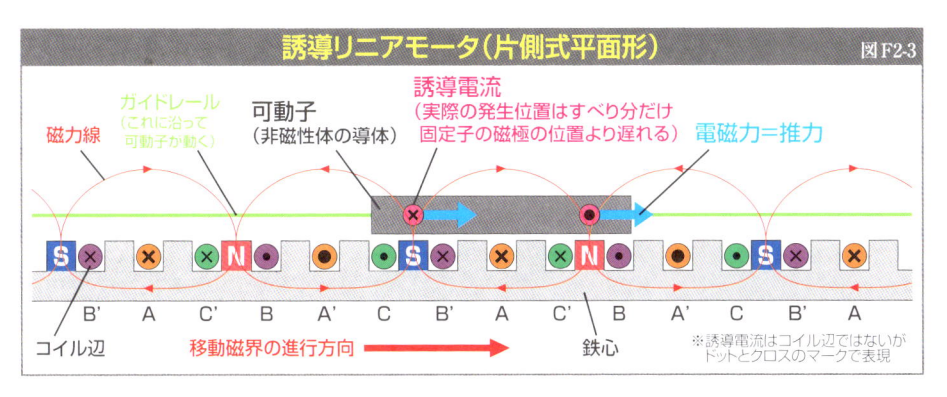

図F2-3　誘導リニアモータ（片側式平面形）

磁力線　ガイドレール（これに沿って可動子が動く）　可動子（非磁性体の導体）　誘導電流（実際の発生位置はすべり分だけ固定子の磁極の位置より遅れる）　電磁力＝推力

コイル辺　移動磁界の進行方向　鉄心
※誘導電流はコイル辺ではないがドットとクロスのマークで表現

第6部・直線運動を生み出すモータ　リニアモータ／リニア交流モータ

🔗 リアクションプレート＝reaction plate

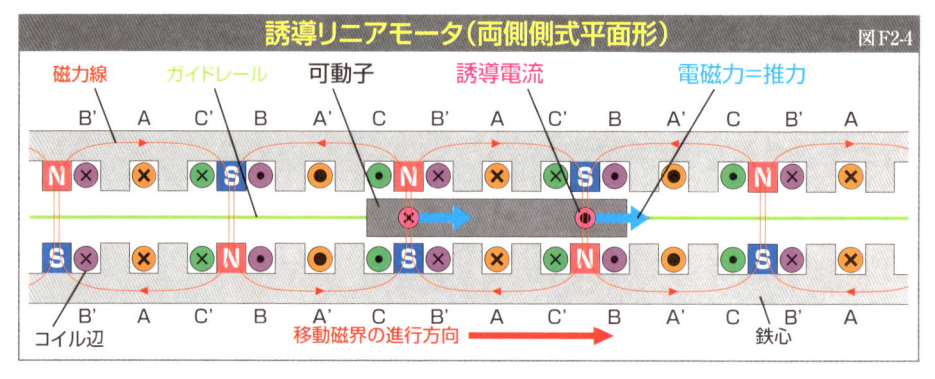

誘導リニアモータ（両側側式平面形） 図F2-4

磁力線　ガイドレール　可動子　誘導電流　電磁力＝推力

コイル辺　移動磁界の進行方向　鉄心

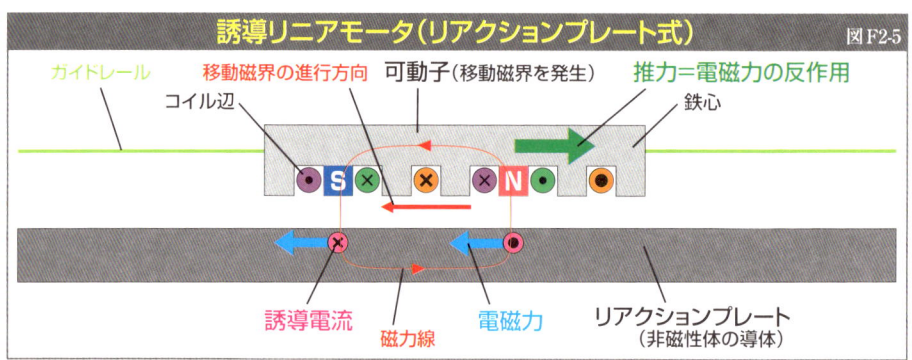

誘導リニアモータ（リアクションプレート式） 図F2-5

ガイドレール　移動磁界の進行方向　可動子（移動磁界を発生）　推力＝電磁力の反作用
コイル辺　鉄心
誘導電流　電磁力　リアクションプレート（非磁性体の導体）
磁力線

リニア電磁ポンプ

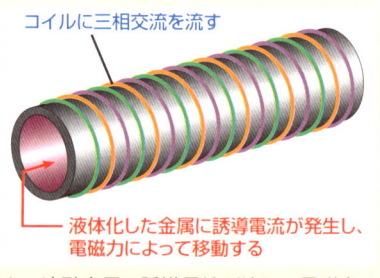

　高温の溶融金属や液体金属の流量を制御するポンプや攪拌に使われるのがリニア電磁ポンプだ。流体の金属に電流を流して直流モータと同じ原理で移動させる導電形と、金属に誘導電流を発生させて電磁力で移動させる誘導形がある。例えば、誘導形リニア電磁ポンプの場合、溶融金属を流すパイプの周囲に断熱材を介して固定子コイルを配する。このコイルに電流を流して移動磁界を作り出すと、溶融金属に誘導電流が流れ、電磁力で金属が移動する。つまり、流体の金属そのものを可動子とした円筒形リニア誘導モータといえる。

コイルに三相交流を流す
液体化した金属に誘導電流が発生し、電磁力によって移動する

■ リニア同期モータ

　移動磁界のうえに、移動磁界の**磁極**の間隔と磁極の間隔が同じ**永久磁石**を置くと、磁気の**吸引力**が**推力**となって永久磁石が移動する。これが**リニア同期モータ**の原理だ。**突極鉄心**を使えば**磁気抵抗**（**リラクタンス**）によって推力が発揮される。

　回転形の同期モータ同様に、**永久磁石形リニア同期モータ、電磁石形リニア同期モータ、リラクタンス形リニア同期モータ**などの種類があり、それぞれ**可動子**が異な

リニア振動アクチュエータ

リニア振動アクチュエータは、リニアモータの可動子を短いストロークで往復させることで振動を発生させているものといえる。リニアモータ同様にさまざまな構造のものがある。例えば、図のように2個のコイル内に可動子として鉄心を配置し、コイルにサイン波もしくは交互に極性が反転する方形波を流すと、鉄心が往復運動し、振動が発生する。

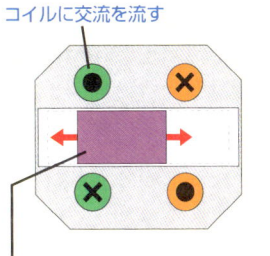

コイルに交流を流す
可動子が往復運動して振動を発生

図F2-6 永久磁石形リニア同期モータ

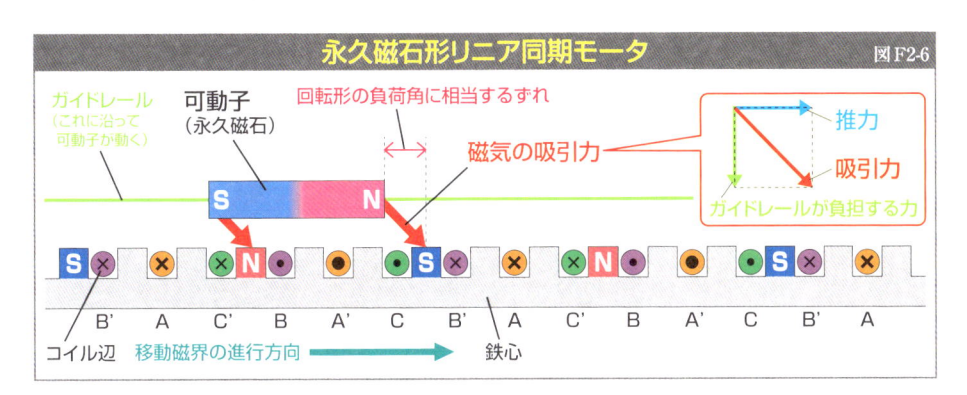

- ガイドレール（これに沿って可動子が動く）
- 可動子（永久磁石）
- 回転形の負荷角に相当するずれ
- 磁気の吸引力
- 推力／吸引力／ガイドレールが負担する力
- コイル辺／移動磁界の進行方向／鉄心

図F2-7 リラクタンス形リニア同期モータ

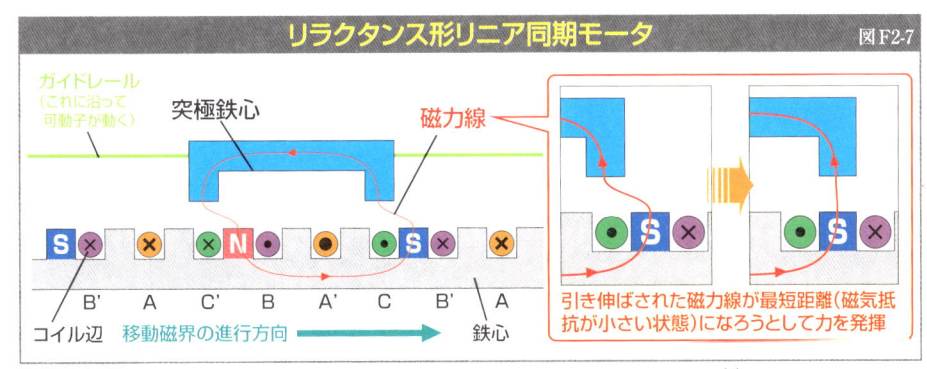

- ガイドレール（これに沿って可動子が動く）
- 突極鉄心
- 磁力線
- 引き伸ばされた磁力線が最短距離（磁気抵抗が小さい状態）になろうとして力を発揮
- コイル辺／移動磁界の進行方向／鉄心

る。**固定子**と**可動子**の関係を入れ替え、可動子の側で磁極を交互にかえることでも、リニアモータとして成立する。

可動子の移動速度は**同期速度**に等しいが、回転形の**負荷角**のように、移動磁界のN極とS極に対して、可動子のS極とN極が遅れることになる。

リニア同期モータは磁気の吸引力などで可動子が移動するが、吸引力のすべてが推力になるわけではない。例えば図（F2-6）のような場合、吸引力は斜め方向に働くため、可動子の推力となるのは吸引力の水平成分だけになる。垂直成分は可動子を下方に吸引することになる。推力を大きくするほど下方への吸引力も大きくなるため対策が必要だ。

リニア同期モータは、リニア誘導モータに比べて効率、**力率**ともに高く、大きな推力も得ることができる。高速運転にも適しているうえ、**電源電圧**と**電源周波数**の調整によって低速走行まで幅広く制御できる。

リニアモータ
リニア直流モータ

リニア直流モータは可動子の種類によってコイル可動形、電機子可動形、磁石可動形などがある。回転形の直流整流子モータまたはブラシレスモータを原形としたものだ。

電機子可動形リニア直流モータ

電機子可動形リニア直流モータは、永久磁石形直流整流子モータを直線状に展開したものだ。**ブラシ付リニア直流モータ**ともいう。例えば、図（F3-1）のような構造の**可動子**は、永久磁石形直流整流子モータの3スロットの**電機子**を直線状に展開したものだといえる。移動範囲全体に**ブラシ**を配置し、**固定子**としてN極とS極を交互に直線状に並べれば、磁気の**吸引力**と**反発力**によって可動子が移動する。**整流子**とブラシの作用によって**転流**が起こり、可動子の**磁極**が順次逆転するため、連続して移動できる。

電機子可動形リニア直流モータは、大きな**推力**を発生でき、比較的効率が高いが、磁気による吸引力と反発力が同時に電機子に作用するうえ、整流子とブラシの接触を一定に保つ必要があるため、電機子の支持機構に高い精度が求められる。また、**界磁**を行う固定子の磁極が可動範囲全体に必要で、ブラシも同じ範囲に配置する必要があるため、構造が複雑になる。

しかし、回転形のブラシレスモータと同様の発想で、機械的なスイッチである整流子とブラシを駆動回路に置き換えれば、構造を簡素化することができる。それでも可動範囲全体に永久磁石は必要になる。

電機子可動形リニア直流モータ（3スロット） 図F3-1

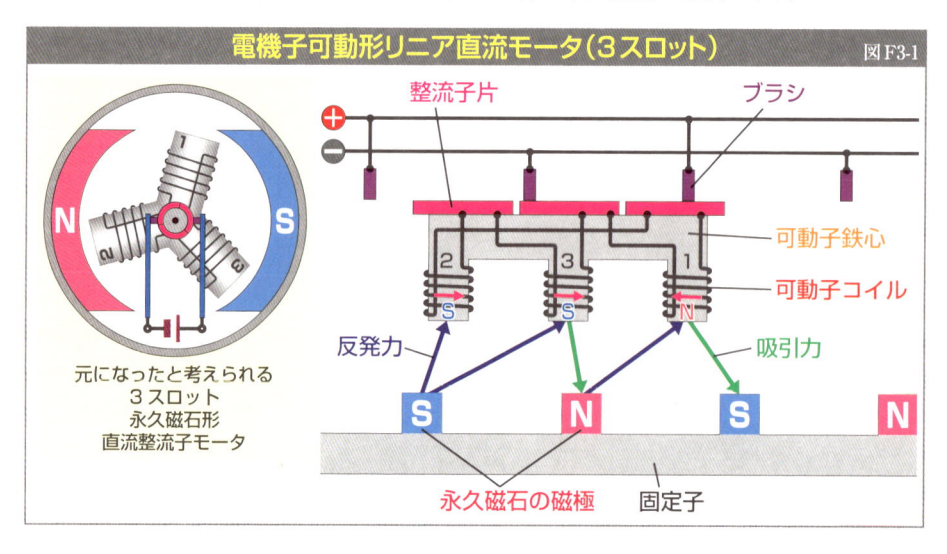

元になったと考えられる
3スロット
永久磁石形
直流整流子モータ

整流子片　ブラシ　可動子鉄心　可動子コイル　反発力　吸引力　永久磁石の磁極　固定子

磁石可動形リニア直流モータ

磁石可動形リニア直流モータはムービングマグネット形リニア直流モータともいう。回転形のブラシレスモータと同じ原理で**推力**を得ているため、**ブラシレスリニア直流モータ**（ブラシレスリニアDCモータ、ブラシレスLDM）ともいう。回転形の場合と同じように、基本的な構造はリニア同期モータと同じだといえる。交流で駆動すればリニア同期モータ、**駆動回路**からの**パルス波**で駆動すれば磁石可動形リニア直流モータだ。

磁石可動形リニア直流モータは、駆動回路からのパルスを**固定子コイル**に流し三相もしくは二相の**移動磁界**を作る**固定子**と、**永久磁石**の**可動子**で構成される。例えば、**三相移動磁界**の固定子コイルに、**スイッチング素子**6個で構成される駆動回路から電流を流し、順次2相のコイルを逆方向に励磁していくと、**磁界**が移動する。これによりリニア同期モータと同じように、永久磁石の可動子が移動する。

スイッチングによる移動磁界　　図F3-2

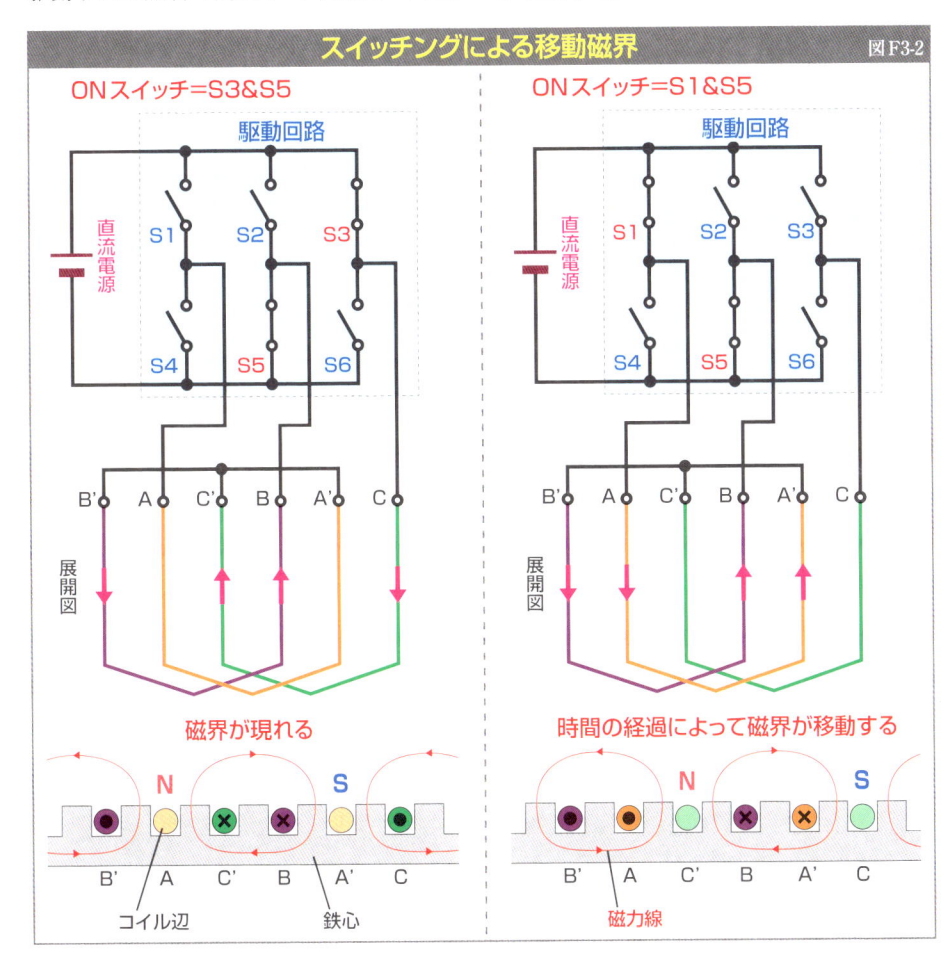

ONスイッチ=S3&S5　　　　**ONスイッチ=S1&S5**

磁界が現れる　　　　時間の経過によって磁界が移動する

⬅ ムービングマグネット=moving magnet

コイル可動形リニア直流モータ

コイル可動形リニア直流モータは**ムービングコイル形リニア直流モータ**ともいい、直流整流子モータの**電磁力**によるトルクの発生と同じ原理で**推力**を得ている。全体としての動作原理は、オーディオ用スピーカーの心臓部にある**ボイスコイル**と同じであるため、**ボイスコイルモータ**（BCM）ともいう。

1巻の**方形コイル**の直流整流子モータの場合、一方の**コイル辺**に発生する電磁力は、**界磁**の**磁束**と直角方向になるが、方形コイルに回転軸が備えられているため、コイルが回転する。もし、回転軸がなければ、界磁の磁界の範囲内ではコイルが直線的に移動することになる。実際には、もう一方のコイル辺に逆方向の電磁力が発生して反対側の電磁力を打ち消すが、界磁の磁界が弱く電磁力が小さいので、全体としては界磁の内側のコイル辺の電磁力の方向に移動する。また、コイルの移動可能な方向をガイドで規定することで、コイルの回転が防がれる。

回転形直流モータとコイル可動形リニア直流モータ　図F3-3

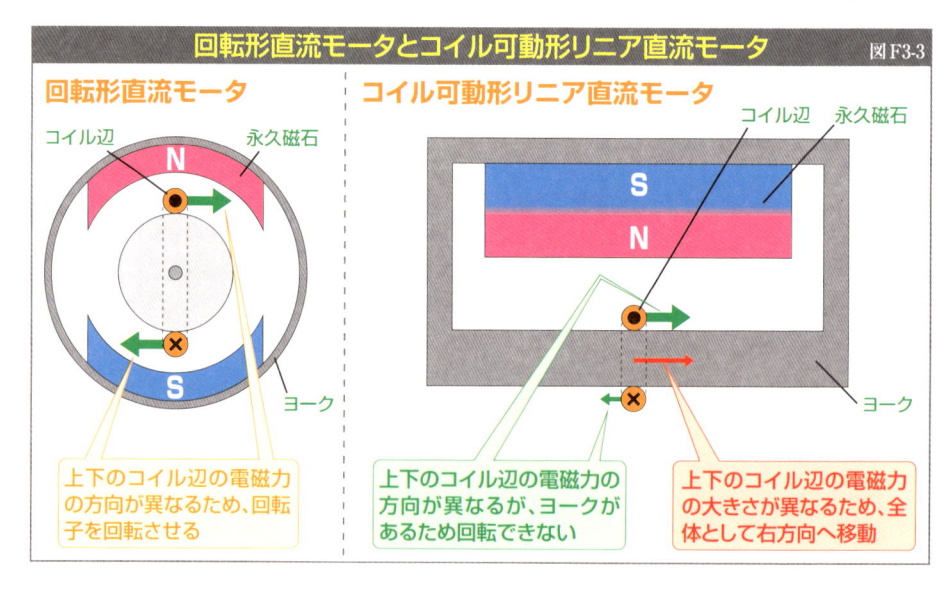

回転形直流モータ
- コイル辺
- 永久磁石
- ヨーク
- 上下のコイル辺の電磁力の方向が異なるため、回転子を回転させる

コイル可動形リニア直流モータ
- コイル辺
- 永久磁石
- ヨーク
- 上下のコイル辺の電磁力の方向が異なるが、ヨークがあるため回転できない
- 上下のコイル辺の電磁力の大きさが異なるため、全体として右方向へ移動

スピーカ

スピーカは音を電気信号に変換した交流によって振動（往復運動）を発生させ、振動板によって空気の振動（＝音）を作り出す。スピーカの構造にはさまざまなものがあるが、もっとも多用されているダイナミックスピーカの心臓部の構造は、まさしくコイル可動形リニア直流モータだ。ここで使われているコイルは、音声を発生させるコイルであるためボイスコイルという。この名称がモータにも使われている。

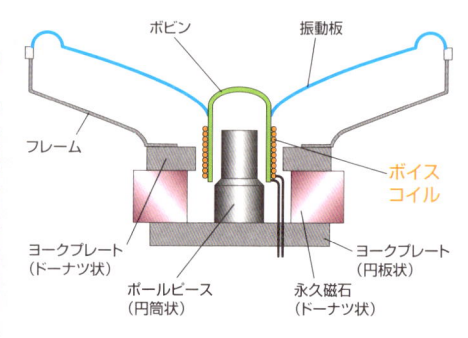

（スピーカ図ラベル：ボビン、振動板、フレーム、ボイスコイル、ヨークプレート（ドーナツ状）、ポールピース（円筒状）、永久磁石（ドーナツ状）、ヨークプレート（円板状））

ムービングコイル＝moving coil、ボイスコイル＝voice coil

図F3-4 平面形コイル可動形リニア直流モータ

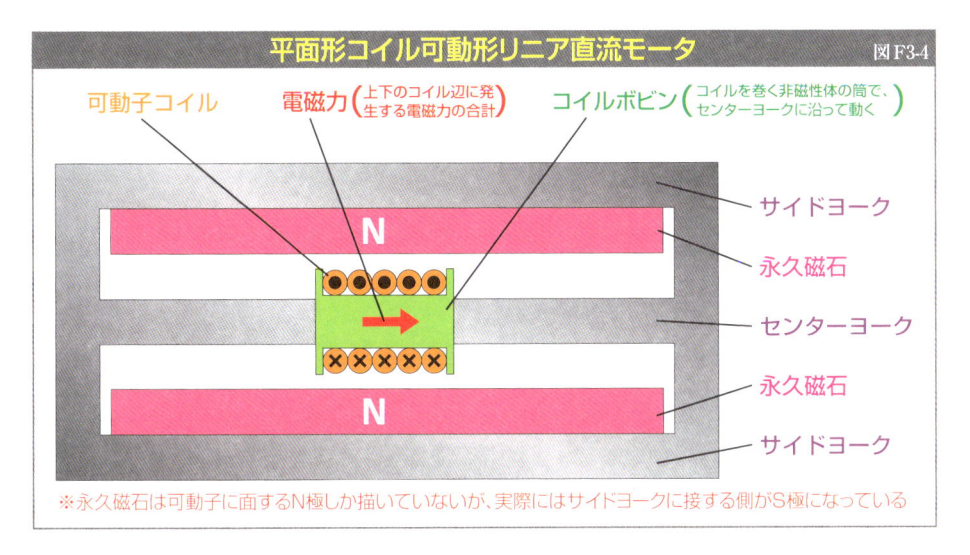

- 可動子コイル
- 電磁力（上下のコイル辺に発生する電磁力の合計）
- コイルボビン（コイルを巻く非磁性体の筒で、センターヨークに沿って動く）
- サイドヨーク
- 永久磁石
- センターヨーク
- 永久磁石
- サイドヨーク

※永久磁石は可動子に面するN極しか描いていないが、実際にはサイドヨークに接する側がS極になっている

◆平面形コイル可動形リニア直流モータ

　実際のコイル可動形直流リニアモータでは、**ヨーク**を工夫することによって、両側の**コイル辺**に同方向の**電磁力**が発生するようにしている。例えば、図（F3-4）のような断面が日の字形のヨークの場合、上下の辺を**サイドヨーク**、中央の辺を**センターヨーク**という。両サイドヨークには、センターヨークに向かい合う面がN極になるように**永久磁石**が配置され、センターヨークにコイルが配される。これにより、センターヨークの上側では磁力線が下を向き、下側では上を向くため、コイルに電流を流すと、上下のコイル辺に同じ方向の電磁力が発生する。センターヨークをガイドとして動きやすくなるように、コイルは**コイルボビン**という筒状のものに巻かれる。

　こうした構造のリニア直流モータを、**平面形コイル可動形リニア直流モータ**といい、コイルを平面上に配する構造のものもある。平面コイル形は、モータ全体の厚みを薄くすることができ、大きな推力を得やすい。

◆円筒形コイル可動形リニア直流モータ

　ヨークとコイルの双方を円筒形にした**円筒形コイル可動形リニア直流モータ**もある。図（F3-5）の例の場合、**インナーヨーク**と**アウターヨーク**によって、コイル全体の電磁力の方向を揃えている。コイル可動形は**可動子**が接触する部分が少ないものが多く、応答性が高く、高速で往復運動ができ、**位置決め**精度も高い。可動範囲が広いものは作りにくいが、小形化が可能なため、アクチュエータとして多用されている。

図F3-5 円筒形コイル可動形リニア直流モータ

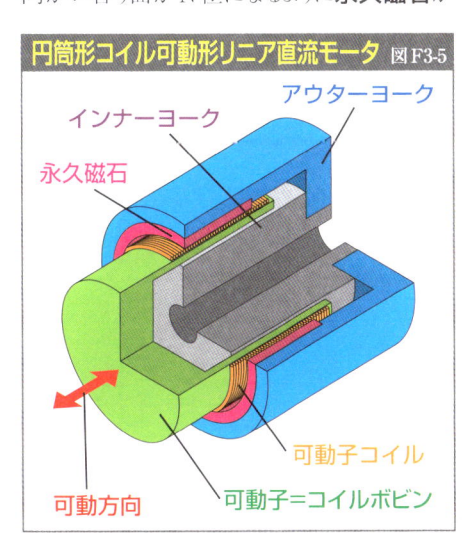

- アウターヨーク
- インナーヨーク
- 永久磁石
- 可動方向
- 可動子コイル
- 可動子＝コイルボビン

リニアモータ
リニアパルスモータ

回転形のステッピングモータから派生したリニアモータがリニアパルスモータだが、回転形以上にさまざまなバリエーションが存在する。

リニアパルスモータの種類

リニアパルスモータはステッピングモータを原形としたもので、**リニアステッピングモータ**、**リニアステップモータ**、**リニアステッパモータ**ともいう。**可動子**によって**永久磁石形リニアパルスモータ**、**可変リラクタンス形リニアパルスモータ**、**ハイブリッド形リニアパルスモータ**に分類されるが、ハイブリッド形をなくし、**永久磁石**を使うものはすべて永久磁石形に分類することもある。

リニアパルスモータは**位置決め**精度が高く、**オープンループ制御**が可能だ。永久磁石形とハイブリッド形にはディテントトルク同様の保持力があるので、通電不要で位置を保持できるため、省エネルギーが可能となる。

リニアパルスモータは**固定子**と**可動子**の関係を逆にしたり、平板状や円筒状など、組み合わせ方が多種多様にあり、さまざまな構造のものがある。もちろん、**突極**の先端に歯を刻むことで、ステップを小さくすることもでき、**励磁方法**によってステップを刻むこともできる。

永久磁石形リニアパルスモータ

永久磁石形リニアパルスモータの考え方は、リニア同期モータや磁石可動形リニア直流モータと同じだ。

さまざまな構造のものが考えられるが、例えば、多数の**突極**を設け、それぞれにスイッチング**素子**を備えた**固定子コイル**を配したものを**固定子**とし、**永久磁石**を**可動子**とすれば、もっともシンプルな構造のものになる。固定子コイルを順に励磁していけば、磁気の**吸引力**によって可動子が移動していく。

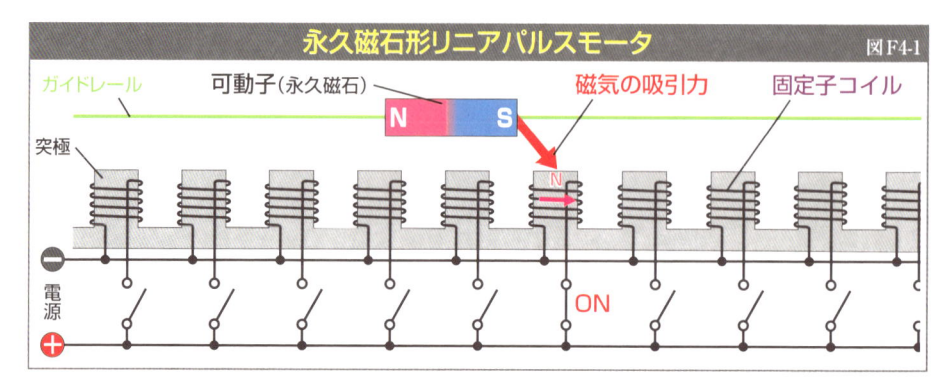

永久磁石形リニアパルスモータ 図F4-1

ガイドレール 可動子（永久磁石） 磁気の吸引力 固定子コイル
突極
電源
ON

●リニアステッピングモータ＝linear stepping motor、リニアステップモータ＝linear step motor

可変リラクタンス形リニアパルスモータ

可変リラクタンス形リニアパルスモータの考え方は、リニア同期モータと同じだ。

例えば図（F4-2）のように、多数の**突極**を設け、それぞれに**スイッチング回路**を備えた**固定子コイル**を配したものを**固定子**とし、固定子の突極1.5ピッチの2個の突極を備えた積層鉄心を**可動子**にする。この固定子コイルを①→③→②→④→③→…と励磁していけば、**磁気抵抗**がもっとも小さくなる位置に可動子が移動していく。1ステップは、固定子の突極の1/2ピッチになる。

こうした構造の場合、可動範囲全体に固定子コイルが必要で、駆動回路の**スイッチング素子**の数も多くなる。そのため可動子側をコイルにし、多数の突極を備えた**鉄心**を固定子にする構造もある。

また、回転形の歯車状鉄心形ステッピングモータと同じように、突極の先端に歯を刻むことで、**分解能**を高めることも可能だ。例えば図（F4-3）のように、固定子に一定の間隔で歯を設け、同じピッチの歯を備えた突極3本を可動子に配する。突極それぞれには**可動子コイル**を備え、歯のピッチが1/3ずつずれた間隔で配置する。この状態で可動子コイルをⅠ→Ⅱ→Ⅲ→Ⅰ…と励磁していけば、可動子が1/3ピッチずつ移動していく。

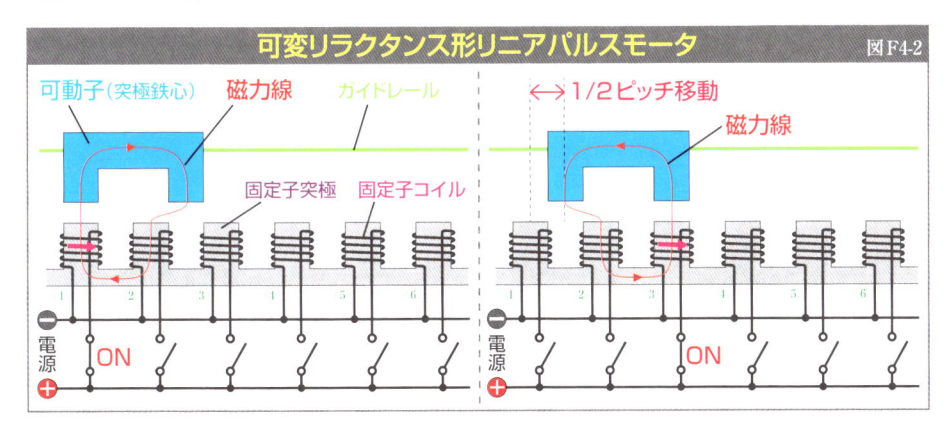

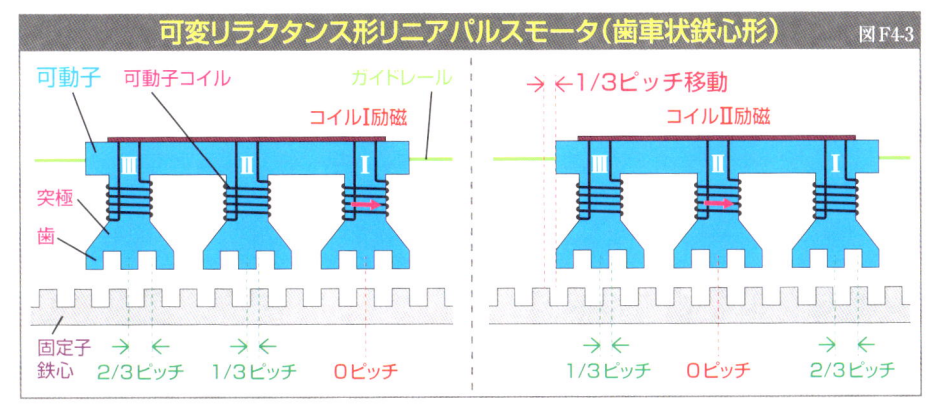

図F4-2　可変リラクタンス形リニアパルスモータ

図F4-3　可変リラクタンス形リニアパルスモータ（歯車状鉄心形）

▶ リニアステッパモータ＝linear stepper motor

ハイブリッド形リニアパルスモータ

ハイブリッド形リニアパルスモータには、さまざまな構造のものがある。図の例は、多数の**突極**を備えた**鉄心**を**固定子**とし、**永久磁石**と**突極鉄心**、**可動子コイル**を組み合わせたものを**可動子**としている。可動子の鉄心の突極は、固定子の突極の1.5ピッチにしてあり、それぞれの突極には、逆方向に電流が流れるようにしたコイルが直列に配してある。2個の鉄心は3.5ピッチだ。

突極①②のコイルに電流を流すと、突極①は永久磁石の磁界と同じ方向の磁界になり、突極②は逆方向の磁界になるため、突極①が磁気回路を構成して固定子の突極に正対する。次に突極③④のコイルを励磁すると、突極④が磁気回路を構成して固定子の突極と正対する位置に移動。続いて、突極①②のコイルを先ほどとは逆方向に励磁すると、今度は突極②が磁気回路を構成。このように可動子コイルを交互に逆方向に励磁すると、可動子は1/4ピッチずつ移動する。

図F4-4 ハイブリッド形リニアパルスモータ

- 突極①：永久磁石の磁界をコイルの磁界が**増強**
- 突極②：永久磁石の磁界をコイルの磁界が**相殺**
- 突極③：永久磁石の磁界にコイルの影響なし
- 突極④：永久磁石の磁界にコイルの影響なし

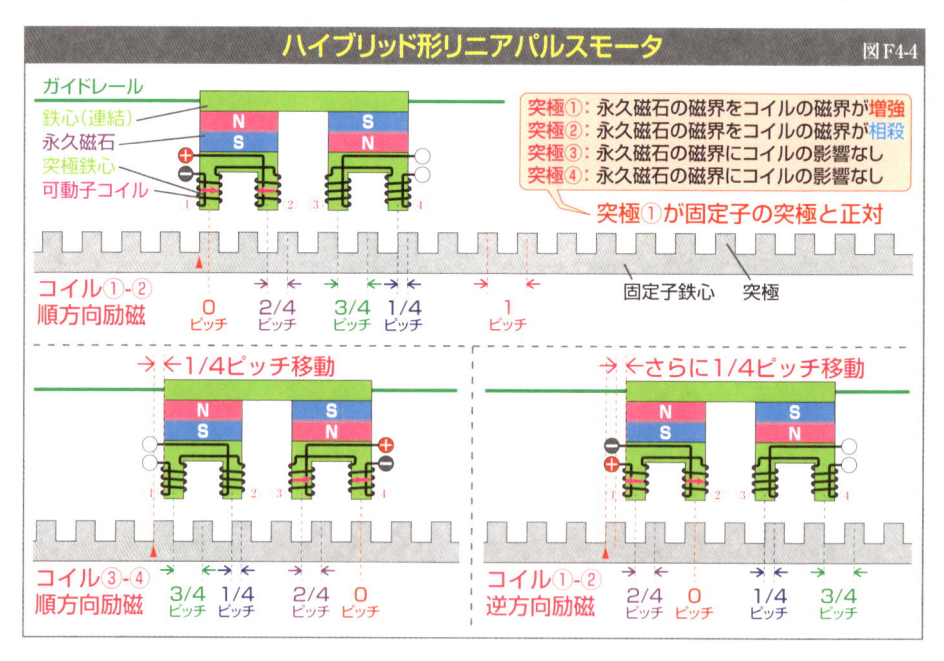

リニア電磁ソレノイド

リニア電磁ソレノイドは、直線運動を生み出すアクチュエータだ。さまざまな構造のものがあるが、もっともシンプルなものはコイルと、その内部に収められた鉄心で構成される。鉄心には出力軸が備えられ、スプリングなどでコイルと離れた位置に保持されている。コイルが励磁されると、鉄心が吸引され、出力軸が移動する。

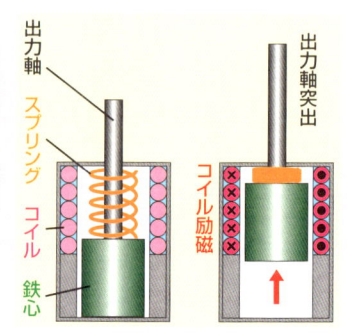

第7部

モータの身近な活用例

第1章■交通
◆電気鉄道 ・・・・・・・・・・・274
◆自動車 ・・・・・・・・・・・・278

第2章■家電製品
◆家電製品 ・・・・・・・・・・284

第1章 交通
電気鉄道

電車が身近な存在という人も多いはず。電気鉄道はモータで車両を駆動する。リニアモータカーは、その名の通りリニアモータで推進される鉄道だ。

電車と電気機関車

鉄道車両の駆動では、発車時や一定速度に向かっての加速の段階では大きな駆動力が求められる。速度が上がるにつれて求められる力は小さくなるが、高速で回転できることが求められ、電力消費が少ないのが理想となる。**直流直巻モータ**は**始動トルク**が大きく、**回転速度**が高まるにつれて**トルク**と電流が低下していくため、**電気鉄道**の駆動に適した特性を備えているといえる。そのため、直流直巻モータは長い期間にわたって**電車**や**電気機関車**のモータの主流だった。現在、新しく製造される車両では**交流誘導モータ**が採用されているが、直流直巻モータを採用した車両もまだまだ数多くが現役で使われている。**回生制動法**や**界磁**の制御のために、一部では**直流複巻モータ**や**直流分巻モータ**も使われている。

速度の制御には**抵抗制御法**、**直並列制御法**、**チョッパ制御**、**界磁制御法**などが使われている。鉄道には架線などで車両に直流を送る直流き電と交流を送る交流き電があるが、交流き電の場合は車両で整流したうえで前記の制御法が使われるほか、**タップ制御**や**サイリスタ位相角制御**も使われる。

回転速度が**電源周波数**の影響を受け、始動時のトルクを大きくすることが難しい**誘導モータ**の特性は電気鉄道には適さないが、**かご形誘導モータ**は小形軽量化が可能で、保守が簡単で故障が少ないという点で優れている。そのため**半導体制御**技術の進化とともに**かご形三相誘導モータ**が電気鉄道用モータの主流になった。制御には**周波数制御法（VVVF制御法）**が採用されている。インバータによる制御なので直流き電ではそのまま制御が行えるが、交流き電では**コンバータ**で直流に変換したうえでインバータ制御を行う。

新幹線も電車の一種だ。常に最新の鉄道技術が採用されてきた新幹線でも、誕生当初は直流直巻モータが採用されていたが、1990年代に登場した300系以降はかご形三相誘導モータを採用している。

↑鉄道用の三相誘導モータ。左は三相回転磁界を作り出す固定子、右は誘導電流によってトルクを生み出すかご形回転子。〔写真提供：東芝〕

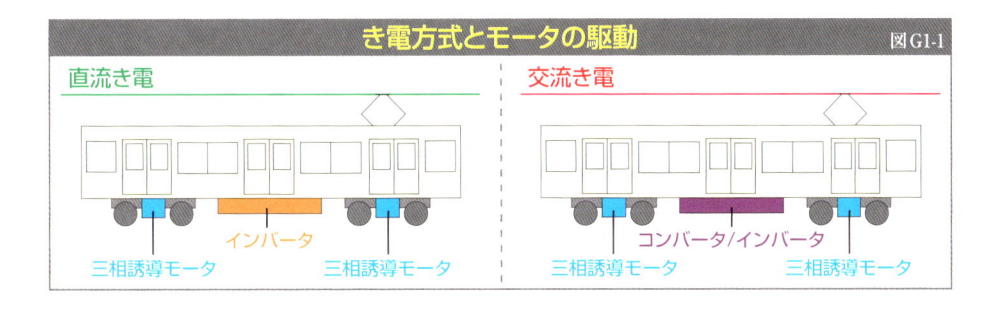

き電方式とモータの駆動　図G1-1

直流き電
- 三相誘導モータ
- インバータ
- 三相誘導モータ

交流き電
- 三相誘導モータ
- コンバータ／インバータ
- 三相誘導モータ

鉄輪式リニアモータカー

リニアモータカーというと、開発が進む次世代高速鉄道に話題が集中するため、**浮上式リニアモータカー**を思い浮かべる人が多いが、実際には車輪のある**鉄輪式リニアモータカー**もあり、実用化が進んでいる。

従来の鉄道は鉄輪（鉄製の鉄道車輪を鉄輪という）とレールの摩擦によって駆動力を得ているが、自動車のゴム製のタイヤと路面とは異なり、摩擦の限界が低い。特に急勾配では駆動力を得ることが非常に難しい。カーブの旋回半径を小さくすることも難しい。しかし、**リニアモータ**であれば摩擦に頼らずに**推力**を得ることができるため、鉄輪とレールの組み合わせより急勾配や急カーブにすることが可能だ。また、電車では床下にモータを配置するが、リニアモータは回転形モータに比べて薄くできるため、車両の全高を抑えコンパクトにすることができる。現在、都市部の地下鉄は路線の過密化により急勾配や急カーブが求められることが多いが、リニアモータカーであれば走行が可能だ。また、トンネル建設費を抑えることも可能になるため、鉄輪式は地下鉄での採用が多い。

鉄輪式リニアモータカーでは一般的に**リニア誘導モータ**が採用される。車両側に**移動磁界**を発生する**コイル**を備えることで、線路側には**リアクションプレート**を備えるだけで済むため、建設コストを抑えることが可能になる。しかし、回転形モータの**エアギャップ**が非常に小さいのに比べて、鉄輪式リニアモータカーの場合は、カーブでの車輪の左右への移動や、鉄輪とレールの磨耗、異物の飛来などがあるため、大きなエアギャップを確保しなければならない。そのため、従来の電車に比べて効率が低くなる。

なお、鉄輪ではなくゴム製車輪を採用してレールをなくすことも可能だ（この場合も一定のガイドは必要）。鉄輪式に加えてゴム製車輪も含めた場合は、浮上式に対して**接地式リニアモータカー**という。

鉄輪式リニアモータカー　図G1-2

- 鉄輪
- リアクションプレート
- 可動子コイル
- レール

第7部・モータの身近な活用例　第1章・交通／電気鉄道

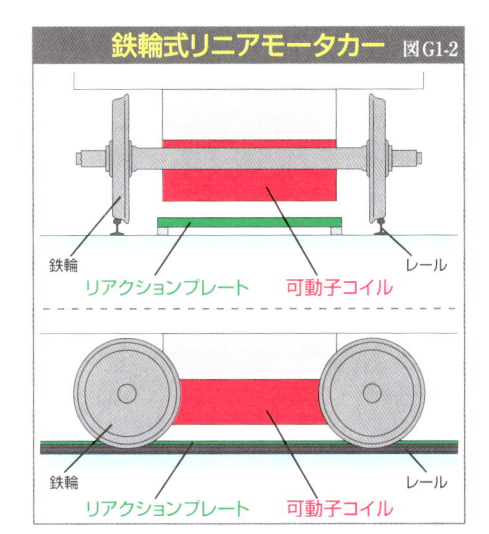

▶リニアモータカーは和製英語である

浮上式リニアモータカー

鉄輪とレールの摩擦によって駆動力を得る鉄道の速度の限界は、350～400km/hといわれている。**浮上式リニアモータカー**であれば、この限界を超えることが可能になるため、世界各国で開発が進んでいる。500km/h程度での超高速運行が目指されている。すでに営業運転している浮上式リニアモータカーもあるが、これらは超高速運行ではない。

浮上式には、**空気浮上式リニアモータカー**も考えられていたが、現在では**磁気浮上式リニアモータカー**が主流だ。磁気浮上式には、**磁気吸引浮上式リニアモータカー**と**電磁誘導浮上式リニアモータカー**がある。まだまだ発展途上の技術であるため、さまざまな方式が研究開発されているが、ここでは日本で実用化されている磁気吸引浮上式と、日本の次世代高速鉄道として開発が進む電磁誘導浮上式を取り上げる。

◆磁気吸引浮上式リニアモータカー

2005年から愛知高速交通東部丘陵線で営業運転を開始している**HSST**は磁気吸引浮上式リニアモータカーだ。**推力**はリニア誘導モータで得る。図（G1-3）のように断面形状がT字形の軌道の両側に浮上のための鉄製レール2本と推進のための**リアクションプレート**が備えられ、車両下部が抱き込んでいる。鉄製レールの下には車両側の**浮上用電磁石**があり、磁気の**吸引力**で車両を浮上させる。リアクションプレートの上には、**移動磁界**を発生する車両側の**推進用コイル**があり、推力を発生させる。

磁気吸引浮上式リニアモータカーの場合、浮上用の電磁石に電流を流しておけば、車両を常に浮上させておけるので、車輪などは不要だ。しかし、レールと電磁石の距離によって吸引力が変化し、リニアモータの推力にも影響を及ぼす。そのため、センサでレールと電磁石の距離を監視し、浮上用電磁石の電流をきめ細かく制御する必要がある。

◆電磁誘導浮上式リニアモータカー

中央リニア新幹線の実現に向けて開発が進むリニアモータカーは電磁誘導浮上式だ。推力は**リニア同期モータ**で得る。超高速走行のためには強い磁力が必要なので、**超伝導電磁石**が採用され、その磁力が浮上にも利用される。

車両の両側面には、交互にN極とS極が現れるように超伝導電磁石が配置され、**可動子磁石**として機能する。車両の通路であるガイドウェイの両側の側壁には、リニア誘導モータの固定子となる**推進用コイル**が備えられている。このコイルに交流を流して移動

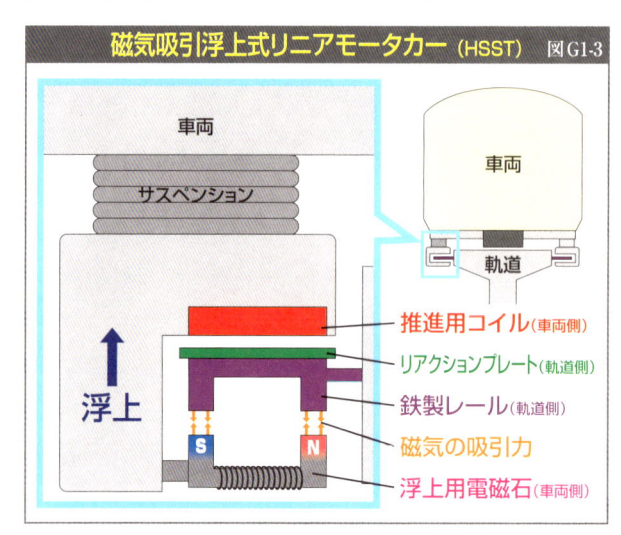

図G1-3 磁気吸引浮上式リニアモータカー（HSST）

（車両、サスペンション、軌道、推進用コイル（車両側）、リアクションプレート（軌道側）、鉄製レール（軌道側）、磁気の吸引力、浮上用電磁石（車両側）、浮上、S、N）

超伝導電磁石

超伝導とは、ある種の物質を超低温にすると電気抵抗が0になる現象のことだ。こうした現象が起こる物質を超伝導物質という。超伝導物質で作ったコイルなら、いったん電源につないで電流を流したら、電源を外しても電流が流れ続けるため、強力な磁界を作ることができる。これを超伝導電磁石という。実際に利用する際には、コイルが温まらないように冷やし続ける必要がある。発見された当初の超伝導物質は低温超伝導物質といい、超伝導状態にするには高価な液体ヘリウム(沸点−272℃)が必要だったが、現在使用されている高温超伝導物質は、液体窒素(沸点−196℃)で超伝導状態にできる。液体窒素は比較的低コストで工業用にも大量に利用されているため、超伝導の活用の場が広がった。医療用MRIは超伝導電磁石を活用したものだ。

磁界を発生させることで、リニア同期モータとして車両に推力を発生させる。

ガイドウェイの側壁には上下2段の**浮上案内用コイル**も備えられるが、このコイルには電力が供給されない。上下のコイルは巻く方向が逆にされている。車両側の超伝導電磁石が高速で移動すると、**電磁誘導作用**によってコイルに電流が流れて**磁化**される。この時、下段のコイルは車両側と**磁極**が同極になるため**反発力**が発生、上段のコイルは車両側と異極になるため**吸引力**が発生する。この反発力と吸引力によって車両が浮上する。

ただし、浮上案内用コイルの誘導電流を大きくして磁力を高め、車両を浮上させるためには、超伝導電磁石が高速でコイルを横切る必要がある。そのため、電磁誘導浮上式の場合、停車時や低速時には車両を浮上させられないので、車輪で車両を支える。

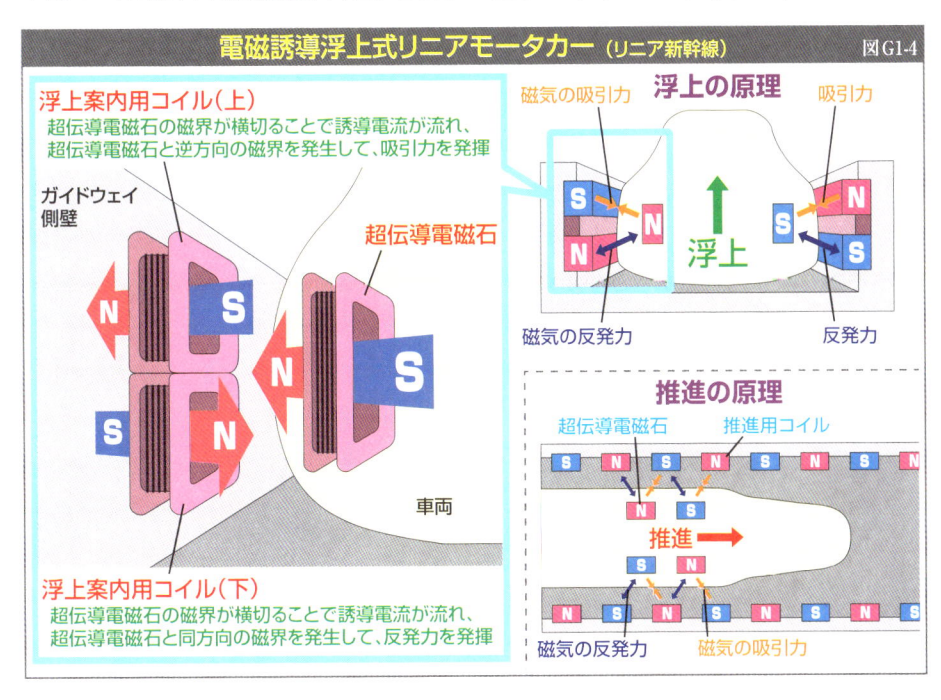

図G1-4 電磁誘導浮上式リニアモータカー(リニア新幹線)

浮上案内用コイル(上)
超伝導電磁石の磁界が横切ることで誘導電流が流れ、超伝導電磁石と逆方向の磁界を発生して、吸引力を発揮

超伝導電磁石

浮上案内用コイル(下)
超伝導電磁石の磁界が横切ることで誘導電流が流れ、超伝導電磁石と同方向の磁界を発生して、反発力を発揮

浮上の原理
磁気の吸引力／吸引力／磁気の反発力／反発力／浮上

推進の原理
超伝導電磁石／推進用コイル／推進／磁気の反発力／磁気の吸引力

▶ 超伝導は超電導と表記されることもある

第1章 交通
自動車

ハイブリッドカーや電気自動車の登場によって、自動車の駆動にモータが用いられるようになってきたが、従来からの自動車でもモータは多用されている。

自動車用モータ

ガソリンエンジンなどの**内燃機関**（燃料を装置内で燃焼させて動力を得る装置）で駆動を行う従来からの自動車でも、モータは多用されている。小形の乗用車でも30個程度、高級車では100個を超えるモータが使われていることもある。リニア電磁ソレノイドのようなアクチュエータもモータの一種として捉えると、自動車でのモータの採用数はさらに増える。

◆走行に不可欠な装置での使用

そもそも現在の自動車は、モータがなければ走り始めることができない。エンジンは外部から力を与えないと始動できないため、**スタータモータ**という始動用のモータが搭載されている。始動には大きな**トルク**が必要になるため、**直流直巻モータ**が採用されている。始動時にスタータモータを回すためには、電力

が必要になるので自動車にはバッテリと呼ばれる**蓄電池**（充電式の電池）が備えられる。

ガソリンエンジンは、燃料を燃焼させる際に点火が必要だ。点火は**相互誘導作用**で作り出した高電圧でスパークプラグに火花放電を起こすことで行う。この電力のために、エンジンの力で回転させる**発電機**が自動車には搭載されている。その発電電力の余剰分が始動用電力としてバッテリに蓄えられる。この電力をさまざまな装置も利用する。

乗用車の場合、バッテリーの電圧は12Vで、ほとんどの装置がこの電圧で稼働する。使用されるモータはほとんどが、**永久磁石形直流整流子モータ**で、一部で**ブラシレスモータ**が採用されている。なお、発電機は交流の**同期発電機**なので、整流したうえで各種装置で利用されたり**充電**されたりする。

エンジン関連では、燃料タンクからエンジンまで燃料を送る燃料ポンプも、エンジンを冷却するファンもモータで駆動されている。また、従来はアクセルペダルの操作をワイヤーでスロットルバルブに伝えることでエンジンを制御していたが、制御を高度化するために、**電子制御スロットルバルブ**の採用が始まっている。アクセルペダルの操作は**回転角度センサ**で検出されエンジン制御コンピュータに伝えられる。この情報をもとに、コンピュータ

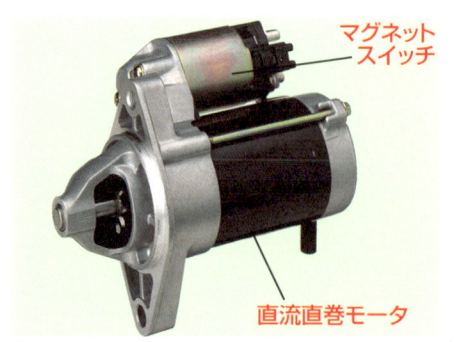

↑スターターモータ。下の円筒部分がモータ本体で、上の円筒部分はマグネットスイッチというリニア電磁ソレノイド。モータとエンジンの断続を行う。〔写真提供：デンソー〕

マグネットスイッチ

直流直巻モータ

図G2-1 パワーシート

調整箇所ごとにモータが搭載されている

- ヘッドレスト前後調整
- ヘッドレスト上下調整
- サイドサポート調整
- リクライニング調整
- ランバーサポート調整
- シート高さ調整
- シートスライド調整

図G2-2 電動格納式ドアミラー

- 鏡面角度調整用モータ(左右用)
- 鏡面角度調整用モータ(上下用)
- 格納用モータ

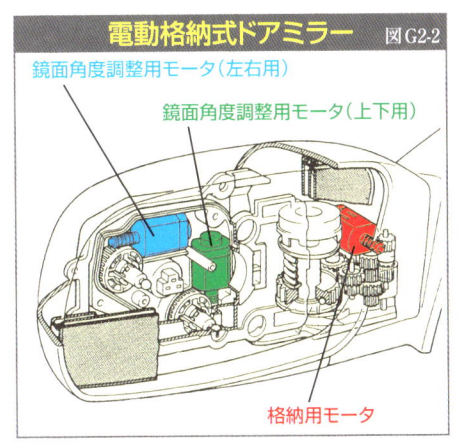

が最適なスロットルバルブの開き具合を判断し、モータでスロットルバルブの開閉を行う。

同じように最近増えてきたモータ搭載の装置には**電動パワーステアリング**がある。従来のパワーステアリングはエンジンの回転で油圧を作り出し、ハンドル操作のアシスト力としていたが、きめ細かい制御が可能なため、モータでアシスト力を発揮させる電動パワーステアリングが主流になりつつある。ブレーキの安全装置である**ABS**にも、油圧を作り出すためにモータ駆動のポンプが備えられている。

◆**快適性や利便性を高めるボディ装置**

走行に直接関連しない自動車の装置で最初にモータが採用されたのは**ワイパ**だ。モータの回転をリンク機構などで変換することで、ウインドウを拭き取るブレード部分の首振り運動を作り出している。同時に使われることが多い**ウォッシャ**もモータ駆動のポンプで洗浄液を噴射させている。

ワイパやウォッシャは走行に欠かせない装置ともいえるが、ドライバの快適性や利便性を高めるボディ装置では、エアコンのファンを駆動するモータやパワーウインドウを駆動するモータは、もはや標準装備といえるものだ。ほかにも、電動ドアミラー、電動格納式ドアミラー、パワーシート、電動スライドドアなど、モータを搭載した装置を数え上げればきりがない。例えばドアミラーにはミラーの上下方向調整用、左右方向調整用、折りたたみ格納用の3個のモータが片側だけでも搭載されている。高級車のパワーシートだと、さまざまな部分の調整をすべて電動で行える。こんなシートの場合、10個近いモータが搭載されている。

これら、ボディ装置に使われるモータもほとんどが永久磁石形直流整流子モータで、制御性や静音性を重視する部分でブラシレスモータが採用される。例えば、エアコンの送風用ファンにブラシレスモータを採用することで、低騒音を実現している高級車もある。

永久磁石形直流整流子モータ

↑パワーウインドウモータ。右下の円形部分でワイヤーを動かしてウインドウの開閉を行う。〔写真提供:デンソー〕

第7部・モータの身近な活用例　第1章・交通／自動車

電気自動車

電気鉄道で説明したように、直流直巻モータは乗り物の駆動に適した特性を備えている。そのため、19世紀にはすでに**電気自動車**が実用化されているが、電源になる充電式の電池の重量や大きさが改善されなかったため、自動車の動力源は**内燃機関**が主流になっていった。

しかし、二酸化炭素による地球温暖化、化石燃料への過度の依存などの問題によって、21世紀初頭から電気自動車に再び注目が集まってきた。**インバータ制御**によって**交流モータ**が採用できるようになったことや、電池の技術進歩が大きな影響を与えている。

電気自動車には、太陽電池を利用するものなどもあるが、実用可能とされるのは**二次電池式電気自動車**と**燃料電池自動車**だ。また、**ハイブリッド自動車**も電気自動車の一種と考えることができる。

電気自動車の駆動用モータには、**誘導モータ**の採用も検討されているが、現状では**永久磁石形同期モータ(ブラシレスACモータ)** が主流だ。インナーロータ形で**リラクタンストルク**も利用できる**埋込磁石形回転子**が採用されることが多い。インバータ制御が行われるが、電源に電池が使われるため、**コンバータ**も搭載される。電気自動車独自の駆動方式の開発も進んでいるが、現状では従来の自動車のエンジンと変速機をモータに置き換えた構造のものが主流だ。

電気自動車の大きなメリットの1つには**回生制動法**がある。従来の自動車は制動時に運動エネルギーを熱エネルギーとして放出していたが、電気自動車では回生制動によって電気エネルギーとして回収できるため、エネルギーの無駄が少なくなる。

◆二次電池式電気自動車

二次電池とは**充電**によって繰り返し利用が可能な電池のことで、**蓄電池**ともいい、一般には**充電池**という。この電池の電力でモータを回して走行するのが二次電池式電気自動

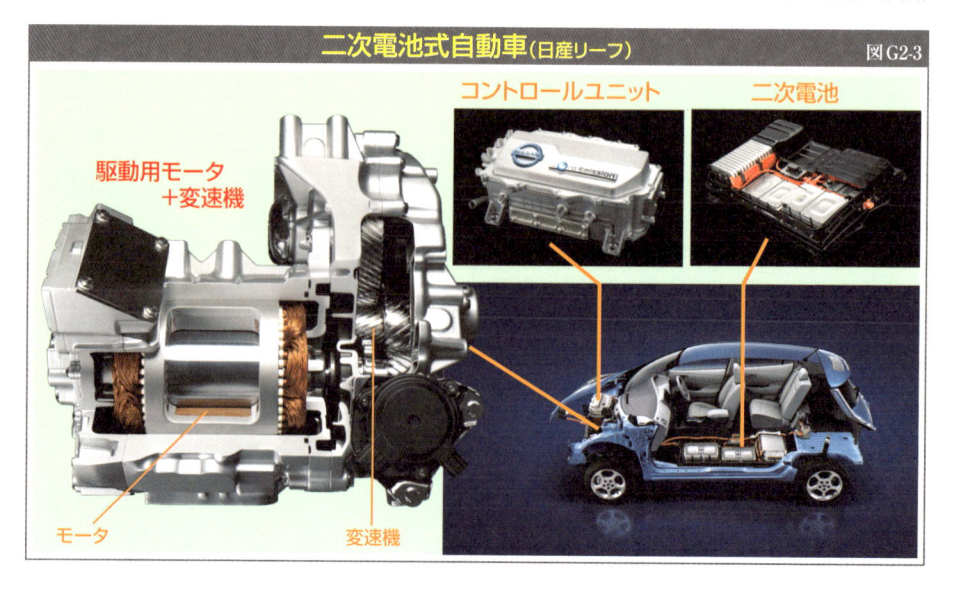

図G2-3 二次電池式自動車(日産リーフ)

駆動用モータ＋変速機 / モータ / 変速機 / コントロールユニット / 二次電池

EV＝electric vehicle、燃料電池＝fuel cell、ハイブリッド＝hybrid

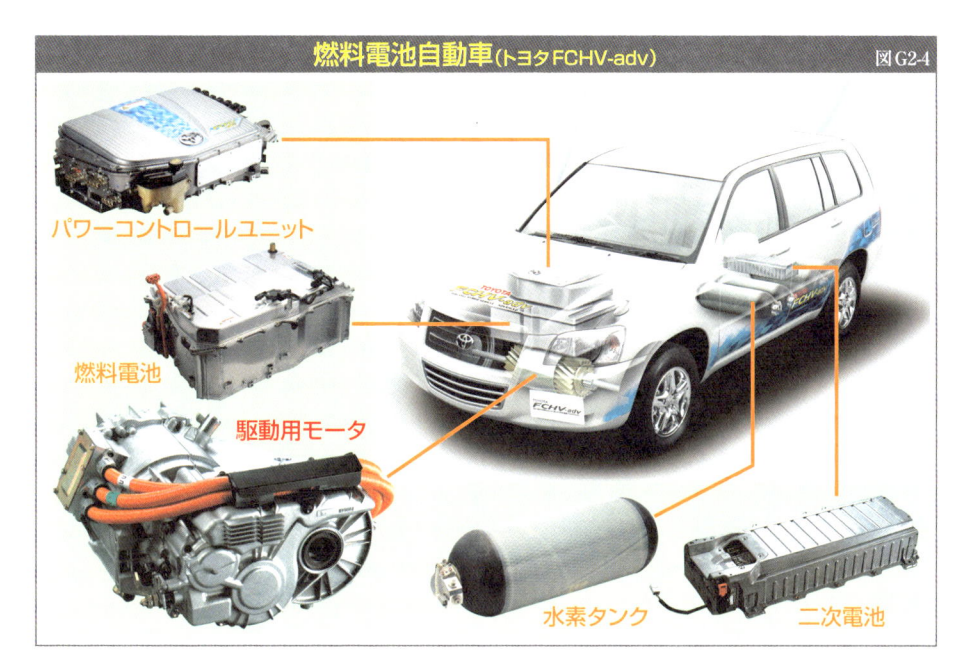

燃料電池自動車(トヨタFCHV-adv)　　　図G2-4

- パワーコントロールユニット
- 燃料電池
- 駆動用モータ
- 水素タンク
- 二次電池

車で、**EV**と略される。EVは電気自動車の総称として使われることもあるため、二次電池式を限定する場合は**ピュアEV**という。

リチウムイオン電池などの誕生によって二次電池の小形軽量化が進んだことで実用化が開始されたが、航続距離の面では従来の自動車にまだ劣っている。急速充電も可能だが、家庭での充電には非常に時間がかかる。急速充電にしても80％充電に20〜30分かかる。電池に高価な**希少金属（レアメタル）**を使用するため、車両のコストも高い。二次電池のさらなる小形軽量化や充電の高速化、コスト低減が望まれる。また、従来のガソリンスタンドに相当する急速充電施設が増えてきてはいるが、さらなる充実が必要だ。

◆燃料電池自動車

燃料電池とは、燃料となる水素と空気中の酸素を化学反応させて電気を発生させる電池だ。この電池を電源とする電気自動車が燃料電池自動車だ。燃料電池の英語の頭文字から**FCEV**と略される。水の電気分解とは逆の反応を利用するため、排出物の大半は水になるので、環境に優しい。燃料には、水素を直接燃料にする方法と、エタノールなど水素を含む燃料から改質器で水素を取り出す方法などさまざまな方式があるが、日本では水素を燃料にする方式が主流になっている。なお、FCEVであっても回生制動を利用するために、ある程度の容量の二次電池を搭載する。

ピュアEVの場合、時間はかかるが家庭でも充電できる。しかし、FCEVの場合、燃料供給施設の充実が欠かせない。日本では2015年までに大都市周辺で水素供給施設の整備を図る予定になっている。現状の技術でも、航続距離を従来の自動車と同程度にできる可能性が高いが、水素供給施設の整備のタイミングに合わせて、さらなるコスト低減や燃料電池の小形軽量化などが進められている。

ハイブリッド自動車

　ハイブリッド自動車は、英語の頭文字からHEVと略される。外部から電気エネルギーが供給されるわけではなく、ガソリンなどの燃料のエネルギーだけを使用しているのに、従来の自動車より燃費がよくなる。その理由は、**回生制動法**に加えてエンジンを効率よく使用する点にある。ガソリンエンジンのような**内燃機関**は、回転速度や負荷によって効率が大きく変化するが、モータを併用することで、エンジンの効率の低下を防ぐことができる。

　ハイブリッド自動車は**シリーズ式ハイブリッド**と**パラレル式ハイブリッド**に大別される。シリーズ式はエンジンを駆動には使用せず、発電にのみ使用し、その電力でモータを運転する。ある程度の容量の**二次電池**を搭載し、発電電力の一部を**充電**しておけば、エンジンを常に効率のよい状態で使用できる。充電量が十分にあれば、エンジンを停止することも可能だ。パラレル式はエンジンとモータの双方を駆動に使用する方式で、発進時や加速時などエンジンの効率が低下する時にはモータでも駆動を行う。モータが使用する電力は回生制動によって得る。

　販売台数の点でハイブリッド自動車の主流といえるプリウスは、シリーズ式とパラレル式を組み合わせたもので、**スプリット式ハイブリッド**ということもある。エンジンの動力は分配機構を介して駆動輪にも**発電機**にも伝えられていて、駆動輪にはモータからも回転を伝えることができる。発電機の発電電力はモータへも二次電池にも送ることができる。

　発進時や低速走行時には、二次電池に蓄えられた電力を使用してモータのみで駆動する。通常走行ではエンジンの回転が駆動輪と発電機に伝えられ、その発電電力でモータ駆動を行い、エンジン駆動に併用される。加速や高速走行時には、二次電池に蓄えられた電力も使用することでモータ駆動の比率を高め、エンジンの効率が低下することを防ぐ。減速時には、モータで回生制動を行い、その電力が二次電池に蓄えられる。通常、停車時にはエンジンを停止するが、二次電池の充電量が不足している場合には、エンジンを稼動させて充電を行う。通常走行時でも充電量が不足していれば、エンジンの効率が低下しない範囲で能力を高め、発電と

ハイブリッド自動車の分類　図G2-5

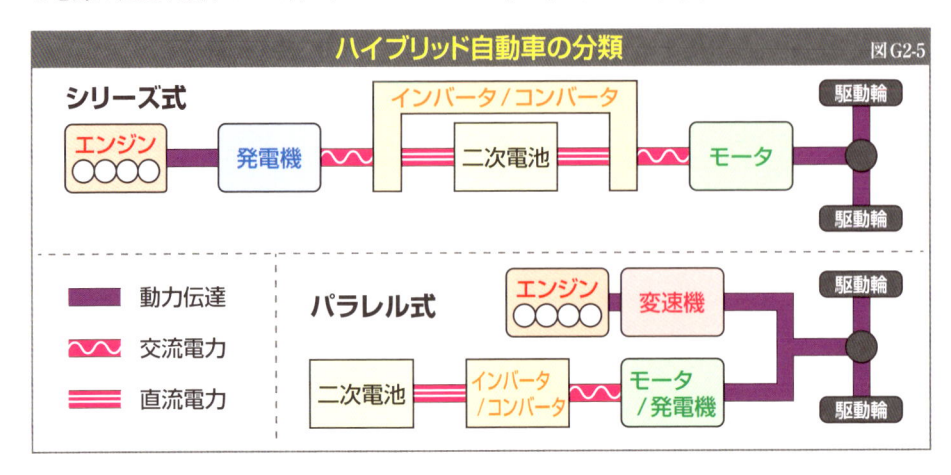

シリーズ式 / エンジン → 発電機 → インバータ/コンバータ → 二次電池 → モータ → 駆動輪

パラレル式 / エンジン → 変速機 → 駆動輪 ; 二次電池 → インバータ/コンバータ → モータ/発電機

凡例：動力伝達、交流電力、直流電力

シリーズ＝series、パラレル＝parallel

図G2-6 スプリット式ハイブリッド自動車（トヨタ・プリウス）

エンジン／ハイブリッドシステム／コントロールユニット／二次電池／発電機／モータ／分配機構

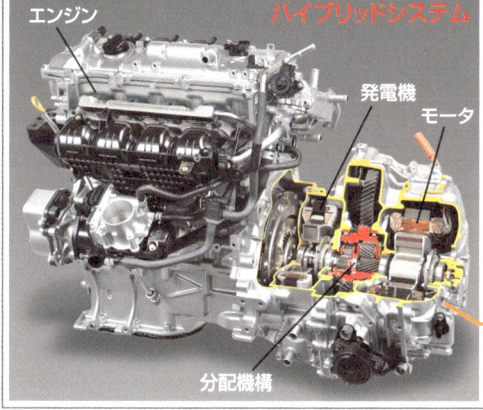

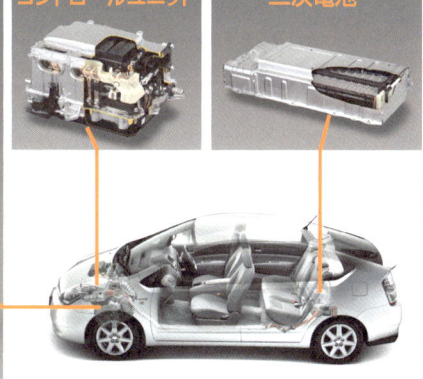

充電を行う。

プラグインハイブリッド自動車は、ハイブリッド自動車に**二次電池式電気自動車**の要素を加えたものだ。プラグをコンセントにさして充電できるため、プラグインという。二次電池の容量はハイブリッド自動車より大きく、二次電池式電気自動車より小さい。外部から電気エネルギーを得られるため、モータによる駆動の比率を高めることができる。また、ガソリンより電気のほうがエネルギーのコストが安いため、ハイブリッド自動車より走行コストを抑えることが可能だ。

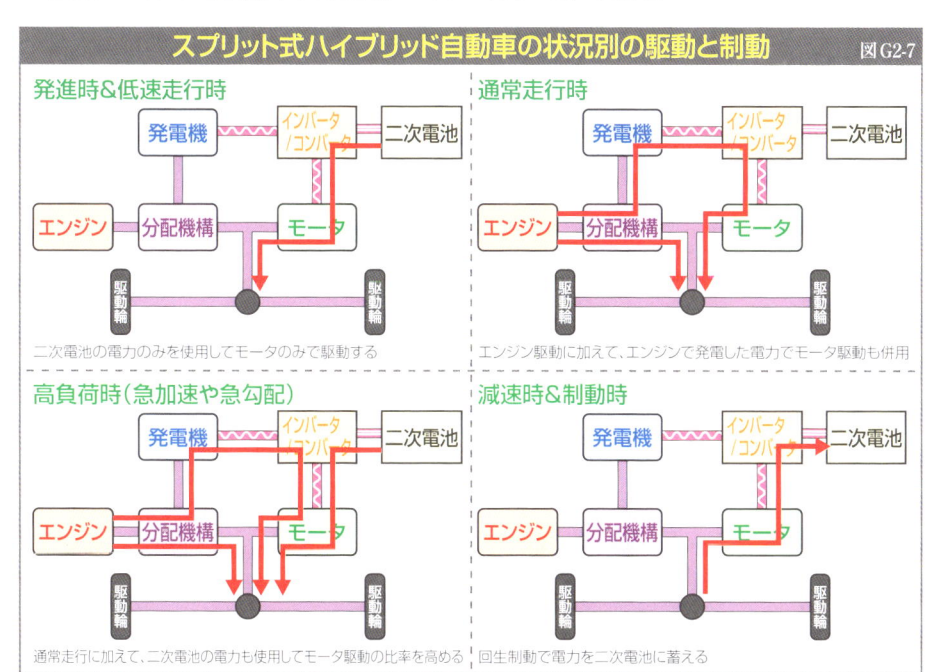

図G2-7 スプリット式ハイブリッド自動車の状況別の駆動と制動

発進時&低速走行時：二次電池の電力のみを使用してモータのみで駆動する

通常走行時：エンジン駆動に加えて、エンジンで発電した電力でモータ駆動も併用

高負荷時（急加速や急勾配）：通常走行に加えて、二次電池の電力も使用してモータ駆動の比率を高める

減速時&制動時：回生制動で電力を二次電池に蓄える

第7部・モータの身近な活用例　第1章・交通／自動車

第2章 家電製品

家電製品

家庭のなかにもモータはあふれている。モータが使われていることが容易に想像できる機器はもちろん、隠れた部分で活躍しているモータも数多い。

■家庭生活を支えているモータ

　洗濯機や扇風機のように、回転する運動が伴う機器にモータが使用されているのは当然だが、**冷蔵庫**のように隠れた部分で活躍しているモータも数多い。また、現在では電子制御された家電製品が多いが、制御用電子機器は熱に弱いため、モータ駆動の**冷却ファン**で過熱を防いでいることが多い。例えば、**IHクッキングヒータ**はモータとは縁がなさそうだが、モータ駆動の冷却ファンが採用されている。もはやモータの恩恵を受けずに生活することは不可能といえるほどだ。

●洗濯機

　洗濯機は、洗濯槽の底にあるパルセータという羽根車を回転させたり逆転させたりすることで、激しい水流を発生させて汚れを落とす。昔はパルセータの駆動に双方向駆動が得意なリバーシブルモータ（コンデンサモータ）が使われていた。しかし、激しい水流を発生させるには、**誘導モータ**が不得意とする低速で大トルクの回転が必要なため、ベルトとプーリーでパルセータの下に備えられた歯車による**減速機構**に回転を伝えていたが、この部分が運転時に大きな騒音を発生した。そのため、現在では**ブラシレスモータ**による**ダイレクトドライブ**が採用されている。これにより、騒音が低下し、さらに正逆回転や強弱など回転のきめ細かい制御が可能になり、洗濯能力が向上されている。

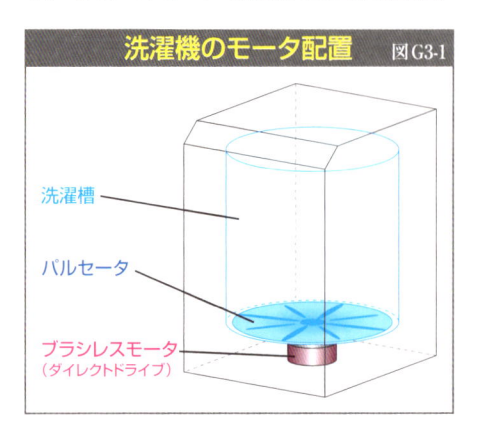

●扇風機と換気扇

　扇風機も**換気扇**もファンを回転させて空気の流れを作り出すものだ。厳密な回転速度の制御は求められないため、**コンデンサモータ**が使われることが多く、小形機では**くま取りコイル形単相誘導モータ**も使われる。これらの機器では、強弱や強中弱といった風量切り替えが可能なものが多い。こうした**回転速度制御**は、補助コイルのタップか、補助コイルに直列に配した速度調整用コイルのタップを切り替えることで行う。タップの切り替えでトルクが変化し、回転速度がかわる。

●冷蔵庫とエアコン

　冷蔵庫も**エアコン**も、冷媒という物質をコンプレッサという機械で圧縮して液化し、そ

図G3-1 洗濯機のモータ配置

- 洗濯槽
- パルセータ
- ブラシレスモータ（ダイレクトドライブ）

▼ パルセータ＝pulsator、コンプレッサ＝compressor

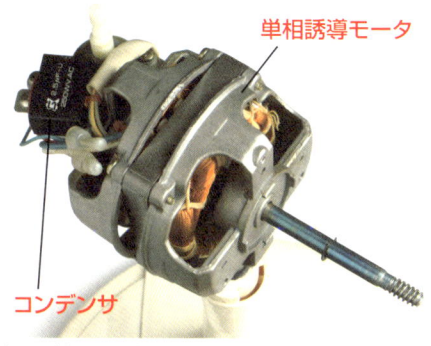

↑扇風機のコンデンサモータ。モータ背面の黒い箱状の部分が二相回転磁界を作り出すコンデンサ。

の液体を広い空間に導いて圧力を下げて気化させている。その際に周囲から**気化熱**を奪うことで冷却が行われる。エアコンの暖房の際には室外の熱を奪い、その熱を室内に放出する。これらの動作で重要な役割を果たすコンプレッサはモータで駆動されている。

以前はコンプレッサに**誘導モータ**が使用され、設定温度を外れるとモータを始動し、設定温度になると停止することを繰り返していた。この方法では、始動のたびに大電流が流れるうえ、温度も安定しなかった。そのため現在では**インバータエアコン**や**インバータ冷蔵庫**が一般的だ。**インバータ**であれば、冷却能力がさほど必要ない時は低出力運転を続け、冷房能力を高めたい時にだけ出力を高めればいい。これにより、設定温度を安定させることが可能になり、省エネルギーも実現される。ただ、コマーシャルなどではインバータが強調されているため、誘導モータのインバータ駆動のようだが、実際には**ブラシレスモータ**の**センサレス駆動**が多い。

なお、エアコンの室外機の冷却ファンや、室内機の送風ファンは**単相誘導モータ**が主流だったが、ブラシレスモータの採用も始まっている。風向きを制御するルーバには**ステッピングモータ**が使われることが多い。

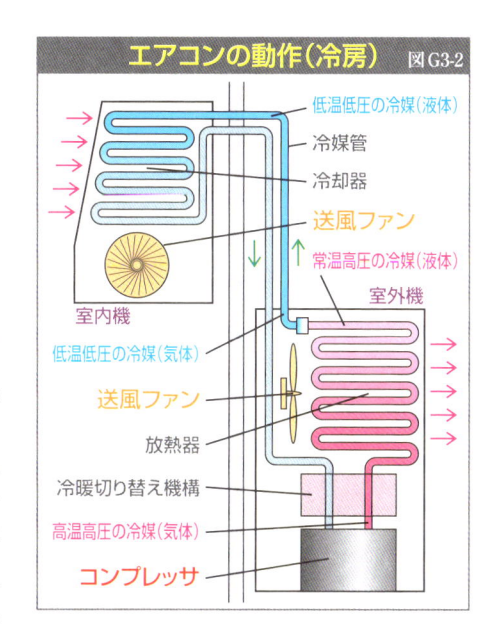

●掃除機とジューサー、ミキサー

掃除機やジューサー、ミキサー、コーヒーミルの共通点は大きな騒音だ。この騒音は、**単相直巻整流子モータ**の特徴といえる。これらの機器は、連続使用時間は短いが、始動時に大きなトルクが必要で、高速回転が求められるため、このモータが採用されている。ただし、最近では家電も静音性が求められるため、掃除機では**ブラシレスモータ**や**スイッチトリラクタンスモータ**の採用が始まっている。

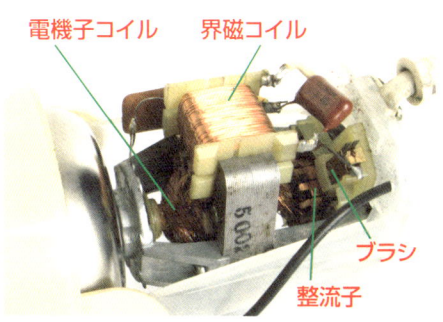

↑コーヒーミルに使われている2極12スロットの単相直巻整流子モータ。1個の界磁コイルで2極を構成している。

●パソコンと周辺機器

パソコンでは電子機器を保護するための**冷却ファン**が欠かせない。電子機器が使っている低電圧の直流で駆動できるモータが望ましいが、**直流整流子モータ**は**電気ノイズ**が発生するため電子機器の近くでの使用には適さない。そのため**ブラシレスモータ**が採用されている。高度な制御や逆方向駆動は必要なく、コストも抑えたいため、単相のブラシレスモータが採用されることが多い。薄くするために**アキシャルギャップ形ブラシレスモータ**が採用され、回転子に直接ファンの羽根が備えられることも多い。各種家電製品の電子機器を保護する冷却ファンも単相ブラシレスモータ駆動が多い。通常、単相ブラシレスモータは、2スロットの直流整流子モータと同じように**デッドポイント**ができるが、**磁気抵抗**を利用してデッドポイントに停止しないように工夫してある（図G3-3参照）。

パソコン本体や周辺機器の**ハードディスクドライブ**や**光学ディスクドライブ**はブラシレスモータやステッピングモータでディ

（写真ラベル：回転子（リング磁石）／固定子コイル）

↑ディスクドライブでディスクを駆動するモータをスピンドルモータという。写真はアウターロータ形ブラシレスモータ。

スクを**ダイレクトドライブ**している。ディスクへの書き込みや読み取りを行うヘッドは、**リニアモータ**である**ボイスコイルモータ**で動かされていることが多い。AV機器のディスクドライブでも同様だ。

プリンタの紙送りもブラシレスモータやステッピングモータが主流だ。インクジェットプリンタの印字ヘッドは、**位置決め**を得意とするステッピングモータが使われる。高級機では、さらに位置決めの精度を高められる**リニアステッピングモータ**が採用されることもある。

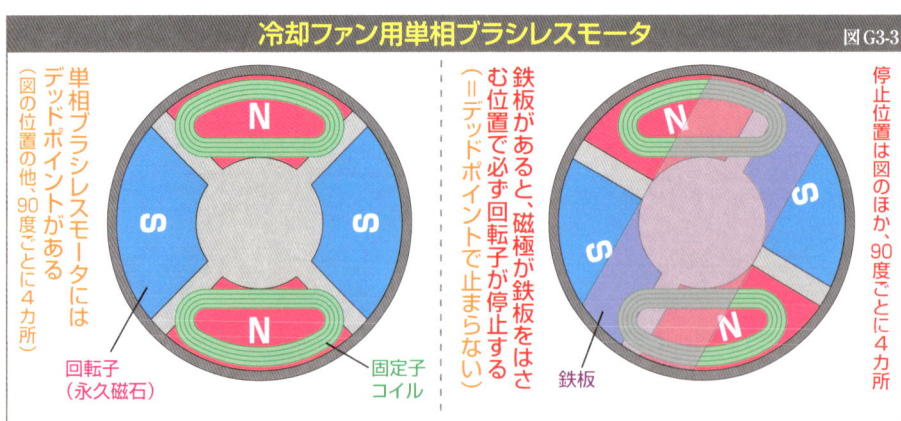

冷却ファン用単相ブラシレスモータ　図G3-3

（左図ラベル）単相ブラシレスモータにはデッドポイントがある（図の位置の他、90度ごとに4カ所）／回転子（永久磁石）／固定子コイル

（中央ラベル）鉄板があると、磁極が鉄板をはさむ位置で必ず回転子が停止する（＝デッドポイントで止まらない）

（右図ラベル）停止位置は図のほか、90度ごとに4カ所／鉄板

ファン用のアキシャルギャップ形単相ブラシレスモータでは、回転子の磁極と固定子コイルの中心とが一致した位置で停止すると、再始動できなくなる。そこで、右図のように固定子コイルの背面（回転子とは逆側）に斜めに鉄板が配置される。電流が停止すると、回転子は磁気抵抗がもっとも小さくなる位置で停止するため、回転子の磁極と固定子コイルの中心とが、必ずずれた位置になる。これにより次回も確実に始動できる。

●カメラとビデオカメラ

現在の**カメラ**や**ビデオカメラ**は光学機器というより電子機器の性格が強い。これらの機器ではピント合わせとズームにモータが利用されている。従来はステッピングモータが使われていたが、音が静かで消費電力が小さいため**超音波モータ**（P42参照）が主流になっている。棒状のものとリング状のものがあるが、リング状のものならレンズにコンパクトに組み込むことができる。

↑リング状の超音波モータなら外径を大きくすることなくレンズに組み込むことができる。〔キヤノン・EFレンズ〕

●時計

現在の**時計**の主流はクォーツ式だ。水晶（クォーツ）に電圧をかけると、規則正しい周期で振動するという性質を利用している。デジタル表示ならば電子回路だけで構成できるが、アナログ表示の場合は針を動かす必要がある。この針の駆動に用いられているのが**時計用ステッピングモータ**だ。単相の**永久磁石形ステッピングモータ**で、コイルは1個だけだが、回転方向を一定にするために**磁気回路**に工夫が凝らされている（図G3-4参照）。磁気抵抗も利用しているため、**ハイブリッド形ステッピングモータ**の一種と考えられることもある。

パルスは0.5秒に1回の周期が一般的で、この回転を歯車を介して針に伝える。永久磁石で効率が高く、パルスレートが長く、発せられるパルスも短くて十分なので、1個のボタン電池で腕時計を数年間も駆動できる。

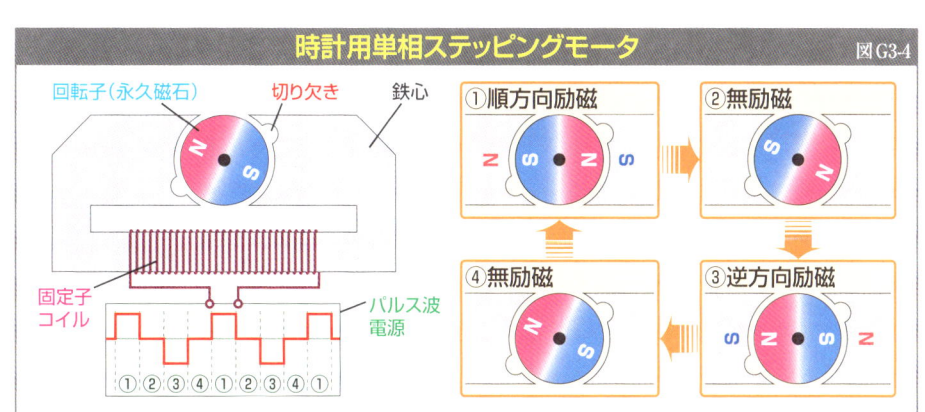

時計用単相ステッピングモータ　図G3-4

鉄心は図のような形状で、回転子に向かい合う突極の中心から偏った位置に切り欠きがある。切り欠きがあるため、通電が行われていない無励磁の状態では、回転子の磁極が鉄心の中心に正対しない位置で安定する。①コイルを励磁すると、回転子の磁極が鉄心の中心に正対する位置まで回転。②電流を停止すると、再び安定する位置まで回転するが、この位置は最初の無励磁の位置から180度回転した位置。③続いて逆方向に励磁すると、回転子の磁極が鉄心の中心に正対する位置まで回転。④電流を停止すると最初の位置に戻る。この繰り返しで回転が連続する。鉄心に切り欠きが存在することで、デッドポイントで回転子が止まることがなくなり、1相2極の固定子でも回転方向を定めることができる。ステップ角は180度だ。

索引

頻出する用語については、重要なページのみを抽出。
左右ページに見出し語がある場合は、左ページ（偶数ページ）のページ数のみを記載。
表示のページ数はおもに本文を対象とし、タイトルや見出しなどは対象外にしている。

数字

1−2相駆動	257
1−2相励磁	257
1相駆動	256
1相励磁	256
2極機	44, 63, 65, 88, 150
2スロットモータ	58
2スロットモータ	51
2相駆動	256
2層巻	92, 166
2相励磁	256
2値形コンデンサモータ	189
2値制御	222
2ポールモータ	150
3相ブラシレスモータ	132
3値制御	222
4極機	44, 63, 65, 88, 150
4ポールモータ	150
6極機	63
120度通電	132, 134

A

ABS	279
AC	9
AC/ACコンバータ	221, 230
AC/DCコンバータ	32, 218, 221, 224
ACサーボモータ	235
ACモータ	34, 146

B

BCM	268
BLACモータ	135, 206
BLDCモータ	135
BLモータ	132

D

DC	9
DC/DCコンバータ	213, 215, 221
DCサーボモータ	235
DCモータ	34, 44

E

ECM	132
ECモータ	132
EV	281

F

FCEV	281
FG制御	243
F/V制御	243

G

GTOサイリスタ	31

H

HB形ステッピングモータ	254
HSST	276
Hスイッチ	122
Hブリッジ	122, 213

I

IGBT	31, 230
IHクッキングヒータ	284
IPM形回転子	136, 207

L

LDM	260
LHM	261
LIM	260
LPM	260
LSM	260

M

MOS形FET	31

N

N極	10

P

PAM制御方式	217, 224
PAM方式	217, 224
PLL制御	244
PM形ステッピングモータ	250
PM形同期モータ	204
PMモータ	204
PWMサイクロコンバータ	230
PWM制御方式	216, 224, 230
PWM方式	216

R

RB-IGBT	230
RDコンバータ	237

S

SPM形回転子	136
SRM	203, 253
SRモータ	253
SynRM	203
S極	10

V

V/f制御	177, 220
VR形ステッピングモータ	252
VVVFインバータ	220
VVVF制御法	177, 274
V曲線	200, 205
Vサーボ制御	242
V特性	200, 205

Y

Y-Δ始動法	171
Y結線	151, 164, 171

あ

アーマチュア	45, 147
アーマチュアコア	45
アーマチュアコイル	45, 147, 198
アイアンレスモータ	126
アウターヨーク	269
アウターロータ形コアレスモータ	126, 128
アウターロータ形ブラシレスモータ	132, 137, 206
アウターロータ形	35
アキシャルエアギャップ形	35
アキシャルギャップ形	35
アキシャルギャップ形コアレスモータ	126, 130
アキシャルギャップ形ブラシレスモータ	136, 206, 286
圧電セラミック	42
圧電素子	42
アナログ出力	236
アナログ信号	242
アブソリュート形ロータリエンコーダ	238, 240
油軸受	210
アラコの円板	154
アルミダイキャスト導体	160
浮上案内用コイル	277
アンペア回数	14
アンペアターン	14
アンペールの法則	12

い

位相	9
位相角	194, 218, 228
位相差	152, 157, 159, 184, 187, 188, 191, 244
位相同期化制御	244
位相同期制御	244
位相特性	198, 200, 205, 220
位置決め	42, 232, 234, 248, 253, 269, 270, 286
一次コイル	23, 164, 166
一次抵抗始動法	172
一次電圧	157, 158, 174
一次電圧制御法	174, 176
一次電流	157, 170
一次巻線	164
移動子	260
移動磁界	262, 264, 267, 275, 276
イナーシャ	41
異方性磁石	27
イルグナ方式	116

い

- インクリメンタル形ロータリエンコーダ ... 238
- インダクションモータ ... 146
- インダクタ ... 29
- インダクタ形同期モータ ... 192, 208, 254
- インダクタンス ... 22, 29, 33, 40
- インナーヨーク ... 269
- インナーロータ形コアレスモータ ... 126, 128
- インナーロータ形ブラシレスモータ
   ... 135, 136, 206
- インナーロータ形 ... 35
- インバータ ... 220, 222, 224, 226
- インバータエアコン ... 285
- インバータ冷蔵庫 ... 285

う

- ウォッシャ ... 279
- 渦電流 ... 21, 26, 39, 154
- 渦電流損 ... 39, 258
- 渦電流損失 ... 26, 39
- 渦電流ブレーキ ... 258
- 埋込磁石形回転子 ... 136, 207, 280
- 運転 ... 36
- 運転用コンデンサ ... 188

え

- エアギャップ ... 16, 35
- エアコン ... 284
- 永久磁石 ... 10, 25, 26
- 永久磁石界磁形直流整流子モータ ... 44
- 永久磁石形ステッピングモータ
   ... 246, 250, 287
- 永久磁石形直流整流子モータ ... 44, 62, 120
- 永久磁石形同期発電機 ... 197
- 永久磁石形同期モータ ... 135, 192, 204, 206, 246, 280
- 永久磁石形リニア同期モータ ... 264
- 永久磁石形リニアパルスモータ ... 270
- エナメル線 ... 15
- エネルギー積 ... 25
- 遠心開閉器 ... 185
- 遠心力開閉器 ... 185, 187
- 円筒形回転子 ... 199
- 円筒形コイル可動形リニア直流モータ ... 269
- 円筒形リニア誘導モータ ... 264
- エンドプレート ... 36
- エンドリング ... 269

お

- オイルレスベアリング ... 210
- 大形モータ ... 35
- オーバーラン ... 41
- オープンスターデルタ始動法 ... 171
- オープントランジションスターデルタ始動法
   ... 171
- オープンループ制御 ... 232, 249, 270
- オームの法則 ... 8
- 遅れ位相 ... 184, 200
- 遅れ時間 ... 41
- 遅れ電流 ... 21
- 遅れ力率運転 ... 200, 205

か

- カーボンブラシ ... 87
- 界磁 ... 44, 62, 132, 192
- 界磁コイル ... 45, 62, 88, 198
- 界磁磁石 ... 45, 62, 88
- 界磁制御法 ... 114, 116, 219, 274
- 界磁チョッパ制御 ... 212
- 界磁鉄心 ... 88, 90, 143
- 回生制動法 ... 36, 117, 119, 123, 180, 197, 215, 219, 231, 274, 280, 282
- 回転位置制御 ... 234, 242
- 回転位置センサ ... 206, 227, 236, 238
- 回転角度センサ ... 236, 278
- 外転形 ... 35
- 外転形コアレスモータ ... 128
- 外転形ブラシレスモータ ... 137
- 外転形モータ ... 34
- 回転子 ... 35, 36, 44, 126, 132, 146, 155, 182, 192, 246
- 回転磁界 ... 146, 148, 150, 152, 155, 180, 182, 192, 197
- 回転磁界形モータ ... 34, 146
- 回転子コイル ... 45, 132, 164, 198
- 回転子鉄心 ... 160, 162, 164, 199
- 回転数 ... 38
- 回転数発電機 ... 237
- 回転速度 ... 38
- 回転速度制御 ... 114, 122, 174, 196, 212, 218, 220, 242
- 回転速度センサ ... 236
- 回転部センサレスベクトル制御 ... 227
- 回転ヨーク ... 137
- 回転力 ... 37
- 階動モータ ... 246
- 外部磁石形コアレスモータ ... 128
- 開ループ制御 ... 232
- 過回転 ... 41
- 角線 ... 15
- 角速度 ... 38
- 角銅線 ... 15
- 加減電圧始動法 ... 112
- かご形回転子 ... 160, 162, 180, 183, 235
- かご形三相誘導モータ ... 160, 274
- かご形導体 ... 160, 162, 180, 196, 199, 203, 204
- かご形誘導モータ ... 160, 170, 175, 274
- 重ね巻 ... 92, 100, 102, 104, 169
- 片側式平面形リニア誘導モータ ... 263
- 型巻コイル ... 82, 164, 166, 198
- カップ形コアレスモータ ... 129
- 可動子 ... 260, 263, 264, 266, 269, 270, 272
- 可動子コイル ... 263, 271, 272
- 可動子磁石 ... 276
- 過負荷 ... 41
- 可変磁気抵抗形ステッピングモータ ... 252
- 可変式リラクタンスモータ ... 203
- 可変周波数始動法 ... 170
- 可変周波数電源
   ... 177, 197, 199, 204, 220

き

- 可変抵抗 ... 28
- 可変抵抗器 ... 28, 237
- 可変電圧可変周波数制御法 ... 177
- 可変電圧可変周波数電源
   ... 200, 220, 230, 235
- 可変電圧電源 ... 218, 224
- 可変電源始動法 ... 112
- 可変リラクタンス形ステッピングモータ
   ... 203, 246, 252
- 可変リラクタンス形リニアパルスモータ ... 270
- カメラ ... 287
- 換気扇 ... 284
- 慣性の法則 ... 40
- 慣性モーメント ... 40
- 慣性力 ... 40
- 間接形ベクトル制御 ... 226
- 含油軸受 ... 210
- 還流ダイオード ... 214, 221

き

- 機械時定数 ... 40, 53, 85, 126, 234
- 機械損 ... 39
- 機械損失 ... 39
- 機械的制動 ... 36, 258
- 機械ノイズ ... 71
- 幾何学的中性軸 ... 72, 74
- 気化熱 ... 285
- 帰還ダイオード ... 214, 221
- 貴金属ブラシ ... 87, 127
- 疑似サイン波出力 ... 223, 224
- 疑似正弦波出力 ... 224
- 希少金属 ... 281
- 起磁力 ... 14
- 気体軸受 ... 210
- 起電力 ... 8
- 起動 ... 36
- 起動トルク ... 37
- 希土類 ... 26
- 希土類磁石 ... 26
- キャードモータ ... 37, 144
- 逆起電力 ... 21, 67
- 逆起電力形自動始動器 ... 113
- 逆相制動法 ... 119, 180, 197
- 逆阻止IGBT ... 230
- 逆阻止3端子サイリスタ ... 30
- 逆変換回路 ... 221
- 逆変換装置 ... 221
- ギャップ ... 16, 35
- キャパシタ ... 28
- キャパシタンス ... 28
- ギヤヘッド ... 144
- 吸引力 ... 10
- キュリー温度 ... 27
- 強磁性体 ... 10, 12, 17, 25, 27
- 極数切換法 ... 176
- 極数変換法 ... 170, 174, 176, 197
- 極性 ... 8, 10
- 均圧環 ... 101
- 均圧結線 ... 101
- 金属カーボンブラシ ... 87
- 金属ブラシ ... 87

く

空気圧モータ	34
空気軸受	210
空気浮上式リニアモータカー	276
空隙式ブレーキ	258
空心コイル	12, 22, 137
矩形波	9, 34, 135, 140, 222, 224, 246, 260
矩形波駆動	135, 140
矩形波出力	222
クザ始動法	172
口出線	76, 86, 100
駆動回路	34, 44, 132, 146, 204, 246, 260, 267
駆動トルク	37
くま取りコイル	190
くま取りコイル形単相誘導モータ	183, 190, 284
グレーコード	240
クローズドスターデルタ始動法	171
クローズドトランジションスターデルタ始動法	171
クローズドループ制御	232, 244, 261
クローポール形ステッピングモータ	250
クローポール形突極	251
クロスマーク	14

け

径方向空隙形コアレスモータ	128
ケイ素鋼	25
ケイ素鋼板	25, 26, 39
継鉄	17
径方向空隙形	35
ゲートターンオフサイリスタ	31
減磁界	25
限時形自動始動器	113
減磁曲線	24
減磁作用	24, 27, 72
減速機構	144, 284
限流形自動始動器	113

こ

コアレス形タコジェネレータ	237
コアレスモータ	44, 126, 235
コイル	11, 12, 14, 29
コイルエンド	52
コイル可動形リニア直流モータ	260, 268
コイルサイド	52
コイル端	52, 76
コイルピッチ	92, 104, 167
コイル辺	46, 52, 76
コイルボビン	269
降圧チョッパ	215
高温超伝導物質	277
光学式ロータリエンコーダ	238
光学ディスクドライブ	286
交差磁化作用	72
硬磁性材料	25, 26
硬磁性体	25
交直両用モータ	142

交番磁界	152, 182, 190
交番2進コード	240
交流	9
交流サーボモータ	235
交流式タコジェネレータ	237
交流整流子モータ	142, 146
交流入力交流出力	221, 230
交流入力直流出力電源	218, 221
交流モータ	34, 142, 146, 148, 220, 235
コーヒーミル	285
小形モータ	35, 45
コギングトルク	17, 56, 58, 60, 81, 124, 135, 139
コサインカーブ	55
固定子	35, 36, 44, 88, 132, 146, 166, 192, 246
固定子コイル	45, 90, 132, 136, 138, 147, 155, 166, 184, 186, 190, 198, 202, 204, 246, 250, 252, 254, 263, 267, 270
固定子鉄心	90, 166, 204
固定ヨーク	137
小判形モータ	89
コミュテータ	45
コミュテータ片	49
転がり軸受	210
ころ軸受	210
コンデンサ	28, 33, 186, 188, 204, 262
コンデンサ運転形単相誘導モータ	188
コンデンサ始動コンデンサ運転形単相誘導モータ	188
コンデンサ始動コンデンサモータ	188
コンデンサ始動コンデンサラン形単相誘導モータ	188
コンデンサモータ	183, 186, 284
コンデンサラン形単相誘導モータ	188
コンドルファ始動法	170, 173, 200
コンバータ	32, 213, 215, 217, 218, 221, 224, 230, 237, 274, 280
コンプレッサ	284

さ

サーボシステム	233
サーボ制御	233, 234
サーボモータ	234
サイクル	9
サイクロコンバータ	230
最大エネルギー積	25
最大自起動周波数	248
最大磁束密度	24
最大静止トルク	249
最大トルク	37, 121, 157, 158, 179, 194
最大連続応答周波数	248
サイドヨーク	269
サイリスタ	30, 213, 218, 228
サイリスタ位相角制御	218, 228, 274
サイリスタチョッパ	213
サイリスタブリッジ	218
サイリスタレオナード方式	219
サインカーブ	9, 54, 66, 148

	152, 167, 229
サイン波駆動	135, 140, 206
差動複巻モータ	107, 110
サマリウムコバルト磁石	26
三相移動磁界	262, 267
三相回転磁界	148
三相交流	9
三相交流発電機	9
三相交流モータ	34, 147
三相同期モータ	34, 147, 148
三相誘導モータ	34, 147, 148, 155
残留磁気	10, 24, 119, 208
残留磁束密度	24, 26, 69
残留トルク	249

し

シーケンス制御	232
シート形コアレスモータ	130
シート形ブラシレスモータ	137
シェーディングコイル	190
磁化	10, 24, 26
磁界	11, 12
磁界強度	11, 12, 14
直入れ始動法	112, 122, 170
磁化曲線	24
磁化容易軸	27
磁気	10
磁気回路	16
磁気吸引浮上式リニアモータカー	276
磁気式ロータリエンコーダ	238, 241
磁気軸受	210
磁気センサ	226, 241
磁気抵抗	11
磁気浮上式リニアモータカー	276
磁気誘導	10
磁極	10, 16
磁極ピッチ	63, 166
磁気力	10
軸受	36, 45, 147, 210
軸方向空隙形	35
軸方向空隙形コアレスモータ	130
自己始動	36
自己始動法	196
仕事率	8, 38
仕事量	8
自己誘導作用	21
磁石可動形リニア直流モータ	260, 267
磁性材料	25
磁性体	10
磁束	11
磁束密度	11
実制動時間	41
時定数	40, 141
死点	58
始動	36
始動器	113
始動時間	41
自動始動	113
自動始動抵抗器	178
自動制御	232
始動抵抗器	178

始動電流 67, 112, 170, 200	スイッチング電源 213, 220	積層構造 26
始動トルク 37	推力 263, 264, 266, 268, 275, 276	積層鉄心 26, 39
始動法 112, 170, 196, 200	スカラー 37	積層鉄心形同期モータ 202
始動補償器 173	図記号 29, 31, 91, 175	絶縁ゲートバイポーラトランジスタ 31
始動補償器始動法 173	スキュー 81, 124, 129, 161, 164	絶縁体 8, 83, 86
始動モータ法 196, 199	スケルトンモータ 190	接合形トランジスタ 31
始動用コイル 184, 186	進み位相 200	接触抵抗 87
始動用コンデンサ 186, 188	進み電流 28, 186, 188, 204, 262	接触電圧降下 67, 87
始動用モータ 196	進み力率運転 200, 205	接地式リニアモータカー 275
始動用リアクトル 172	スター結線 151, 164, 171	センサ 134, 226, 232, 236, 242
磁束 11	メータセータ 278	センサ付ベクトル制御 227
弱界磁制御法 116	スターデルタ始動法 170	センサレス駆動 140, 285
斜溝 81, 124, 129, 161, 164	スタンダード形ステッピングモータ 250	センサレスベクトル制御 227
シャント抵抗器 236	ステータ 35, 45, 147	全節巻 92, 100, 104, 167, 169
周期 9	ステータコイル 45, 147	センタータップ形全波整流 32
ジューサー 285	ステッパモータ 246	センターヨーク 269
集中巻 76, 166	ステッピングモータ .. 34, 44, 146, 235, 246	洗濯機 284
充電 28, 33, 278, 280, 282	ステップ角 248, 250, 252, 254, 256	全電圧始動法 170, 200
充電池 280	ステップモータ 246	全波整流 32
集電ブラシ 61	スピーカ 268	全波通電 139
摺動子 260	スプリット式ハイブリッド 282	扇風機 284
周波数 9	すべり 156, 158, 174, 182, 263	全負荷 41
周波数制御法 .. 174, 177, 197, 220, 274	滑り軸受 210	
周波数発電機 237	スライダ 260	**そ**
ジュール熱 8	スリット 238, 240	相回転方向 180, 197
主極コイル 90	スリット円板 238, 240	相互誘導作用 23
主極巻線 90	スリットパターン 240	掃除機 285
主コイル 184, 186, 188	スリップリング 164, 198	双方向駆動 118, 122, 180, 187,
主磁束 190	スロット 44, 46, 51, 78, 124,	197, 213, 221
出力 35, 38, 41	160, 164, 166, 262	双方向サイリスタ 31, 228
受動形磁気軸受 210	スロット形モータ 44	速度発電機 237
手動始動器 113	スロットピッチ 104, 166	素子 28
手動制御 232	スロットレスモータ 44, 124, 126, 235	外歯歯車 144
受動素子 28		損失 38
純2進コード 240	**せ**	
順変換回路 221	静圧形気体軸受 210	**た**
順変換装置 221	静圧形空気軸受 210	ターン数 15
昇圧チョッパ 215	制御 232	ダイオード 30, 32, 123, 214, 221, 230
消弧 31, 229	制御システム 232	ダイオードブリッジ 32, 218
昇降圧チョッパ 215	制御用モータ 234	台形波駆動 140
シリーズ式ハイブリッド 282	正弦曲線 .. 9, 54, 66, 148, 152, 167, 229	ダイレクトドライブ 144, 261, 284, 286
磁力 10	正弦波駆動 140	タコジェネレータ 237, 242
磁力線 11, 12, 16	静止形無効電力補償装置 201	脱出トルク 195, 248
自励モータ 107	静止レオナード方式 219	脱調 195, 248
進角 74	静電モータ 34	脱調トルク 195, 248
シンクロナスモータ 146, 192	静電容量 28	タップ制御 218, 274
進行磁界 262	制動 36	玉軸受 210
進行波形超音波モータ 42	制動時間 41	他励モータ 107
進相コンデンサ 188, 203	制動装置 36, 258	短時間定格 41
	制動電流 119	端子盤 36
す	整流 30, 32, 218, 221	弾性振動体 42
水晶発振器 244	整流回路 32, 218, 221, 224	短節巻 92, 100, 104, 167, 169
推進用コイル 276	整流器 32	単相交流 9
スイッチトリラクタンスモータ .. 203, 253, 285	整流作用 30, 32, 224	単相交流整流子モータ 142, 147
スイッチング回路 213, 215, 216,	整流子 44, 49, 70, 86	単相交流モータ 34, 147, 152
221, 241, 271	整流子形モータ 34, 44, 142, 146	単相制動法 180
スイッチング作用 30, 213, 218, 220	整流子片 49, 86	単相直交整流子モータ 142, 147, 285
スイッチング周期 216	整流素子 30	単相同期モータ 34, 147, 192
スイッチング周波数 216, 224	整流ダイオード 30	単層巻 92, 166
スイッチング制御 212	整流平滑回路 32	単相誘導モータ 34, 147, 183
スイッチング素子 30	積層コア形ステッピングモータ 250	単相励磁法 181

短絡環 160
短絡コイル 190

ち

蓄電池 278, 280
中形モータ 35
超音波モータ 34, 42, 287
超小形モータ 35
超伝導 277
超伝導電磁石 276
超伝導物質 277
チョークコイル 33
直接形ベクトル制御 226
直並列制御法 114, 274
直巻界磁コイル 107, 110
直巻特性 108, 121
直巻モータ 107
直流 9
直流サーボモータ 216, 235
直流タコジェネレータ 237, 242
直流自励発電機 107
直流制動法 180
直流整流子発電機 66, 70, 237
直流整流子モータ 34, 44
直流他励発電機 117
直流他励モータ 107, 111
直流直巻モータ 107, 108, 142,
                                          274, 278
直流チョッパ制御 212
直流入力交流出力電源 221
直流入力直流出力 213, 221
直流複巻モータ 107, 110, 274
直流ブラシ付モータ 44
直流分巻モータ 107, 109, 274
直流モータ 34, 44
直流励磁法 180
直列抵抗始動法 172
直列巻 101
直列リアクトル始動法 172
直溝 81
チョッパ制御 114, 122, 212,
                                     214, 216, 274
チョッパ電源 213

つ

追従制御 234, 242
爪形突極 251

て

低温超伝導物質 277
定格 41
定格回転速度 41
定格周波数 41
定格出力 41
定格電圧 41
定格トルク 41
抵抗 8, 28
抵抗器 28
抵抗始動法 112
抵抗制御法 114, 122, 274
抵抗制動法 119, 123

抵抗値 8
定出力制御 177
ディスク形 35
ディスク形コアレスモータ 130
ディスク形ブラシレスモータ 137
ディスクドライブ 286
定速度 192, 197, 235
定速制御 234, 242
定速度モータ 109, 158
ディテントトルク 249, 250, 255, 256
停動トルク 157
定トルク制御 177
デジタル出力 236
デジタル信号 243
鉄心 12, 16, 25, 26
鉄損 26, 39
デッドポイント 58, 72, 286
鉄輪式リニアモータカー 275
デューティ比 216, 224
デルタ結線 151, 164, 171
電圧 8
電圧サーボ制御 242
電圧制御 242
電圧制御法 112, 114, 116
電圧比例制御 242
電位 8
電位差 8
電荷 8, 28
展開図 93
電気機関車 274
電機子 45, 46, 76, 78, 82, 92,
                        124, 126, 132, 147, 192
電機子可動形リニア直流モータ 260, 266
電機子コイル 45, 46, 76, 78, 82, 92,
                        124, 126, 132, 147, 198
電機子チョッパ制御 212
電機子抵抗制御法 114
電機子時定数 40, 53, 234
電機子鉄心 45, 81, 82, 84, 124
電気自動車 280
電機子反作用 72, 74
電気抵抗 8
電気抵抗値 8
電気的制動 36, 119, 123,
                                     180, 197, 258
電気的中性軸 72, 74
電気鉄道 274
電気ノイズ 71
電気モータ 34
点弧 30, 218, 228
点弧角 218, 228
電圧 10
電磁鋼 25
電磁鋼板 25
電磁石 11, 12
電磁石形同期モータ 198
電磁石形リニア同期モータ 264
電子制御スロットルバルブ 278
電子整流モータ 132
電磁ブレーキ 258
電車 274

電磁誘導作用 19, 20, 23
電磁誘導浮上式リニアモータカー 276
電磁力 18
電動パワーステアリング 279
電動モータ 34
転流 49, 50, 132, 266
電流 8
電流センサ 226, 236, 241
電力 8
電力制御用半導体素子
                                   .... 30, 213, 220, 230
電力量 8

と

動圧形気体軸受 210
動圧形空気軸受 210
透過形フォトインタラプタ 238
透過式ロータリエンコーダ 238
同期回転数 146, 150
同期形ACサーボモータ 235
同期式リラクタンスモータ 203
同期速度 146, 150, 182, 262
同期調相機 201
同期外れ 195
同期発電機 180, 197, 278
同期引入トルク 195
同期引込トルク 195
同期モータ 34, 146, 192
透磁率 11
銅損 39
導体 8
導体バー 160
等方性磁石 27
特殊かご形回転子 162, 170, 204
特殊かご形三相誘導モータ 162
特殊かご形導体 162, 199
特殊軸受 210
時計 287
時計用ステッピングモータ 287
突極 77
突極形回転子 199
突極鉄心 49, 51, 190, 202, 247
突極鉄心形同期モータ 202
ドットマーク 14
突入電流 67, 170
トライアック 31, 228
トランジスタ 28, 31
トランジスタチョッパ 213
トランジスタレオナード方式 219
トランス 32
トルク 37, 38, 40
トルク制御 242
トルク電流 226
トルクベクトル制御 226
トルク変動 17, 37, 41, 54, 58, 60, 65,
                        78, 81, 124, 127, 135, 136,
                        161, 166, 206, 208, 234
トルクリップル 37, 54, 56, 58, 60, 65,
                        81, 124, 135, 138, 140

な

内転形 35
内転形コアレスモータ 128
内転形ブラシレスモータ 136
内燃機関 278, 280, 282
内部磁石形回転子 136, 207
内部磁石形コアレスモータ 128
内部配置形回転子 136, 207
波巻 100, 102, 169
軟磁性材料 25, 26, 39
軟磁性体 25

に

二次コイル 23, 164
二次抵抗 157, 158, 162,
175, 178, 180
二次抵抗制御法 170, 174, 178
二次電池 280
二次電池式電気自動車 280, 283
二次電流 157, 158, 162, 170,
174, 178, 181
二次巻線 164
二重かご形回転子 162
二重かご形三相誘導モータ 162
二次誘導起電力 157, 158
二次励磁制御法 164
二相移動磁界 262
二相回転磁界 152, 183, 184, 186,
190, 203, 204
二相交流 152, 184, 186,
204, 209, 262
入力 38
入力電力 38

ね

ネオジム磁石 27
燃料電池 281
燃料電池自動車 280

の

能動形磁気軸受 210
能動素子 28, 30

は

ハードディスクドライブ 286
バーニア駆動 257
ハーフステップ駆動 257
バイアス電流 241
バイファイラ巻 139, 246, 250
ハイブリッド形ステッピングモータ
.... 209, 246, 254, 287
ハイブリッド形リニアパルスモータ ... 270, 272
ハイブリッド自動車 280, 282
バイポーラ駆動 139, 246
バイポーラトランジスタ 31
バイポーラ励磁 139
パウダーブレーキ 258
歯車機構 144
歯車状鉄心 208, 252, 254
歯車状鉄心形ステッピングモータ 252

はす歯歯車 144
弾み車効果 41
パソコン 286
バックヨーク 130
発光ダイオード 238
発電機 9, 66, 70, 117, 119, 123, 141,
165, 180, 197, 237, 278, 282
発電制動法 119, 123, 197, 213
パラレル式ハイブリッド 282
バリスタ 71
パルス周波数 248
パルス振幅変調方式 217
パルス波 9, 34, 44, 135, 140, 146,
222, 236, 238, 240, 242,
244, 246, 254, 260, 267
パルス波出力 222
パルス幅変調方式 216
パルスモータ 246
パルスレート 248
パワーデバイス 30
パワートランジスタ 31
パワーバイポーラトランジスタ 31
パワー MOSFET 31
パンケーキ形 35
パンケーキ形コアレスモータ 130
反射形フォトインタラプタ 238
反射形ロータリエンコーダ 238
ハンチング 195
半導体素子 28, 30
半波整流 32
半波通電 139
反発力 10

ひ

比較回路 242, 244
引込トルク 248
ヒステリシス形同期モータ 192, 208
ヒステリシス曲線 24, 26
ヒステリシス損 39, 192, 208
ヒステリシス損失 25, 26, 39
ステリシスブレーキ 258
ヒステリシスモータ 208
ヒステリシスリング 208
ヒステリシスループ 24
非接触ブレーキ 258
皮相電力 22, 39
ビデオカメラ 287
非電動モータ 34
非同期モータ 146, 156
火花放電 71
ピュア EV 281
標準かご形回転子 162
標準かご形三相誘導モータ 162
表皮効果 162
表面磁石形回転子 136, 206
表面配置形回転子 136
平歯歯車 144
ビルトインモータ 37
比例推移 179

ふ

フィードバック 232, 242, 244
フィードバック制御 226, 232, 234,
236, 261
フィールドコイル 45, 198
フィールドマグネット 45
フェライト磁石 26
フォーサ 260
フォト IC 238
フォトエッチング 15, 130, 137
フォトトランジスタ 238
フォトリフレクタ 238
負荷 36
負荷角 194, 202, 208, 265
負荷電流 37
負荷トルク 37
深溝かご形回転子 162
深溝かご形三相誘導モータ 162
複合形回転子 196, 199, 203, 204
複合形ステッピングモータ 254
複巻モータ 107
浮上式リニアモータカー 275, 276
浮上用電磁石 276
普通かご形回転子 162
普通かご形三相誘導モータ 162
フライホイール 117
フライホイール効果 41
プラグインハイブリッド自動車 283
ブラシ 44, 49, 50, 61, 70, 86, 164
ブラシ付リニア直流モータ 266
ブラシ引上装置付モータ 164
ブラシ保持器 86
ブラシホルダー 86
ブラシレス AC モータ 135, 140, 193,
204, 206, 280
ブラシレス DC モータ 135, 206
ブラシレス LDM 267
ブラシレス形タコジェネレータ 237
ブラシレスモータ 34, 44, 132,
146, 206, 235
ブラシレスリニア DC モータ 267
ブラシレスリニア直流モータ 261, 267
フラッシュオーバー 73
フラット形 35
フラット形コアレスモータ 130
フラット形ブラシレスモータ 137
プラネタリーギヤ 144
フリーホイールダイオード 214, 221
ブリッジ 32, 115, 122, 218, 220, 222
ブリッジ形全波整流 32
ブリッジ渡り 115
プリンタ 286
プリント形コアレスモータ 130
フルステップ駆動 257
フルブリッジ 122
ブレーキ 36, 41, 189, 258
ブレーキ付モータ 37, 258
フレミングの左手の法則 19, 46, 52, 155
フレミングの右手の法則 19, 66
ブロック図 232

293

ブロック線図 232
分解能 248, 250, 252, 255, 271
分相始動形単相誘導モータ 183, 184
分相モータ 184
分相誘導モータ 184
分布巻 76, 166
分巻界磁コイル 107, 110
分巻特性 109, 120
分巻モータ 107

へ

ベアリング 36, 210
平滑回路 32, 215, 218, 221, 224
平滑コイル 33
平滑コンデンサ 33, 215
平滑鉄心モータ 124
平滑リアクトル 215
平行推移 177
閉ループ制御 232
並列巻 101
ベクトル 37, 52
ベクトル制御 226
変圧 32, 218
変圧器 25, 32, 173, 218, 237
偏磁作用 72
平面形コイル可動形リニア直流モータ .. 269

ほ

ボイスコイル 268
ボイスコイルモータ 268, 286
方形コイル 46
方形波 9, 34, 135, 140, 246, 260
方形波駆動 140
方形波出力 222
方向性電磁鋼板 25
放電 28, 33
飽和 24, 69, 72, 108
飽和磁束密度 24
ホールIC 241
ホール効果 241
ホール素子 134, 226, 241
ポールチェンジ法 176
ポールチェンジモータ 176
ホールディングトルク 249, 253
ホール電流センサ 241
ボールベアリング 210
ホールモータ 132
補極 74, 90
補極コイル 90
補極鉄心 90
補極巻線 90
保持トルク 249
補償コイル 74
補償巻線 74
補助コイル 184, 186, 188, 284
補助磁極付永久磁石直流整流子モータ
.... 121
保磁力 24, 26, 208
歩進モータ 246
ポテンショメータ 236

ま

マイカ片 86
毎極毎相スロット数 167, 169
マイクロステップ駆動 257
マイクロモータ 35
巻数 12, 14, 20, 22, 32, 53
巻線 15
巻線界磁形直流整流子モータ 44
巻線形回転子 160, 164, 178, 180, 196
巻線形三相同期発電機 197
巻線形三相同期モータ 198
巻線形三相誘導モータ 160
巻線形直流整流子モータ 44, 62, 106
巻線形同期発電機 197
巻線形同期モータ 192, 198, 200
巻線形導体 199
巻線形誘導モータ 160, 170, 174, 178
巻線器 82
巻線抵抗 39
マグネット形同期モータ 204
マグネットトルク 207
マグネットワイヤ 15
摩擦熱 39
摩擦ブレーキ 258
マトリックスコンバータ 230
丸線 15
丸銅線 15

み

ミキサー 285
右ネジの法則 12
脈流 9, 32, 218

む

ムービングコイル形モータ 126
ムービングコイル形リニア直流モータ .. 268
ムービングマグネット形リニア直流モータ .. 267
無給油軸受 210
無効電力 22, 38
無駄時間 41
無停電電源装置 223
無鉄心モータ 126
無電圧解放器 113
無負荷運転 36, 38
無負荷回転数 38, 121
無負荷回転速度 38, 121
無負荷電流 38, 121
無方向性電磁鋼板 25
無励磁作動形ブレーキ 258

め

銘板 41

も

モータケース 17, 35, 36, 45, 88,
                                     90, 132, 147
モノファイラ巻 139, 246
漏れ磁束 17

ゆ

油圧モータ 34
誘起電圧方式センサレス駆動 141
有効電力 22, 38
遊星歯車 144
誘導形ACサーボモータ 235
誘導起電力 19, 20, 22
誘導体 155, 160, 196, 199,
                                     204, 258, 263
誘導電流 19, 20, 23
誘導同期モータ 196
誘導発電機 181
誘導モータ 34, 146, 153, 155, 182
誘導モータ始動法 196, 199, 204
誘導リアクタンス 29
有効導体長 19, 52, 131
ユニバーサルモータ 142
ユニポーラ駆動 139, 246
ユニポーラ励磁 139

よ

容量リアクタンス 29
ヨーク 17, 25, 36
余弦曲線 55
横軸作用 72
弱め界磁制御法 116

ら

ラジアルエアギャップ形 35
ラジアルギャップ形 35
ラジアルギャップ形コアレスモータ ... 128
ラジアルギャップ形ブラシレスモータ
.... 136, 206
乱調 195, 249
乱巻コイル 82, 90, 166

り

リアクション形同期モータ 202
リアクションプレート 263, 275, 276
リアクションプレート式リニア誘導モータ .. 263
リアクタ 29
リアクタンス 29, 172, 184, 186
リアクトル始動法 170, 172, 200
リーケージフラックス 17
リード線 36, 86, 164
力率 39
リップル 32
リニアACモータ 260
リニアDCモータ 260
リニアアクチュエータ 261
リニアインダクションモータ 260
リニア応用特殊機器 261
リニアギヤヘッド 144
リニア交流モータ 260, 262
リニアシンクロナスモータ 260
リニア振動アクチュエータ 261, 265
リニアステッパモータ 270
リニアステッピングモータ ... 260, 270, 286
リニアステップモータ 270
リニア直流モータ 260, 266, 268

リニア電磁ソレノイド	261, 272, 278	
リニア電磁ポンプ	261, 264	
リニア同期モータ	260, 264, 276	
リニアハイブリッドモータ	261	
リニアパルスモータ	260, 270, 272	
リニアモータ	34, 260, 275	
リニアモータカー	275	
リニア誘導モータ	260, 263, 275, 276	
リバーシブルモータ	189	
両側式平面形リニア誘導モータ	263	
リラクタンス	11	
リラクタンス形同期モータ	192, 202, 247	
リラクタンス形リニア同期モータ	264	
リラクタンストルク	17, 202, 206, 280	
リラクタンスモータ	203, 247	
リング磁石	27	
リングバリスタ	71	

れ

レアアース	26
レアアース磁石	26
レアメタル	281
冷却ファン	284, 286
励磁	12
励磁作動形ブレーキ	258
励磁電流	226
励磁方法	256, 270
冷蔵庫	284
レオナード方式	117
レジスタ	28
レゾルバ	206, 237
レゾルバデジタル変換器	237
レバーシブルモータ	189
連続定格	41

ろ

漏洩磁束	17
ロータ	35, 45, 147
ロータコイル	45, 164, 198
ロータバー	160
ロータリエンコーダ	206, 238, 240, 243, 244
ロータリ形モータ	34
ロータリモータ	34
ローフーベアリンク	210
ローレンツ力	18

わ

ワードレオナード方式	116, 219
ワイパ	279
和動複巻モータ	107, 110

索引

■**参考文献**(順不同、敬称略)

- ●絵ときでわかる モータ技術〔飯高成男・岡本裕生・關敏昭共著〕オーム社
- ●新版 モータ技術百科〔坪島茂彦・中村修照共著〕オーム社
- ●図解 小形モータ入門〔坪井和男・百目鬼英雄共著〕オーム社
- ●図解版 電気学ポケットブック〔電気学ポケットブック編集委員会編〕オーム社
- ●なるほどナットク! モーターがわかる本〔内田隆裕〕オーム社
- ●ブラシレスDCモータの使い方〔萩野弘司著〕オーム社
- ●わかりやすい小形モータの技術〔日立製作所総合教育センタ技術研修所編〕オーム社
- ●イラスト図解 最新小型モータのすべてがわかる〔見城尚志・佐渡友茂・木村玄共著〕技術評論社
- ●これでわかる小形モータ〔海老原大樹著〕工業調査会
- ●はじめてのモータ技術〔秋山勇治著〕工業調査会
- ●図解入門 よくわかる 最新モータ技術の基本とメカニズム〔井出萬盛著〕秀和システム
- ●「モータ」のキホン〔井出萬盛著〕ソフトバンク クリエイティブ
- ●小型モーターのしくみ〔谷腰欣司著〕電波新聞社
- ●自動車用モータ技術〔堀 洋一・寺谷 達夫・正木 良三編〕日刊工業新聞社
- ●トコトンやさしい モータの本〔谷腰欣司著〕日刊工業新聞社
- ●モータ技術用語辞典〔モータ技術用語辞典編集委員会編〕日刊工業新聞社
- ●図解 モーターのしくみ〔谷腰欣司著〕日本実業出版社
- ●入門ビジュアル・テクノロジー よくわかるモーター 〔日本サーボ(株)監修〕日本実業出版社
- ●実用電気機器学〔森安正司著〕森北出版

監修者略歴

赤津 観（あかつ かん）

1972年東京生まれ。2000年横浜国立大学大学院電子情報工学専攻博士課程後期修了。日産自動車、東京農工大学、芝浦工業大学を経て、2019年より横浜国立大学工学研究院教授。主に電気学会産業応用部門にて各種委員、幹事、委員長、役員として貢献。モータ構造、制御、パワーエレクトロニクスらを専門とし、次世代省エネモータの研究開発を進めている。

編集制作 ：青山元男、オフィス・ゴゥ、大森隆
編集担当 ：柳沢裕子（ナツメ出版企画）

取材協力（順不同）：オリエンタルモーター株式会社／キヤノン株式会社／キヤノンプレシジョン株式会社／株式会社米子シンコー／TDK株式会社／株式会社デンソー／株式会社東芝／トヨタ自動車株式会社／日産自動車株式会社／株式会社日立産機システム／古河電気工業株式会社／マブチモーター株式会社

本書に関するお問い合わせは、書名・発行日・該当ページを明記の上、下記のいずれかの方法にてお送りください。電話でのお問い合わせはお受けしておりません。
・ナツメ社webサイトの問い合わせフォーム
　https://www.natsume.co.jp/contact
・FAX（03-3291-1305）
・郵送（下記、ナツメ出版企画株式会社宛て）

なお、回答までに日にちをいただく場合があります。正誤のお問い合わせ以外の書籍内容に関する解説・個別の相談は行っておりません。あらかじめご了承ください。

史上最強カラー図解 最新モータ技術のすべてがわかる本

2012年9月24日初版発行
2025年3月10日第30刷発行

監修者	赤津 観	Akatsu Kan, 2012
発行者	田村正隆	
発行所	株式会社ナツメ社	
	東京都千代田区神田神保町1-52 ナツメ社ビル1F（〒101-0051）	
	電話 03(3291)1257（代表）　　FAX 03(3291)5761	
	振替 00130-1-58661	
制　作	ナツメ出版企画株式会社	
	東京都千代田区神田神保町1-52 ナツメ社ビル3F（〒101-0051）	
	電話 03(3295)3921（代表）	
印刷所	ラン印刷社	

ISBN978-4-8163-5300-0　　　　　　　　　　　　　　　　Printed in Japan
＜定価はカバーに表示しています＞＜落丁・乱丁はお取り替えします＞

本書の一部または全部を著作権法で定められている範囲を超え、ナツメ出版企画株式会社に無断で複写、複製、転載、データファイル化することを禁じます。